U0067655

超圖解
ESP32
深度實作

THE DEFINITIVE GUIDE TO ESP32

感謝您購買旗標書,
記得到旗標網站
www.flag.com.tw
更多的加值內容等著您…

● FB 官方粉絲專頁:旗標知識講堂

● 旗標「線上購買」專區:您不用出門就可選購旗標書!

● 如您對本書內容有不明瞭或建議改進之處,請連上
旗標網站,點選首頁的 聯絡我們 專區。

　若需線上即時詢問問題,可點選旗標官方粉絲專頁
留言詢問,小編客服隨時待命,盡速回覆。

　若是寄信聯絡旗標客服 email,我們收到您的訊息
後,將由專業客服人員為您解答。

　我們所提供的售後服務範圍僅限於書籍本身或內
容表達不清楚的地方,至於軟硬體的問題,請直接
連絡廠商。

學生團體　訂購專線:(02)2396-3257 轉 362
　　　　　傳真專線:(02)2321-2545

經銷商　　服務專線:(02)2396-3257 轉 331
　　　　　將派專人拜訪
　　　　　傳真專線:(02)2321-2545

國家圖書館出版品預行編目資料

超圖解 ESP32 深度實作 / 趙英傑作. -- 初版. --
臺北市:旗標科技股份有限公司, 2021.04
面;　公分

　ISBN 978-986-312-660-7(平裝)

1.系統程式 2.電腦程式設計 3.物聯網

312.52　　　　　　　　　　　　　110002299

作　　者/趙英傑

發 行 所/旗標科技股份有限公司

　　　　　台北市杭州南路一段15-1號19樓

電　　話/(02)2396-3257(代表號)

傳　　真/(02)2321-2545

劃撥帳號/1332727-9

帳　　戶/旗標科技股份有限公司

監　　督/黃昕暐

執行企劃/黃昕暐

執行編輯/黃昕暐

美術編輯/林美麗

封面設計/林美麗

校　　對/黃昕暐

新台幣售價:880 元

西元 2024 年 2 月初版 6 刷

行政院新聞局核准登記-局版台業字第 4512 號

ISBN　978-986-312-660-7

版權所有‧翻印必究

ESP32 是一系列高效能雙核心、低功耗、整合 Wi-Fi 與藍牙的 32 位元微控器，適合物聯網、可穿戴設備與行動裝置應用。ESP32 的功能強大，涉及的程式以及應用場域相關背景知識也較為廣泛，**本書的目的是把晦澀的技術內容，用簡單可活用的形式傳達給讀者。**

ESP32 支援多種程式語言，本書採用最受電子 Maker 熟知的 Arduino 語言。但因為處理器架構不同，所以某些程式指令，像是控制伺服馬達以及發出音調的 PWM 輸出指令，操作語法和典型的 Arduino（泛指在 Arduino 官方的開發板，如：Uno 板執行的程式）不一樣，這意味著某些 Arduino 範例和程式庫無法直接在 ESP32 上執行。

相對地，ESP32 的獨特硬體架構也需要專門的程式庫和指令才能釋放它的威力，例如，低功耗藍牙（BLE）無線通訊、可輸出高品質數位音效的 I²S（序列音訊介面）、DAC（數位類比轉換器）、Mesh（網狀）網路、HTTPS 安全加密聯網...等。

更有意思的是，ESP32 開發工具引入一個叫做 **FreeRTOS** 的即時作業系統，主要用在多工任務（同時執行多個程式碼），而 ESP32 Arduino 程式其實是運作在 FreeRTOS 上的一個應用程序。因此，這本書的重點主題包括：

● Wi-Fi 無線物聯網應用

● 低功耗藍牙（BLE）

● I²S 序列音效傳輸介面

● FreeRTOS 即時作業系統

● HTTPS 安全加密連線

● 使用 JavaScript 和 Python 連結 ESP32

筆者假設讀者已閱讀過《超圖解 Arduino 互動設計入門》第三或四版，所以本書的內容不包含基本電子學（像電阻分壓電路、電晶體開關電路、運算放大器的電路原理分析…等），也不教導 Arduino 程式入門（如：條件判斷、迴圈、陣列、指標…等），而是以《超圖解 Arduino 互動設計入門》為基礎，依 ESP32 程式應用的需要，説明物件導向（OOP）、類別繼承、虛擬函式、回呼函式、指標存取結構、堆疊與遞迴…等程式設計應用。

另外，微控器通常是整個物聯網應用當中的一個環節，以**透過網頁瀏覽器控制某個裝置**的應用來説，呈現在瀏覽器的內容是採用 HTML 和 JavaScript 語言開發的互動網頁，和微控器的 Arduino 程式語言完全不同，所以這本書也不只探討 Arduino 程式語言。

開發微電腦應用程式，偶爾會用到一些小工具程式，例如，呈現在 OLED 顯示器上的中英文字體與影像，都必須先經過「轉檔」才能嵌入 Arduino 程式碼，除了使用現成的工具軟體，筆者也示範採用廣受歡迎的 Python 語言編寫批次轉換字體和影像檔的工具程式。書中提及的 Python 程式屬於進階應用，筆者假設讀者閱讀過《超圖解 Python 程式設計入門》，具備 Python 語言的操作檔案目錄、解析命令行參數、轉換影像、執行緒…等相關概念。

為了方便讀者查閱，**本書也提供了索引**，但受限於篇幅，索引以電子檔 (PDF 格式) 形式提供並刊載於筆者的網站 (https://swf.com.tw/?p=1451)；中文電腦書通常沒有索引，因為需要手工查閱，國外某些出版社有專人負責編輯索引，筆者花費三個工作天才整理完成。

在撰寫本書的過程中，收到許多親朋好友的寶貴意見，尤其是旗標科技的黃昕暐先生，他是我見過最專業且認真負責的編輯，不僅提供許多專業的看法、糾正內容的錯誤、添加文字讓文章更通順，還在晚上和假日加班改稿，由衷感謝昕暐先生對本書的貢獻。筆者也依照這些想法和指正，逐一調整解說方式，讓圖文內容更清楚易懂。也謝謝本書的美術與封面設計林美麗小姐，容忍筆者數度調整版型。

趙英傑　2021.03.31

於台中糖安居
https://swf.com.tw/

範例檔案

書本範例程式檔以章節區分，放在各個資料夾，請在底下網址下載並解壓縮：

https://www.flag.com.tw/DL.asp?F1794

目錄

1 32 位元雙核心 ESP32 晶片以及
軟體開發工具

00001

2 ESP32 開發板與 Arduino 程式開發應用

00010

3 00011 物件導向程式設計與自製
Arduino 程式庫

4 00100 中斷處理以及 ESP32 記憶體配置

5 00101 OLED 顯示器以及 Python 中文
轉換工具程式設計

6 Wi-Fi 無線物聯網操控裝置

00110

7 擷取網路資料以及 Python OLED 圖像轉換工具

00111

8 物聯網動態資料圖表網頁

01000

9 使用 WebSocket 即時連線
監控聯網裝置

01001

10 RTC 即時鐘以及網路和 GPS 精確對時

01010

14 網路收音機、文字轉語音播報裝置與音樂播放器

01110

15 典型藍牙以及 BLE 藍牙應用實作

01111

16 BLE 藍牙人機輸入裝置應用實作

10000

17 FreeRTOS 即時系統核心入門

10001

18 FreeRTOS 即時系統核心應用

10010

19 採用 HTTPS 加密連線的前端與 Web 伺服器

10011

20 使用 JavaScript 操控 ESP32 BLE 藍牙裝置

01100

21 建立無線 Mesh（網狀）通訊網路

10101

A Python Asyncio（非同步 IO）多工處理以及 BLE 藍牙連線程式設計

1

32 位元雙核心 ESP32 晶片
以及軟體開發工具

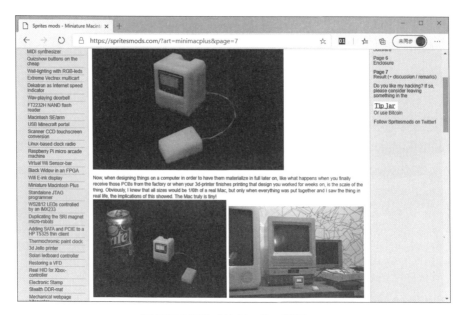

ESP32 是樂鑫信息科技（上海，以下簡稱樂鑫公司）研發，結合 Wi-Fi 和藍牙的 32 位元系統單晶片（SoC）。ESP32 的性能表現優異，有人用它製作出 80 年代的遊戲機和電腦的模擬器，例如，任職樂鑫公司的 Jeroen Domburg 用 ESP32 製作出超微型的 Mac Plus（早期的 Mac 電腦，開源專案網址：https://bit.ly/3nCldjr）。ESP 8BIT 開源專案（https://bit.ly/34Nsswi）能在 ESP32 執行任天堂紅白機（NES）、世嘉 Master System（SMS）和 Game Gear 掌上型遊戲機以及 Atari 5200 等機種的軟體，而且還支援藍牙控制器，可透過 AV 端子連接電視機：

用 ESP32 製作成的 Mac Plus 電腦

處理器晶片的能力越大，開發者的責任也更重大。幸好 ESP32 支援用 Arduino IDE 開發程式，不僅有為數龐大的程式庫和電子模組可加速專案開發，ESP32 具備無線聯網功能、低耗電，適合物聯網監測和控制，也被某些開發板當作 Wi-Fi 和藍牙無線網路的模組使用，稱得上多才多藝、物美價廉。

本章將介紹 ESP32 開發板以及軟體開發工具，內容包括：

● ESP32 晶片的特色，跟 ESP8266 的比較以及幾款常見的開發板介紹

- 認識樂鑫公司原廠的 ESP32 軟體開發工具套件：ESP-IDF

- 安裝與使用 Arduino IDE 開發 ESP32 程式

- 從開發板廠商提供的電路圖找出內建 LED 的接腳與連接方式

- ESP-IDF 開發工具與 Arduino IDE 的不同點

- 認識 ESP32 軟體開發環境內建的 FreeRTOS 即時作業系統

1-1 ESP32 的特色與開發板介紹

ESP32 晶片內部有兩個處理器：**32 位元雙核心主處理器**和 **8 位元低功耗處理器**（簡稱 ULP），主處理器採用位於加州的 Tensilica 公司研發的 Xtensa 架構。低功耗處理器可以在主處理器進入睡眠狀態時維持在運作狀態，並且可在有狀況發生（如：定時時間到或某個接腳電位發生變化），喚醒主處理器：

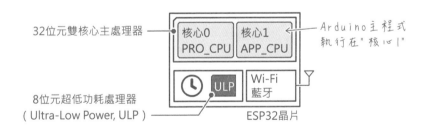

ESP32 主處理器的兩個核心，官方名稱分別叫做 PRO_CPU 和 APP_CPU：

- PRO_CPU：代表 **Protocol**（**協定**）CPU，負責處理和操控 Wi-Fi、藍牙和其他介面（I²C, SPI, .. 等）。

- APP_CPU：代表 **Application**（**應用**）CPU，執行主程式碼。

ESP32 和另一款廣受歡迎的 ESP8266 都是樂鑫公司的產品，表 1-1 列舉了 ESP32 和 ESP8266 晶片的功能比較，重點包括：

● ESP32 具備雙核心處理器，效能較高，主記憶體容量也較大。

● ESP32 的 IO 腳比較多，有觸控輸入功能，類比輸入腳的電壓上限達 3.6V。

● ESP32 內建藍牙 4.2。

表 1-1

型號	ESP32	ESP8266
處理器	Xtensa 雙核心或單核心 32 位元 LX6	Xtensa 單核心 32 位元 L106
工作時脈	160/240 MHz	80MHz
協同處理器	ULP	無
SRAM 主記憶體	520 KB	160 KB
外部 Flash 快閃記憶體	最高支援 16MB	最高支援 16MB
RTC (即時鐘) 記憶體	16KB	無
Wi-Fi	2.4GHz 頻段的 802.11 b/g/n	2.4GHz 頻段的 802.11 b/g/n
藍牙	4.2 版 BR/EDR/BLE	無
乙太網路	10/100 Mbps	無
CAN 介面	2.0	無
GPIO 總數	34	16
UART 序列埠	3	1.5 (其中一組僅有傳送腳)
I²C 介面	2	1
I²S 介面	2	2
SPI 介面	4	2
ADC (類比轉數位)	18 個 (12 位元)，輸入電壓上限 3.6V (正常值 3.3V)	1 個 (10 位元)，輸入電壓上限 1.1V
DAC (數位轉類比)	2 個 (8 位元)	2 個 (8 位元)
PWM 輸出	16	8
觸控介面	10	無
溫度感測器	有，用於測量晶片溫度	無
霍爾感測器	有，用於檢測磁力變化	無
安全性	安全啟動 Flash 加密 1024 位元 OTP	無
加密 (crypto)	AES, SHA-2, RSA, ECC, RNG	無
功耗	深度睡眠 (deep sleep) 時消耗 10μA	深度睡眠時消耗 2μA

其中的「乙太網路」代表 ESP32 有內建 TCP/IP 層，只需外加一個**實體層收發器**（Physical Layer Transceiver，簡稱 PHY），例如：採用 LAN8720 IC 的模組，就能連結 10/100Mbps 乙太網路。相較之下，Arduino Uno 板因為沒有內建 TCP/IP 層，需要採用單價較高的 W5100 乙太網路通訊晶片；本書的範例並未使用乙太網路，搜尋 "ESP32 LAN8720" 關鍵字即可找到相關範例：

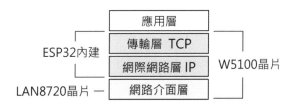

CAN 是 **Controller Area Network**（**控制器區域網路**）**通訊協定**的簡稱，普遍用於工廠和汽車等，雜訊較多的場所。ESP32 晶片內建 CAN 匯流排控制器，需要外接一個 3.3V 的 CAN 收發器（transceiver）方可運作，例如：採用 SN65HVD230 IC 的通信模組。Sandeep Mistry 編寫了一個 ESP32 Arduino 適用的 CAN 程式庫，網址：https://bit.ly/33PpSa9，本書的週邊感測器範例未使用 CAN 協定。

> 中國大陸把「匯流排（bus）」稱作「總線」，所以有些購物網站把「CAN 收發器」稱作「CAN 總線收發器」。

「加密」功能用於網路安全資料傳輸，相關說明請參閱第 19 章。「安全啟動 Flash 加密」代表保護燒錄在 ESP32 的程式碼不被竄改，ESP32 Arduino 開發環境尚未支援這項功能，相關說明請參閱樂鑫官方的簡體 API 文件的〈Flash 加密〉單元，網址：https://bit.ly/3fsZ6bx。

ESP32 模組和開發板簡介

許多廠商採用 ESP32 晶片製造出開發板和通訊模組，例如，位於瑞士的無線通訊半導體公司 u-blox，使用 ESP32 晶片製造成的 Wi-Fi＋藍牙模組，獲得 Arduino 原廠多款開發板採用：

u-blox NINA-W102模組
內含ESP32雙核心晶片
2MB快閃記憶
Wi-Fi 802.11b/g/n (2.4GHz)
藍牙低功耗4.2

ARDUINO MKR WIFI 1010

ESP32 晶片有不同的型號,而且持續推陳出新:

● ESP32-D0WDQ6:最常見的型號,雙核心、無內建快閃記憶體。

● ESP32-PICO-D4:內建 4MB 快閃記憶體。

● ESP32-S3:雙核心 LX 7 處理器,支援 Wi-Fi 4 和藍牙 5.0、AI 加速運算。

● ESP32-C3:單核心 RISC-V 處理器,支援 Wi-Fi 4 和藍牙 5.0。

樂鑫公司有推出整合 ESP32 和快閃記憶體的模組,像下圖這款 ESP-WROOM-32 模組(以下簡稱 WROOM 模組),廣泛被廠商用於製造各類 ESP32 開發板:

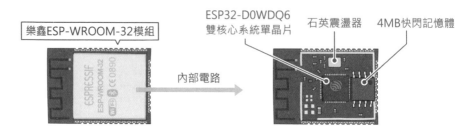

WROOM 模組加上直流電源降壓元件和 UART 轉 USB 通訊晶片,就能組成一個基本的 ESP32 開發板:

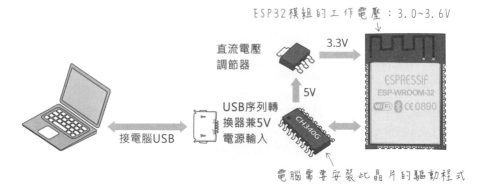

下圖左的 ESP32 D1 mini 開發板搭載的是樂鑫的模組。下圖兩款開發板有雙排接腳，內層的接腳和 WEMOS D1 mini（採 ESP8266 晶片）相容，可連接 D1 mini 系列擴展板，例如：鋰電池電源供應板、馬達驅動板...等，但是雙排接腳不可插入麵包板，兩兩相鄰的接腳會短路：

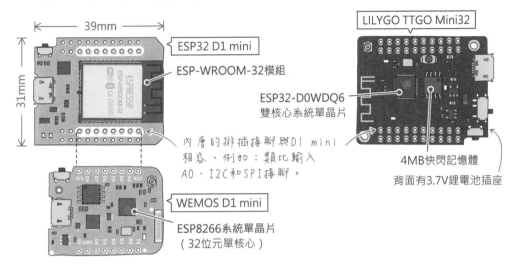

某些開發板不用現成的模組，像右上圖的 TTGO Mini32 板，由廠商自行整合 ESP32 晶片和快閃記憶體。筆者常用 ESP32 D1 mini 開發板做實驗，但是它的雙層接腳會導致書本插圖的接線顯得紊亂，所以本書的麵包板接線示範都不會出現它。

底下是適合插入麵包板實驗的 ESP32 開發板，下圖左的 DevKitC 出自樂鑫原廠：

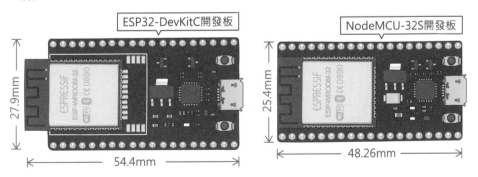

底下兩款都具備 3.7V 鋰電池插座；Lite 板長度比較短小，GPIO 腳少了 7 個、沒有 5V 輸出：

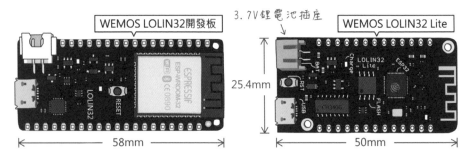

除了 Arduino 原廠的 MKR 開發板，上文提到的 ESP32 開發板的功能都一樣，程式碼完全相容，主要差別是接腳的數量、位置、命名方式以及內建 LED 的接腳不同，讀者可自行選用合適的款式。本書的範例主要採用左上圖的 WEMOS LOLIN32，因為它可直插麵包板、GPIO 腳多、有 5V 輸出、PCB 電路板的接腳有編號（NodeMCU-32S 沒有）、可外接鋰電池（具充電功能）。

如果你需要尺寸微小的 ESP32 開發板，可採用 M5Stack（https://m5stack.com/）、TinyPICO（https://tinypico.com/）或者 LILYGO T-Micro32。

ESP32-CAM 開發板

ESP32-CAM 是安信可科技研發的 ESP32 開發板，搭載 200 萬像素的攝影鏡頭，廠商提供的範例程式具備拍照、串流視訊以及人臉辨識功能，相關說明請參閱筆者網站的系列貼文：

```
https://swf.com.tw/?p=1723
```

1-2 ESP-IDF 程式開發框架及 menuconfig 工具簡介

搜尋 ESP32 程式設計相關資料時，讀者可能經常會看到 "ESP-IDF" 這個詞，**ESP-IDF 是樂鑫公司原廠的 ESP32 軟體開發工具套件**，IDF 是 IoT Development Framework 的簡稱，代表「物聯網開發框架」。本節將大致介紹 ESP-IDF 的用途和相關術語，但本書並不使用 ESP-IDF 來開發 ESP32（詳見下文），所以讀者只要略讀本單元，不需要安裝 ESP-IDF。

ESP-IDF 包含 C/C++ 程式語言編譯器，編譯程式時，若負責編譯的機器（通常是個人電腦）和將來執行二進位檔的目標機器屬於不同的類型，例如，在採用 x86 系列處理器的 Windows 電腦上編譯將交給 ESP32 晶片執行的程式，這種編譯器稱為**交叉編譯器（cross-compiler）**：

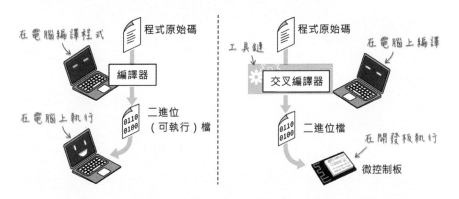

除了編譯器之外，編譯程式的過程還會用到程式庫、連結器（linker，把編譯好的檔案和程式庫整合成一個二進位檔，參閱下文）和**除錯器（debugger）**等工具軟體，這些軟體統稱為**工具鏈（toolchain）**。安裝 ESP-IDF 就是在電腦上建置編譯 ESP32 程式所需的工具鏈。

ESP-IDF 採用標準 C/C++ 語言，程式架構以及控制晶片的指令都跟 Arduino 語言不同。ESP-IDF 工具包含許多範例程式，底下是其中閃爍 LED 範例程式碼（blink.c 檔）：

```c
#include <stdio.h>
#include "freertos/FreeRTOS.h"
#include "freertos/task.h"
#include "driver/gpio.h"
#include "sdkconfig.h"

// BLINK_GPIO 的實際值可透過 menuconfig 工具設置
#define BLINK_GPIO CONFIG_BLINK_GPIO   // 定義 LED 接腳

void app_main()  {  // 主程式的執行起點
  gpio_pad_select_gpio(BLINK_GPIO);    // 選定要控制的接腳
  // 把選定的接腳設成「輸出」模式
  gpio_set_direction(BLINK_GPIO, GPIO_MODE_OUTPUT);
  while(1) {  // 開始無限迴圈...
    printf("Turning off the LED\n");       // 向序列埠輸出文字
    gpio_set_level(BLINK_GPIO, 0);          // 輸出低電位
    vTaskDelay(1000 / portTICK_PERIOD_MS); // 延遲 1000 毫秒
    printf("Turning on the LED\n");
    gpio_set_level(BLINK_GPIO, 1);          // 輸出高電位
    vTaskDelay(1000 / portTICK_PERIOD_MS); // 延遲 1000 毫秒
  }
}
```

一般的 C/C++ 程式都是從 main() 函式開始執行，但是 ESP-IDF 程式則是在執行初始化作業（如：宣告變數）之後，自動呼叫 app_main() 函式。

printf() 用於在 UART 序列埠輸出格式化文字，第 2 章會介紹它；這個程式向 UART 序列埠輸出資料之前，並沒有執行 Serial.begin(115200) 之類的初始化設定，printf() 命令前面也沒有加上 "Serial."。此外，ESP-IDF 的延遲時間指令不叫 delay()，而是 vTaskDelay()，第 17 章會介紹它。

menuconfig 文字命令工具

ESP-IDF 有一個透過文字命令工具設置程式參數的功能,像這個程式裡的 LED 接腳 BLINK_GPIO,其預設值是 5,若要改變腳位,不用修改程式原始碼,只要開啟 **menuconfig**(直譯為「選單設置」)工具,在裡面調整接腳參數即可。

ESP32 晶片的一些設置,如:燒錄器的資料傳輸速率、快閃記憶體的分區大小,以及透過外部設定檔指定的接腳編號(如:CONFIG_BLINK_GPIO),都可以透過 menuconfig 文字命令工具設定。這個工具的執行畫面如下:

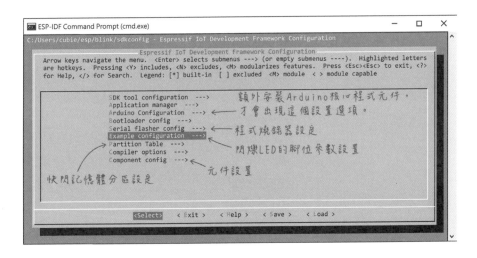

選擇上圖中的 **Example configuration** 選項,畫面將顯示如下的閃爍 LED 的 GPIO 接腳設定:

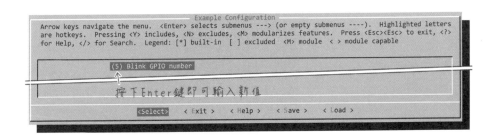

接腳的設定選項是在名叫 Kconfig.projbuild 的純文字檔中定義的,執行 menuconfig 命令時,它會自動開啟這個檔案(如果有的話)。Kconfig.projbuild 檔位於程式原始檔相同的路徑:

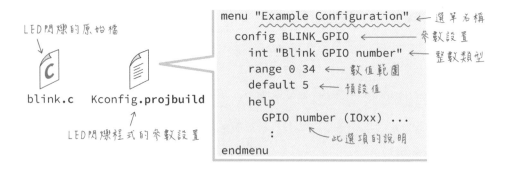

menuconfig 命令工具主畫面的 **Component config**（元件設置）選項，包含 UART 序列埠的相關設定：

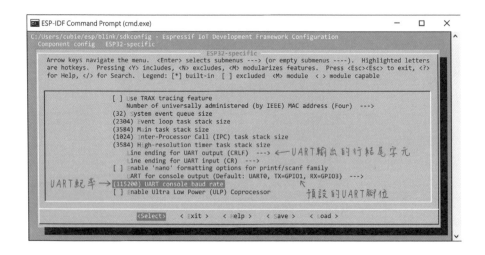

ESP-IDF 沒有內建程式編輯器，它可搭配各種常見的程式編輯器使用，例如 Visual Studio Code, ATOM, Eclipse, ...等等。

ESP-IDF 的 Arduino 核心程式元件

ESP-IDF 開發工具預設並不理解 Arduino 的指令和架構，像底下的閃爍 LED 程式會造成編譯錯誤，它不懂 setup(), loop(), digitalWrite()...是什麼意思？

```
void setup()  {
  pinMode(LED_BUILTIN, OUTPUT);
}
```

```
void loop() {
  digitalWrite(LED_BUILTIN, HIGH);
  delay(1000);
  digitalWrite(LED_BUILTIN, LOW);
  delay(1000);
}
```

為了支援 Arduino 語法，樂鑫公司維護了一個 Arduino core for the ESP32（ESP32 的 Arduino 核心程式元件）開源專案。在 ESP-IDF 開發工具中安裝此 Arduino 核心，就能順利編譯 Arduino 程式。不過，本書不採用 ESP-IDF 開發工具，而是用 Arduino 官方的 IDE（整合開發環境）。原因是：

● **Arduino IDE 安裝簡單**：建置 ESP-IDF 開發環境則需要安裝許多工具軟體和系統環境變數設定，像 Python（程式語言執行環境）、Git（程式碼版本管理工具）、CMake（C/C++ 語言編譯器）...等等，雖然樂鑫官方有推出「ESP-IDF 工具安裝器」（官方簡體中文說明：https://bit.ly/2QC7rhE）能輕鬆完成開發環境設定，但仍比不上 Arduino IDE 簡潔易用。

● **ESP32 的 Arduino 核心程式元件有版本相容問題**：筆者撰寫本文時，ESP-IDF 的最新版是 4.2，無法順利編譯 Arduino 程式，因為 Arduino 核心程式元件當下最高僅支援 3.3 版。

● **絕大多數的 ESP32 開發板的功能，都能用 Arduino IDE 開發工具和程式完成**：像 ESP-IDF 透過 menuconfig 命令工具的燒錄器和快閃記憶體大小設定，也能從 Arduino IDE 的『**工具**』功能表設置（參閱下一節）：

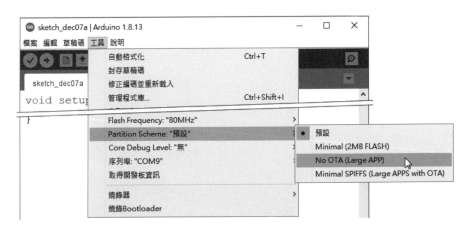

有些晶片功能無法從 Arduino IDE 設定，像主程式在雙核心的哪個核心執行、預設的 UART 通訊埠接腳、RTC（即時鐘，相當於晶片內部的鬧鐘）的時脈來源（參閱第 10 章）…等，這些都要用 ESP-IDF 開發。但話說回來，大多數的專案都不需要修改這些設定。

1-3 使用 Arduino IDE 開發 ESP32 程式

Arduino IDE 從 1.6.4 版開始加入**開發板管理員**，相當於 IDE 的外掛，讓原本不屬於 Arduino 家族的開發板（如：ESP32），也能透過 Arduino 語言和開發工具來編寫、編譯和上傳程式碼：

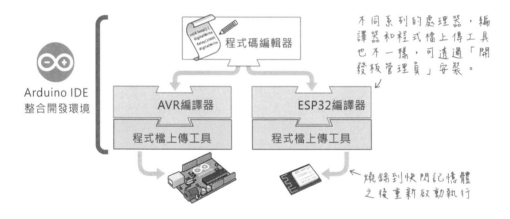

樂鑫公司編寫了 ESP32 版的 Arduino 開發板管理員和程式庫，原始碼和相關說明都放在 GitHub 網站：https://github.com/espressif/arduino-esp32。

在 Arduino IDE 中新增支援 ESP32 開發板的步驟：

1 選擇 Arduino IDE 主功能表的『**檔案/偏好設定**』。

2 在**偏好設定**面板的**額外的開發板管理員網址**欄位，輸入 ESP32 開發板的開發板管理網址：

```
https://dl.espressif.com/dl/package_esp32_index.json
```

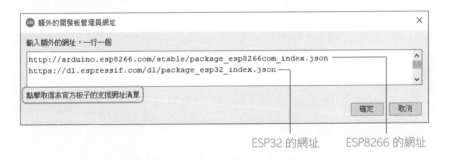

若要瀏覽所有支援 Arduino IDE 的開發板及其開發板管理員網址，請點擊
額外的開發板管理員網址欄位右邊的按鈕，再點擊此面板底下的連結：

ESP32 的網址　　ESP8266 的網址

<table>
<tr><td>3</td><td>按下**確定**鈕關閉面板後，選擇『**工具/開發板/開發板管理員**』，搜尋
"esp32" 關鍵字，再點擊搜尋到的工具軟體右邊的**安裝**：</td></tr>
</table>

預設會選擇最新版本

等它下載完畢，Arduino IDE 就具備開發 ESP32 開發板的功能了。

測試 ESP32 開發板

為了驗證 Arduino 的 ESP32 開發環境可以運作，請上傳閃爍 LED 程式（blink）測試看看。ESP32 開發板接上電腦 USB 之後，從 Arduino IDE 主功能表的『**工具/開發板**』選擇你的開發板類型：

如果你的 ESP32 開發板沒有被收錄在 Arduino IDE（如：LOLIN32 Lite），沒關係，請選擇 **LOLIN32** 或 **Node32s** 等常見款式，選錯開發板不會造成損壞。

從主功能表『**工具/序列埠**』選擇開發板的序列埠，『**工具**』選單的其他選項維持預設即可。Arduino IDE 視窗右下角將顯示目前的開發板類型和序列埠：

WEMOS LOLIN32 於 COM5

初次把 ESP32 開發板接上電腦時，可能需要安裝 **UART 轉 USB 通訊晶片**的驅動程式，Windows 10 系統會自行下載安裝，macOS 系統可能需要手動安裝。常見的 USB 序列通訊晶片有兩種：

- CH340：macOS Mojave 10.14 或更新版已內建此驅動程式，不用安裝。

- CP210x：請在晶片廠商 Silicon Labs 的這個網頁下載驅動程式：http://bit.ly/2YfEb45。

選擇『**檔案/範例/01. Basics**』裡的 Blink，然後上傳到開發板：

有些 ESP32 開發板在 Arduino IDE 上傳程式時，需要按板子上的 BOOT 鍵，如果你在上傳時發現一直沒動靜，可以試試看。

程式編譯、上傳完畢後，LOLIN32 開發板會自動重新啟動，內建的 LED 隨即開始閃爍。如果內建 LED 沒有閃爍，通常是『**工具/開發板**』選錯了（解決方式請見下文）：

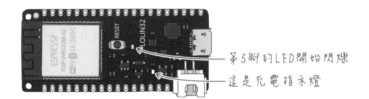

開發板內建 LED 的接腳與極性

不同開發板內建的 LED 的接腳可能不同，確認接腳的方法是看電路圖，例如：搜尋關鍵字 "LOLIN32 schematic" 即可找到 LOLIN32 的電路圖。ESP32 開發板通常有 1~3 個 LED：**電源指示燈、內建（測試閃爍）LED** 以及**鋰電池充電狀態指示燈**：

中國大陸把「電路圖」稱作「原理圖」。

若電路圖是 PDF 格式，開啟之後，按下 Ctrl + F 鍵搜尋 "LED"，即可找到電路圖裡的 LED 元件。底下是 LOLIN 開發板的部分電路圖，其中的 LED2 是內建的 LED（LED1 是鋰電池充電狀態指示燈）：

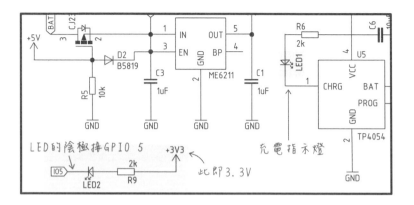

雖然 LOLIN32 的 PCB 板子上有標示內建 LED 的接腳 (5)，但從電路圖才能看出此 LED 是**陰極 (-)** 接微控器；Nodemcu-32s 的 LED 則是**陽極 (+)** 接在腳 2：

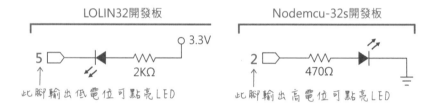

如果編譯、上傳 ESP32 程式時選錯開發板，內建的 LED 可能不會閃爍。假設你的開發板是 LOLIN32，故意在 Arduino IDE 中選擇 **Node32s**，只要在程式開頭修改 LED_BUILTIN (內建 LED) 定義值，程式仍將正常運作：

```
#define LED_BUILTIN 5   // 內建的 LED 接在腳 5
```

> 有些 ESP32 開發板在 Arduino IDE 上傳程式之後，需要手動按下 Reset 鍵，開發板才會重新啟動。

ESP32 開發板的接腳常數定義和專屬程式庫

在**開發板管理員**加入 ESP32 開發板之後，電腦將在下列路徑存入新增的開發板工具軟體，包括：編譯器、燒錄器和 Arduino 設定檔：

● Windows 系統：C:\Users\使用者名稱\AppData\Local\Arduino15\

● macOS 系統：/Users/使用者名稱/Library/Arduino15/

在這個路徑裡面的 pins_arduino.h 檔定義了內建的 LED 腳 (LED_BUILTIN)，以及類比輸入腳 (A0, A3, A4,...)、觸控腳 (T0, T1, ...)、UART (TX, RX)、SPI (SS, MOSI, MISO, SCK) 和 I2C (SDA, SCL) 等接腳的常數 (替換) 名稱。所以 Arduino IDE 知道 LOLIN32 開發板內建的 LED 接在第 5 腳：

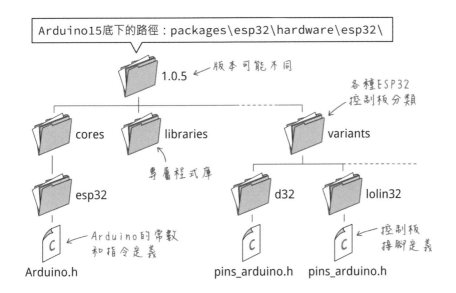

ESP32 專屬的程式庫 (libraries) 內含連接無線網路的 WiFi 程式庫、藍牙序列通訊的 BluetoothSerial、HTTP 用戶端連線的 HTTPClient...等等。

1-4 在 Arduino IDE 中編譯 ESP-IDF 程式

在 Arduino IDE 中編寫的 ESP32 Arduino 程式，底層也是 ESP-IDF，這代表我們在 Arduino IDE 中可以混合使用 Arduino 和 ESP-IDF 的指令來編寫程式，實際上，某些 ESP32 Arduino 程式，必須使用 ESP-IDF 的程式庫和指令，第 15 章的低功耗藍牙 (BLE) 裡的 Arduino 程式就是一例：

例如，底下把上文 ESP-IDF 內建的閃爍 LED 範例程式（blink.c）改成 Arduino 版本。**ESP-IDF 程式的執行起點是 app_main() 函式**，在 Arduino 程式中要拆解成 setup() 和 loop() 兩個函式：

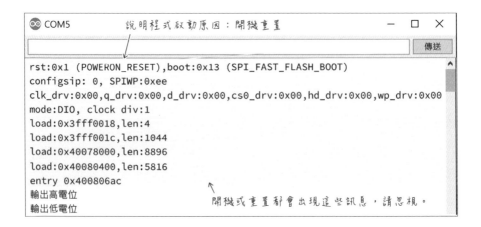

```
         ← 引用ESP-IDF程式庫的敘述可省略
                                      這是ESP-IDF內定的
#define BLINK_GPIO (gpio_num_t)5
           接腳數字（整數）要轉換成gpio_num_t類型
void setup() {
  gpio_pad_select_gpio(BLINK_GPIO);   // 選定要控制的接腳
  gpio_set_direction(BLINK_GPIO, GPIO_MODE_OUTPUT);
}
          無限迴圈的程式碼放在loop()函式裡面
void loop() {
  Serial.begin(115200);      初始化UART的Serial.begin()可省略
  printf("輸出高電位\n");    中文OK!也能寫成Serial.printf()

  gpio_set_level(BLINK_GPIO, 0);              // 輸出低電位
  vTaskDelay(1000 / portTICK_PERIOD_MS);   // 延遲1000毫秒
  printf("輸出低電位\n");
  gpio_set_level(BLINK_GPIO, 1);              // 輸出高電位
  vTaskDelay(1000 / portTICK_PERIOD_MS);   // 延遲1000毫秒
}
```

編譯並上傳 ESP32 開發板的執行結果，跟原本的 ESP-IDF 閃爍範例一樣：

```
😀 COM5        說明程式啟動原因：開機重置          —  □  ✕
                                                      傳送

rst:0x1 (POWERON_RESET),boot:0x13 (SPI_FAST_FLASH_BOOT)
configsip: 0, SPIWP:0xee
clk_drv:0x00,q_drv:0x00,d_drv:0x00,cs0_drv:0x00,hd_drv:0x00,wp_drv:0x00
mode:DIO, clock div:1
load:0x3fff0018,len:4
load:0x3fff001c,len:1044
load:0x40078000,len:8896
load:0x40080400,len:5816
entry 0x400806ac
輸出高電位
輸出低電位          開機或重置都會出現這些訊息，請忽視。
```

ESP32 Arduino 工具程式不同於 ESP-IDF

雖然 Arduino IDE 的 ESP32 開發環境包含 ESP-IDF，但這兩者並不是相同的東西。除了上文提到的程式語法和架構不同，缺乏 menuconfig 文字命令工具，另一個大差別是 ESP-IDF 的內建程式庫的檔案格式。

以 HTTP 伺服器程式庫為例，其 .h 標頭檔和 .c 原始檔位在 ESP-IDF 開發工具的 components (元件) 資料夾的 esp_http_server 資料夾裡面：

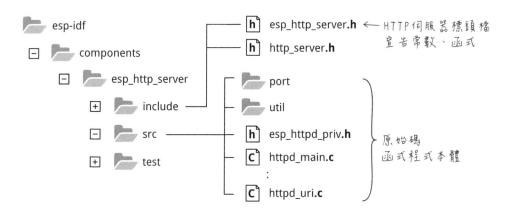

Arduino IDE 環境裡的相同 ESP32 HTTP 伺服器程式庫 (及其他內建程式庫) 位於底下 sdk 路徑的 include 資料夾，但是**只有標頭檔，沒有副檔名 .c 的原始碼**：

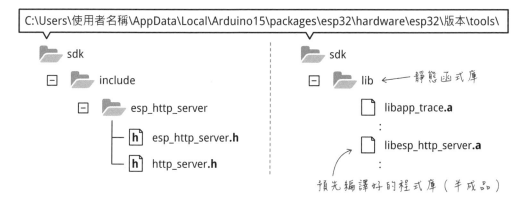

Arduino 和 C/C++ 程式從原始碼轉換成可執行檔，會經過**編譯**和**連結**兩大步驟。我們編寫的原始碼首先被編譯成 .obj 二進位檔，然後連結必要的程式庫組成可執行檔：

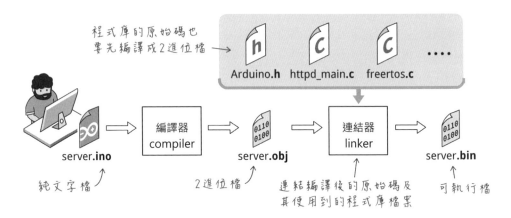

程式庫檔案不一定要以原始碼方式提供，可以事先用 C/C++ 編譯器編譯成二進位檔，這種作法的特點是：

● 提昇整體編譯速度

● 原始碼不會被外人看見

Arduino IDE 的 ESP32 工具內建程式庫的原始碼就是預先用 ESP-IDF 工具編譯好的版本，稱為**靜態程式庫（static library）**，其副檔名為 .a，檔名通常以 lib 開頭；「靜態」代表程式碼不可改變（若改變原始碼，需要重新編譯）。當然，ESP32 Arduino 是開源專案，要瀏覽程式庫原始碼不必下載 ESP-IDF，到此專案的 GitHub 網頁 (https://github.com/espressif/arduino-esp32) 就能看到。

1-5 ESP32 程式開發工具內含 FreeRTOS（即時作業系統）

ESP-IDF 包含一個名叫 **FreeRTOS** 的即時作業系統。美國電商龍頭 Amazon（亞馬遜）的 FreeRTOS 中文頁面（https://aws.amazon.com/tw/freertos/），這樣介紹 FreeRTOS：「FreeRTOS 是一種適用於微型控制器的開放原始碼即時作業系統，可讓小型、低功率的邊緣裝置易於進行程式設計、部署、保護、連接及管理。」

Free 代表**免費**、**自由**，RTOS 是 **real-time operating system（即時作業系統）**的縮寫，「即時」代表程式能在短時間內（通常以毫秒為單位）回應或處理某個事件，就像微控器偵測到某個腳位輸入訊號發生變化，就立即執行對應的程式。

相較之下，Windows, macOS 和 Linux 等電腦作業系統，都不屬於「即時作業系統」，比方說，你可能在電腦上同時開啟了多個應用軟體，導致操作時感覺有一點遲鈍，但這並不影響整體使用，也不會造成嚴重的後果。但是在防災系統或者汽車輔助駕駛系統上，即時反應就很重要，例如：輪胎打滑時修正路徑。

認識 FreeRTOS

FreeRTOS 是 Richard Barry（理查・巴里）在 2003 年創立的開源專案，核心程式只用 4 個 C 程式檔組成，已被移植到 30 多種微控器，包括 ESP8266, EP32, ARM, STM32, Atmel AVR, Intel x86...等，連 8 位元的 Arduino UNO 都能執行。

FreeRTOS 被廣泛用在不同產業的商品，從玩具、穿戴裝置、智慧型工具機...甚至高度安全要求的飛行器導航裝置。在重量級軟、硬體廠商紛紛搶進物聯網市場時，Amazon 延攬理查・巴里，挹注資源持續改進 FreeRTOS 並且整合該公司的 AWS 雲端服務，於 2018 年推出 Amazon FreeRTOS。

雖然獲得 Amazon 的資金，FreeRTOS 仍維持免費、開源，原有的官網 freertos.org 和 GitHub 原始碼載點也持續更新運作。FreeRTOS 的開發人員也可自行選用合適的雲端服務（如果需要的話），不限於使用 Amazon AWS。

FreeRTOS 名稱中有 "OS"，但它跟我們印象中的作業系統差很大～它比較像一組方便程式設計師開發微控器軟體的函式庫（程式庫），而不是讓一般大眾操作、管理機器的系統。FreeRTOS 最主要的功能是協調處理器同時執行多個任務，也就是**多工作業（multi-tasking）**。例如，在微控器更新 LED 動態字幕的同時，在背景播放音效。

另一個使用 FreeRTOS（或其他作業系統）的顯著優點：**提昇程式碼的可移植性**。就像 Arduino 程式一樣，原本針對某個微控器開發的程式，稍做修改即可移植到其他支援該系統的微控器。

國外專門報導嵌入式系統的專業媒體 embedded.com，在 2019 年底對開發人員做了一份嵌入式系統的市場調查（PDF 文件：https://bit.ly/36fFRPD），在作業系統方面，開發人員目前採用的前五名分別是：

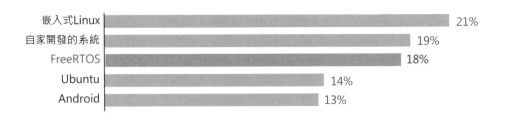

其中屬於「即時」作業系統、能在微控器上運作的是 FreeRTOS。在未來 12 個月內計畫採用的作業系統前三名如下，可見 FreeRTOS 是最受開發人員青睞的即時作業系統：

底下是 ESP-IDF 工具的閃爍 LED 範例程式碼 (blink.c 檔) 的開頭，可以看到它引用了 FreeRTOS 程式庫：

```
#include <stdio.h>
#include "freertos/FreeRTOS.h" // FreeRTOS 程式庫
#include "freertos/task.h"     // FreeRTOS 程式庫
#include "driver/gpio.h"
#include "sdkconfig.h"
```

閃爍 LED 程式當中的 vTaskDelay() 延遲時間函式，其實就是出自 FreeRTOS，它和 Arduino 的 delay() 的差別在於，**delay() 會讓微控器放空、不做任何事，vTaskDelay() 則不會，處理器可繼續執行其他任務。**

ESP32 Arduino 開發環境也包含 FreeRTOS，標頭檔位於底下路徑：

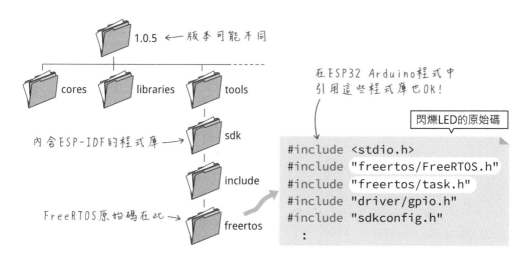

更多關於 FreeRTOS 的說明和實作，請參閱第 17 章。

即時作業系統有很多品牌，FreeRTOS 只是其中一種。知名的微處理器開發商 ARM（安謀）開發了稱作 Mbed OS 的**嵌入式作業系統（embed OS）**，也屬於即時作業系統，能協助快速開發採用 ARM 架構處理器的應用程式。

FreeRTOS 比較精簡，Mbed OS 除了系統核心，還具備各類型硬體裝置的驅動程式和程式庫，例如：讀寫 SD 記憶卡、輸出 PWM 訊號、控制指定腳位輸出高、低電位...等等，可在所有支援 Mbed OS 的開發板上執行。

Arduino 原廠的 Nano 33 BLE 以及英國 BBC 的 Micro:bit 兩款開發板，都採用內建藍牙通訊功能的 ARM 處理器，也都使用 Mbed OS，相關介紹請參閱筆者網站的〈BBC micro:bit 開發板的 ARM Mbed 嵌入式作業系統初探（一）〉貼文，網址：https://swf.com.tw/?p=1270

ESP32 晶片在 2011 年 11 月被人發現一個安全漏洞，導致駭客可繞過安全加密功能，存取快閃記憶體的內容。為此，樂鑫公司發表了一份說明文件（簡體中文：https://bit.ly/3rOsUVn），並於 2020 年三月投產修補漏洞的 ESP32 系列晶片。

並非所有 ESP32 晶片都有藍牙，像 ESP32-S2 只有單一 240MHz Xtensa 核心、沒有內建藍牙、沒有 CAN 介面、沒有乙太網路、但有內建 USB OTG 介面，無須額外的 UART 轉 USB 晶片，即可連接電腦 USB 介面。ESP32-S2 比雙核心的 ESP32 更省電、GPIO 腳更多、更多加密功能、超低功耗協同處理器 (ULP) 也採用開源處理器 RISC-V 方案重新設計。本書採用的開發板是雙核心的 ESP32 版本。

00010

2

ESP32 開發板與 Arduino
程式開發應用

本章將介紹 ESP32 開發板的接腳、特色功能以及 ESP32 Arduino 和典型的 8 位元 Arduino 程式的不同點，例如：電容觸控輸入腳、霍爾磁場感測器、資料類型、輸出格式化字串的 printf() 函式、PWM 輸出...等等。

2-1 EP32 開發板的接腳

有許多廠商生產採用 ESP32 模組的開發板，它們的功能大同小異，尺寸、接腳形式和編號沒有統一，下圖是 LOLIN32 開發板的接腳，它沿用 ESP32 模組本身的接腳編號，有些開發板（如：NodeMCU 系列）採用廠商自己的編號（如：D0, D1, D2, ...），但「編號」只是電路板上的印刷文字不同，功能都一樣，寫程式時，以 ESP32 模組的編號為準：

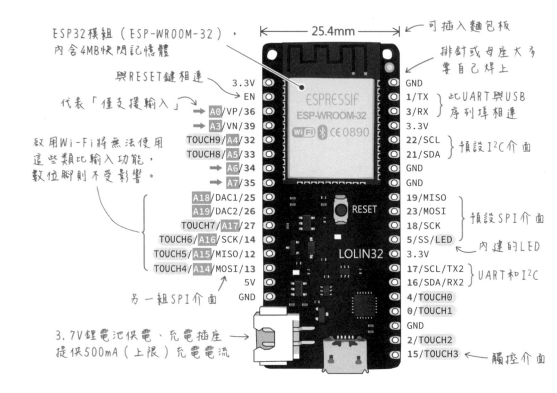

LOLIN32 開發板可連接鋰電池。鋰電池的封裝形式有圓柱形（如：18650 型）、軟包（如下圖）和方形等樣式，你可以依照專案裝置的外觀尺寸任選一種，一般來說，用圓柱形搭配電池盒比較方便替換：

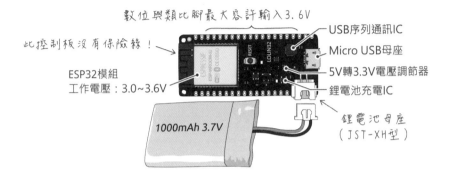

要留意的是，LOLIN32 開發板也是開源硬體，任何廠商都能生產一模一樣的相容開發板，但品質良莠不齊，有些採用劣質的鋰電池充電 IC，充飽電不會自動斷電。

底下是樂鑫官方的 ESP32 Devkit V4 開發板的接腳，相較於 LOLIN32 開發板，官方的板子多了 6~11 腳，可連接 SPI 介面以及 UART 序列埠，但**其實 6~11 腳內定被用於連接快閃記憶體，我們的程式無法使用這些接腳**：

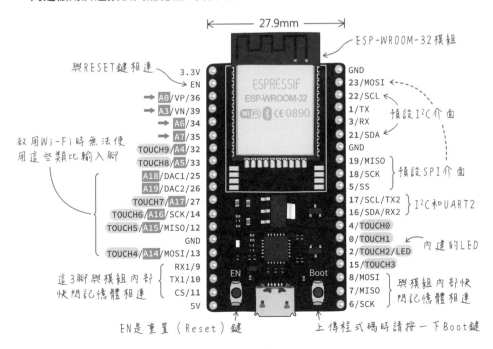

這個開發板比較寬，最好把兩塊麵包板像這樣上下拼接在一起，開發板的接腳
才有空間連接導線：

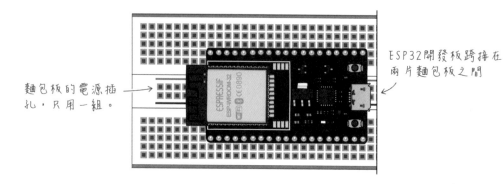

麵包板的電源插
扎，只用一組。

ESP32開發板跨接在
兩片麵包板之間

資料類型補充說明

ESP32 的處理器是 32 位元，其 **int 和 double 類型**佔用的記憶體容量和 8 位
元處理器不同，表 2-1 裡的淺藍色是 **8 位元（Uno 板）**，深藍色是 32 位元
（ESP32 板）：

表 2-1

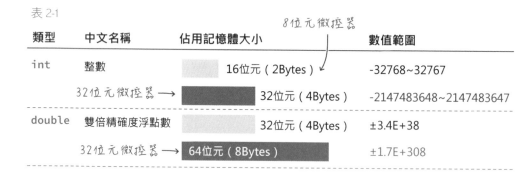

8位元微控器

類型	中文名稱	佔用記憶體大小	數值範圍
int	整數	16位元（2Bytes）	-32768~32767
	32位元微控器 →	32位元（4Bytes）	-2147483648~2147483647
double	雙倍精確度浮點數	32位元（4Bytes）	±3.4E+38
	32位元微控器 →	64位元（8Bytes）	±1.7E+308

Arduino 程式也支援表 2-2，1999 年制定的 C 程式語言 C99 標準的整數類型
寫法，採資料佔用的位元數來定義。如此可避免不同微控器，對整數數字範圍
定義不一致的情況：

表 2-2

類型	等同的類型
int8_t	char
uint8_t	byte
int16_t	8 位元處理器的 int
uint16_t	8 位元處理器的 unsigned int
int32_t	long 或 32 位元處理器的 int
uint32_t	unsigned long 或 32 位元處理器的 unsigned int

例如，底下兩行變數宣告敘述是一樣的：

8位元正整數
↓
`byte pin=13;` 等同⟹ unsigned（不帶正負號）
↓
`uint8_t pin=13;`

2-2 ESP32 的 3 個 UART 序列通訊與 printf() 函式

ESP32 晶片具有 3 個 UART 埠，可分別使用下列 Serial（序列）物件操控：

- Serial：與電腦 USB 介面相連的序列埠，主要用於傳輸程式檔以及和 Arduino IDE 的**序列埠監控視窗**通訊。**RX（接收）是 GPIO 腳 3、TX（發送）是腳 1**。

- Serial1：RX 是腳 9、TX 是腳 10。

- Serial2：RX 是腳 16、TX 是腳 17。

ESP32 的 GPIO 腳 6~12 用於連接快閃記憶體，所以 Serial1 的腳 9 和 10 不可用。但其實 ESP32 的 UART 介面可連接到任意接腳，例如，底下的敘述代表以 9600bps 鮑率、預設通訊格式 (8 個資料位元、沒有同位檢查、1 個停止位元) 及預設 RX 和 TX 接腳初始化 Serial2 介面：

> 僅支援**輸入**模式的 GPIO 腳不能用作 TX 腳。

| 採預設通訊格式，RX腳=16，TX腳=17 | ⇨ | `Serial2.begin( 9600 );` |

底下的敘述把 Serial2 的接腳改成 18 和 19：

| UART類別.begin(鮑率，通訊格式，RX腳，TX腳) |

```
Serial2.begin( 9600, SERIAL_8N1, 18, 19 );
```

代表「8個資料位元、沒有同位檢查、1個停止位元」

同樣地，透過自訂接腳，就能使用 Serial1 了：

```
// Serial1 接腳 18 (RX) 和 19 (TX)
Serial1.begin(9600, SERIAL_8N1, 18, 19);
```

printf() 格式化輸出字串函式

第一章提到，ESP32 Arduino 程式開發環境的底層是 ESP-IDF 工具，這個工具已預先初始化連接電腦 USB 的 Serial 埠，參數值為 115200bps 及 SERIAL_8N1，所以使用此 UART 序列埠可以省略初始化的敘述，但必須使用 printf() 函式輸出字串：

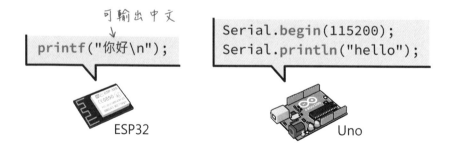

可輸出中文
```
printf("你好\n");
```
ESP32

```
Serial.begin(115200);
Serial.println("hello");
```
Uno

ESP32 的 Serial 物件也具有 printf() 方法，它提供和 printf() 函式相同的功能，但背後的程式碼不一樣。在 ESP32 執行 Serial 物件的方法之前，還是必須先執行 Serial.begin() 初始化 Serial 物件，否則無法從序列埠傳出訊息，例如：

```
Serial.begin(115200);
Serial.printf("你好！\n");
```

printf() 在 C 語言中，代表「在主控台 (console) 輸出格式化字串」，也稱為「標準輸出 (standard output)」，"f" 代表 "format"（格式）；在 ESP32 中代表**在預設的 UART 序列埠輸出格式化字串**。因為這個格式化輸出字串功能比較佔記憶體，所以 Arduino Uno 板並沒有提供這個函式。

printf() 函式的字串 (字元陣列) 可結合**輸出控制符號**以及**參數**，輸出動態合成的字串。表 2-3 列舉常見的輸出控制符號及其意義：

表 2-3

符號	說明
%c	單一字元 (char)
%s	字串 (string)
%u	無正負號 (unsigned) 整數
%d	整數 (int)
%lu	無正負號長整數 (unsigned long)
%ld	長整數 (long)
%x	16 進位整數
%f	浮點數字 (float)；輸出全部整數部分，6 位小數部分，超過 6 位則四捨五入
%.nf	輸出小數點後 n 位的浮點數字，請留意 n 前面有個點。例如：浮點數字 3.14159，用 %.3f 輸出 3.142
%%	顯示%

底下的 printf() 函式運用輸出控制符號，在字串中結合「字元陣列」和「浮點數字」兩個參數值：

```
void setup() {
  char* sensor = "相對溼度";
  float val = 32.75;

  printf("%s值為%.2f%%\n", sensor, val);
}

void loop() { }
```

輸出 → 相對溼度值為32.75%

printf("字串", 參數1, 參數2, ...參數n)

內含「輸出控制符號」

以上的 printf() 函式敘述,也可用 Serial 物件改寫:

```
Serial.begin(115200);
Serial.printf("%s 值為%.2f%%\n", sensor, val);
```

若改用 Serial.print() 敘述輸出相同字串,要分開寫成數行:

```
Serial.print(sensor);
Serial.print("值為");
Serial.print(val);
Serial.println("%");
```

2-3 輸出核心除錯訊息

在軟硬體的開發過程,免不了會出現一些錯誤和意外狀況。為了追蹤和紀錄錯誤,軟體工程師通常會讓程式把發生錯誤的時間和狀況紀錄在一個統稱 **log**(**日誌**)的文字檔。

開發 Arduino 軟體時,我們則是把自訂的錯誤訊息(通常是某個變數內容)輸出到序列埠,以便透過 IDE 的**序列埠監控視窗**(或其他序列埠通訊軟體)檢視。例如,假設連結網站的敘述把回應代碼存入 httpCode 變數,我們可以將它從序列埠輸出:

```
Serial.printf("網站回應:%u\n", httpCode);
```

樂鑫公司在 ESP-IDF 中提供了一個方便我們管理輸出錯誤訊息的 esp_log.h 程式庫，它支援輸出錯誤訊息到序列埠、寫入 SD 記憶卡，或者連接一種叫做 JTAG 的硬體除錯裝置，從其他序列接腳輸出訊息給專用的除錯軟體（關於 JTAG 的相關說明，請參閱樂鑫官方的簡體〈應用層跟蹤庫〉文件：http://bit.ly/2MCplT7）。

ESP32 的 Arduino 開發環境則是提供了基於 esp_log.h 的 esp32-hal-log.h 程式庫，它讓我們把錯誤程度分成不同高低等級，並且從 Arduino IDE 的『**工具**』主功能能表的 **Core Debug Level**（核心除錯等級）選單，設定把哪些等級的除錯訊息編譯到程式檔。

依高低等級排列，在序列埠輸出錯誤訊息的巨集指令如下：

- log_e：錯誤（error，最低）

- log_w：警告（warning）

- log_i：資訊（info）

- log_d：除錯（debug）

- log_v：詳細（verbose，最高）

這些巨集指令也能結合表 2-3 的輸出控制符號，輸出動態合成的字串。底下範例程式可輸出 3 個訊息：

```
void setup() {
  int counter = 10;
  log_d("counter 值：%u", (counter+10));
  log_e("出錯了～沒有初始化序列埠。");
  log_w("序列埠速率要設成 %u", 115200);
}

void loop() {}
```

編譯程式之前，請先從『**工具/Core Debug Level**』選擇要編譯並輸出的除錯訊息等級。選擇 **Debug**，可編譯、輸出 3 個訊息；選擇**錯誤（Error）**，只會編譯、輸出 log_e 巨集內容：

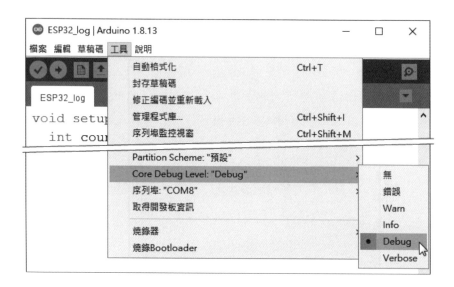

並非所有開發板都有提供 **Core Debug Level** 選單，筆者使用 WEMOS LOLIN32 開發板測試，但 IDE 的『**工具/開發板**』選擇的是 LOLIN D32。**Core Debug Level** 選單可以自己手動加上，請參閱下文說明。

編譯並上傳程式碼到 ESP32 開發板，它將在序列埠輸出如下的錯誤訊息：

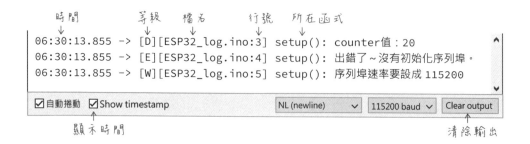

替開發板新增 Core Debug Level（核心除錯等級）選單

Arduino IDE 有個 boards.txt 文字檔，紀錄每個開發板的屬性資料，例如：微控器類型、工作頻率、燒錄程式、快閃記憶體大小…等等。例如，假設你選擇了 LOLIN D32 開發板，『**工具**』主功能表、**開發板**底下的選項也會跟著改變：

ESP32 開發板的 boards.txt 檔，位於這個路徑（最後的版本編號可能不同，以下稱此路徑為「ESP32 開發工具根目錄」）：

● Windows 系統：

```
C:\Users\使用者名稱\AppData\Local\Arduino15\packages\esp32\
hardware\esp32\1.0.5
```

● macOS 系統：

```
~/Library/Arduino15/packages/esp32/hardware/esp32/1.0.5
```

使用文字編輯器開啟 boards.txt 檔，搜尋 "d32"，即可看到 LOLIN D32 開發板的相關設置，像底下是 IDE 主功能表『**工具/Core Debug Level**』選單的**無**（None）以及**錯誤**（Error）選項設定：

開發板 選單　　　除錯等級　選項名稱
　↓　　↓　　　　　↓　　　↓
```
    d32.menu.DebugLevel.none=None
    d32.menu.DebugLevel.none.build.code_debug=0
    d32.menu.DebugLevel.error=Error
    d32.menu.DebugLevel.error.build.code_debug=1
          :
```

「無」的選項值
↓

「錯誤」的選項值
↙

修改設定敘述開頭的開發板識別名稱，就能讓其他 ESP32 開發板具備 **Core Debug Level** 選單，例如，把底下的敘述貼入 boards.txt 的 "WEMOS LOLIN32" 設定：

```
############################################################
lolin32.name=WEMOS LOLIN32 ← 這個開發板的設定

lolin32.upload.tool=esptool_py
    : 略
lolin32.menu.UploadSpeed.512000.upload.speed=512000
```
} 原有的設定不變

```
      開發板的識別名稱記得修改
lolin32.menu.DebugLevel.none=None
lolin32.menu.DebugLevel.none.build.code_debug=0
lolin32.menu.DebugLevel.error=Error
lolin32.menu.DebugLevel.error.build.code_debug=1
lolin32.menu.DebugLevel.warn=Warn
lolin32.menu.DebugLevel.warn.build.code_debug=2
lolin32.menu.DebugLevel.info=Info
lolin32.menu.DebugLevel.info.build.code_debug=3
lolin32.menu.DebugLevel.debug=Debug
lolin32.menu.DebugLevel.debug.build.code_debug=4
lolin32.menu.DebugLevel.verbose=Verbose
lolin32.menu.DebugLevel.verbose.build.code_debug=5

############################################################
```

貼入 "Core Debug
Level" 選單設定
↙

儲存檔案，重新啟動 Arduino IDE，就能看見『**工具**』主功能表的 WEMOS LOLIN32 開發板新增了 **Core Debug Level** 選單。

2-4 數位輸出/入及電容觸控腳

接觸新的開發板時，最先要留意的是它的**電壓規格**。ESP32 開發板的**工作電壓**（V$_{DD}$）是 **3.3V**，數位及類比腳的**最大容許輸入電壓**是 V$_{DD}$**+0.3V**，也就是 3.6V：

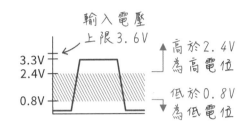

除 6~11 腳無法使用，以及 **34, 35, 36 和 39 腳僅具有輸入**，其他接腳都能透過 pinMode() 函式設定成數位輸入或輸出模式：

```
pinMode(接腳, 模式)
```

模式參數的可能值：

- INPUT：設成「數位輸入」。下列接腳不能或者不建議當作數位輸入腳：

    - 1：TX（序列傳送）腳，連接 USB 埠；開機時會輸出除錯訊息。

    - 3：RX（序列接收）腳，連接 USB 埠；開機時處於高電位狀態。

    - 12：開機時必須維持在低電位，否則無法啟動。

- OUTPUT：設成「數位輸出」，下列接腳不能或者不建議當作數位輸出腳：

    - 0, 5, 14 和 15：開機時會輸出短暫 PWM 訊號，不建議使用。

    - 1 和 3：連接 USB 埠。

    - 34~39：僅具備數位輸入功能。

- INPUT_PULLUP：啟用「上拉電阻」，32~39 腳不支援。

- INPUT_PULLDOWN：啟用「下拉電阻」，0~3 腳不支援。

樂鑫 ESP32 Series 技術文件的〈DC 特性〉單元（第 36 頁，表 13）指出，**上拉和下拉電阻值為 45KΩ。**

如果把腳 32 設置成**上拉電阻（INPUT_PULLUP）**，編譯時不會出錯，但該接腳沒有內建上拉電阻，因此實際執行時，該接腳將被當成一般的數位輸入腳。如果忘記這點，在沒有上拉（或下拉）電阻的輸入腳像下圖這樣連接開關，該接腳將變成**浮接**狀態，收到雜訊（亦即，輸入訊號在 0 和 1 之間跳動）：

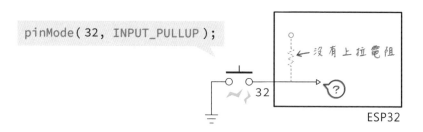

讀取觸控輸入值

ESP32 晶片有 10 個接腳具備電容觸控感應功能，可當成觸控開關。觸控腳的感測值是類比值，會因接線形式（碰觸面積大小）、距離等因素而不同。讀取觸控感測值的函式叫做 touchRead()：

```
int touchValue = touchRead(4);      ⇐ touchRead ( 觸控腳 )
```

接腳編號可用 GPIO 編號或者 T0~T9：

- T0 (GPIO 4)
- T1 (GPIO 0)
- T2 (GPIO 2)
- T3 (GPIO 15)
- T4 (GPIO 13)

- T5 (GPIO 12)
- T6 (GPIO 14)
- T7 (GPIO 27)
- T8 (GPIO 33)
- T9 (GPIO 32)

測試 ESP32 觸控輸入腳時，請先在該腳接一條導線，以讀取 T3 觸控腳為例：

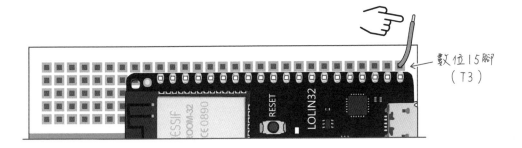

數位15腳
（T3）

上傳這個程式到 ESP32 開發板：

```
void setup() { }

void loop() {
  printf("觸控感測值:%u\n", touchRead(15));
  delay(1000);
}
```

接收無正負號整數值

15可改成 T3

它將在**序列埠監控視窗**顯示觸控感測值：

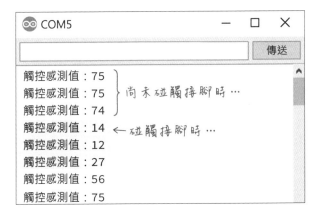

COM5

傳送

觸控感測值：75
觸控感測值：75   尚未碰觸接腳時…
觸控感測值：74
觸控感測值：14   ← 碰觸接腳時…
觸控感測值：12
觸控感測值：27
觸控感測值：56
觸控感測值：75

底下程式將在使用者碰觸腳 15 時，點亮或關閉開發板內建的 LED：

```
#define LED_BUILTIN 5      // 請自行修改內建的 LED 接腳
const byte touchPin = 15;  // 觸控腳
const int threshold = 20;  // 觸控臨界值
int touchValue;            // 暫存觸控值

void setup() {
  pinMode (LED_BUILTIN, OUTPUT);    // 內建的 LED 腳設成輸出模式
}

void loop() {
  touchValue = touchRead(touchPin); // 讀取觸控腳的值

  if (touchValue < threshold) {     // 若觸控值低於臨界值...

    digitalWrite(LED_BUILTIN, LOW); // 點亮 LED
  } else {
    digitalWrite(ledPin, HIGH);     // 否則關閉 LED
  }
  delay(100);
}
```

2-5 類比輸入埠：讀取 MQ-2 煙霧/可燃性氣體感測值

ESP32 的類比輸入電壓上限是 3.6V，正常最高值為 3.3V；讀取類比輸入值的指令同樣是 analogRead()，接腳可用 A0, A3, A4, ...或者 36, 39, 32, ...等編號。Arduino Uno 板的類比數位轉換器（ADC）採 10 位元取樣，所以量化值介於 0~1023；ESP32 的 ADC 預設採 12 位元取樣，量化值介於 0~4095：

ESP32 的 ADC 類比輸入電壓範圍和取樣位元，可分別用底下兩個函式調整：

- analogSetAttenuation(衰減值)："attenuation" 直譯為「衰減量」，用於調整
  輸入電壓範圍，可能的衰減值為：

  - ADC_0db：0dB 衰減，輸入電壓上限 1.00V。

  - ADC_2_5db：2.5dB 衰減，輸入電壓上限 1.34V。

  - ADC_6db：6dB 衰減，輸入電壓上限 2.00V。

  - ADC_11db：11dB 衰減，輸入電壓上限 3.6V。

- analogSetWidth(寬度)：設定 ADC 的取樣位元數，可能的寬度選項為：
  9~12，分別代表 2^9 (0~511) 至 2^{12} (0~4095)。

以下將使用一款常見的 MQ-2 煙霧感測器，說明讀取 ESP32 類比輸入值的程
式寫法。

ESP32 官方線上文件的〈ADC 校正〉單元 (https://bit.ly/373uFXg，筆者撰
寫本文時，該文件只有英文版) 提到，ESP32 的 ADC 參考電壓 (Vref) 應
為 1100mV，但不同 ESP32 晶片的實際參考電壓可能介於 1000mV 至
1200mV，導致類比輸入值可能出現意料之外的誤差。

樂鑫公司已透過 esp_adc_cal.h 程式檔修正誤差 (Arduino 版本也有採用)，
並且在 2018 年第一週 (含) 之後生產的晶片裡面燒錄了該晶片的參考電壓
值 (ADC_VREF)，提供修正程式檔使用。

我查看手邊 2019 年購買的一塊 ESP32 開發板，生產時間是 2019 年第四
週：

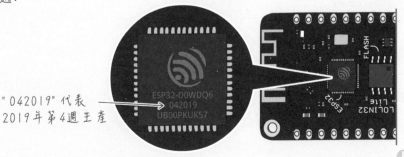

"042019" 代表
2019年第4週生產

如果 ESP32 是採用金屬外殼封裝的模組（如：WROOM-32），可透過 espefuse.py 這個 Python 工具程式查看晶片的 ADC_VREF 值，關於這個工具的操作命令和說明，請參閱 espefuse.py 的專案網頁：https://bit.ly/2GQdBJX。

MQ-2 煙霧/可燃性氣體感測器簡介

MQ 系列感測器可檢測不同類型的氣體，其感應輸出的訊號電壓會隨著氣體濃度增加而上升。常見的 MQ-2 可檢測煙霧和瓦斯，表 2-4 列舉其中幾款 MQ 系列編號和用途，補充說明，這些感測器只能偵測目標氣體的濃度，無法分辨氣體類型：

表 2-4

感測器	偵測氣體
MQ-2	液化石油氣（LPG，瓦斯）、甲烷、丁烷、煙霧
MQ-3	酒精、乙醇、煙霧
MQ-5	天然氣、液化石油氣
MQ-9	一氧化碳、可燃氣
MQ131	臭氧

MQ-2 感測器元件的外型如下圖左，其接腳無法直接插入麵包板，需要額外焊接，所以我們通常選購如右下圖的模組：

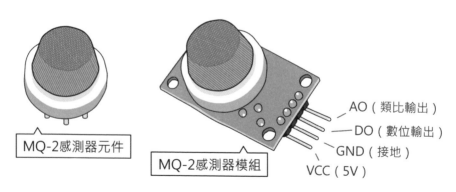

MQ-2感測器元件

MQ-2感測器模組

AO（類比輸出）
DO（數位輸出）
GND（接地）
VCC（5V）

以下列舉廠商提供的 MQ-2 感測器的主要規格：

● 可燃氣體濃度感測範圍：300~10000ppm。

● 模組的 A0（類比）輸出：0.1~0.3V（相對無污染），輸出電壓隨濃度越高電壓越高，最高濃度電壓約 4V。

● 加熱電流：≦180mA。

● 加熱電壓：5.0V±0.2V DC 或 AC。

● 預熱時間：>24 小時。

● 響應時間：≦10 秒。

● 恢復時間：≦30 秒。

> 測量氣體分子含量的常見度量單位是百萬分之一（parts per million，縮寫作 ppm）和濃度百分比。**濃度**代表氣體的體積含量，例如，1000ppm 的瓦斯氣體濃度，代表一百萬個氣體分子中的 1000 個是瓦斯氣體，另外的 999000 個分子則是其他氣體。瓦斯濃度在 5 萬～15 萬 ppm 之間，有引發氣爆的風險。

左下圖是 MQ-2 感測器的內部模樣；右下圖是列舉在 MQ-2 技術文件裡的示範電路。MQ-2 裡面的感測元件表面覆蓋了一層二氧化錫（SnO_2，一種在乾淨空氣中電導率低的化合物），在高溫加熱下，氧氣會吸附在感測元件表面，使得感測元件的導電率降低；煙霧和可燃氣體的分子會帶走二氧化錫表面的氧氣分子，讓電流得以自由通過感測元件，所以隨著可燃氣體的濃度增加，感測器的導電率也跟著提昇：

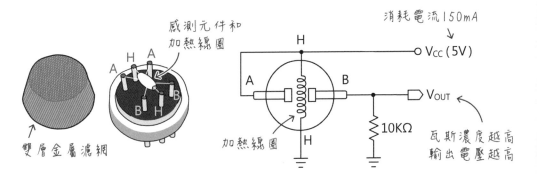

感測器外層的金屬濾網（也稱作「防爆網」），主要是為了避免高溫加熱線圈引爆環境中的可燃氣體，不可拆除。

關於加熱線圈，技術文件提到：**加熱電壓 5V、預熱時間大於 24 小時**（也有文件提到加熱時間大於 30 分鐘，還有文件說是大於 48 小時）。所以實驗時，**通電沒多久讀取到的 MQ-2 感測值，都是不正確的**。此外，**MQ-2 感測器輸出的訊號電壓介於 0~4V**，但 ESP32 晶片的類比輸入值上限僅 3.6V。若將 MQ-2 的電源接 3.3V，它的輸出電壓也就不會超過 3.3V，但這樣的接線方式會讓感測數據失真，就好比某一道料理要求用 180℃ 烘烤 10 分鐘，若改用 120℃ 烘烤，味道就變了（也許還沒烤熟）。

底下是 MQ-2 模組的電路圖，MQ-2 感測器的輸出直接連到 AO（類比輸出），連接 LM393 比較器則輸出數位訊號：平時輸出高電位；當 MQ-2 的電位超過可變電阻的電位時，輸出低電位：

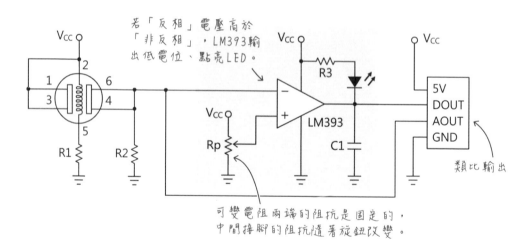

動手做 2-1　偵測煙霧濃度

實驗說明：在**序列埠監控視窗**顯示室內的可燃性氣體濃度。

實驗材料：

MQ-2 煙霧感測器模組	1 塊
電阻 10K	1 個
電阻 20K	1 個

實驗電路：下圖是兩種 MQ-2 模組的電源接線方式，接 3.3V 是錯誤的。請採用右下圖的 5V 供電接線，並且在 A0 訊號輸出腳連接電阻分壓，把訊號電壓從降到 0~3.3V：

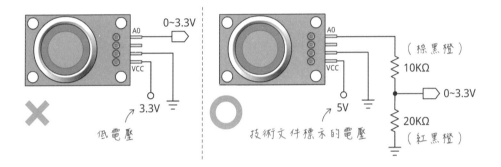

此處假設 A0 訊號最高輸出 5V，若以 4V 計算，可將 20KΩ 電阻換成 47KΩ：

$$4V \times \frac{47000\Omega}{10000\Omega + 47000\Omega} \approx 3.3V$$

使用 5V 供電的 MQ-2 模組的麵包板示範接線：

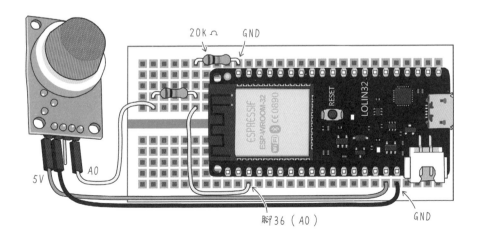

實驗程式：每隔一秒在**序列埠監控視窗**輸出 MQ-2 感測值的程式碼：

```
#define BITS 10  // 10 位元解析度

void setup() {
  Serial.begin(115200);
  analogSetAttenuation(ADC_11db);
  analogSetWidth(BITS);
}

void loop() {
  uint16_t adc = analogRead(A0);  // 讀取 A0 腳的類比值
  Serial.printf("MQ-2 感測值:%u\n", adc);
  delay(1000);
}
```

實驗結果：上傳程式碼，開發板維持通
電並等待約 30 分鐘過後，MQ-2 的感
測值將逐漸趨於穩定：

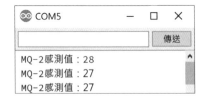

筆者用兩個 MQ-2 模組，分別用 3.3V 和 5V 供電，連接在同一個 ESP32 開
發板的不同類比輸入腳。經過 48 小時之後，用打火機朝這兩個 MQ-2 模
組噴瓦斯。結果，用 5V 供電的模組，感測數值從 20 幾急速攀升到超過
600，但是採 3.3V 供電的模組，其感測值的在同樣時間之內的變化很小，
從 220 升高到 245。

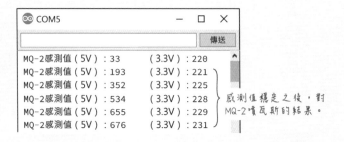

為了確認不是 MQ-2 模組的瑕疵造成的感測值差異，筆者把兩個感測模對調，經過 24 小時之後再測試一次，結果是一樣的，結論就是 **MQ-2 模組不應該用 3.3V 供電**。

此外，在實驗過程中發現，MQ-2 感測器一開始通電時的輸出電壓偏高，讀入的類比感測值在 2, 300 以上，然後隨著時間逐漸下降，在通電約半小時之後，輸出訊號就趨於穩定，類比感測值維持在 30 以下。因此在課堂上實驗時，不用等待 24 小時。

2-6 使用 ESP32 內建的霍爾效應感測器

ESP32 晶片內建一個可以偵測磁場變化的**霍爾效應**（hall effect，以下簡稱霍爾）感測器。**霍爾感測器的輸出電壓和磁場的強度與距離成正比**，普通的霍爾感測器元件的外觀有的像 IC，有的像電晶體，像下圖的 US1881 型號：

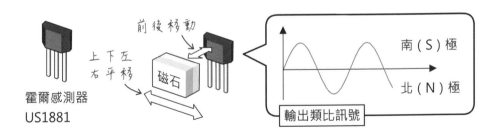

霍爾感測器普遍應用在檢測物體移動、轉速和開關，例如：無刷馬達的轉子包覆著磁石，在它的內部裝設霍爾感測器，偵測磁石南北極的變化，便可測量馬達的轉速；若手機/平板內部裝設霍爾感測器，保護蓋裝設一個小磁石，即可達成偵測保護蓋開關的動作：

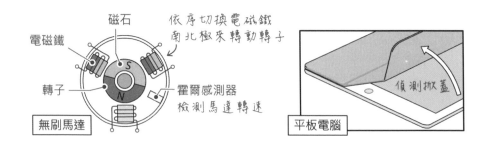

霍爾感測器也常用於偵測電流量。國中物理課本有提到:「電流在其通過的路徑會建立磁場」,而**磁場強度和通過導線的電流大小成正比**。因此,透過霍爾感測器感應到的磁場強度,可反推出電流的大小。

下圖右是一款採用 WCS1800 霍爾感測器的電流偵測模組,測量範圍 ±35A;感測器的輸出電壓和測量到的電流大小成正比,若感測電流為 0,感測器的輸出是電源供應電壓的一半,例如:採 5V 供電時,感測器的輸出為 2.5V:

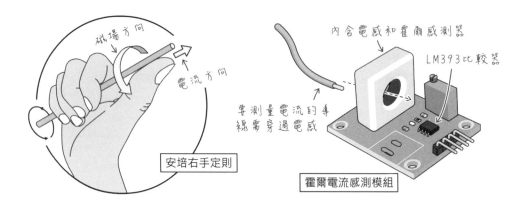

另有一款採 ACS712 霍爾效應電流檢測 IC 的模組,可設定測量 ±5A, ±20A 或 ±30A 的電流量;感測輸出電壓值同樣是和測量電流大小成正比,電流值為 0 時,感測器的輸出是電源供應電壓的一半。

使用 ESP32 偵測磁場變化

ESP32 內建的霍爾感測器的輸出與 VP 和 VN 腳相連,使用霍爾感測器時,VP 和 VN 腳請勿連接其他裝置:

<section>
</section>

3.3V
EN
與內部的霍爾 { A0/VP/36
感測器相連 { A3/VN/39

讀取霍爾感測值的函式叫做 hallRead()，它將傳回帶正負號的整數值。底下的
程式將每隔 0.1 秒，向 UART 序列埠輸出霍爾感測值：

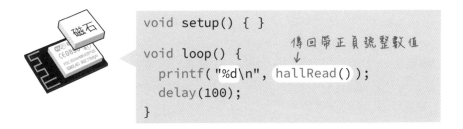

```
void setup() { }
                          傳回帶正負號整數值
                              ↓
void loop() {
  printf("%d\n", hallRead());
  delay(100);
}
```

編譯並上傳到 ESP32 開發板，選擇 Arduino IDE 主功能的『**工具/序列繪圖家**』
指令，然後拿著一個磁石在 ESP32 晶片上來回移動並翻轉磁石，將能看到磁
場的變化數據，大約介於 ±40 之間（筆者的強力磁石比較小塊，如果用較大
的磁石，磁場更強，數值範圍可能達到 ±100 以上）：

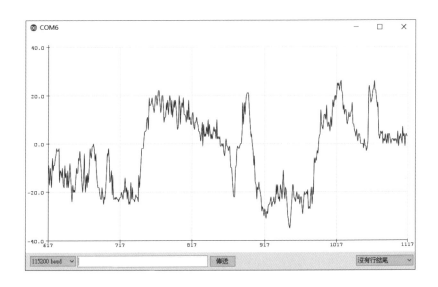

動手做 2-2 磁石控制開關

實驗說明：使用一個磁石當作開關，當 ESP32 感測到磁場強度超過 20（即：磁石正面靠近 ESP32），則點亮開發板內建的 LED；若磁場強度低於 -20（即：磁石反面靠近 ESP32），則關閉 LED。

實驗材料：

ESP32 開發板	1 個
磁石	1 個

實驗程式：從上一節的實驗可知，hallRead() 函式的傳回值大約介於 ±40，所以暫存其傳回值的變數類型採用 int8_t（或 byte，佔用 8 位元空間）就夠了：

```
#define LED_BUILTIN 5          // 請自行修改內建的 LED 接腳

void setup() {
  pinMode(LED_BUILTIN, OUTPUT);
}
void loop() {
  int8_t hall = hallRead() ; // 讀取並暫存霍爾感測值

  if (hall > 20) {
    digitalWrite(LED_BUILTIN, HIGH); // 關閉 LED
  } else if (hall < -20) {
    digitalWrite(LED_BUILTIN, LOW);  // 點亮 LED
  }
  delay(100);
}
```

實驗結果：編譯與上傳程式到 ESP32 之後，拿著磁石靠近 ESP32，可控制 LED 開或關。

2-7 PWM 輸出

Arduino Uno 的 PWM 解析度是 8 位元,所以數值範圍介於 0~255,Uno 腳 5 和 6 的 PWM 頻率約 1KHz。**ESP32 的 PWM 解析度不是固定值,而且跟頻率設定習習相關**,樂鑫公司的 ESP32 官方技術文件 (http://bit.ly/39wGPa5) 指出,5KHz 頻率的 PWM 訊號解析度上限為 13 位元,代表在 0~3.3V 可以有 8192 層次變化 (2^{13}=8192):

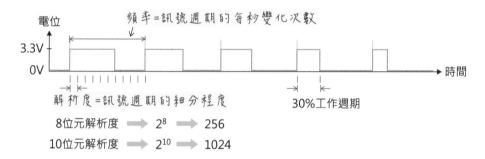

PWM 解析度隨著頻率提高而降低,**解析度範圍介於 1~16 位元,頻率上限為 40MHz**,但此高頻率的 PWM 解析度是 1 位元,工作週期固定在 50% 不能調整。解析度的計算公式如左下圖,根據此公式可得知 20KHz 頻率的解析度不能超過 11 位元:

解析度上限 $\Rightarrow \log_2\left(\dfrac{80\text{ MHz}}{\text{PWM頻率}}\right)$　以20KHz為例 $\Rightarrow \log_2\left(\dfrac{80\text{ MHz}}{20\text{ KHz}}\right) = 11.9657...$

取整數,上限為11位元。

除了用計算機求取 log2() 值,使用 JavaScript 和 Python 程式計算也很簡單:

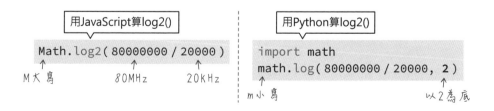

各大瀏覽器都具備測試執行 JavaScript 程式的 Console（控制台），以 Chrome, Edge 瀏覽器為例，開啟**開發人員工具**面板（Windows 版快捷鍵：`F12` 功能鍵或 `Ctrl` + `Shift` + `J`；macOS 版快捷鍵：`option` + `⌘` + `J`），切換到 **Console**（控制台），可直接輸入並執行 JavaScript 程式：

如果開啟 Console 時，裡面出現一堆訊息，可以先輸入：clear()，再按下 `Enter` 即可清除控制台內容。

設定 ESP32 PWM 輸出的指令

設置 ESP32 的 PWM 輸出腳、頻率，透過兩個函式達成，函式名字開頭的 ledc 代表 LED Control（LED 控制，簡稱 LEDC），但它不限於控制 LED：

● ledcSetup(通道, 頻率, 解析度)：設置 PWM 產生器

● ledcAttachPin(接腳編號, 通道)：指定 PWM 的輸出腳

通道相當於 PWM 產生器，**ESP32 內部共有 16 個 PWM 通道（0~15），每個通道的輸出皆可設定給任一數位輸出腳**。所以 ESP32 最多同時擁有 16 個 PWM 輸出腳。PWM 設定完畢，執行 ledcWrite()，便能在指定接腳輸出 PWM 訊號：

● ledcWrite (通道, 工作週期)

例如，底下敘述將在腳 5 輸出 5KHz、60%工作週期的 PWM 訊號：

```
ledcSetup(0, 5000, 10); // 通道 0, 5KHz, 10 位元
ledcAttachPin(5, 0);    // 腳 5, 通道 0
ledcWrite(0, 614);      // 通道 0, PWM 輸出 60% (2¹⁰ x 0.6≒614)
```

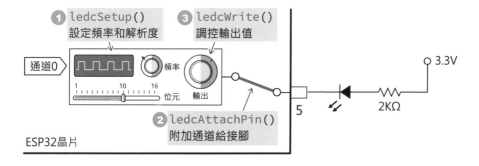

動手做 2-3 調光器

實驗說明：使用可變電阻調整 ESP32 開發板內建 LED 的亮度。

實驗電路：10K 可變電阻可連接在任一類比輸入腳，本例連接在 A4（腳 32），
麵包板示範接線如下：

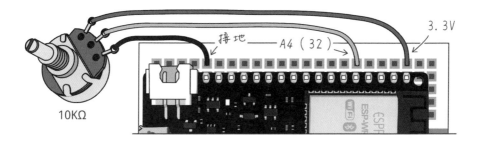

實驗程式：Arduino IDE 有定義 LOLIN32 開發板的內建 LED 接腳，因此無需另
行定義 LED_BUILTIN 常數：

```
#define BITS 10
                              這一行可省略，因PWM輸出腳可以
void setup() {                不必明確宣告成「輸出」模式。
  pinMode( LED_BUILTIN, OUTPUT );
  analogSetAttenuation( ADC_11db );    // 設定類比輸入電壓上限3.6V
  analogSetWidth( BITS );              // 取樣設成10位元

  ledcSetup( 0, 5000, BITS );          // 設定PWM，通道0、5KHz、10位元
  ledcAttachPin( LED_BUILTIN, 0 );     // 指定內建的LED接腳成PWM輸出
}
```

LOLIN32 開發板內建的 LED 是**陰極**接 5 腳,也就是輸出低電位點亮;電位(PWM 值)越低,LED 越亮,所以設定 PWM 值之前,先將它減去 1023,讓它輸出大小相反的值:

```
void loop() {
  int val = 1023 - analogRead(A4);    // 讓 A4 類比值大小相反
  ledcWrite(0, val);
}
```

實驗結果:編譯並上傳程式碼到 ESP32 開發板,旋轉可變電阻可調亮或調暗 LED。

若要驅動大電流或電壓的直流裝置(如:12V LED 燈條),請搭配 BJT 或 MOSFET 電晶體電路,或者使用類似下圖這種**大功率 MOS 驅動模組**:

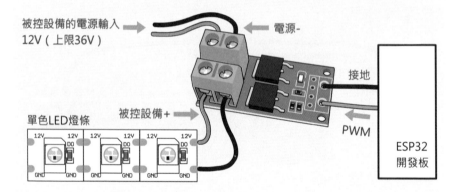

2-8 調控 PWM 訊號的頻率：發出聲音

ESP32 尚未支援 Arduino 的 tone() 函式，所以在 ESP32 中編譯底下的敘述會出現錯誤：

```
tone(5, 640);  // 在腳 5 發出 640Hz 音頻
```

Arduino 的 tone() 函式本質上是用 PWM 來調控輸出波形 (聲音) 的頻率，所以 ESP32 也同樣可用 PWM 訊號來驅動發音元件，只不過，**普通的 PWM 訊號是頻率固定**，透過改變訊號工作週期 (佔空比) 來調整輸出電壓，這樣的訊號將在揚聲器發出固定音調、不同音量的聲音。控制音調的 PWM 訊號是**工作週期固定、頻率改變**：

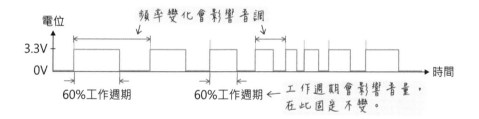

在 ESP32 上改變 PWM 頻率的函式語法：

● ledcWriteTone (通道, 頻率)

ESP32 還有另一個控制音調的函式，可直接指定音名和音階：

● ledcWriteNote (通道, 音名常數, 音階編號)

音名、音階編號和頻率的對應關係如下：

音名　常數名　音階編號　位於琴鍵中間的中央C音（Do）

音名	常數名	0	1	2	3	4	5	6	7	8
C	NOTE_C	16	33	65	131	262	523	1046	2093	4186
C#	NOTE_Cs	17	35	69	139	277	554	1109	2217	4435
D	NOTE_D	18	37	73	147	294	587	1175	2349	4699
D#	NOTE_Eb	19	39	78	156	311	622	1245	2489	4978
E	NOTE_E	21	41	82	165	330	659	1319	2637	5274
F	NOTE_F	22	44	87	175	349	698	1397	2794	5588
F#	NOTE_Fs	23	46	93	185	370	740	1480	2960	5920
G	NOTE_G	25	49	98	196	392	784	1568	3136	6272
G#	NOTE_Gs	26	52	104	208	415	831	1661	3322	6645
A	NOTE_A	28	55	110	220	440	880	1760	3520	7040
A#	NOTE_Bb	29	58	117	233	466	932	1864	3729	7459
B	NOTE_B	31	62	123	247	493	988	1976	3951	7902

標準音（用於調校樂器，有些採442Hz）

底下兩行敘述都能在通道 0 產生中央 C 音：

```
ledcWriteTone(0, 262);        // 在通道 0 產生 262Hz 的頻率
ledcWriteNote(0, NOTE_C, 4);
```

附帶一題，Arduino 有個指定接腳停止輸出音頻的 noTone() 函式，在 ESP32 中可用底下這行敘述達成：

```
ledcWriteTone(0, 0);          // 把通道 0 的頻率設成 0；不發聲
```

LEDC（PWM 輸出控制）相關函式以及音名常數都定義在 ESP32 程式開發工具路徑（cores/esp32/）裡的 esp32-hal-ledc.h 以及 cores/esp32/esp32-hal-ledc.c 檔案中。其他 LEDC 相關函式：

● ledcRead (通道)：傳回指定通道的工作週期（佔空比）值。

● ledcReadFreq (通道)：傳回指定通道的頻率值 (若佔空比為 0 則傳回 0)。

● ledcDetachPin (接腳)：解除指定接腳的 LEDC 功能，亦即，取消輸出 PWM。

動手做 2-4　發出聲音

實驗說明：ESP32 開發板接蜂鳴器，發出救護車警示音。

實驗材料：

無源蜂鳴器 (或蜂鳴器模組)	1 個

實驗電路：在 ESP32 的腳 22 接一個蜂鳴器或蜂鳴器模組的訊號輸入腳 (IN)：

實驗程式一：使用 ledcWriteTone() 設定輸出救護車警示音的程式範例，程式一開始把通道 0 的 PWM 頻率設置為 20KHz，你可以改成任何頻率：

```
#define BITS 10
#define BUZZER_PIN 22          // 蜂鳴器接在腳 22

void setup() {
  ledcSetup(0, 20000, BITS); // PWM 預設為 20KHz，10 位元解析度
  ledcAttachPin(BUZZER_PIN, 0);
}
```

```
void loop() {
  ledcWriteTone(0, 659);     // 通道 0 的頻率設成 659Hz
  delay(500);
  ledcWriteTone(0, 440);     // 通道 0 的頻率設成 440Hz
  delay(500);
}
```

實驗程式二：使用 ledcWriteNote() 設定輸出救護車警示音的程式範例：

```
#define BITS 10
#define BUZZER_PIN 22

void setup() {
  ledcSetup(0, 20000, BITS);
  ledcAttachPin(BUZZER_PIN, 0);
}

void loop() {
  ledcWriteNote(0, NOTE_E, 5);   // 通道 0 的頻率設成 659Hz
  delay(500);
  ledcWriteNote(0, NOTE_A, 4);   // 通道 0 的頻率設成 440Hz
  delay(500);
}
```

實驗程式三：把聲音頻率存入 tones（音調）陣列，播放音效的程式寫成 alarmSnd() 自訂函式。alarmSnd() 每被呼叫一次，就取出音調陣列的下一個元素播放；若播放到最後一個元素，則重頭開始：

```
#define BITS 10
#define BUZZER_PIN 22            // 蜂鳴器接在腳 22

int interval = 500;
int tones[2] = {650, 400};
byte toneSize = sizeof(tones)  / sizeof(int);

void alarmSnd() {
  static uint8_t i = 0;          // 音調陣列索引，從 0 開始
  ledcWriteTone(0, tones[i]);
```

```
    delay(interval);
    if (++i % toneSize == 0) {   // 若取到最後一個陣列元素...
      i = 0;                       // 下次從第 0 個元素開始
    }
  }

  void setup() {
    ledcSetup(0, 2000, BITS);    // PWM 預設為 20KHz，10 位元解析度
    ledcAttachPin(BUZZER_PIN, 0);
  }

  void loop() {
    alarmSnd();
  }
```

alarmSnd() 函式裡的索引變數 i，宣告成 static（靜態），所以它的值會在函式結束後保留下來。這個條件式裡的 ++i，代表先把 i 加 1，因此第一次執行時，i 值為 1：

```
  if (++i % toneSize == 0) {   // 若取到最後一個陣列元素...
    i = 0;                       // 下次從第 0 個元素開始
  }
```

%（餘除）運算子代表「幾個一數」，此例的 toneSize 為 2，所以 "% 2" 代表「2 個一數」；當 i 值為 2 時，i 將被歸 0。

實驗程式四：定義一個 struct（結構）類型，儲存音高頻率和間隔時間：

```
#define BITS 10
#define BUZZER_PIN 22 // 蜂鳴器接在腳 22

typedef struct data {
  uint16_t pitch;      // 音高頻率
  uint16_t interval;   // 間隔時間
} note;                // 自訂類型

note tones[] = {       // 宣告儲存「音調」結構的陣列
```

```
    {650, 500},              // 音高 650Hz，延遲 500ms
    {400, 500}               // 音高 400Hz，延遲 500ms
};

byte toneSize = sizeof(tones) / sizeof(note);

void alarmSnd() {
  static uint8_t i = 0;
  ledcWriteTone(0, tones[i].pitch); // 取出「音調」的 pitch 值
  delay(tones[i].interval);         // 取出「音調」的 interval 值
  if (++i % toneSize == 0) {
    i = 0;
  }
}

void setup() {
  ledcSetup(0, 2000, BITS);
  ledcAttachPin(BUZZER_PIN, 0);
}

void loop() {
  alarmSnd() ;
}
```

實驗結果：編譯、上傳程式一、程式二 、程式三或程式四到 ESP32 開發板，
蜂鳴器將發出救護車警示音。

動手做 2-5 控制伺服馬達

實驗說明：把《超圖解 Arduino 互動設計入門》書中動手做 13-3「自製伺服馬
達雲台」改成 ESP32 版本；雲台可用塑膠盒或紙板自製，也可以買到現成的。

實驗材料：

SG90 伺服馬達	2 個
類比搖桿模組	1 個 (或 2 個 10KΩ 可變電阻)

實驗電路：筆者把類比搖桿的 X, Y 輸出，分別接在 32 和 33 腳；兩個伺服馬達的輸入腳接 12 和 13 腳：

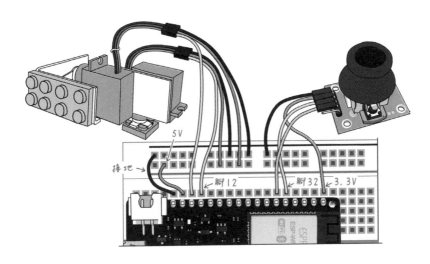

實驗程式：ESP32 的 PWM 輸出指令不同於 Arduino 板，所以也無法使用 Arduino IDE 內建的 Servo.h 程式庫，請下載 John K. Bennett 開發的 **ESP32Servo 程式庫**（http://bit.ly/2tmQLCz），然後執行『**草稿碼/匯入程式庫/加入 ZIP 程式庫**』安裝它：

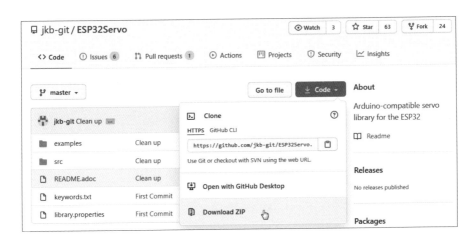

這個伺服馬達程式庫的指令語法跟 Arduino IDE 內建（用於 Arduino Uno 板）的 Servo 程式庫相容。使用前，要先宣告 Servo 類型的物件，然後執行下列方法控制伺服馬達：

- attach(接腳)：設定伺服馬達的接腳。

- attach(接腳, 最小工作週期, 最大工作週期)：最小工作週期預設值為 500（微秒）、最大工作週期預設值為 2500（微秒）。

- write(角度或工作週期值)：若輸入值介於 0~180 代表角度值；輸入值介於 500~2500，代表工作週期值。

底下是「自製伺服馬達雲台」ESP32 程式和 Arduino Uno 版本不同之處，首先引用程式庫並定義接腳編號：

```
#include <ESP32_Servo.h>   ← 引用這個程式庫！

#define IN_X   32          // 可變電阻X（水平搖桿）的輸入腳
#define IN_Y   33          // 可變電阻Y（垂直搖桿）的輸入腳
#define OUT_X  12          // 伺服馬達X的輸出腳
#define OUT_Y  13          // 伺服馬達Y的輸出腳
#define size 5             // 資料陣列元素數量
#define middle size/2      // 資料陣列中間索引
```

setup() 函式要加入類比輸入接腳的設定：

```
void setup() {
  analogSetAttenuation(ADC_11db);       // 設定類比輸入電壓上限3.6V
  analogSetWidth(10);                   // 3.6V位元取樣
  servoX.attach(OUT_X, 500, 2400);      // 設定伺服馬達的接腳
  servoY.attach(OUT_Y, 500, 2400);
}
```

完整程式碼：

```
#include <ESP32_Servo.h>

#define IN_X 32          // 可變電阻 X（水平搖桿）的輸入腳
#define IN_Y 33          // 可變電阻 Y（垂直搖桿）的輸入腳
#define OUT_X 12         // 伺服馬達 X 的輸出腳
#define OUT_Y 13         // 伺服馬達 Y 的輸出腳
#define size 5           // 資料陣列元素數量
```

```
#define middle size/2   // 資料陣列中間索引

Servo servoX, servoY;   // 宣告兩個伺服馬達程式物件

int valX[size] = {0, 0, 0, 0, 0};   // X 軸資料陣列
int valY[size] = {0, 0, 0, 0, 0};   // Y 軸資料陣列

int cmp (const void * a, const void * b) {
  return ( *(int*)a - *(int*)b );
}

void filter() {
  static byte i = 0;   // 陣列索引

  valX[i] = analogRead(IN_X);   // 水平 (X) 搖桿的輸入值
  valY[i] = analogRead(IN_Y);   // 垂直 (Y) 搖桿的輸入值

  qsort(valX, size, sizeof(int), cmp);
  qsort(valY, size, sizeof(int), cmp);

  if (++i % size == 0) i = 0;
}

void control() {
  int posX, posY;          // 暫存類比輸入值的變數

  posX = map(valX[middle], 0, 1023, 0, 180);
  posY = map(valY[middle], 0, 1023, 0, 180);

  servoX.write(posX);   // 設定伺服馬達的旋轉角度
  servoY.write(posY);

  delay(15);                // 延遲一段時間，讓伺服馬達轉到定位
}

void setup() {
  analogSetAttenuation(ADC_11db);   // 設定類比輸入電壓上限 3.6V
  analogSetWidth(10);
  servoX.attach(OUT_X, 500, 2400); // 設定伺服馬達的接腳
  servoY.attach(OUT_Y, 500, 2400);
```

```
}

void loop() {
  filter();
  control();
}
```

實驗結果：編譯並上傳程式碼，即可使用搖桿控制伺服馬達雲台。

2-9 字串處理： String 與 std::string 類型

編寫程式時，經常會用到輸出字串、連接字串、數字和字串互相轉換等的敘述，相較於典型（亦即，在 Arduino Uno 上執行）的 Arduino 程式語言，ESP32 支援更完整的 C 語言字串處理程式庫。

典型的 Arduino 語言支援兩種字串類型：

1. 以 null 結尾的字元陣列，字串長度是固定的。

2. 使用 String 類型建立的字串物件，字串長度可變。

兩者的主要差別：字元陣列僅只是資料，而 String 物件除了資料，還具有操作字串的方法。此外，使用 String 建立的字串，可直接使用一些運算子操作，例如，用 + 連接字串、用 == 比較字串是否相等…等（相關說明請參閱《超圖解 Arduino 互動設計入門》第 5 章〈認識 String（字串）程式庫〉一節）：

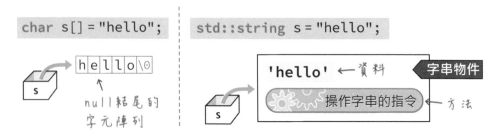

String 類型 (S 大寫) 是 Arduino 特別為了簡化操作字串而提供的內建資料類型，傳統的 C 語言則是採用 string.h 程式庫 (s 小寫) 提供的函式來操作字元陣列。

其實 C++ 程式語言也有建立字串物件 (動態長度) 的 std::string 類別，只不過這個類別無法在 8 位元微控器上運作，Arduino 才另外打造了 String 類型。ESP32 微控器的 C++ 編譯器具有 std::string 類別，用它建立字串的語法示範如下：

代表「使用命名空間」std

```
std::string s1 = "心中有夢";
std::string s2 = "暗裡有光";
```

命名空間

```
using namespace std;
string s1 = "只有隔間";
string s2 = "沒有格局";
```

前面無須加上「命名空間」了

若不想每次都要在 string 類別前面加上 std 命名空間 (name space)，可在程式開頭加上 using namespace std;。

如同 Arduino 的 String 物件，std::string 物件也包含「字串資料」和「操作方法」。某些函式無法直接處理 std::string 物件，必須透過它的 **c_str() 方法** (代表 C String，C 語言風格字串)，取得其中的字元陣列：

✗

```
void setup() {
  Serial.begin(115200);
  Serial.println(s1+s2);
}

void loop() { }
```

格式錯誤

○

```
void setup() {
  Serial.begin(115200);
  Serial.println((s1+s2).c_str());
}

void loop() { }
```

傳回 null 結尾的字元陣列

std::string 類別的方法

std::string 類別具有許多方法，表 2-5 列舉了其中的一些。

表 2-5

length() 或 size()	傳回字串的字元數 (不含結尾的 null)
substr ()	取出部分字串內容
replace ()	取代字串中的部分內容
insert()	插入字串
erase()	清除一段字
find()	搜尋字串並傳回找到的第一個字元位置;若沒找到則傳回 string::npos 常數值
stoi()	字串轉換成整數
stof()	字串轉換成浮點數

假設程式裡面宣告一個字串物件 s,在此物件執行指令的示範如下:

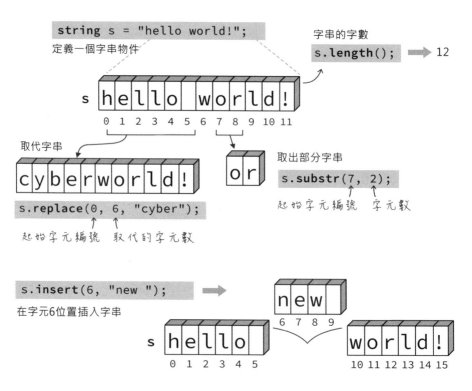

實際程式範例如下,在筆者撰寫本書時,ESP32 的 std::string 類別尚未支援字串轉換數字的 stoi() 和 stof() 等方法,因此本範例採用 atoi() 和 atof() 函式來轉換數字 (參閱下文):

```
using namespace std;
string s = "hello world!";
string sn = "123.45";        // 字串格式數字

void setup() {
  Serial.begin(115200);
  Serial.printf("字串長度:%d\n", s.length() );
  string txt = s.substr(7, 2);  // 取出部份字串
  Serial.printf("取出子字串:%s\n", txt.c_str() );
  s.insert(6, "new ");          // 插入字串
  Serial.printf("插入字串之後:%s\n", s.c_str() );
  s.erase(6, 4);                // 從索引 6 開始刪除 4 個字元
  Serial.printf("刪除一段字之後:%s\n", s.c_str() );
  s.replace(0, 6, "cyber"); // 從索引 0 開始，用 "cyber" 替換 6 個字
  Serial.printf("替換字串之後:%s\n", s.c_str() );
  int n = s.find("world");      // 搜尋字串 "world"
  Serial.printf("'world' 的起始位置:%d\n", n);
  n = s.find("@");              // 看看字串是否包含 '@'
  if (n == string::npos) {
    Serial.println("找不到 '@' ");
  } else {
    Serial.printf("'@' 的位置:%d\n", n);
  }
  n = atoi(sn.c_str() );    // 把字串轉成整數，記得先取得 C 風格字串
  Serial.printf("sn 轉成整數:%d\n", n);
  float f = atof(sn.c_str() );  // 把字串轉成浮點數
  Serial.printf("sn 轉成浮點數:%f\n", f);
}

void loop() {}
```

透過 Serial.print() 傳輸的數字資料，實際上會以字串形式傳送，接收資料的一方，如果要對收到的數字進行運算，必須先將它從字串類型還原成數字，C 語言內建這兩個函式：

● atoi() 函式：接收一個字串參數，傳回 int 類型整數；若輸入字串不是數字內容，它將傳回 0。

- atof() 函式：接收一個字串參數，傳回 double 類型浮點數；若輸入字串不是數字內容，它將傳回 0.0。

程式執行結果：

字串長度：12
取出子字串：or
插入字串之後：hello new world!
刪除一段字之後：hello world!
替換字串之後：cyberworld!
'world'的起始位置：5
找不到'@'
sn轉成整數：123
sn轉成浮點數：123.449997

3

物件導向程式設計與自製
Arduino 程式庫

本章將介紹方便分享與重複使用程式碼的**模組化程式設計**方法，很多 ESP32 專案都使用這個方法來寫程式（如：藍牙通訊程式），如果不瞭解它，就無法理解、修改和整合既有的程式碼。

3-1 模組化程式設計

規劃專案的時候，我們會把問題分解成不同的小部份，解決各個功能需求，再將它們組合在一起。以音樂播放器為例，它可被拆分成三大功能區塊：

- 控制介面：包含調整音量、播放和停止等的功能鍵

- 顯示器：顯示曲名

- MP3 處理器：解壓縮聲音資料

其中的每個區塊，可再細分成個別的子功能，以控制介面來說，我們能為每個按鍵建立對應的處理函式，像這樣：

由於每個按鍵本質上都是相同的**開關**，都要處理共通的狀況，例如：去除彈跳雜訊，以及感應被按下、按著和放開等動作。因此，處理開關訊號的機制可以再切割成一個獨立單元，分享給所有按鍵使用：

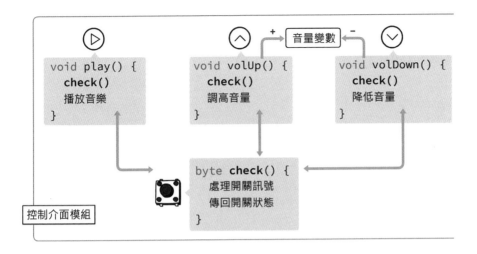

仔細想想，很多專案都會用到開關元件和相同的處理機制，除了用「複製」、「貼上」的方式替其他專案加入開關程式碼，我們還可以把開關的相關函式與變數包裝成一個獨立的單元或者程式庫，這樣比較容易分享與管理程式碼。

把程式包裝成**獨立的單元**是**物件導向程式設計**的手法，也是現代程式設計的基礎。本章將首先編寫一個偵測按鍵被**按一下**（click）、**長按**、**放開**…等事件的程式碼，然後用「物件導向程式設計」的方式改寫，最後完成一個能分享給其他專案使用的「開關」程式庫。

> 如果讓一個函式處理多重機制，例如：播放、停止音樂和調整音量，像這樣：
>
> ```
> void play_stop_vol(播放或停止, 調高或降低) {
>   if (播放或停止) {
>     播放或停止音樂
>   }
>   if (調高或降低) {
>     調高或降低音量
>   }
> }
> ```
>
> 雖然可行，但這是不好的寫法。函式功能變多，程式碼就變得複雜，出錯時不容易找出問題，而且也不容易拆分給其他程式專案使用。

動手做 3-1 可分辨「按一下」和「長按」動作的開關

實驗說明：製作可辨別**按一下**和**長按**的開關程式。按一下開關將能點亮或熄滅控制板內建的 LED；長按按鍵，將能點亮或熄滅外接的 LED。

實驗材料：

LED（顏色不拘）	1 個
電阻 330Ω（橙橙棕）	1 個
微觸開關	1 個

實驗電路：在 ESP32 開發板連接一個 LED 和開關，並啟用開關腳的上拉電阻：

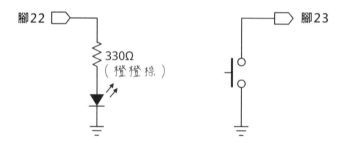

麵包板示範接線：

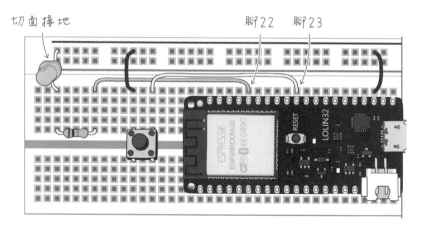

實驗程式：因為開關腳啟用**上拉電阻**，所以平時的訊號是高電位；開關按下時，
訊號變成低電位。偵測開關的動作，需要比較訊號變化的時間差，底下兩張圖
分別說明了開關**按一下**和**長按**的訊號變化：

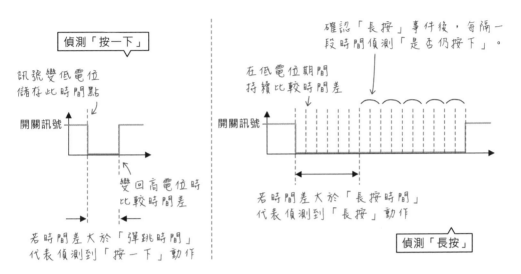

根據上圖分析，先在程式開頭定義相關變數：

```
const byte LED1 = 22;          // 定義 LED 接腳
const byte LED2 = LED_BUILTIN;
const byte SW = 23;            // 定義開關接腳


bool LED1State = false;        // 紀錄 LED 的狀態
bool LED2State = false;


uint32_t pressTime = 0;        // 紀錄「按下」的時間
uint8_t debounceTime = 30;     // 消除彈跳時間
uint16_t longPressTime = 500;  // 預設「長按」間隔時間
uint32_t lastHoldTime = 0;     // 紀錄「上次仍被按下」時間
uint8_t holdTime = 200;        // 「持續按下」的偵測間隔時間


bool isPressed = false;        // 是否被按下，預設「否」
bool isLongPressed = false;    // 是否被長按，預設「否」
```

時間的單位是毫秒，為了儘可能儲存最大時間值，相關變數的類型要採用 32 位元正整數（uint32_t）；「消除彈跳時間」通常不會設置超過 50 毫秒，所以用 8 位元正整數類型（uint8_t）儲存就夠了。下圖顯示在不同時間點，一些變數值的變化和作用：

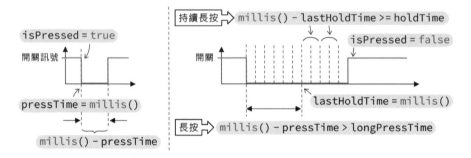

偵測開關訊號變化的程式，不可以使用 delay()，若像底下這樣，檢測到開關訊號變低電位後，每延遲（delay）一段時間看看開關訊號是否變回高電位...這是不對的！

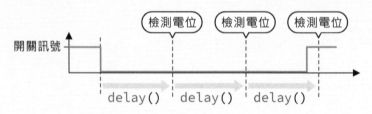

因為在 delay() 期間，處理器會停擺、不運作，如果同時間要控制其他週邊，或感應其他開關的訊號，都辦不到。

筆者把偵測開關訊號的程式寫成 checkSwitch() 自訂函式，放在 loop() 裡面，所以這個自訂函式將被不停地呼叫：

```
void setup() {
  Serial.begin(115200);
  pinMode(LED1, OUTPUT);       // LED 接腳都要設成「輸出」模式
  pinMode(LED2, OUTPUT);
  pinMode(SW, INPUT_PULLUP);   // 開關腳，啟用上拉電阻
}
```

```
void loop() {
  checkSwitch() ;                    // 檢測開關狀態的自訂函式
}
```

checkSwitch() 函式的內容如下，假設開關被按下了，此函式裡面的片段 ❶ 將
被執行，然後結束；執行此函式 N 次後，若開關仍被按著並且過了 500 毫秒
(longPressTime) 以上，則片段 ❷ 將被執行：

```
void checkSwitch() {
 if (digitalRead(SW) == LOW) {
❶ if (!isPressed) {
    isPressed = true;
    pressTime = millis();   ← 記錄「按下」
  }                             時間

❸ if (isLongPressed && (millis() - lastHoldTime >= holdTime)) {
    Serial.println("還在壓我~");
    lastHoldTime = millis();   ← 記錄目前時間
  }

❷ if (!isLongPressed && (millis() - pressTime > longPressTime)) {
    isLongPressed = true;
    LED1State = !LED1State;
    digitalWrite(LED1, LED1State);   ← 點亮或熄滅LED1
  }
```

長按間隔時間

若開關訊號是高電位，而且之前有被按下 (isPressed 值為 True)，則底下片段
❹ 程式碼將被執行：

```
 } else {
❹ if (isPressed) {
    if (isLongPressed) {        若是「長按」，
      isLongPressed = false;    清除長按記錄。
      lastHoldTime = 0;
    } else if ((millis() - pressTime) > debounceTime) {
      LED2State = !LED2State;
      digitalWrite(LED2, LED2State);   ← 「按下時間」間隔
    }                                    超過「彈跳時間」
    isPressed = false;   ← 清除「按下」記錄
                                點亮或熄滅LED2
  }
 }
}
```

實驗結果：上傳程式 diy3-1.ino 到 ESP32 之後測試，按一下開關將能點亮或熄滅控制板內建的 LED；長按按鍵，將能點亮或熄滅外接的 LED，**序列埠監控視窗**也將在過程中顯示『還在壓我～』訊息。

3-2 使用 enum 定義常數數字的集合

動手做 3-1 的 checkSwitch() 自訂函式，把開關的狀態（平時為低電位）以及控制裝置（LED）直接寫在函式裡面，若將來更改需求，例如：按下開關改成「高電位」，或者，「按一下」的動作不是切換燈光的狀態，那麼，函式的程式碼就得修改。上一節的程式運作流程如下：

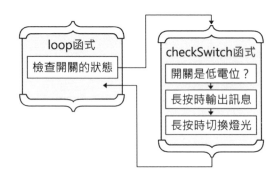

本單元將把 checkSwitch() 函式改成專注在處理開關的訊號，不限制開關的接腳和類型，也不管開關訊號的控制對象：

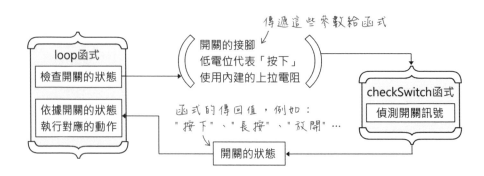

checkSwitch() 函式的傳回值，比較直白的寫法是用字串值，例如，"pressed" 代表按下、"released" 代表放開...等等。但比起數字值，字串佔用更多記憶體空間，比較字串值也需要花費更多時間。假設接收「開關狀態」的參數叫做 status（代表「狀態」），左下的寫法是錯的，因為 Arduino 和 C++ 語言的 switch...case 無法比較字串值：

必須是整數類型

```
switch ( status ) {
  case "PRESSED":
    // 處理按下開關
  break;
  case "LONG_PRESSED":
    // 處理長按開關
  break;
    :
```

放開 0
按下 1
長按 2
持續長按 3
從長按放開 4

```
switch ( status ) {
  case 1:
    // 處理按下開關
  break;
  case 2:
    // 處理長按開關
  break;
    :
```

右上的程式寫法改用數字代號來表示不同的模式，但這麼一來，程式的可讀性就降低了。等等...在程式開頭定義常數不就解決了嗎？

```
#define RELEASED            0
#define PRESSED             1
#define LONG_PRESSED        2
#define PRESSING            3
#define RELEASED_FROM_PRESS 4
```

在程式開頭定義常數

```
switch ( status ) {
  case PRESSED:     ← 常數名稱
    // 處理按下開關
  break;
  case LONG_PRESSED:
    // 處理長按開關
  break;
```

程式可讀性確實提昇了，但還有更好的寫法：**用 enum 指令定義一組數字常數**。enum 代表**列舉** (enumeration)，**資料值預設從 0 開始**，其後的每個元素值自動增加 1；也可以用等號個別指定元素的數字值：

```
enum 識別名稱 { 逗號分隔的常數列表 }
```

```
enum status {                          預設從0開始
  RELEASED,          // 放開 0
  PRESSED,           // 按下 1              或者
  LONG_PRESSED,      // 長按 2
  PRESSING           // 持續長按 3
};
```

指定起始編號

```
enum status {
  RELEASED = 5,          // 5
  PRESSED,               // 6
  LONG_PRESSED = 10,     // 10
  PRESSING               // 11
};
```

以上的 enum 敘述定義了名叫 status、包含 4 個常數值的集合。enum 敘述可以寫成單行：

```
enum status { RELEASED, PRESSED, LONG_PRESSED, PRESSING };
```

使用 typedef 指令自訂資料類型

若要宣告變數儲存上一節定義的 enum 常數，假設此變數叫做 state，寫法如下：

等於數字1

```
enum status state = PRESSED;
```

變數的資料類型　　變數名稱

其資料類型的敘述有點長，我們可以用 typedef 把資料類型改成自訂的名稱，語法如下：

```
typedef 原有的類型名稱 自訂的類型名稱
```

自訂的不帶正負號整數類型

```
typedef unsigned int u_int;
```

不帶正負號整數　　　使用例 →

```
u_int total=1234;
```

和 enum 搭配使用的語法及範例如下，它將定義一個名叫 SW_Status 的類型：

```
typedef enum { 常數列表 } 自訂類型名稱 ;
```

```
typedef enum {
    RELEASED, PRESSED, LONG_PRESSED, PRESSING
} SW_Status;
```

例如，定義一個名叫 status，存儲以上常數值的變數的寫法如下：

```
SW_Status status = PRESSED;
```

可傳回開關狀態代碼的 checkSwitch() 函式

筆者定義的「按鍵事件名稱集合」如下：

```
typedef enum {
  RELEASED,                      // 放開或「未按下」
  PRESSED,                       // 按下
  LONG_PRESSED,                  // 長按
  PRESSING,                      // 持續按著
  RELEASED_FROM_PRESS,           // 從「按下」狀態放開，亦即「快按一下」
  RELEASED_FROM_LONGPRESS        // 從「長按」狀態放開
} SW_Status;
```

修改後的 checkSwitch() 將傳回 SW_Status 類型值，並接收三個參數，分別是
pin（開關腳）、ON（按下時的訊號電位，預設為高電位）、pullup（是否啟用內建
的上拉電阻，預設否）：

```
SW_Status checkSwitch(byte pin, bool ON=HIGH, bool pullup=false) {
  SW_Status status = RELEASED;   // 開關狀態，預設為「放開」

  if (pullup) {                  // 設定開關接腳的模式
    pinMode(pin, INPUT_PULLUP);
  } else {
    pinMode(pin, INPUT);
  }

  if (digitalRead(pin) == ON) {
    if (!isPressed) {
      isPressed = true;
      status = PRESSED;          // 開關狀態設成「按下」
      pressTime = millis() ;
    }
```

```
    if (isLongPressed && (millis() - lastHoldTime >= holdTime)) {
      status = PRESSING;          // 開關狀態設成「持續按著」
      lastHoldTime = millis() ;
    }


    if (!isLongPressed && (millis() - pressTime > longPressTime)) {
      isLongPressed = true;
      status = LONG_PRESSED;      // 開關狀態設成「長按」
    }
  } else {
    if (isPressed) {
      if (isLongPressed == true) {
        isLongPressed = false;
        lastHoldTime = 0;
        status = RELEASED_FROM_LONGPRESS; // 從「長按」狀態放開
      } else if ((millis() - pressTime) > debounceTime) {
        status = RELEASED_FROM_PRESS;     // 從「按下」狀態放開
      }
      isPressed = false;
    }
  }

  return status;                  // 傳回開關狀態
}

void setup() {
  Serial.begin(115200);
  pinMode(LED1, OUTPUT);
  pinMode(LED2, OUTPUT);
  // 開關腳是否啟用上拉電阻，改由 checkSwitch() 參數設定
  // pinMode(SW, INPUT_PULLUP);
}
```

主程式的 loop() 要改寫成：

```
void loop() {
  // 檢查開關 (接腳，按下是低電位，啟用上拉電阻)
  switch (checkSwitch(SW, LOW, true)) {
    case RELEASED_FROM_PRESS:            // 若是「按一下」
```

```
      LED2State = !LED2State;
      digitalWrite(LED2, LED2State); // 點亮或熄滅 LED2
      break;
    case LONG_PRESSED:              // 若是「長按」
      LED1State = !LED1State;
      digitalWrite(LED1, LED1State); // 點亮或熄滅 LED1
      break;
  }
}
```

修改後的程式碼 (diy3-1-1.ino) 的功能跟動手做 3-1 一模一樣，但是可讀性變高了。

3-3 物件導向程式設計：自己寫程式庫

上一節完成的程式有個問題：硬體每增加一個按鍵，相關的全域變數宣告也要多增加一組，程式碼也將變得冗長，像這樣：

```
const byte SW1 = 23;
uint32_t   pressTime1 = 0;
   :
bool isPressed1     = false;
bool isLongPressed1 = false;
```
按鍵SW1的控制程式

```
const byte SW2 = 24;
uint32_t   pressTime2 = 0;
   :
bool isPressed2     = false;
bool isLongPressed2 = false;
```
按鍵SW2的控制程式

如果同一個程式檔摻雜了實現各種功能所需的變數和函式，會導致程式不易閱讀和維護，也需要加入一堆註解才能知道哪些內容是相關用途。這種程式寫法又稱「義大利麵條式」程式碼（Spaghetti code），因為不同用途的程式敘述全糾結在一個檔案裡：

主程式檔

相反地,把各項程式功能拆分成獨立的**模組**,哪個部份出錯或者需要增加功能,就直接修改模組的程式檔,模組也能讓其他程式檔使用,第 2 章使用的 ESP32_Servo(伺服馬達)程式庫,就是一例;

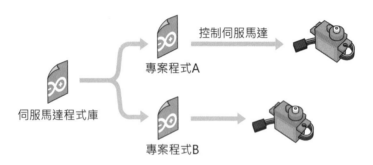

把一組相關變數/常數和函式組織在一起的程式碼,叫做類別(class),也被稱為「程式物件的規劃藍圖」。我們可以把類別看待成「依照功能把程式碼分門別類、個別儲存」的一種程式寫法。類別裡的變數稱為**屬性**、函式則叫做**方法**(method)。以第 2 章的 ESP32_Servo 程式庫為例,Servo 是類別名稱,設定旋轉角度的 write() 則是方法:

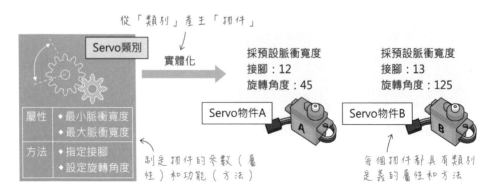

類別也相當於是一種**資料類型**；假設要宣告一個儲存整數類型的變數，我們採用底下的語法：

類型 變數名稱 ⟹ `int num;`　　// 宣告可儲存整數資料的變數num

回顧一下操控伺服馬達的程式，建立 Servo 類別物件時的語法也是這樣：

類別 物件名稱 ⟹ `Servo servoX;` // 宣告Servo類型物件servoX

servoX 物件將擁有源自 Servo 類別的屬性和方法，例如，設定伺服馬達接腳以及設定旋轉角度：

物件.方法 ⟹
```
servoX.attach(12); // 伺服馬達接在腳12
servoX.write(45);  // 旋轉到45度
```

像這種透過操作物件來完成目標的程式寫法，稱為**物件導向程式設計**（**Object Oriented Programming**，簡稱 **OOP**）。

> C++ 是 C 語言的改進版，在 C 語言的基礎上增加一些功能，但兩者的語法相容，最顯著的差別是 C++ 具備物件導向程式設計語法，而 C 語言沒有。

自製開關類別程式

本單元將把開關程式寫成類別形式，這個類別包含三個屬性和一個方法：

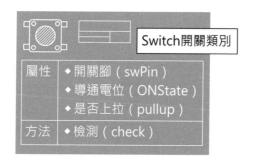

自訂類別的宣告以 class 開始，基本語法如下，類別裡的變數和函式（即：物件的「方法」）統稱**成員**（member）：

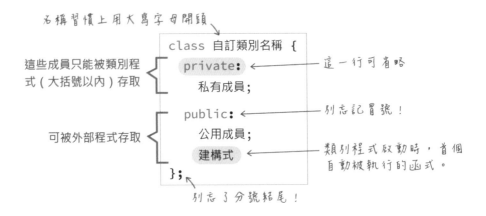

為了避免類別以外的程式在存取類別資料時，錯誤地修改某些資料，程式語言透過**存取修飾子**（access modifier）對類別的成員提供了不同程度的保護及存取權限設置：

- 公有的（**public**），可供類別外部程式自由存取。

- 保護的（**protected**），僅供類別內部或者擴充此類別的程式存取。

- 私有的（**private**），僅限類別內部程式存取。

用通訊軟體來比喻，公眾人物的帳號可以設置粉絲官方帳號，所有人都能存取其中的訊息，但帳號裡的私人筆記，就只有本人能存取；唯有受邀進入群組的人，才能在其中交流訊息：

那些**不是寫在 public 或 protected 底下的成員，都屬於 private**。至於哪些成員該屬於私有，哪些該屬於公有，習慣上，類別程式應該被外界視為黑盒子，不用管它的內部運作，也不要直接修改它的內部資料，所以儘可能將成員設定成私有。

筆者把這個類別命名成 Switch：

```
class Switch {
  long _pressTime = 0;
  long _debounceTime = 30;
  long _longPressTime = 500;
  long _lastHoldTime = 0;
  long _holdTime = 200;
  bool _isPressed = false;
  bool _isLongPressed = false;

  public:
    byte swPin;
    bool ONState;
    bool pullup;
```

"private:" 可省略；
放在 public: 以外的
變數和函式定義，
都是私有成員。

類別裡的變數，稱為「屬性」；有些人習慣在私有成員名稱前面加上底線。

建構式相當於 Arduino 程式的 setup() 函式，用於設定類別物件的初值，像是指定開關的接腳編號、接通時的電位、是否啟用上拉電阻：

建構式和類別同名，沒有傳回值。

```
Switch( byte pin, bool ON=HIGH, bool pullup=false ) {
  swPin = pin;
  ONState = ON;
  pullup = pullup;

  if (pullup) {
    pinMode( pin, INPUT_PULLUP );
  } else {
    pinMode( pin, INPUT );
  }
}
```

把建構式參數值存入公有屬性

我把原有的 checkSwitch() 函式改名成 check()，除了修改少部份變數名稱，程式碼基本沒有更改，把它放入 class 定義裡面，變成類別方法：

checkSwitch()函式改名成check()，不用輸入參數。

```
SW_Status check() {
    SW_Status status = RELEASED;

    if (digitalRead(pin) == ONState) {
        if (!_isPressed) {
            ⋮

    return status;
}
};    ← 類別定義的結尾
```

類別裡的函式稱為「方法（method）」

類別定義可以直接附加在使用此類別的程式碼開頭，執行此 Switch 類別程式之前，必須建立一個物件並傳入開關的接腳編號，隨後的程式便能透過**物件.方法()** 執行該類別提供的功能，或者**物件.屬性**存取該物件的資料：

自訂類別定義 →

```
class Switch {
    :
};
```

```
const byte LED1 = 22;
const byte LED2 = LED_BUILTIN;
boolean LED1State = false;
boolean LED2State = false;
const byte SW_PIN = 23;        // 開關腳
// 自訂類別物件
Switch sw( SW_PIN, LOW, true );

void setup() {
    Serial.begin( 115200 );
    pinMode( LED1, OUTPUT );
    pinMode( LED2, OUTPUT );
}
```

類別名稱 物件名稱()
↑
建立自訂類別物件的語法

loop() 程式碼改成：

```
void loop() {            執行物件的方法
  switch ( sw.check() ) {
    case RELEASED_FROM_PRESS:
      LED2State = !LED2State;
      digitalWrite(LED2, LED2State);
      break;
    case LONG_PRESSED:
      LED1State = !LED1State;
      digitalWrite(LED1, LED1State);
      break;
    case PRESSING:
      Serial.println("hello!");
      break;
  }
}
```

物件.方法()

編譯並上傳程式碼，其執行結果與動手做 3-1 相同。

若建構式或方法的參數與類別屬性同名，可在屬性名稱前面加上 this-> (**箭號運算子**，用減號和大於符號組成，中間不可有空格)，代表存取類別成員；**this** 是內定的指標名稱，代表指向**目前這個**物件。例如：

```
class Switch {
  long _pressTime = 0;
    :
  public:
    byte swPin;      ←——— 類別成員 (屬性)
    bool ONState;
    bool pullup;
                          ┌── 參數跟屬性同名
    Switch(byte swPin, bool ONState=HIGH, bool pullup=false ) {
      this->swPin   = swPin;
      this->ONState = ONState;
      this->pullup  = pullup;
        :  ←── "this->" 代表存取
}               「這個類別物件的」成員
```

建立程式模組

類別程式可以單獨存成一個 .h 檔，方便分享給其他需要的專案程式，步驟如下：

1 選擇**新增標籤**指令：

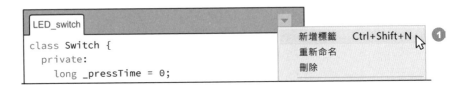

2 將新檔案命名成 switch.h：

習慣上，Arduino (C/C++ 語言) 的類別程式檔名和類別名稱相同，檔名通常全部用小寫，但這些並非強制規定。

3 把整個 Switch 類別定義剪貼到 switch.h 檔；Arduino 主程式檔 (.ino 檔) 的第一行，加上 #include 敘述引用此外部程式 (.h 檔)：

用雙引號包圍外部程式檔名

```
typedef enum {          switch.h檔
  RELEASED,
  PRESSED,
    :
} Status;

class Switch {
  private:
    long _pressTime = 0;
      :
  public:
    byte swPin;
      :
```

```
#include "switch.h"

const byte LED1 = 22;
    :
Switch sw(23, LOW, true);

void setup() {
    :
}

void loop() {
    :
}
```

編譯並上傳程式碼，其執行結果與動手做 3-1 相同。

分割 .h 標頭檔和 .cpp 原始檔：巨集指令與 Arduino.h

一個 Arduino 的程式模組通常分成 .h 和 .cpp 兩個檔案，cpp 是 C Plus Plus（也就是 C++）的縮寫，用於儲存 C++ 程式原始碼；標頭檔用於宣告 .cpp 的屬性和方法（變數和函式）。用書本來比喻，**標頭檔相當於目錄大綱，實際內容寫在 .cpp 檔：**

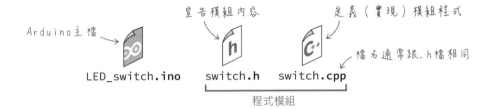

一個專案程式可以引用不同的外部程式，而外部程式也能引用其他程式檔；若專案程式重複引用相同的程式檔，會造成「重複定義」錯誤，就像在程式中間分別定義兩個同名的變數，第 2 個變數定義敘述會導致錯誤：

```
int x = 10;
   :
int x = 30;    // 重複定義 x！
```

類別程式透過設定**識別名稱**來避免這種錯誤。設定識別名稱其實是**定義一個唯一名稱的常數**，通常都是**用全部大寫的模組檔名**，把「點」改成底線（因為變數、常數等名稱不能包含點），例如，switch.h 檔的識別名稱可寫成 SWITCH_H。

再透過 **#ifndef**（代表 if not defined，若未定義）**...#endif**（結束 if 區塊）巨集**指令**判斷此模組是否已經被引用，實際寫法如下，用 #ifndef...#endif 包圍整個自訂類別：

```
#ifndef SWITCH_H        ← 如果此常數（識別名稱）不存在…
#define SWITCH_H        ← …則定義一個
#include <Arduino.h>    ← 包含Arduino指令和常數定義的標頭

class Switch {          ← 自訂類別的宣告；如果SWITCH_H
  :                        已經被定義過，這段程式碼就不
};                         會被引用，確保主程式不會多次
                           引用同一個程式檔。
#endif
```

成對

Arduino.h 是 Arduino IDE 內建的標頭檔，裡面宣告了所有 Arduino 語言的**常數和函式**，像 byte, OUTPUT, pinMode(), digitalWrite()…等，不同於 .ino 的主程式檔，如果 .cpp 檔沒有引用 Arduino.h，編譯器就無法理解這些指令。Arduino.h 位於 Arduino IDE 安裝路徑的 hardware/arduino/avr/cores/arduino/，你可以用程式編輯器（或記事本）開啟它，看看裡面的內容。

switch.h 標頭檔只負責宣告這個模組的「大綱」，也就是函式或方法的**原型**，程式碼開頭建議加上註解說明此程式的用途、作者和版本資訊，像這樣：

```
/*
  檢測開關被「按一下」和「長按」的行為
  作者：小趙
  版本：1.0.0
*/
#ifndef SWITCH_H
#define SWITCH_H
#include <Arduino.h>

class Switch {
  private:
    byte _pin;            // 開關接腳
    bool _ONState;        // 導通狀態
    uint32_t _pressTime = 0;
    uint8_t _debounceTime = 30;
    uint16_t _longPressTime = 500;
    uint32_t _lastHoldTime = 0;
    uint16_t _holdTime = 200;
```

```
    bool _isPressed = false;
    bool _isLongPressed = false;

  public:
    typedef enum {        // 按鍵事件名稱集合
      RELEASED,
         : 略
    } Status;

    Switch(byte pin, bool ON, bool pullup);
    Status check();
};
#endif
```

原程式裡的按鍵事件名稱集合是全域變數，我將它移入類別定義，明確變成類別的一部份。而開關接腳和導通狀態兩個屬性則改成私有，因為類別外部的程式用不到。外部模組的實際內容程式寫在 .cpp 檔，請選擇**新增標籤**：

新增一個 switch.cpp（檔名通常跟 .h 檔相同，但非強制規定）：

.cpp 檔的第一行要引用標頭檔，類別的建構式和方法名稱前面都要加上類別名稱，以及**雙冒號**(::)。:: 是 C 語言的**範圍解析運算子**（scope-resolution operator），Switch::check() 敘述指出 check() 隸屬於 Switch 類別：

```
#include "switch.h"                          類別::建構式

Switch::Switch(byte pin, bool ON=HIGH, bool pullup=false) {
  _pin = pin;
  _ONState = ON;
              ├── 建構式的參數存入私有屬性
  if (pullup) {
    pinMode(_pin, INPUT_PULLUP);
  } else {
    pinMode(_pin, INPUT);
  }
}                類別::傳回值類型   類別::方法

Switch::Status Switch::check() {
  Switch::Status status = RELEASED;          switch.cpp檔
     : 略
}        「按鍵事件名稱集合」現在位於Switch類別中
```

如果 check() 前面沒有加上 Switch::，代表定義一個全域函式 check()。例如，假設 .h 和 .cpp 檔都新增宣告與定義 check() 函式，底下的變數 y 值將是 168：

```
Switch::Status Switch::check() {
  Switch::Status status = RELEASED;
     :
  return status;                執行物件的方法      Status x = sw.check();
}                                                            物件名稱

int check() {
  return 168;                   執行函式              int y = check();
}
```

編譯並上傳程式碼，執行結果與動手做 3-1 相同。

建立程式庫

在程式專案中使用自製模組的方式有兩種：

1   把程式模組（如：switch.h 和 switch.cpp）複製到 .ino 檔所在資料
    夾。

> **2** 把程式模組挪到 Arduino 預設的程式庫路徑（如：文件\Arduino\libraries）。

存入預設的程式庫路徑顯然是最好的辦法，如此，其他 Arduino 程式檔也都能取用。請在 libraries 資料夾裡面新增一個資料夾，命名成 Switch，在裡面存入 switch.h 和 switch.cpp，就這樣，自製程式庫完成了！不過，除了必要的程式模組檔案，最好加上範例以及 keywords.txt 純文字檔：

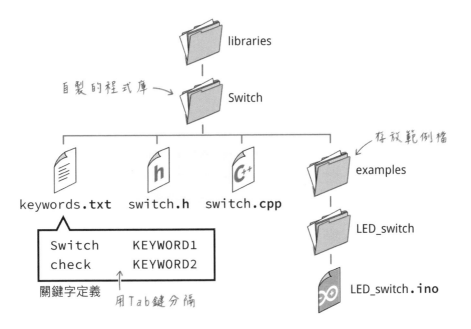

keyword.txt 用於告知 Arduino IDE，這個程式庫包含哪些以及何種關鍵字，以便在程式編輯器中為它們標色，表 3-1 列舉了 Arduino IDE 設定的 5 種關鍵字分類：

表 3-1

分類名稱	用途	呈現樣式
KEYWORD1	類別、資料類型和 C++ 語言關鍵字	橙色、粗體字
KEYWORD2	函式和方法	橙色、一般樣式
KEYWORD3	setup, loop 以及保留字	墨綠色、一般樣式
LITERAL1	常數	藍色、一般樣式
LITERAL2	尚未使用	藍色、一般樣式

在 keyword.txt 檔案中，每個關鍵字分開寫成一行，關鍵字名稱和分類名稱之間用一個 Tab 字元分隔（實際內容請參閱上圖）。這個元件庫程式只有兩個關鍵字：資料類型（Switch）與函式（check）。

自製程式庫安裝完畢後，就能在所有 Arduino 程式引用它：

```
#include <switch.h>          ← 用<和>包圍程式庫名稱
Switch sw(18, LOW, true);
const byte LED1 = 22;
     :
void loop() {                    ← 函式關鍵字標示為橙色
  switch (sw.check()) {
    case Switch::RELEASED_FROM_PRESS:
         :                        ← 在主程式引用類別定義的常數
}
```

資料類型關鍵字呈現為橙色、粗體。

Arduino IDE 的外觀樣式色彩定義在 Arduino 安裝路徑的 lib\theme 當中的 theme.txt 檔，可以自行改變顏色。

動手做 3-2 使用自製的 Switch 程式庫製作調光器

實驗說明：使用自製的 Switch 類別，製作一個具有兩個按鍵的調光器，按壓一個按鍵調亮，另一個調暗。

實驗材料：

LED（顏色不拘）	1 個
電阻 330Ω（橙橙棕）	1 個
微觸開關	2 個

實驗電路：在 ESP32 開發板連接一個 LED 和兩個開關，並啟用開關腳的上拉電阻：

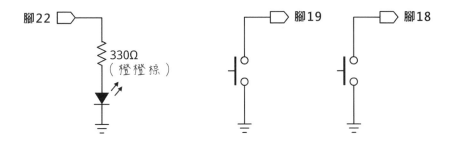

麵包板示範接線:

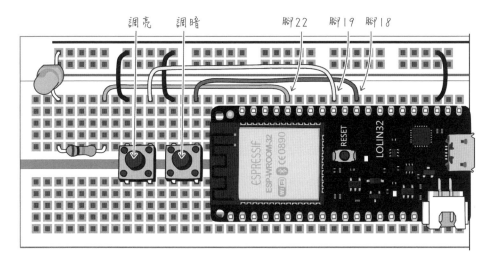

實驗程式:

```
#include <switch.h>
#define BITS 10                        // 10 位元深度
#define STEPS 20                       // 設定 20 階層變化

const byte LED = 22;
const byte UP_SW = 19;                 // 調亮開關
const byte DOWN_SW = 18;               // 調暗開關
const byte CHANG_VAL = 1024 / STEPS;   // 每次調光的變化值

Switch upSW(UP_SW, LOW, true);
Switch downSW(DOWN_SW, LOW, true);

int pwmVal = 0;                        // 電源輸出值

void lightUp() {
```

```
      if ((pwmVal + CHANG_VAL) <= 1023) {
        pwmVal += CHANG_VAL;
        Serial.println(pwmVal);
        ledcWrite(0, pwmVal);
      }
    }

    void lightDown() {
      if ((pwmVal - CHANG_VAL) >= 0) {
        pwmVal -= CHANG_VAL;
        Serial.println(pwmVal);
        ledcWrite(0, pwmVal);
      }
    }

    void setup() {
      Serial.begin(115200);
      pinMode(LED, OUTPUT);


      analogSetAttenuation(ADC_11db);   // 設定類比輸出
      analogSetWidth(BITS);
      ledcSetup(0, 5000, BITS);
      ledcAttachPin(LED, 0);
    }

    void loop() {
      switch (upSW.check() ) {          // "上" 按鍵
        case Switch::RELEASED_FROM_PRESS:
        case Switch::PRESSING:
          lightUp() ;
          break;
      }

      switch (downSW.check() ) {        // "下" 按鍵
        case Switch::RELEASED_FROM_PRESS:
        case Switch::PRESSING:
          lightDown() ;
          break;
      }
    }
```

實驗結果：編譯並上傳程式碼，按一下或持續按著開關，將能調亮或調暗
LED。

4

中斷處理以及 ESP32
記憶體配置

中斷代表打斷目前的程式運作流程，轉而優先處理更緊急的任務。日常生活中有不同的訊號聲響會打斷我們的工作，像手機的訊息提示音、門鈴、燒開水的鳴笛壺...微控器則透過兩種方式接收中斷訊號：

● 硬體：改變處理器的特定接腳的電位，例如從高電位變成低電位，或者電容觸控腳位被碰觸了，處理器就會得知發生緊急事故了。

● 軟體：當某個資料超過臨界值 (overflow) 時發出中斷訊號。例如，微控器內部有計時器，當程式設定的時間到時，計時器便發出中斷訊息。

ESP32 的中斷處理程式涉及 CPU 的快取 (cache，預先提取將要執行的指令) 機制，還要避免雙核心處理器同時存取相同記憶體區域或接腳，所以本章也將說明下列主題：

● 認識執行緒 (thread) 與分時多工

● 解析 ESP32 當機時拋出的錯誤訊息

● 認識 ESP32 的主記憶體分區配置

● 認識堆疊 (stack) 和堆積 (heap) 記憶體區域

4-1 觸發中斷的時機與中斷服務常式

Arduino Uno 板只有兩個接腳可感知中斷，ESP32 則是每個接腳都可設置成中斷輸入來源。觸發中斷的情況有底下五種：

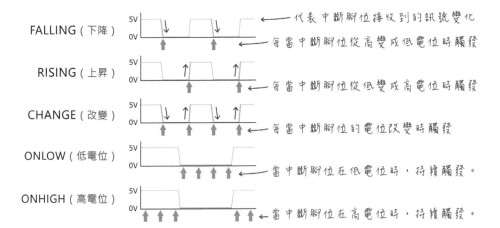

當中斷腳位的訊號改變時，將觸發執行**中斷服務常式**（Interrupt Service Routine，簡稱 **ISR**）。ISR 就是一個自訂函式，只不過它是由微控器自動觸發執行。

以底下名叫 ISR 的自訂函式為例，當中斷發生時，它將把 state 變數值設定成 HIGH。要留意的是，會在 ISR 執行過程中改變其值的變數，請在宣告的敘述前面加上 **volatile 關鍵字**（原意代表「易變的」）：

其值會在中斷服務常式中改變
的變數，都要加上"volatile"宣告。

事先將此函式載入主記憶體

自訂的中斷服務常式

```
volatile bool state = LOW;

void IRAM_ATTR ISR() {
    state = HIGH;
}
```

此外，ESP32 的中斷服務常式的宣告，建議加上 **IRAM_ATTR 關鍵字**（巨集），其作用是事先將此函式載入主記憶體，以便將來能被快速執行。

附加與取消中斷處理功能

ESP32 預設沒有開啟中斷處理功能，程式必須執行 **attachInterrupt()** 函式指定要監測的接腳、中斷服務常式以及觸發時機：

```
attachInterrupt( 接腳, 中斷處理函式, 觸發時機 )
           ↓
attachInterrupt( 19, ISR, FALLING );
```

若不再需要監測某個接腳的訊號變化，可透過底下的語法解除中斷輸入腳：

```
detachInterrupt( 接腳 )
```

動手做 4-1　設定與取消硬體中斷

實驗說明：使用中斷服務常式來偵測某個接腳的訊號變化，當中斷發生時，紀錄中斷的次數、點亮或關閉板子內建的 LED，當中斷發生大於或等於 10 次時，取消硬體中斷。

實驗電路：本實驗只須使用一條導線和一個 ESP32 開發板。把導線當作開關，觸發中斷訊號：

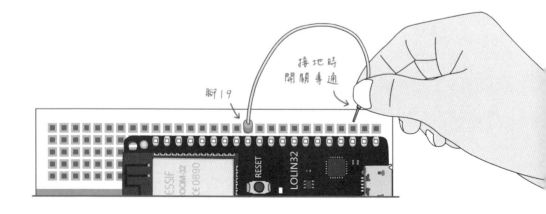

實驗程式：使用中斷服務常式來偵測腳 19 值的程式範例如下，每當腳 19 的
狀態變成低電位，內建的 LED 將被點亮或關閉：

HIGH
②
①
LOW
state

取相反值

```
const byte INT_PIN = 19;
bool running = true;
volatile byte counter = 0;
volatile bool state = LOW;

void IRAM_ATTR ISR() {
  state = !state;
  counter ++;
  digitalWrite( LED_BUILTIN, state );
  Serial.println( "是在哈囉？" );
}

void setup() {
  Serial.begin( 115200 );
  pinMode( LED_BUILTIN, OUTPUT );
  pinMode( INT_PIN, INPUT_PULLUP );

  attachInterrupt( INT_PIN, ISR, FALLING );
}
```

腳19的訊號從高變低
（FALLING）時，將觸
發執行ISR函式。

此例的 loop() 迴圈中的程式是選擇性的，它的作用是在中斷被觸發 10 次之
後，解除附加中斷。

```
void loop() {
  if (running && counter >= 10) {
    running = false;
    detachInterrupt(INT_PIN);    ← 解除附加中斷
    Serial.println("收工啦～");
  }
}
```

底下是**輪詢**方式與**中斷處理**方式的程式執行流程比較：

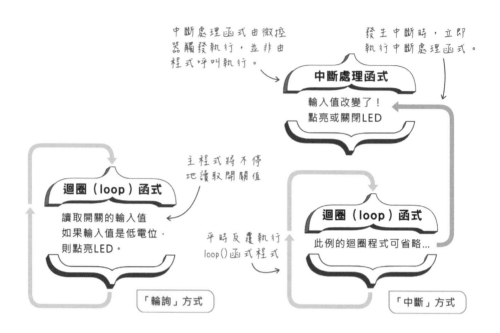

中斷處理函式由微控器觸發執行，並非由程式呼叫執行。

發生中斷時，立即執行中斷處理函式。

中斷處理函式

輸入值改變了！
點亮或關閉LED

主程式將不停地讀取開關值

迴圈（loop）函式

讀取開關的輸入值
如果輸入值是低電位，
則點亮LED。

平時反覆執行
loop()函式程式

迴圈（loop）函式

此例的迴圈程式可省略...

「輪詢」方式

「中斷」方式

使用 digitalPinToInterrupt() 指定中斷腳位

Arduino Uno 和 Leonardo 開發板只有數位 2 和 3 這兩個接腳能觸發硬體中斷，而中斷編號分別為 0 和 1，因此，底下的敘述，代表在 Uno 開發板的數位腳 2（中斷 0）附加中斷服務常式：

中斷編號	Uno板的腳位編號	Leonardo板的腳位編號
0	數位2腳	數位3腳
1	數位3腳	數位2腳

attachInterrupt(中斷腳位編號, 中斷服務常式, 觸發時機)

```
attachInterrupt(0, swISR, FALLING);
```

為了避免混淆「接腳編號」和「中斷編號」，Arduino 語言提供 **digitalPinToInterrupt() 函式**（直譯為：數位接腳轉成中斷編號），底下這一行敘述等同上面那一行：

```
attachInterrupt(digitalPinToInterrupt(2), swISR, FALLING);
```

ESP32 的中斷接腳跟中斷編號一致，不必透過 digitalPinToInterrupt() 轉換，
但是你要在 ESP32 上使用它也沒問題。

4-2　volatile 和主記憶體分區

volatile（易變）這個關鍵字是個用於指揮編譯器運作的指令。以底下兩個虛構
的程式片段為例，在編譯器將原始碼編譯成機械碼的過程中，它會先掃描整個
程式，結果發現左邊程式裡的 sw 變數從頭到尾都沒有變動過，而右邊程式包
含兩個相同、緊鄰的 "a + b" 敘述。編譯器可能會將原始碼最佳化成底下的形
式（最佳化之後的程式碼會被編譯成 .obj 檔，我們看不到）：

```
boolean sw = LOW;

if (sw == LOW) {
    // 若sw的值是LOW
    // 則執行這裡的程式
}                           原始檔
```

　　↓ 經編譯器最佳化之後

```
boolean sw = LOW;
                            因為sw總是LOW
if (true) {
    // 始終會執行這裡的程式
}
```

```
int a, b;
   :
   :
int c = a + b;
int d = a + b;
   :                        原始檔
```

　　↓ 經編譯器最佳化之後

```
int a, b;
   :
   :
int c = a + b;              沒有必要浪費時
int d = c;                  間重新計算 a+b
```

在一般的程式中，經過最佳化的程式碼不會有問題，但是在包含中斷事件的程
式裡面，可能會產生意料之外的結果。

以底下的程式片段為例，假設在設定變數 c 的值之後，正好發生中斷，程式將優先處理中斷，而中斷程式裡面包含了更改變數 a 和 b 資料值的敘述。可是，編譯器將變數 d 的值最佳化成「直接取用變數 c 值」，所以變數 d 並沒有包含最新的 a+b 的計算結果：

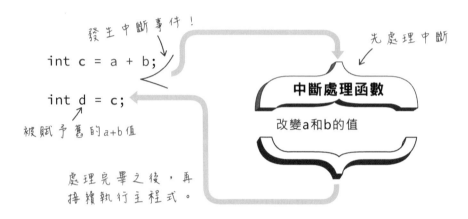

解決的方法：在中斷函式變更其值的全域變數宣告前面，加上 volatile 關鍵字：

告訴編譯器，此變數值可能隨時改變，不要最佳化與此變數相關的程式碼。

```
volatile boolean sw = LOW;

if (sw == LOW) {
    // 若sw的值是LOW
    // 則執行這裡的程式
}
```
原始檔

↓ 經編譯器最佳化之後

```
boolean sw = LOW;

if (sw == LOW) {
    // 若sw的值是LOW...
}
```
沒有改變

```
volatile int a, b;
   :
   :
int c = a + b;
int d = a + b;
   :
```
原始檔

↓ 經編譯器最佳化之後

```
int a, b;
   :
   :
int c = a + b;
int d = a + b;
```
沒有改變

認識 IRAM 和 DRAM 分區以及 IRAM_ATTR 巨集

為了瞭解中斷服務常式宣告的 IRAM_ATTR 的意義,我們必須認識一下 ESP32 的主記憶體架構。ESP32 晶片內部的 SRAM 主記憶體被分成五個區塊,其中的 SRAM0 區塊稱為 **Instruction RAM(指令 RAM,簡稱 IRAM)**:

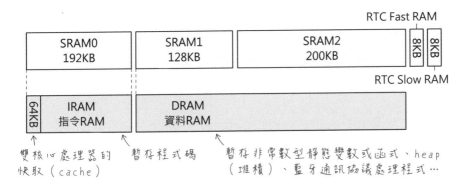

關於 RTC Fast/Slow RAM(即時鐘快速/低速 RAM),請參閱第 11 章說明; **heap(堆積)是提供我們的程式自由使用的一塊記憶體空間**,參閱本章最後一節說明。

執行程式之前,ESP32 晶片會先把程式檔從快閃記憶體載入**快取(cache)**再執行,但因為快取的空間有限(每個核心分配到 32KB,兩個核心共 64KB),若無法一次載入整個程式檔,ESP32 的系統韌體會預測、優先載入即將要被執行的部份。**如果即將要被執行的程式碼不在快取,也不在 IRAM 區,它就得從快閃記憶體讀入:**

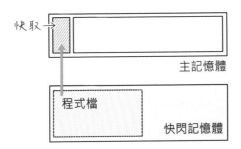

樂鑫官方《ESP-IDF 編程指南》的〈IROM(代碼從 Flash 中運行)〉單元(https://bit.ly/2GUZgfg)提到:**如果一個函式沒有被明確地宣告要放在 IRAM 或 RTC 記憶體中,則將其置於快閃記憶體中。**

像 ISR 這種需要即時反應處理的程式碼,應該在系統啟動時就先讀取並將它保留在 IRAM 區,以免將來耗時從快閃記憶體載入。**宣告函式時,在名稱前面加上 "IRAM_ATTR",即可將此函式保留在 IRAM 區域。**

補充說明,上面的記憶體分區插圖裡的 **DRAM** 代表 **"Data RAM"**(**資料 RAM**),不是一般電腦常見的 Dynamic RAM(動態隨機存取記憶體)。非「**常數」型靜態資料**(non-constant static data)指的是僅存在於程式檔範圍內的變數資料,在宣告全域變數或函式的敘述前面加上 static,就代表只有該程式檔裡的敘述可以存取它們(跟放在類別宣告裡的 static 意義不同)。

以底下的程式為例,demo.cpp 引用了 main.h 檔,而 main.cpp 程式檔的 foo() 函式定義為**靜態(static)**,不能被其他程式檔使用,所以這個程式在編譯階段就會出錯:

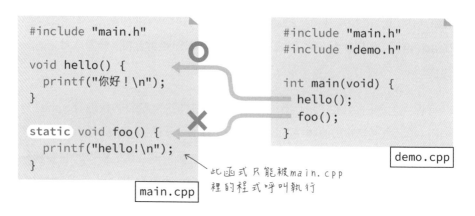

```
#include "main.h"

void hello() {
  printf("你好!\n");
}

static void foo() {
  printf("hello!\n");
}
```
main.cpp

```
#include "main.h"
#include "demo.h"

int main(void) {
  hello();
  foo();
}
```
demo.cpp

此函式只能被 main.cpp 裡的程式呼叫執行

在 Arduino Uno 板上,要將常數保存在快閃記憶體中,需要在宣告常數的敘述當中加上 **PROGMEM** 關鍵字,相關說明請參閱《超圖解 Arduino 互動程式設計入門》第 7 章〈將常數保存在程式記憶體裡〉單元:

```
PROGMEM const byte data = 128;  // 把 data 保存在快閃記憶體
```

在 **ESP32** 上,**使用 const 宣告的常數類型資料將被保留在外部快閃記憶體,不必加上 PROGMEM**;ESP32 程式裡的 "PROGMEM" 只是為了維持 Arduino 程式語法的相容性而存在,沒有實質作用。

```
const byte data = 128; // 把 data 保存在快閃記憶體,不必加上 PROGMEM
```

4-3 分時多工與執行緒

ESP32 的中斷程式另外還要考量**執行緒**（thread）和雙核心處理器資源共享的問題。早期的電腦好比是一人餐廳，一個人要執行多項工作，但一次只能做一件事；假設要煎好幾個蛋、切一堆菜，這些工作得分開執行：

但只要有效率地安排時間，即便一個人也能在同一時間執行多項任務，這樣的處理方式，在電腦上叫做**「分時多工」**：

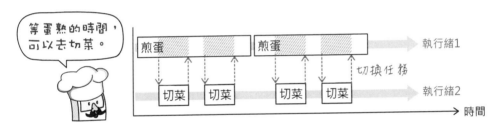

執行一個任務的流程叫做**執行緒**。ESP32 底層的 FreeRTOS 系統，就是用分時的技巧，指揮微控器迅速（如：每 1 毫秒）切換處理不同任務，達成多工效果…至少在人類看來，它的確是在同時間做不同事。

不過，有些工作必須一氣呵成、不可分心；若要求處理器一定得完成某項任務，可以**鎖定執行緒**，優先處理完畢之後再**解鎖**去忙別的事：

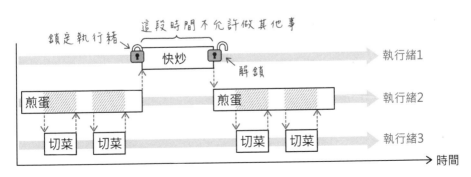

鎖定資源

ESP32 的處理器是雙核心,可以各自執行多執行緒任務,不過,很多資源都是雙核心處理器共享的,像是 GPIO 腳和記憶體。當核心 0 的某個任務在讀取某記憶體資料時,核心 1 的另一個任務可能嘗試對它寫入資料。為了避免出錯,我們可以對該資源上鎖,等操作結束後再予以解鎖:

用銀行轉帳舉例,假設你從帳戶 A 轉帳給帳戶 B,電腦要先鎖定這兩個帳戶,確認從帳戶 A 扣款成功、B 帳戶入帳成功,才可以解鎖,期間不允許對這兩個帳戶進行其他操作。

再舉個例子說明鎖定執行緒和資源,一個是鎖定**時間**,一個是鎖定**資源**。以一群人在 KTV 唱歌為例:

● 鎖定資源/物品:麥克風被歌唱者佔有。

● 鎖定執行緒/時間:歌唱者正在盡情歡唱,這段時間內不做其他事。

不同於鎖定執行緒,**鎖定資源**是不許其他程式碼操作這個資源,但是其他執行緒仍可運作。鎖定資源功能是 FreeRTOS 提供的,相關常數和函式定義在 /sdk/include/freertos/freertos/ 路徑當中的 portmacro.h 檔;FreeRTOS 相關程式庫預設已在 ESP32 Arduino 開發環境中載入,所以我們的程式不需要額外引用這個程式庫。

鎖定、解鎖資源,需要經過 3 個步驟:

1	宣告 portMUX_TYPE 類型的變數，存入代表**空鎖**的 portMUX_ INITIALIZER_UNLOCKED（直譯為「初始化未上鎖」）。

2	執行 portENTER_CRITICAL() 函式，傳入步驟 1 建立的空鎖，即可用它鎖定資源。函式名稱中的 ENTER_CRTICAL 代表**進入緊急狀態**。

3	執行 portEXIT_CRITICAL () 函式解鎖，EXIT 代表**離開**緊急狀態。

以上文自訂的 ISR 中斷服務常式為例，加入鎖定資源的敘述如下：

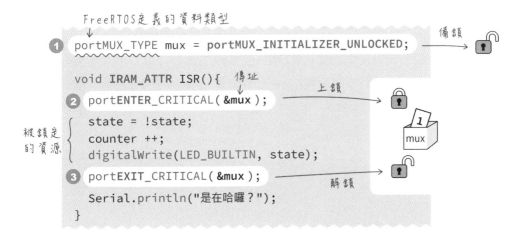

編寫中斷服務常式的重點小結

和普通的函式比較，撰寫 ISR 程式有幾個注意事項：

- 程式本體應該要簡短、迅速處理完畢，不要暫停時間，好讓正常的工作流程得以繼續。

- 中斷服務常式不接收參數，也不傳回值。

- 若中斷服務常式會改變某變數值，請在宣告變數時加上 **volatile 關鍵字**。

- 中斷服務常式請用 **IRAM_ATTR 關鍵字**定義，確保它可被事先載入主記憶體備用。

- 存取資源時，建議使用 portENTER_CRITICAL() 和 portEXIT_CRITICAL() 函式鎖定資源。本文的程式很單純，不鎖定資源也無妨。

- 不可在中斷服務常式中執行會「搶佔執行緒」（參閱下文）的函式。

4-4 解析 ESP32 的回溯（Backtrace）除錯訊息

ESP32 的 printf() 函式會**搶佔執行緒**（但 Serial.printf() 不會），也就是要求 CPU 先讓它執行完畢，再把時間讓出來給其他程式使用，但中斷服務常式也要求 CPU 先讓它處理緊急事物，這兩者就起衝突了。如果把動手做 4-1 的 ISR() 函式改成這樣：

```
void IRAM_ATTR ISR() {
  state = !state;
  counter ++;
  digitalWrite(LED_BUILTIN, state);
  printf("是在哈囉？");  // 改用 printf() 輸出字串
}
```

程式在編譯階段不會出錯，一開始執行也沒問題，但只要一按下腳 19 的開關，觸發中斷，ESP32 馬上就當掉、自行重新啟動。ESP32 當機時，它會在序列埠輸出除錯用的**回溯（backtrace）**訊息，相關說明請參閱下文：

於核心運作的程式計數器（PC）在某個位址呼叫abort()中止執行

```
◎ COM5                                        —  □  ×
┌──────────────────────────────────────────┐ ┌────┐
│                                            │ │傳送│
└──────────────────────────────────────────┘ └────┘
abort() was called at PC 0x40084ee1 on core 1

Backtrace: 0x4008b5a8:0x3ffbe3a0 0x4008b7d5:0x3ffbe3c0 0x40
                                        ←回溯除錯訊息
Rebooting...←重新開機…
```

補充說明，上面第一行訊息裡的 PC，不是指個人電腦，而是**程式計數器**（**Program Counter**），其作用是指示處理器到哪個記憶體位址提取要執行的敘述。

ESP32 當機時顯示的回溯除錯訊息是由一連串的位址和編碼所組成。樂鑫公司的 ESP-IDF 開發工具有提供名叫 **IDF 監視器**的工具，可解碼回溯訊息的記憶體位址和對應的函式名稱。

在 Arduino IDE 上，請安裝 ESP Exception Decoder（以下譯作「ESP 例外解碼器」），專案網址：https://bit.ly/36fsLCo。安裝步驟：

1　到 ESP 例外解碼器專案的 **releases**（**發行**）頁面，也就是專案網址後面加上 "/releases/"，可看到已經編譯好的工具程式和原始碼下載連結：

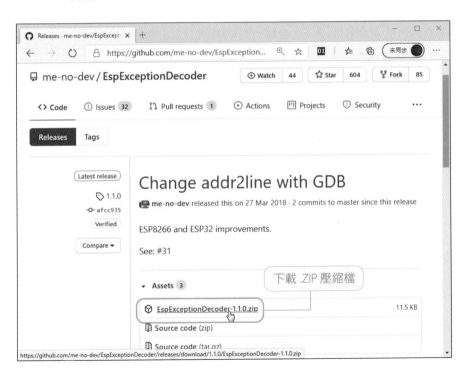

　執行程式時產生預期之外的錯誤，也稱作「發生例外」。

2 解壓縮下載的 .ZIP 檔，將其內容解壓縮到 "文件\Arduino\tools" 路徑，假如 "tools" 資料夾不存在，請新建一個：

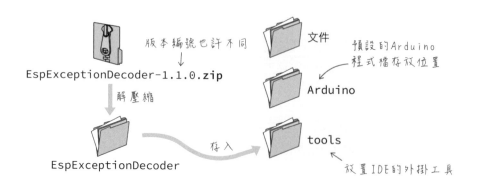

3 重新啟動 Arduino IDE，再次編譯並上傳會造成當機的程式碼到 ESP32。

4 觸發中斷的腳 19 開關，從**序列埠監控視窗**複製整段 Backtrack (回溯) 訊息：

5 選擇主功能表『**工具/ESP Exception Decoder**』指令，在 **Exception Decoder** 面板中，貼入回溯儲存訊息；下半部窗格將呈現解碼之後的內容：

錯誤訊息當中的「_lock_acquire_recursive」直譯為「_鎖定_獲取_
遞迴」，下文會介紹**遞迴**，這裡代表中斷服務常式已經鎖定執行緒，
它內部的敘述又再要求鎖定。

4-5 微波感應偵測物體移動

市面上的自動感應開關和電燈，大致可區分成 PIR 人體紅外線感應以及微波
感應兩種類型，PIR 感應式比較適合用在小區域，像走道、玄關，它只對特定的
紅外線波長（如：人體體溫）有反應，但無法穿透玻璃；微波感應式的感測範
圍較大，適合安裝在挑高大廳、地下室停車場，它對物體的移動速度有反應，
不限於人體；微波訊號可穿透玻璃、塑膠和一般家庭的隔間牆，安裝在戶外的
話，迎風搖曳的樹枝也可能會觸發開關。

這是一款常見、低價的微波感測
器模組：RCWL-0516 微波雷達感
應開關：

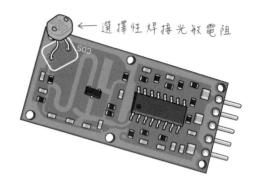

← 選擇性焊接光敏電阻

根據廠商提供的資料，這個模組的感測角度為 360° 全方位，感測距離約 7 公
尺。在板子背面的 **R-GN 接點**焊接一個 1MΩ 電阻，可將距離縮減到 5 公尺。
技術文件也提到，**板子的正面應朝向被感測物，前方不能有金屬阻擋**；背面與
任何金屬的距離應大於 1 公分：

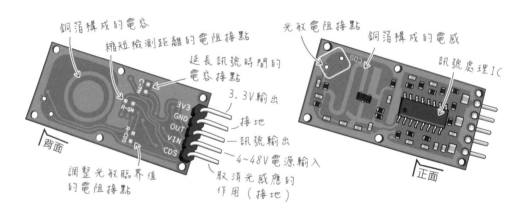

電路板透過發射 3.18GHz 的微波訊號，並比較接收折射回來的訊號波長變
化，藉以偵測物體的移動。此微波的發射功率很低（約 20mW），不會傷害人
體。

OUT（訊號輸出）接腳平時處於低電位，**偵測到物體移動時，將變成高電位
（3.3V）並維持約 2 秒**，然後回到低電位。若要延長高電位的持續時間，必須
在 **C-TM 接點**焊接一個電容，技術文件並未提出建議的電容值，只提到測量 IC
第 3 腳的輸出頻率，可透過這個公式換算成延遲秒數：(1/頻率) * 32678。

此模組內建直流電壓轉換器，可輸入 4~48V 電壓，並在 3V3 腳輸出
3.3V/100mA 電源供給其他電路使用。

若替板子焊上光敏電組,感應電路將只會在暗處(夜間)作用,在 **R-CDS 接點**焊接一個 47~100KΩ 電阻,可調整光感應的臨界值;若在 **CDR 接腳**輸入低電位,將會取消光感應的功能。

微波感測開關模組的運作原理是基於「都卜勒效應(Doppler effect)」,也就是一種頻率改變的現象:發出聲音的物體(波源)靠近或遠離接收者(觀察者)時,觀察者聽到的聲音頻率跟波源實際發出的頻率不同。例如,迎面急駛而來的救護車的聲音會逐漸變得尖銳(頻率升高);當它駛離時,聲音頻率會逐漸降低:

若波源和觀察者都不動,觀察者聽到的音頻則不會改變:

都卜勒效應可以應用在所有形式的波,像電磁波和光波。例如,警察使用的測速系統,比較從測速槍發射的電磁波和接收到的反射波的頻率變化,就能測出車輛的行駛速度。

微波感測器的微波訊號是由電晶體和電感(L)、電容(C)組成的考畢茲振盪器(Colpitts oscillator)產生的,基本的振盪器電路如下,我們不需要知道此震盪電路的運作原理,這裡只是要強調這個電路設計者的巧思:**這個電路板的 LC 振盪器並沒有用到真的電感和電容元件,這兩者都是透過 PCB 板上面描繪出的電路走線形成的!**

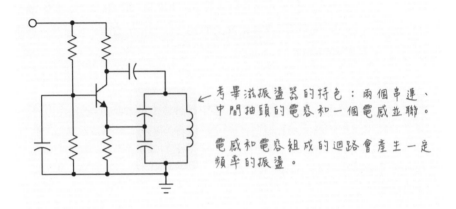

考畢滋振盪器的特色：兩個串連、中間抽頭的電容和一個電感並聯。

電感和電容組成的迴路會產生一定頻率的振盪。

動手做 4-2 人體移動警報器

實驗說明：使用微波感測器或者 PIR 人體移動感測器，在感應到物體移動或者有人經過時，發出 10 秒警報聲：

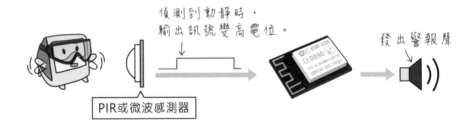

偵測到動靜時，輸出訊號變高電位。

PIR或微波感測器

發出警報聲

實驗材料：

RCWL-0516 微波感測器或 PIR 人體移動感測器	1 個
蜂鳴器模組或無源蜂鳴器	1 個

實驗電路：RCWL-0516 微波感測器以及 PIR 人體移動感測器都是接 5V，而且輸出高電位訊號也是 3.3V，兩者都形同「數位開關」，連接 ESP32 開發板的方式都一樣。PIR 人體移動感測器連接 ESP32 開發板的示範：

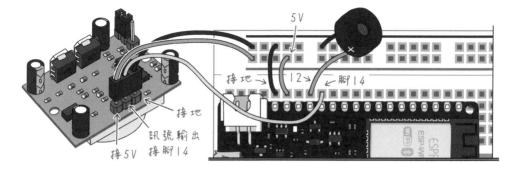

RCWL-0516 微波感測器連接 ESP32 開發板的示範：

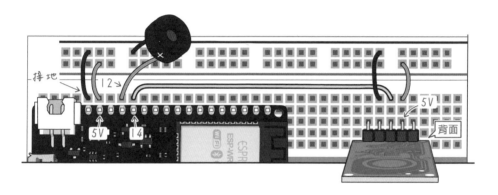

實驗程式：

```
#define BITS 10              // PWM 輸出的解析度
#define ALARM_PERIOD 10*1000 // 警報持續時間（毫秒數）
#define BUZZER_PIN 12        // 蜂鳴器接腳
#define INT_PIN 24           // 中斷腳（接 PIR 或微波感測器的輸出）

// 警報聲相關
int interval = 500;
int tones[2] = {650, 400};
byte toneSize = sizeof(tones) / sizeof(int);
unsigned long prevTime = 0;

unsigned long alarmTime = 0;     // 發出警報的時間
volatile byte alarming = false;  // 是否觸發警報
bool issued = false;             // 是否已發出警報
```

```
void alarmSound() {
  static int i = 0;

  // 如果「目前時間 – 前次時間 > 間隔時間」...
  if (millis() - prevTime > interval) {
    prevTime = millis() ;          // 儲存前次時間

    ledcWriteTone(0, tones[i]); // 通道 0 的頻率設成 659Hz
    if (++i % toneSize == 0) {
      i = 0;
    }
  }
}

void IRAM_ATTR ISR() {         // 中斷服務常式
  alarming = true;             // 觸發警報
}

void setup() {
  ledcSetup(0, 2000, BITS); // PWM 預設為 20KHz，10 位元解析度
  ledcAttachPin(BUZZER_PIN, 0);
  pinMode(INT_PIN, INPUT);  // 接 PIR 或微波感測模組的訊號輸出
  // 附加中斷，在訊號上昇階段觸發
  attachInterrupt(INT_PIN, ISR, RISING);
}

void loop() {
  if (alarming) {                // 若中斷發生，觸發警報了...
    if (!issued) {               // 若尚未發出警報...
      issued = true;
      alarmTime = millis() ; // 紀錄目前時間
    }

    alarmSound() ;               // 發出警報

    // 若「目前時間-發出警報的時間 > 警報持續時間」...
    if (millis() - alarmTime > ALARM_PERIOD) {
      alarming = false;      // 解除警報
      issued = false;
      ledcWriteTone(0, 0);   // 把通道 0 的頻率設成 0；不發聲
    }
  }
}
```

實驗結果：編譯並上傳程式碼，在 PIR 或者微波感測器前面走動，蜂鳴器將發出持續 10 秒鐘的警報聲。

4-6 計時器中斷

處理器內建的計時器也能引發中斷，屬於「軟體中斷」，透過這項機制，我們可以讓 ESP32 每隔一段時間自動觸發執行指定的函式。ESP32 內部有兩個計時器群組，共有 4 個計時器，編號分別是 0~3：

ESP32 計時器的時脈頻率是 80MHz，也就是週期時間為 12.5ns（奈秒，即 10^{-9} 秒，週期=1/頻率）；時脈訊號的起始點可以從波形的上昇邊緣或下降邊緣開始計算：

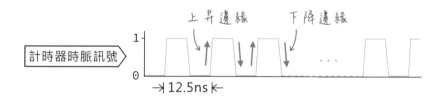

對大多數的應用場合來說，這個計時器的頻率太高了。我們可以將它除以一個整數值（16 位元，有效值介於 2^1~2^{16}-1，也就是 2~65535）來降低它的速度，例如除以 80，將使得計時器週期降至 1µs（微秒），這個除值也稱為**分頻值**：

此即80MHz
$$\frac{80,000,000Hz}{分頻值 \to 80} = 1,000,000Hz$$
頻率轉週期
1微秒
$$\frac{1}{1,000,000Hz} = 0.000001秒$$
1MHz

分頻之後的計時時脈週期變長了；計時器物件將透過計算這個時脈的電位變化或上升邊緣次數來觸發中斷。假設要讓計時器在 1 秒鐘之後觸發，我們就要設定讓它計數 1, 000, 000 次上升邊緣：

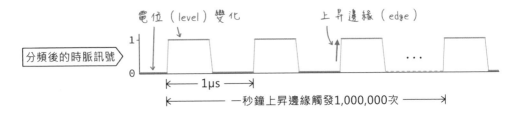

建立及啟動計時器的步驟和對應的指令如下：

建立計時器物件	`timerBegin()`
替計時器附加中斷服務常式	`timerAttachInterrupt()`
設定計時器的運作時間	`timerAlarmWrite()`
啟動計時器	`timerAlarmEnable()`

以設置每秒觸發一次的計時器為例，首先宣告一個指向 hw_timer_t 類型（代表「硬體計時器」）的變數，準備儲存計時器物件：

```
hw_timer_t*  timer;   // 計時器物件指標
```

底下敘述將把**計時器 0** 的時間週期設定成 1 微秒，以波形的上升邊緣當作時脈起始點：

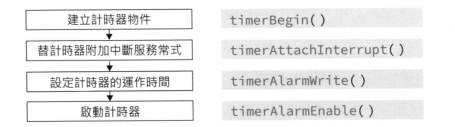

替計時器附加中斷服務常式的語法如下，請注意第 2 個參數是傳遞處理函式的位址，第 3 個參數則是指定訊號計數基準，true 代表計數**上升邊緣（edge）**、false 代表**準位（level）變化**，也就是變成低電位或高電位時各計數一次：

```
timerAttachInterrupt( 計時器物件指標， &事件處理函式， 上昇邊緣或準位變化)
```

```
timerAttachInterrupt( timer, &onTimer, true );
```
　　　　　　　　　　　　　↖傳址　　　↖上昇邊緣

設定計時器觸發時間的語法如下，第 3 個參數設成 true，代表計時器會在計數指定次數波形之後觸發中斷、再重新計數和觸發；設成 false 代表只觸發一次中斷：

```
timerAlarmWrite( 計時器物件指標， 計數波形次數， 是否重複觸發 )
```

```
timerAlarmWrite( timer, 1000000, true );
```

由於此計時器物件的週期時間是 1μs，若要計時 1 秒，**計數波形次數**參數就得設成 1000000：

1μs
↘ 0.000001秒 × 1000000 ＝ 1秒

最後啟動計時器物件；

```
timerAlarmEnable( 計時器物件指標 )
```

```
timerAlarmEnable( timer );
```

若程式不會再用到計時器，則要依序執行下列函式，停用計時器：

解除計時器	`timerAlarmDisable( )`
解除計時器的中斷服務常式	`timerDetachInterrupt( )`
結束計時器	`timerEnd( )`

利用計時器定時閃爍 LED

實驗說明：使用計時器物件每隔 1 秒點滅 ESP32 開發板內建的 LED。這個實驗只需使用一塊 ESP32 開發板。

實驗程式：這個範例很單純，中斷處理常式裡面的變數和接腳可以不上鎖，因為不會被其他程式搶用，但為了保持良好習慣，建議還是加上 portENTER_CRITICAL() 和 portEXIT_CRITICAL()：

```
portMUX_TYPE mux = portMUX_INITIALIZER_UNLOCKED;
volatile bool state = 0;
hw_timer_t * timer;                           // 宣告硬體計時器物件指標

void IRAM_ATTR onTimer() {                     // 計時器中斷服務常式
  portENTER_CRITICAL(&mux);                    // 鎖定資源
  state = !state;
  digitalWrite(LED_BUILTIN, state);            // 點滅內建的 LED
  portEXIT_CRITICAL(&mux);                     // 解鎖資源
}

void setup() {
  pinMode(LED_BUILTIN, OUTPUT);
  // 使用硬體計時器 0 建立 1 微秒週期的計時器
  timer = timerBegin(0, 80, true);
  timerAttachInterrupt(timer, &onTimer, true); // 附加中斷服務常式
  timerAlarmWrite(timer, 1000000, true);       // 1 秒、重複觸發
  timerAlarmEnable(timer);                      // 啟動計時器
}

void loop() {}
```

實驗結果：編譯並上傳程式碼，ESP32 開發板內建的 LED 將每隔 1 秒閃爍 1 次。

動手做 4-4 用計時器定時閃爍 LED 之後刪除計時器物件

實驗說明：

1. 使用硬體計時器 0，每隔 1 秒點滅開發板內建的 LED。

2. 使用硬體計時器 1，每隔 0.5 秒點滅第 19 腳的 LED，計時器觸發 10 次之後，結束計時並清除計時器物件。

實驗材料：

LED（顏色不拘）	1 個

實驗電路：在第 19 腳連接一個 LED，麵包板示範接線如下，短時間的實驗測試 LED 可不串接電阻：

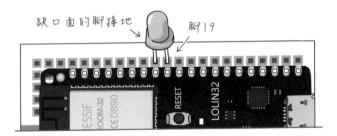

實驗程式：首先宣告第 19 腳的 LED，以及計時器物件的相關變數：

```
#define LED1 19              // 外接 LED 的接腳

volatile bool state0 = 0;    // 紀錄內建 LED 的狀態
volatile bool state1 = 0;    // 紀錄外接 LED 的狀態
volatile byte counter = 0;   // 計數器

portMUX_TYPE mux0 = portMUX_INITIALIZER_UNLOCKED; // 資源鎖 0
portMUX_TYPE mux1 = portMUX_INITIALIZER_UNLOCKED; // 資源鎖 1

hw_timer_t * timer0;         // 計時器物件 0
hw_timer_t * timer1;
```

然後在 setup() 函式中加入建立及設定計時器物件的程式：

```
void setup() {
  pinMode(LED_BUILTIN, OUTPUT);
  pinMode(LED1, OUTPUT);


  timer0 = timerBegin(0, 80, true);        // 設置計時器 0
  timer1 = timerBegin(1, 80, true);        // 設置計時器 1

  timerAttachInterrupt(timer0, &onTimer0, true);
  timerAttachInterrupt(timer1, &onTimer1, true);

  timerAlarmWrite(timer0, 1000000, true);  // 1000ms (1 秒)
  timerAlarmWrite(timer1, 500000, true);   // 500ms (0.5 秒)

  timerAlarmEnable(timer0);                // 啟動計時器
  timerAlarmEnable(timer1);
}

void loop() {}
```

計時器 0 的中斷服務常式，將每秒閃爍 1 次內建的 LED：

```
void IRAM_ATTR onTimer0() {
  portENTER_CRITICAL(&mux0);
  state0 = !state0;
  digitalWrite(LED_BUILTIN, state0);
  portEXIT_CRITICAL(&mux0);
}
```

timer1 物件的中斷服務常式如下：

```
void IRAM_ATTR onTimer1() {
  portENTER_CRITICAL(&mux1);
  state1 = !state1;
  digitalWrite(LED1, state1);
  if (++counter == 10) {                  // 先累加計數值再跟 10 比較 ⬇
```

04

```
    if (timer1 != NULL) {              // 確認 timer1 存在
      timerAlarmDisable(timer1);       // 取消 timer1 計時器
      timerDetachInterrupt(timer1);    // 解除 timer1 的中斷
      timerEnd(timer1);                // 結束 timer1
      timer1 = NULL;                   // 代表「可回收」timer1 記憶體
    }
  }
  portEXIT_CRITICAL(&mux1);
}
```

實驗結果：編譯並上傳程式到開發板，LED2 將每隔 0.5 秒點滅並且在點滅 5
次後結束。

4-7 認識堆疊（stack）和 堆積（heap）記憶體區域

電腦的主記憶體，依照用途大致被分成四大區塊：

- 程式（code）：存放執行中的程式碼。

- 靜態（static）：存放全域變數以及用 static 宣告的變數，其內容可被所有程
  式碼存取。

- 堆疊（stack）：存放執行中的函式結束後要返回的位址與區域變數，當函
  式執行完畢，這些內容將自動從堆疊區移除。底下是虛構的程式，說明保存
  變數的記憶體區域：

```
float weight = 24.5;      // 全域變數，保存在「靜態」區

void check() {            // 函式，結束後返回的位址保存在「堆疊」區
  static int counter = 0; // 靜態變數，保存在「靜態」區
  int num;                // 區域變數，函式執行時保存在「堆疊」區
    :
}
```

● 堆積（heap）：存放動態建立變數的物件

底下是主記憶體分區的示意圖；除了堆積區，每個空間大小都是固定的（由程式編譯器或電腦系統決定）；以個人電腦來說，主記憶體越大，堆積區就越大。ESP32 的堆疊大小由底層的 FreeRTOS 系統分配，相關說明請參閱第 17 章：

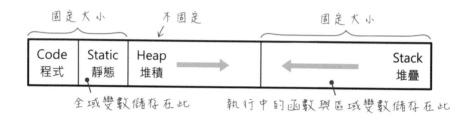

使用堆疊記憶體區的例子：N 階乘法遞迴（recursive）程式

計算**階乘**（factorial）是程式設計教學的經典案例，本單元將使用它說明程式和堆疊記憶體的運作。

階層的定義為「所有小於及等於該數的正整數的積」，所以 5 的階層（寫作 5!）等於 120：

$$n! = 1 \times 2 \times 3 \times \cdots \times n \qquad 5! = 1 \times 2 \times 3 \times 4 \times 5 = 120$$

某數的階層也能看待成該數字和前一數字階乘的積，例如，5! 等於 5×4!，而 4! 等於 4×3!。

$$5! = 1 \times 2 \times 3 \times 4 \times 5 \qquad n! = (n-1)! \times n$$

此外，0 和 1 的階層值都是 1，底下是 Arduino/C 語言計算階層的自訂函式 fact：

```
long fact(int n) {
    if (n == 0)
        return 1;
    else
        return n * fact(n-1);
}
```

終止遞迴的條件 →（指向 `if (n == 0) return 1;`）

若參數n不是0，則呼叫自己。（指向 `return n * fact(n-1);`）

像這種自己呼叫自己的函式，叫做**遞迴**（**recursive**）。在 Arduino 中，呼叫 fact() 函式計算 4! 的程式範例：

```
void setup() {
  Serial.begin(115200);
  long ans = fact(4);    // 計算 4 的階層
  Serial.print(ans);
}

void loop() {}
```

這個程式的運作流程如下，每一次呼叫 fact() 函式，處理器就先暫存計算式（因為還無法計算值），直到步驟 5 的 fact(0) 計算出 1，才得以終止遞迴呼叫。處理器將往回計算出最後結果，在**序列埠監控視窗**顯示 24：

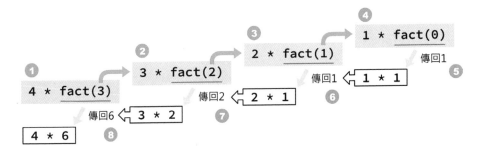

堆疊的運作方式

每當有函式被呼叫執行，該函式結束後要返回的位址將被置入**堆疊**，該函式產生的區域變數，也將一併暫存在堆疊區。為了簡化說明流程，底下改成計算 3 的階層：

```
long ans = fact(3);
```

當處理器執行上面的敘述時，它將把 fact() 函式及參數 3 存入堆疊，然後執行 fact() 函式，而 fact(3) 引發執行了 fact(2)，所以處理器再次往堆疊裡存入 fact() 函式以及參數 2...直到 fact() 不再呼叫執行函式：

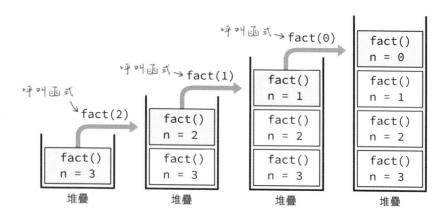

接著，堆疊裡的函式將由上往下一一傳回執行結果；位於堆疊最上面的 fact() 函式傳回 1 之後結束執行，下一層堆疊的函式也將在傳回計算結果之後也結束執行...直到堆疊裡的函式執行完畢返回主程式、向序列埠輸出計算結果：

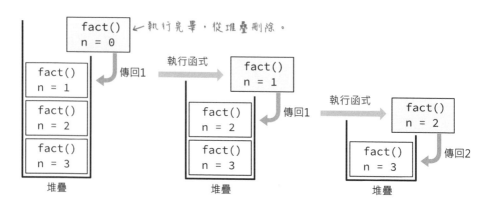

運算結束之後，暫存在堆疊的內容也將被清空。從上面的分析可知，最先進入堆疊的資料，最後才被取出，所以堆疊被稱作是**先進後出**的記憶體結構。

使用堆積

堆積也稱作「自由儲存空間 (free store)」，允許我們用 new 或 malloc() 在其中配置 (allocate) 記憶體區域 (如：陣列)，而且**必須透過指標存取**。例如，底下的敘述將在堆積中宣告能儲存 100 個整數元素的陣列：

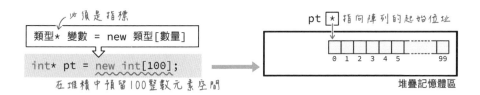

ESP32 提供一個 ESP.getFreeHeap() 函式，能傳回可用的堆積位元組大小。底下程式將在堆積中建立一個整數類型陣列，並分別在各個元素存入 0~99 數字：

```
void setup() {
  Serial.begin(115200);
  Serial.printf("HEAP 可用大小：\t%u\n", ESP.getFreeHeap() );

  int* pt = new int[100];   // 在堆積區建立陣列

  for(byte i= 0; i<100; i++){
    pt[i] = i;  // 分別存入 0~99
  }

  Serial.printf("動態建立陣列之後：\t%u\n", ESP.getFreeHeap() );
  delete pt;   // 刪除記憶體
  Serial.printf("刪除陣列之後：\t%u\n", ESP.getFreeHeap() );
}

void loop() {}
```

使用 new 建立的物件，不再使用時，請用 delete 刪除它。上面程式的執行結果：

HEAP可用大小：　　　362824
動態建立陣列之後：　362408　← 可用的記憶體空間變少了
刪除陣列之後：　　　362824

使用 new 和 delete 建立與刪除物件，是 C++ 的語法，C 語言的對應指令是 malloc() 以及 free() 函式。底下的 C 語言敘述將在堆積中宣告能儲存 100 個整數元素的陣列，其中的「類型」定義要一致：

類型* 變數 = (類型*) malloc(數量 * sizeof(類型))

int* pt = (int*) malloc(100 * sizeof(int));

在堆積區保留記憶體空間　　傳回整數類型的位元組數 (4)

Arduino 程式同時支援 C 和 C++ 語法，因此上面的程式可以改寫成：

```
void setup() {
  Serial.begin(115200);
  Serial.printf("HEAP 可用大小：\t%u\n", ESP.getFreeHeap() );

  int* pt =(int *) malloc(100*sizeof(int));   // 在堆積區建立陣列
  for(byte i= 0; i<100; i++){
    pt[i] = i;
  }

  Serial.printf("動態建立陣列之後：\t%u\n", ESP.getFreeHeap() );
  free(pt);   // 刪除記憶體
  Serial.printf("刪除陣列之後：\t%u\n", ESP.getFreeHeap() );
}

void loop() {}
```

執行結果跟採用 new 和 delete 敘述的程式相同。

00101

5

OLED 顯示器以及 Python 中文轉換工具程式設計

本章將示範連接**圖像式**顯示器及其程式控制方式，這種顯示器沒有內建字體，需要採用顯示器程式庫提供的字體，或者我們自訂的字體。因此本章一半的篇幅在講解如何選用以及轉換字體格式，最後使用 Python 程式編寫一個自動化字體轉換程式，方便我們自訂這個顯示器所呈現的文字。

5-1 使用 OLED 顯示器顯示文字訊息

微電腦的顯示器，依顯示內容區分，有**文字**和**圖像**兩種類型。底下是文字型 LCD，可以顯示兩行英數字和符號，每個字元都只能在固定的 8×8 像點範圍內顯示，無法調整大小和間距：

← 可顯示16×2行英文和數字的文字型LCD模組

← 並列式介面

電視、電腦和手機螢幕屬於**圖像式**顯示器，可顯示任何圖文。本書的實驗都採用 0.96 吋、128×64 像素、單色的 OLED 圖像顯示模組（以下簡稱 OLED 模組）。顯示模組分成「面板」和「控制晶片」兩大部份，這款 OLED 模組的控制晶片型號是 SSD1306，晶片本身具備 I²C, SPI 和並列埠介面，有些 OLED 模組同時提供 I²C 和 SPI 兩種介面，有些只有 I²C：

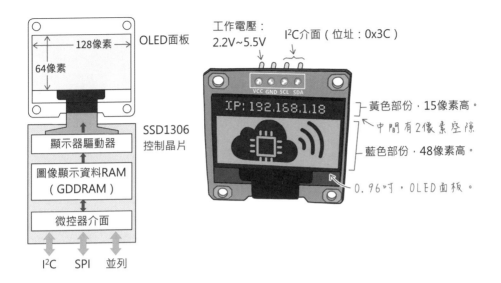

SPI 介面的優點是傳輸速度快，但是需要用到的接線數比較多。就單色顯示器來說，每個像素佔用一個位元，整個畫面佔用 8Kb（128×64÷1024=8Kbits），以 I²C 介面的標準 100kbps 傳輸速率計算，每秒最多可更新 12 個完整畫面（實際還要扣除控制指令佔用的位元）。

OLED 顯示模組的面板分成「單色」和「雙色」兩種，「雙色」並非指每個像素可以顯示兩個顏色，而是顯示面板分成兩種固定色彩的顯示區域，不能切換；

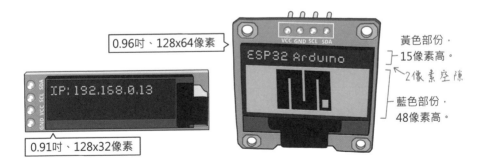

跟電腦顯示器一樣，OLED 畫面左上角是座標原點 (0, 0)，水平軸座標往右邊遞增；垂直軸座標往下遞增。假設我們要在 OLED 螢幕的兩個座標位置顯示兩行字：

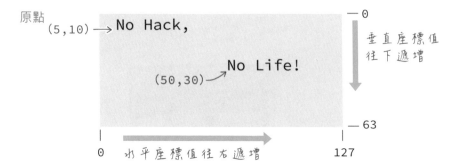

就可以依照上圖指定座標。

撰寫程式之前，我們應該先閱讀 OLED 顯示器模組的技術文件，得知它的 I²C 位址，以及相關的控制指令和參數，才能對指定位址發出控制指令。

此外，文字型顯示模組有內建字元和符號，指定字元的編碼即可顯示該字元；圖像式模組沒有內建字元和符號，顯示內容全都要透過程式碼定義。

下載與安裝 U8g2 程式庫

幸好，Arduino 程式語言有各種現成的顯示器程式庫，而且也定義了 ASCII 編碼的英文數字和符號，只要告訴它我們採用的螢幕寬、高像素和連接介面的型式，即可產生 OLED 控制物件，本文採用的是 U8g2 程式庫。

選擇 Arduino IDE 主功能表的『草稿碼/匯入程式庫/管理程式庫』指令，搜尋關鍵字 "U8g2"，即可找到這個程式庫：

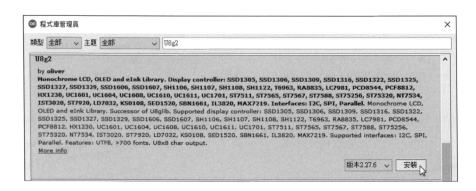

建立 U8g2 顯示器物件

U8g2 程式庫廣泛支援多款主流顯示器，但由於不同顯示器的驅動方式也不一樣，所以宣告顯示器物件的類別是根據控制晶片型號和介面型式 (I²C 或 SPI) 而定。以本文採用的 SSD1306 控制晶片、解析度 128×64、I²C 介面的顯示器來說，定義顯示器控制物件的敘述寫法：

U8g2 顯示器類別採用底下的格式命名，其中的 **HW_I2C 控制介面**代表 "hardware"（硬體），也就是開發板預設的 I²C 介面接腳，因此不用額外指定接腳：

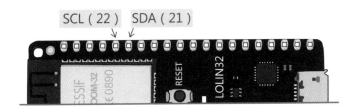

ESP32 開發板預設的 I²C 接腳是 21 和 22：

SCL (22)　SDA (21)

在顯示器物件裡放置文字或者描繪圖像，並不會立即呈現在螢幕上，因為這些操作都是先在記憶體中組合畫面；從主記憶體中劃分出給顯示器**暫存影像資料**用的區域，統稱為 **frame buffer（影像暫存區）**或簡稱**暫存區（buffer）**：

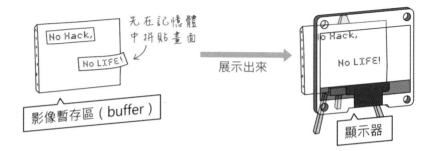

連接介面可改用 **SW_I2C**，代表用 **"software"**（軟體）模擬 I²C 介面，例如，底下的 U8g2 顯示器指定用 19 和 23 當作 I²C 接腳；除非有特殊需要，否則請採用硬體 I²C 介面；

```
U8G2_SSD1306_128X64_NONAME_F_SW_I2C u8g2(U8G2_R0, 19, 23,
                                         U8X8_PIN_NONE);
```

U8g2 物件的方法

U8g2 顯示器物件具有豐富的設置和顯示圖文的方法，底下列舉本書使用到的方法，完整指令列表請參閱官方說明文件 (https://bit.ly/2zdsCSc)：

● begin()：初始化顯示器物件。

● clearBuffer()：清除暫存記憶體。

● sendBuffer()：傳送暫存記憶體內容給顯示器，這個指令跟 clearBuffer() 搭配使用。

● enableUTF8Print()：啟用 enableUTF8Print（如：中文）的字串。

● setFont(字體名稱)：設定顯示字體，所有 U8g2 的字體名稱列表和外觀，請參閱：https://bit.ly/2z5NGKa。

```
u8g2.setFont(u8g2_font_ncenB08_tr);
```

- drawStr(x, y, 字串)：在座標 (x, y) 顯示英文字串，執行這個方法之前，必須先設定顯示字體。這個方法無法顯示編碼值大於 255 的字元，也就是只能顯示 ASCII 字元，不能顯示 UTF-8 編碼的字元（如：中文字）。

```
u8g2.drawStr(5, 10, "Quantum leap");
```

顯示文字的座標起點 →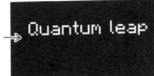
是字體的左下角

- drawUTF8(x, y, 字串)：在座標 (x, y) 顯示 UTF8 編碼的字串，執行這個方法之前，必須先設定顯示字體。

```
u8g2.drawUTF8 (0, 16, "行者常至，為者常成。");
```

- setCursor(x, y)：把游標設定在座標 (x, y)。

- print(字串)：在游標位置顯示英文或中文（UTF-8 編碼）字串。

```
u8g2.setCursor(0, 16);
u8g2.print("行者常至，為者常成。");
```

動手做 5-1 使用 U8g2 程式庫操控 OLED 顯示器

實驗說明：在 OLED 顯示器顯示兩行文字。

實驗材料：

採用 SSD1306 驅動 IC 的 0.96 吋（128×64 像素）單色 OLED 顯示器	1 個

實驗電路：OLED 顯示器的麵包板接線示範如下，模組的電源可接 3.3V 或 5V。這款 **OLED 顯示器模組的 I²C 介面內建上拉電阻**，所以不用再外接電阻：

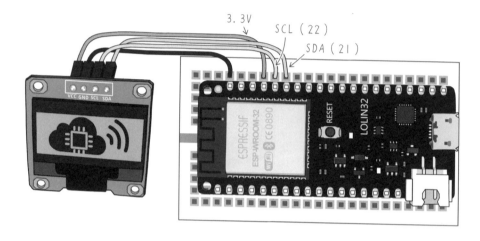

實驗程式：程式開頭先引用 U8g2 程式庫並定義顯示器物件：

```
#include <U8g2lib.h>
U8G2_SSD1306_128X64_NONAME_F_HW_I2C u8g2(U8G2_R0, U8X8_PIN_NONE);
```

setup() 函式必須執行 U8g2 物件的 begin() 方法來初始化顯示器物件；設定字體的敘述可依需要多次執行（新增字體會佔用程式和記憶體空間），本範例只使用一種字體。**U8g2 的每個字體都有固定的高度（單位是像素，寫作 px）**，像 u8g2_font_ncenB08_tr 這個字體高 8px：

```
void setup() {
  u8g2.begin();
  u8g2.setFont( u8g2_font_ncenB08_tr );
}
```

如果不更換字體，只要設定一次。

程式庫內建字體

建立顯示器物件
↓
初始化顯示器
↓
設定字體
↓

繪製畫面的敘述，要寫在 clearBuffer() 和 sendBuffer() 之間：

```
void loop() {
  u8g2.clearBuffer();
  u8g2.drawStr(5, 10, "No Hack,");
  u8g2.drawStr(50, 30, "No LIFE!");
  u8g2.sendBuffer();
  delay(1000);
}
```

實驗結果：上傳程式到 ESP32 開發板，OLED 螢幕將顯示 2 行文字。

動手做 5-2　在 OLED 顯示器呈現動態資料

實驗說明：在 OLED 顯示器顯示動態計數的數字。本單元的實驗材料和電路與動手做 5-1 相同。

實驗程式：程式開頭先引用 U8g2 程式庫並定義顯示器物件，然後定義兩個變數：

```
#include <U8g2lib.h>

U8G2_SSD1306_128X64_NONAME_F_HW_I2C u8g2(U8G2_R0, U8X8_PIN_NONE);
int i = 0;      // 計數值
String msg;    // 顯示在螢幕的訊息字串

void setup() {
  u8g2.begin();
  u8g2.setFont(u8g2_font_ncenB08_tr);
}
```

繪製畫面的敘述，要寫在 clearBuffer() 和 sendBuffer() 之間：

```
void loop() {
  msg = "Count:" + (String)(++i);       累加後轉成字串類型

  u8g2.clearBuffer();
  u8g2.drawStr(5, 10, msg.c_str());
  u8g2.sendBuffer();                      取得C語言的字元陣列

  delay(1000);
}
```

清除暫存記憶體 → 繪製畫面 → 顯示畫面

實驗結果：上傳程式到 ESP32 開發板，OLED 螢幕
將每隔 1 秒顯示計數值：

05

5-2 全畫面及分頁暫存區（buffer）

SSD1306 顯示器晶片內部已經有 1KB 記憶體，既然如此，把顯示內容直接
寫入 GDRAM 不就好了，何必在開發板的記憶體劃分一個暫存區？這是因為
U8g2 程式庫支援多款顯示器，而不同顯示器的控制、存取記憶體方式也不一
樣，為了統一繪製畫面的程式寫法，所以先在開發板的記憶體整合畫面，再交
給對應的顯示器「驅動程式」處理。

在程式開頭定義 U8g2 顯示器物件時，也是在告訴程式庫採用哪一種驅動
程式來處理畫面。U8g2 的顯示暫存區分成**全畫面（full frame buffer）**和**分頁
（page）**兩大類，在定義 u8g2 物件時指定，底下的敘述指定採用「全畫面」暫
存區：

代表 full frame buffer（全畫面）

```
U8G2_SSD1306_128X64_NONAME_F_HW_I2C u8g2(U8G2_R0, U8X8_PIN_NONE);
```

把 "F" 改成 1 或 2，代表採用**分頁**暫存區：

代表「分頁1」

```
U8G2_SSD1306_128X64_NONAME_1_HW_I2C u8g2(U8G2_R0, U8X8_PIN_NONE);
```

全畫面和**分頁**暫存區的差異：

● 全畫面（F）：在開發板的記憶體存入完整的顯示畫面，所以佔用較多記憶體空間。**繪製畫面的敘述寫在 clearBuffer() 和 sendBuffer() 之間。**

● 分頁（1 或 2）：分頁代表把顯示畫面分割成數個小部分，每次只描繪一小部份（參閱下文）、分批傳給顯示器模組，所以佔用開發板的記憶體空間也比較小，但組成一個完整畫面比起「全畫面」模式要多花一點點時間；**繪製畫面的敘述寫在 firstPage() 和 nextPage() 迴圈之間。**

SSD1306 顯示器晶片內部的 GDRAM，也是把圖像資料分割成 8 個分頁，每個分頁紀錄 128×8 像素，完整畫面資料佔用 1KB 記憶體空間：

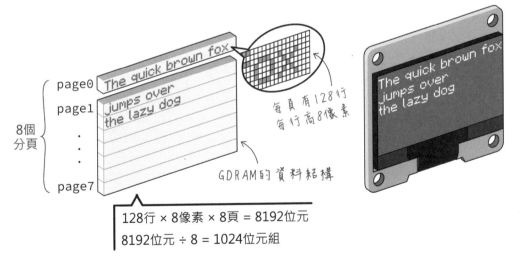

許多微控器晶片的主記憶體空間都很小，像 Arduino Uno 板的 ATMega328 只有 2KB SRAM，為了顯示「全畫面」而佔用一半主記憶體，恐怕沒有足夠的空間執行其他程式。

因此，U8g2 程式大多採用「分頁」暫存區，例如，在控制器的主記憶體中劃分 1 個分頁，只佔用 128 位元組 (實際大小依顯示器模組而定)。U8g2 允許我們設定 1 個或 2 個分頁大小的暫存區。假設要在 OLED 螢幕顯示天氣資訊，暫存區設定成 2 個分頁大小，那麼，顯示器程式將把畫面分 4 次存入暫存區、傳給顯示器。看起來有點複雜，但棘手的部份 U8g2 程式庫都幫我們處理好了：

```
#include <U8g2lib.h>
                              一個分頁
                                ↓
U8G2_SSD1306_128X64_NONAME_1_HW_I2C u8g2(U8G2_R0, U8X8_PIN_NONE);
```

使用分頁暫存區顯示畫面

如果把動手做 5-2 程式中，建立 u8g2 物件的類別改成 1 個分頁暫存區：

其餘程式碼不變，編譯並上傳到 ESP32 開發板之後，顯示器只呈現一段被切割的文字，而被顯示出來的範圍，正是一個分頁的大小：

正確的寫法是改成底下的程式結構：

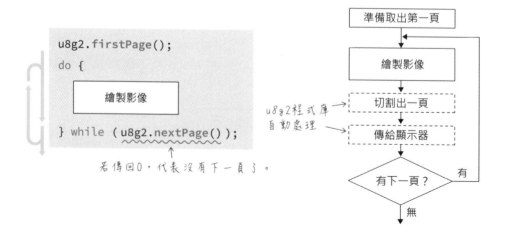

```
u8g2.firstPage();
do {

    繪製影像

} while ( u8g2.nextPage() );
```

若傳回 0，代表沒有下一頁了。

準備取出第一頁

繪製影像

切割出一頁   ← u8g2程式庫
傳給顯示器   ← 自動處理

有下一頁？   有

無

實際的 loop() 函式敘述如下，編譯並上傳程式到 ESP32 開發板，執行結果將和動手做 5-2 實驗一樣：

```
void loop() {
  msg = "Count:" + (String)(++i);
  u8g2.firstPage();
  do {
    u8g2.setCursor(5, 25);
    u8g2.print(msg.c_str());
  } while (u8g2.nextPage());
  delay(500);
}
```

5-3 產生顯示器用的點陣字體子集

U8g2 程式庫有很多內建字體，但有些字體裡面只有一個字（圖示字元，例如：u8g2_font_open_iconic_www_2x_t 是個 16 像素高的書籤圖示），有些只有數字，此舉是為了減少佔用記憶體空間，你可以依照需求引用不同字體。完整字體列表及外觀，請參閱：https://bit.ly/2M7uPRX：

以 u8g2_font_inr16_mf 字體為例，改用同系列的 u8g2_font_inr16_mr 字體可減少 2KB 程式記憶體空間，但是後者沒有溫度符號字元，而 u8g2_font_inr16_mn 更只有數字和顯示日期時間所需的符號。

一個完整的英文字體往往包含上百個字元，中文字體更是有數千個字，如果直接在程式中引用這種字體檔，將會佔用龐大的記憶體空間，因此我們需要事先從字體檔案取出程式需要的字，也就是**建立字體子集**。

下載字體轉換工具

U8g2 程式庫提供一個建立字體子集的工具，叫做 **bdfconv（代表 bdf converter，BDF 轉換器）**，bdf 是一種點陣字體格式。它能把我們選擇的字元，從點陣字體檔中匯出、轉換成 Arduino 程式所需的 C 語言陣列格式：

這個字體轉換工具要額外下載，請到 U8g2 的原始碼專案網頁（https://bit.ly/36u8Rnb）下載 ZIP 格式的壓縮檔：

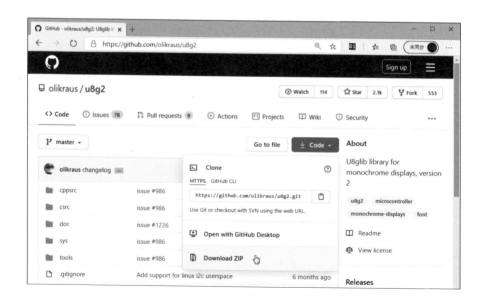

U8g2 程式庫提供的點陣格式字體（.bdf 格式）以及轉換工具，都位於此壓縮檔裡的 tools/font 路徑。為了便於後續操作，筆者把這個 font 資料夾，解壓縮存入 D 磁碟的根目錄：

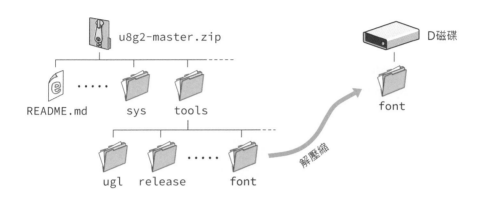

按鍵盤上的 🪟 鍵，然後輸入 "cmd"，開啟**命令提示字元**。接著如下圖般輸入 cd 命令，切換到 D 磁碟的 font\bdfconv 路徑，就可以準備執行其中的字體轉換工具程式了：

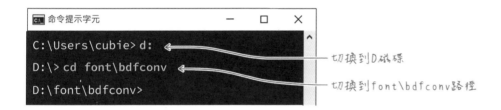

執行 bdfconv 命令產生點陣字體的 C 語言陣列資料

轉換字體的 bdfconv 工具程式，位於 font\bdfconv 路徑。這個工具要使用文字命令操作，語法如下：

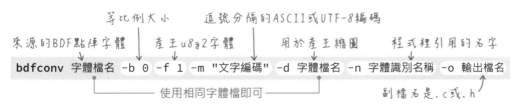

bdfconv 命令的主要參數名稱及其值：

- -v：顯示轉換過程的訊息

- -b <數字>：字體建立模式，0:比例式、1:共同高度、2:固定字距、3:8 的倍數

- -f <數字>：字體格式，0:ucglib 字體、1:U8g2 字體、2:U8g2 未壓縮 8x8 字體

- -m '資料集'：逗號分隔的 ASCII 碼和 UTF-8 碼

- -M '資料集檔案'：讀取包含逗號分隔的 Unicode 和 ASCII 編碼的檔案

- -o <輸出檔名>：指定輸出檔（其中包含轉換後的 C 語言陣列資料）

- -n <識別名稱>：設定給程式用的字體識別名稱

- -d <檔名>：字體縮圖，產生 BDF 字體檔說明所需的縮圖

bdfconv 工具和字體檔案位於不同資料夾，因此，在 bdfconv 路徑裡面執行命令時，字體名稱前面要加上 ..\bdf\ 或 ../bdf/ 路徑。bdf 資料夾裡的 **unifont.bdf 是多國語文字體（16 像素高）**，我們可以從這個字體取出需要的中文字：

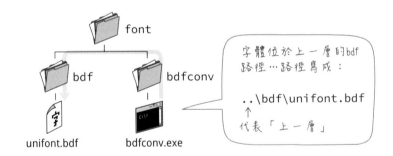

假設我們要從 unifont.bdf 字體取出數字 1, 2, 3 這 3 個字，字體的識別名稱設定成 myFont，輸出檔命名成 myFont.h，命令寫法如下：

代表「目前路徑」　　　　　　　　　　　　　1, 2, 3 的 10 進制 ASCII 編碼

```
.\bdfconv ..\bdf\unifont.bdf -b 0 -f 1 -m "49,50,51"     ← 請寫成一行
          -d ..\bdf\unifont.bdf -n myFont -o myFont.h
```

命令前面,代表「目前路徑」的 ".\" 可省略不寫,在**命令提示字元**的執行畫面如下(命令請寫成一行):

字元的 ASCII 編碼可透過下列方式查閱:

● 在網路上搜尋 ASCII 編碼對照表。

● 在 FontForge 軟體中查看,參閱下文介紹。

● 使用 JavaScript, Python 等程式取得字元的編碼,參閱下文介紹。

bdfconv 工具執行之後,myFont.h 檔將存入 font\bdfconv 路徑:

除了用逗號分隔字元編碼,也可以**用連字符號**(-,也就是減號)**設定連續的編碼範圍**、**用波浪號(~)排除編碼**。例如,底下命令將產生 0~9 以及 26 個小寫字母 a~z 的字型集合:

0~9   a-z的ASCII編碼

```
.\bdfconv ..\bdf\unifont.bdf -b 0 -f 1 -m "48-57,97-122"
          -d ..\bdf\unifont.bdf -n myFont -o myFont.h
```

左下圖的 m 參數代表選取 48-122 編碼的字型,但不包含編碼 64 (@字元):

排除一個字元   排除這些字元

```
-m "48-122,~64"
```

```
-m "48-122,~58-64"
```

UTF-8 編碼文字（如：中文字）**採用 16 進制編碼，前面加上美元符號（$）**。例如，"自造者" 這三個字的 UTF-8 編碼分別是 0x81EA, 0x9020, 0x8005，要寫成 $81EA, $9020, $8005，執行底下命令之後，myFont.h 將包含 "自造者" 字型的程式編碼：

```
.\bdfconv ..\bdf\unifont.bdf -b 0 -f 1 -m "$81EA,$9020,$8005"
                           -d ..\bdf\unifont.bdf -n myFont -o myFont.h
```

引用自訂的點陣字體程式檔

執行 bdfconv.exe 命令所產生的 myFont.h 程式檔，可用文字編輯器（如：記事本）開啟，它包含如下的陣列變數定義（此陣列定義了 1, 2, 3 字體的外型），陣列的名字就是字體的識別名稱：

字體的識別名稱　　　　　　　　　　　　　　　　　　　　　　　字體的像素資料

```
const uint8_t myFont[69] U8G2_FONT_SECTION("myFont") =
"\3\0\3\3\3\4\3\1\5\6\12\1\0\16\376\16\376\0\0\0\0\0(\61\12U"
"\307\212\211\42\301|*\62\15\326\306\241\4\205\321\230,\230\32"
"\65\63\17\326\306\241\4\205\321\320\70*\24F(\0\0\0\4\377\377\0";
```

引用此自訂字體最簡單的辦法，是把這個 .h 標頭檔複製到你的 Arduino 程式資料夾裡面：

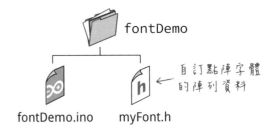

fontDemo

fontDemo.ino   myFont.h

自訂點陣字體的陣列資料

主程式需要引用此標頭檔，其他部份跟之前的 OLED 顯示器程式雷同：

```
#include <U8g2lib.h>
#include "myFont.h"    // 引用自訂的字體檔，要放在 U8g2 程式庫之後
  :
void setup() {
  u8g2.begin();
```

```
  u8g2.setFont(myFont);      // 指定使用自訂的 myFont 字體
}

void loop() {
  u8g2.firstPage();
  do {
    u8g2.drawStr(0, 18, "ABC123");   // 顯示 "ABC123"
  } while (u8g2.nextPage());
}
```

編譯並上傳到開發板的執行結果如下，
由於此例的 myFont 字體僅包含 123 三
個字，所以只能顯示 "123"：

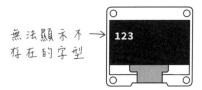

無法顯示不
存在的字型

5-4 使用 JavaScript 和 Python 取得 字元編碼

要找出英數字的 ASCII 編碼很簡單，因為 ASCII 編碼只有 255 個可能值，而且
編碼值按照數字和字母大小排列，查表一下就找到了。但中文字就麻煩了，所
以要透過程式幫忙。

取得 Unicode 編碼的 JavaScript 程式

JavaScript 語言的字串物件，具有**傳回字元內碼的 charCodeAt() 方法**，語法格
式如下：

10進制的ASCII或UTF-8碼

字串.charCodeAt(編號) ➡ "A".charCodeAt(0) ➡ 65

"造".charCodeAt(0) ➡ 36896

JavaScript 字串裡的每一個字，都伴隨著索引編號（從 0 開始），所以 "A".charCodeAt(0) 代表傳回字串的第一個字的 10 進制編碼數字。打開 Chrome 瀏覽器，按下 F12 功能鍵 (macOS 版快捷鍵：option + ⌘ + J) 開啟**開發人員工具**，在 Console (控制台) 輸入 JavaScript 敘述：

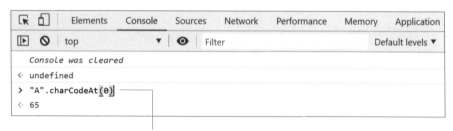

在控制台中輸入 JavaScript 程式

底下敘述**透過 toString(16) 把數字轉換成 16 進制的數字字串**，傳回 "控" 字的 16 進制 UTF-8 編碼字串：

```
"ESP32控制板".charCodeAt(5).toString(16)  ➡  "63A7"
 01234 5 6 7
              25511                          16進制的UTF-8碼
```

筆者把轉換字串編碼的 JavaScript 程式寫成一個 getCode() 函式，它接收一個字串值，傳回一個逗號分隔的 16 進制字串：

```javascript
function getCode(str) {
    let codeArr = [];           // 宣告空白陣列變數
    let strLen = str.length;    // 取得字串的長度

    for (let i = 0; i < strLen; i++) {
        codeArr[i] = "$" + str.charCodeAt(i).toString(16);
    }                           組成 "$" 開頭的16進制字串

    return codeArr.join();
}   傳回逗號分隔的陣列元素字串
```

其中的 join() 方法的作用是取出陣列中的所有元素，變成逗號分隔的字串：

在瀏覽器的控制台輸入 getCode() 函式，然後透過它轉換 "自造者" 文字的結果：

```
>  function getCode(str) {
       let codeArr = [];        // 宣告空白陣列變數
       let strLen = str.length; // 取得字串的長度
       for (let i = 0; i < strLen; i++) {
           codeArr[i] = "$" + str.charCodeAt(i).toString(16);
       }
       return codeArr.join();
   }
<· undefined
>  getCode("自造者")
<· "$81ea,$9020,$8005"
>
```

使用 Python 語言編寫 UTF-8 文字編碼轉換程式

在 Python 語言中，**取得 UTF-8 字元編碼的內建函式叫做 ord()**，搭配格式化字串的 x 符號，便能將指定字元轉換成美元符號開頭的 16 進制字串：

開頭加上 '$'　轉成16進制　　傳回10進制的UTF-8編碼

$$\texttt{"\${:x}".format(ord('造'))} \longrightarrow \texttt{'\$9020'}$$

格式化字串　　　　　　　　執行結果

再加上 for 迴圈，即可產生編碼字串列表：

```
txt = "自造者"                  逐一取出txt的每個字
[ "${:x}".format(ord(c)) for c in txt ]
```

構成「列表」格式　　　執行結果

```
['$81ea', '$9020', '$8005']
```

列表元素可透過 join() 函式組成一個字串，例如，底下的〔'A', 'B', 'C'〕列表將變成字串 "A-B-C"：

用此字元串連　　字串列表
```
'-'.join( ['A', 'B', 'C'] )
```
執行結果 ➡ 'A-B-C'

最後完成的轉換 UTF-8 字串程式碼，筆者將它包裝成名叫 utf8code() 的自訂函式：

```
def utf8code(txt):
    return ','.join( "${:x}".format( ord( c ) ) for c in txt )
```
用逗號串連　　　構成列表的方括號可省略，此處是「產生器」格式

此函式的執行結果如下：

```
utf8code('自造者')
```
執行結果 ➡ '$81ea,$9020,$8005'

utf8code() 自訂函式的 join() 敘述，其參數值沒有方括號包圍，所以參數不是列表格式，而是**產生器（generator）**。「產生器」的相關說明請參閱《超圖解 Python 程式設計入門》的〈附錄 A〉；join() 也能串連產生器的值。

此外，Python 有個把數字轉成 16 進制數字字串的 hex() 函式，轉換後的值始終以 0x 開頭，例如：

```
hex(ord('造'))    // 執行結果：'0x9020'
```

但本單元要求的 16 進制數字是以 '$' 開頭，因此改用 format() 方法轉換格式。

動手做 5-3 在 OLED 螢幕顯示中文

實驗說明：在 OLED 螢幕顯示「信心源自日常積累」。本實驗材料和電路與動手做 5-1 相同。

實驗程式：「信心源自日常積累」這幾個字的 UTF-8 編碼分別為 $4fe1, $5fc3, $6e90, $81ea, $65e5, $5e38, $7a4d 和 $7d2f。在**命令提示字元**執行底下的命令（請寫成一行），用程式庫提供的 unifont.bdf 字體把文字轉換成 C 程式的點陣編碼：

```
命令提示字元                                    —    □    ×

D:\font\bdfconv> bdfconv ..\bdf\unifont.bdf -b 0 -f 1 -m
"$4fe1,$5fc3,$6e90,$81ea,$65e5,$5e38,$7a4d,$7d2f" -d
..\bdf\unifont.bdf -n myFont -o myFont.h
```

然後把 myFont.h 檔複製到此 Arduino 程式檔的相同目錄，或者將其中的 myFont 陣列定義複製到 Arduino 程式檔：

```c
#include <Wire.h>
#include <U8g2lib.h>

U8G2_SSD1306_128X64_NONAME_1_HW_I2C
  u8g2(U8G2_R0, U8X8_PIN_NONE);

// 從 myFont.h 複製過來的自訂中文字體編碼
const uint8_t myFont[313] U8G2_FONT_SECTION("myFont") =
  "\10\0\4\3\4\5\3\2\6\17\ ... 略 ... \320\251;\240\13\0";

void setup() {
  u8g2.begin();
  u8g2.setFont(myFont);         // 使用自訂的中文字體
  u8g2.enableUTF8Print();       // 啟用顯示 UTF-8 編碼字串
```

```
  u8g2.firstPage();
  do {
    u8g2.setCursor(0, 16);
    u8g2.print("信心源自日常積累");
  } while (u8g2.nextPage());
}

void loop() {}
```

實驗結果：編譯與上傳程式碼，OLED 螢幕將顯示自訂的
中文：

5-5 點陣 VS 向量字體：
使用 FontForge 軟體檢視

如果在 U8g2 程式庫找不到想要的字體，例如，中文的楷書，你也可以採用現
有的電腦字體，只是要經過轉換。

早期的電腦只提供**點陣字**（bitmap font），這種字體有固定的寬高像素大小，
例如：16x16、5x8… 點陣字體經過放大或縮小之後，邊緣會呈現鋸齒外觀。目
前的電腦和智慧型手機系統幾乎都採用向量形式的**可縮放字體**（scalable
font），可在螢幕和印刷品呈現平滑的外觀，常見的格式有 **TrueType**（**.TTF**
檔）、**OpenType**（**.OTF 檔**）和 **Web 開放字型格式**（Web Open Font Format，
簡稱 WOFF，用於網頁）：

放大縮小會呈現鋸齒狀

放大縮小外觀依然平滑

點陣字

向量字

向量字用數學曲線描述字體的外框模樣，有點類似告訴電腦：從某某座標畫線到某某座標...每個在螢幕顯示或者輸出到印表機的向量文字，都是經過運算之後才能美美的呈現出來。**點陣字**不用經過運算，即可直接把像素資料丟到螢幕上顯示。

有些字體沒有文字只有圖示符號，例如，包含網頁介面圖示的 Open Iconic 字體（網址：https://useiconic.com/open/）以及包含天氣圖示的 Meteocons 字體（網址：http://www.alessioatzeni.com/meteocons/）。

使用 FontForge 軟體檢視字元編碼以及文字外型

FontForge 是個免費的造字軟體（網址：https://fontforge.org/），可檢視、編輯字體（本單元使用這個軟體只是為了展示字體的內容，讀者不用安裝 FontForge）。下圖是用 FontForge 開啟 meteocons-webfont.ttf 字體的模樣，可看出這個字體的大寫字母 B 被設計成豔陽圖示、字母 C 是月亮、沒有小寫字母；按一下任一字元，主功能表下方將顯示該字元的 ASCII 編碼（10 進制和 16 進制）及 UTF-8 編碼（16 進制）：

這裡將顯示被選取字元的編碼值

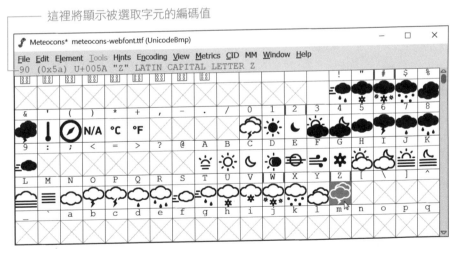

雙按任一字元，將開啟編輯視窗。左下圖顯示大寫字母 H（「晴時多雲」圖示）的向量外框線以及向量編輯工具；右下圖顯示的是同一個字母轉換成 48 像素高的點陣字體外觀：

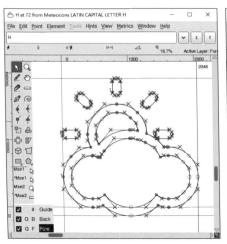 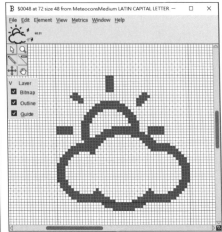

把向量字體轉換成點陣字體

我們不能直接把電腦裡的 TrueType 或 OpenType 字體交給 U8g2 程式庫使用，要經過底下步驟，將字體轉換成 C 語言陣列：

.bdf 是 Adobe 公司開發的點陣字體儲存格式，全名是 Glyph Bitmap Distribution Format（點陣字體發布格式，簡稱 BDF）。**U8g2 程式庫附帶的向量轉點陣字體工具，叫做 otf2bdf**，其原始檔位於 U8g2 程式庫的 tools\font\otf2bdf 路徑底下；這個路徑裡面有個 otf2bdf3-win32.zip 壓縮檔，包含已經編譯好，適合 Windows 系統使用的版本，為了方便操作，筆者把它解壓縮到 D 磁碟的 otf2bdf 資料夾：

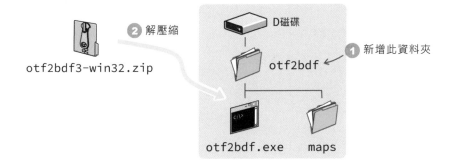

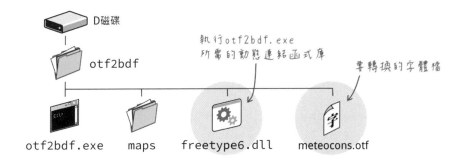

接著把要轉換的 .otf 或 .ttf 字體以及 freetype6.dll 檔（參閱下文）一併複製到 otf2bdf 資料夾：

otf2bdf.exe 程式必須在**命令提示字元**或 PowerShell 等文字命令操作環境執行；otf2bdf.exe 轉換字體檔的必要參數如下（應用程式的副檔名 .exe 可省略）：

```
解析度72dpi              自訂的點陣字體名稱
     ↓                        ↓
otf2bdf -r 72 -p 字體大小 -o 字體名稱.bdf 字體名稱.otf
              ↑
         單位是像素（px）          原始來源的OpenType
                                 或TrueType字體
```

執行轉換字體命令之前，先在**命令提示字元**輸入底下的敘述，設定轉換字體過程的暫存資料路徑：

```
set tmpdir=%temp%
```

其中的 tmpdir 是變數名稱，%temp% 代表「取得系統的 temp 變數值」，其值是 "C:\Users\使用者名稱\AppData\Local\Temp"。如果不先設定暫存路徑，執行 otf2bdf 將出現「無法開啟暫存檔」錯誤：

```
otf2bdf:unable to open temporary file '/tmp/otf2bdf22180'.
```

所以，底下的命令將能把 meteocons-webfont.ttf 向量字體轉換成 **48 像素高**的點陣字體 meteocons.bdf：

轉換點陣字體時，若出現底下的錯誤訊息，代表你的電腦系統欠缺執行此程式所需的 freetype6.dll 檔：

請在這個網址 (https://bit.ly/35VUExr) 下載 freetype.dll 檔，或者使用書本範例檔提供的檔案，將它複製到 otf2bdf.exe 檔所在的資料夾，並它改名成 freetype6.dll：

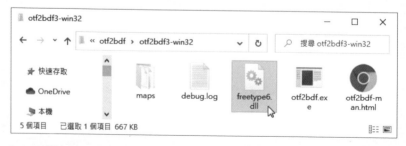

你也可能會遇到找不到 zlib1.dll 的錯誤，請至 https://bit.ly/2NBhmGc 下載後複製到資料夾即可。

轉換好的點陣字體檔位於 otf2bdf 資料夾裡面。**.bdf 是個純文字檔**,裡面紀錄
了造字公司的名字、版權、字體寬、高、粗細、各個字元的像素編碼...等資料:

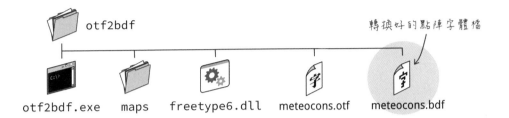

有了 .bdf 點陣字體,就可以用上文介紹的 bdfconv.exe 工具程式,從中取出字
體子集轉換成 C 語言陣列。

根據 otf2bdf 的線上文件 (https://bit.ly/2XL4iiM),命令參數 -p 的字體大小
單位是印刷業常用的**點** (point,簡稱 pt,此單位在印刷行業的正式譯名是
「磅」),而在螢幕上顯示的字體單位通常用**像素 (pixel,簡稱 px)**。1pt 等
於 0.349 公釐或者 0.013837 吋,也就是 1 吋等於 72.27pt,簡略成 72pt;
換句話說,**1pt 相當於 1/72 吋**。

若解析度是 72dpi,**px(像素)乘上 0.75 即可換算成 pt(點)**,以 48 像素
大小為例,pt 值為 36:

$$px\ (像素)\ \times\ 0.75\ =\ pt\ (點) \implies 48\ \times\ 0.75\ =\ 36$$

所以理論上,產生 48 像素高的點陣字體,otf2bdf 命令參數應該寫成:

```
otf2bdf -r 72 -p 36 -o meteocons.bdf meteocons.otf
```

但實際測試,上面的命令將產生 36 像素高的點陣字體。

5-6 透過 Python 程式一氣呵成文字編碼和程式輸出

上文介紹的 JavaScript 和 Python 程式只能用來轉換中文字，無法正確處理半形英文和數字：bdfconv.exer 程式要求，半形英文和數字的編碼必須是沒有美元符號開頭的 10 進制值。

因此，筆者用 Python 語言寫了一個名叫 font.py 的程式，解決中英文編碼的問題，只要事先準備一個包含要轉換字體內容的文字檔，此 Python 程式將自動產生文字 UTF-8 編碼並輸出 C 程式語言檔。

執行 font.py 程式之前，請先把 bdfconv 和 bdf 資料夾，以及包含自訂文字（所有要透過這個字體呈現的中、英文、數字和符號）的文字檔（此檔名預設為 myFont.txt），一起放在同一個資料夾：

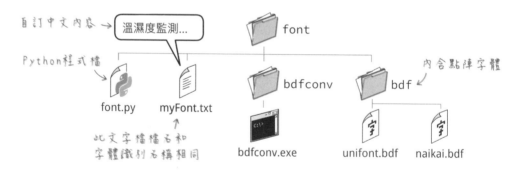

為了方便操作，筆者在 D 磁碟根目錄新增一個資料夾，命名為 code，存入上圖的檔案和資料夾。font.py 預設無須給定任何參數，執行之後，它將在目前的資料夾（code）產生一個 myFont.h 程式檔：

font.py 程式的主要工作是讀取 myFont.txt 裡的文字，將它們轉換成 UTF-8 編碼，然後執行 bdfconv.exe，讓它產生 C 程式檔：

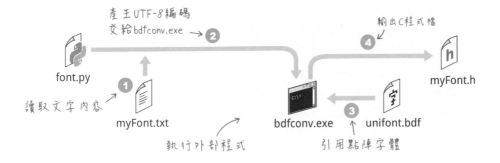

若要使用其他點陣字體，可透過 -f 參數，加上字體名稱，程式從 bdf 路徑取用指定的字體：

字體的識別名稱預設叫做 myFont，可透過 -n 參數修改。底下的敘述將把識別名稱設成 cubie，請注意，包含自訂文字的文字檔（預設是 myFont.txt），也要改名成 "識別名稱 .txt"，例如：cubie.txt，否則將在執行程式時發生錯誤：

font.py 程式碼説明

font.py 程式採用 argparse 程式庫解析命令行參數 (請參閱《超圖解 Python 程式設計入門》第 4 章)，筆者設定了 -f 和 -n 兩個參數，分別用於指定點陣字體檔名 (預設為 unifont.bdf) 以及識別名稱 (預設為 myFont)：

```python
import os
import argparse
import sys


BDFCONV_PATH = 'bdfconv\\bdfconv.exe' # bdfconv.exe 的路徑
BDF_PATH = 'bdf\\'                     # 存放點陣字體的資料夾路徑


parser = argparse.ArgumentParser()        # 宣告解析命令行的物件
parser.add_argument("-n", "--name", default= 'myFont',
                    action= "store", help= "指定字體的識別名稱")
parser.add_argument("-f", "--font", action= "store",
                    default= 'unifont.bdf', help= "指定字體檔名")


args = parser.parse_args()       # 解析命令行
name = args.name                 # 取得識別名稱參數值
font = BDF_PATH + args.font      # 取得字體檔名、合併成完整路徑
```

上文完成的 utf8code() 自訂函式無法正確處理半形英文和數字：bdfconv.exer 程式要求，半形英文和數字的編碼必須是不 '$' 符號的 10 進制值。所以筆者額外寫了一個函式，分開處理半形英、數字，以及中文字：

```python
def format_code(c):
    code = ord(c)
    if code > 255:
        return '${:x}'.format(code)
    else:
        return str(code) # 整數轉成字串
```

如果字元編碼值大於 255，代表不是 ASCII 字元，所以要轉成 '$' 開頭的 16 進制數字，否則透過 str() 函式把 ord() 的 10 進制數字值轉成字串。

font.py 的主程式如下:

```python
def main() :
    text_file = name + '.txt' # 儲存文字檔的名字

    try:
        # 讀取文字檔
        with open(text_file, encoding= 'utf-8') as file:
            txt = file.read().replace('\n', '').replace(
                '\r', '')
            # 取得文字編碼,每個編碼用逗號相隔
            encoded = ','.join(format_code(c) for c in txt)
    except FileNotFoundError:
        print(f"出錯囉~找不到 {text_file} 檔。")
        sys.exit() # 關閉程式

    # 執行 bdfconv.exre,輸出 C 語言程式檔
    os.system(BDFCONV_PATH +
        f'{font} -b 0 -f 1 -m "{encoded}" -d {font} ' +
        f'-n {name} -o {name}.h')

if __name__ == '__main__':
    main()
```

上面程式在讀取文字檔內容之後,立即透過 replace() 方法,把文字檔裡的 '\n' 與 '\r' 字元替換成空字串 ("")。不同電腦系統的換行字元也不一樣,Windows 是 "\r\n",macOS 和 Linux 是 "\n"。

"映像\n 日常\n".replace('\n', '') ⟶ "映像 日常"

字串.replace(被替代字串, 替代字串)

✎ 用規則表達式取代字元

取代或移除字串中的多餘字元，也可用**規則表達式**（re 程式庫），底下的敘述將把讀入的文字檔的 '\n'、'\r' 或空白，全都取代成空字元；有關規則表達式的說明請參閱《超圖解 Python 程式設計入門》第 11 章。

```python
import re
        :
    txt = re.sub(r"\n|\r|\s+", "", file.read())
        :
```

代表一個以上的空白

re.sub (規則表達式， 替代字串， 來源字串)

不過，若字體集不包含「空白」字型，OLED 螢幕將無法顯示空白。所以實際的程式不應該刪除空白字元。這是上文採用 replace() 的敘述：

```python
try:
    with open(text_file, encoding= 'utf-8') as file:
    txt = file.read().replace('\n', '').replace('\r', '')
    encoded = ','.join(format_code(c) for c in txt)
```

改成規則表達式的寫法：

```python
try:
    with open(text_file, encoding= 'utf-8') as file:
    # 用空字串取代 '\n' 或 '\r'
    txt = re.sub(r"\n|\r", "", file.read())
    encoded = ','.join(format_code(c) for c in txt)
```

因為 replace() 的寫法比較簡單易懂，而且本程式所需要處理的文字內容也不多，所以沒有必要採用規則表達式。

6

Wi-Fi 無線物聯網
操控裝置

支援 Wi-Fi 聯網是 ESP32 晶片的特色之一，本章將介紹 ESP32 晶片的 Wi-Fi 規格、聯網模式以及下列主題：

● 連接 Wi-Fi 無線網路、自動與手動設定 IP 及 MAC 位址。

● 建立 HTTP 伺服器，提供網頁服務以及處理 GET 或 POST 請求。

● 認識快閃記憶體的 SPIFFS 檔案系統，在其中儲存網頁資料。

● 建立非同步網站伺服器。

● 使用 JavaScript（jQuery 程式庫）建立動態網頁擷取 ESP32 的資料。

● 使用 JavaScript 建立動態燈光控制介面。

6-1 認識 Wi-Fi 無線網路

3C 產品的無線網路皆採用美國**電機電子工程師學會（IEEE）**制定的 IEEE 802.11 規格。Wi-Fi 是基於 IEEE 802.11 標準的無線網路技術，也就是讓聯網裝置以無線電波的方式，加入採用 TCP/IP 通訊協定的網路。網路設備製造商依據 802.11 研發出來產品，交給「Wi-Fi 聯盟」認證，確認可以和其他採相同規範的裝置互連，進而取得 Wi-Fi 認證標籤：

Wi-Fi 網路環境通常由兩種設備組成：

● Access Point（「存取點」或「無線接入點」，簡稱 AP）：允許其它無線設備接入，提供無線連接網路的服務，像住家或公共區域的無線網路基地台，就是結合 WiFi 和 Internet 路由功能的 AP；AP 和 AP 可相互連接。提供無線上網服務的公共場所，又稱為 **Wi-Fi 熱點（hotspot）**。

● Station（「基站」或「無線終端」，簡稱 STA）：連接到 AP 的裝置，一般可無線上網的 3C 產品，像電腦和手機，通常都處於 STA 模式；STA 模式不允許其他聯網裝置接入。

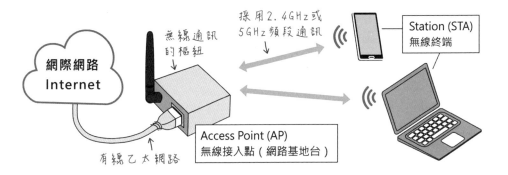

AP 會每隔 100ms 廣播它的**識別名稱**（Service Set IDentifier，服務設定識別碼，簡稱 **SSID**），讓處於通訊範圍內的裝置辨識並加入網路。多數的 AP 會設定密碼，避免不明人士進入網路，同時也保護暴露在電波裡的訊息不會被輕易解譯。Wi-Fi 提供 WEP, WPA 或 WPA2 加密機制，彼此連線的設備都必須具備相同的加密功能，才能相連；WEP 容易被破解，不建議使用。

要使用哪一種加密機制，可透過無線基地台提供的介面設定。

ESP32 晶片通常都以 STA（無線終端）模式運作，而非 AP 模式，因為 STA 一次只能連接一個 AP，假如手機透過 Wi-Fi 連接 ESP32「基地台」，手機就只能存取 ESP32 的資源：

隨著技術的演進，802.11 陸續衍生不同的版本，主要的差異在於電波頻段和傳輸速率，表 6-1 列舉其中幾個版本；「天線數」相當於道路的「車道數」，天線越多，承載（頻寬）和流量也越大。**ESP32 支援 2.4GHz 頻段的 802.11 b/g/n 規格（也稱為 Wi-Fi 4），TCP 收發數據的速率上限約 20Mbps：**

表 6-1

規格	802.11a	802.11b	802.11g	802.11n	802.11ac
頻段	5GHz	2.4GHz		2.4GHz、5GHz	5GHz
最大傳輸速率	54Mbps	11Mbps	54Mbps	600Mbps	6.77Gbps
天線數	1 支			最多 4 支	最多 8 支

採用 2.4GHz 頻段的 Wi-Fi 裝置，其傳輸距離在室內通常約 40 公尺；空曠區域約 100 公尺。

Wi-Fi 無線網路的頻道和訊號強度

802.11g/n 無線網路標準，在 2.4GHz~2.494GHz 頻譜範圍內，劃分了 14 個頻道（channel），每個頻道的頻寬為 20MHz：

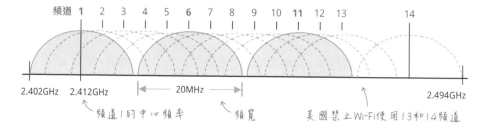

因為各國的電信法規不同，不是所有地區的 Wi-Fi 設備都能使用全部的頻道，像美國的法令就不允許使用 13 和 14 頻道；雖然台灣可以使用 1~13 頻道，但是筆者家裡的路由器只能選擇 1~11 頻道。Wi-Fi 網路設備（如：家裡的無線寬頻路由器，也就是無線基地台）預設會自動選擇一個頻道來傳輸資料。

你可以使用軟體來監測當前的 Wi-Fi 頻譜的使用狀況，像 Android 手機上的開放原始碼 WifiAnalyzer（WiFi 分析儀，https://goo.gl/5OVlHu），能夠顯示無線熱點名稱、訊號強度以及通訊頻道：

-70dB以上，才能可靠傳送資料封包。　　　　　　　　Wi-Fi熱點名稱、訊號強度和頻道

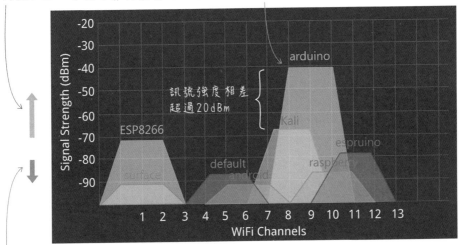

-80dB以下，網路傳輸很不穩定。

Wi-Fi 網路的**接收信號強度**（Received Signal Strength Indicator，**簡寫成 RSSI**）代表無線終端（如：手機）接收無線接入點訊號的收訊強度值，單位是 dBm。RSSI 在 -80dBm 以下的無線訊號很微弱，資料封包可能會在傳送過程中遺失。若要流暢觀看網路視訊，接收強度值最好在 -67dBm 以上。

---

dBm 的定義

dBm 是電波強度單位（以 1mW 功率為基準的比值），0dBm（0 分貝毫瓦）等於 1mW（1 毫瓦）功率；FM 廣波電台的電波強度為 80dBm，等同 100kW（100 千瓦）功率，覆蓋距離約 50 公里。電波發射功率（瓦數）換算成 dBm 單位的公式如下：

$$電波強度（dBm）= 10 \times \log\left(\frac{功率}{1mW}\right) \Longrightarrow 10 \times \log(1000 \times 功率)$$

（參考值↗ 　　　　　　　單位是瓦（W）↗）

Arduino 語言以 10 為底的 log 函式為 log10()，從計算結果可知，發射功率 1W 的 dBm 值為 30，0.01mW 功率則是 -20dBm，發射功率越弱，dBm 值越低：

```
float dBm = 10*log10( 1000 );
```
計算結果 → 30.00

1000mW功率

```
dBm = 10*log10( 0.01 );
Serial.print( dBm );
```
輸出 → -20.00

6-2 使用 ESP32 的 WiFi 程式庫連接無線網路

Arduino 官方有個 WiFi.h 程式庫 (http://bit.ly/2smpks7),用於官方的 Wi-Fi 無線網路擴充板 (採用 HDG204 無線網路晶片)。ESP32 專屬的 WiFi 程式庫,其指令和官方程式庫相同。底下列舉 ESP32 專屬 WiF 程式庫的部份函式:

- WiFi.mode():設定 WiFi 的操作模式,其可能值為:
  - WIFI_OFF:關閉 WiFi。
  - WIFI_STA:設置成 Wi-Fi 終端。
  - WIFI_AP:設置成 Wi-Fi 網路接入點 (基地台)。
  - WIFI_AP_STA:設置成 Wi-Fi 網路接入點以及終端。
- WiFi.begin(網路 ssid, 密碼):以 STA (網路終端) 模式連接到基地台,並從基地台取得 IP 位址。若連線的基地台不需要密碼,則寫成: WiFi.begin(ssid)。
- WiFi.config(IP 位址, 閘道位址, 網路遮罩):Wi-Fi 程式庫預設採用 DHCP (動態分配 IP) 方式連線,若要用靜態 IP,則須執行這個函式。
- WiFi.status():查詢 Wi-Fi 聯網狀態,若傳回 WL_CONNECTED 常數值 (數字 3),代表已經連上 Wi-Fi 基地台。
- WiFi.localIP():若 ESP 模組設定成「終端」,可透過此函式讀取它的 IP 位址。

- WiFi.macAddress()：讀取終端模式的 MAC（實體）位址。

- WiFi.RSSI()：讀取當前的無線網路接收訊號強度指標（Received Signal Strenth Indicator）。

- WiFi.printDiag(序列埠)：向序列埠輸出（顯示）網路資訊，如：ESP 模組的 Wi-Fi 工作模式、IP 位址、基地台的 SSID 和密碼...等等。

- WiFi.disconnect()：中斷連線。

動手做 6-1 連線到 Wi-Fi 網路並顯示 IP 位址和電波訊號強度

實驗說明：連線到 Wi-Fi 分享器，在**序列埠監控視窗**顯示 ESP32 取得的 IP 位址以及電波訊號強度。本實驗單元只會用到一片 ESP32 開發板。

實驗程式：基本的 WiFi 網路連線程式如下，程式開頭必須引用 WiFi.h 標頭檔：

```
#include <WiFi.h>   ← 引用此程式庫
void setup() {
  Serial.begin(115200);
  WiFi.begin("Wi-Fi網路名稱", "密碼");

  while (WiFi.status() != WL_CONNECTED) {
    delay(500);
  }
  Serial.println("");
  Serial.print("IP位址：");
  Serial.println(WiFi.localIP());
  Serial.print("WiFi RSSI: ");
  Serial.println(WiFi.RSSI());
}
void loop() {
}
```

若連線不需要密碼，則寫成：
WiFi.begin("Wi-Fi網路名稱");

若要指定靜態IP位址，請在此執行
WiFi.config() 敘述（參閱下文）

連線狀態 ─ 代表「已連線」的常數

此迴圈將重複執行，直到連線成功。

讀取分配到的IP位址

顯示WiFi強度

實驗結果：將程式上傳到 ESP32，再開啟**序列埠監控視窗**的結果：

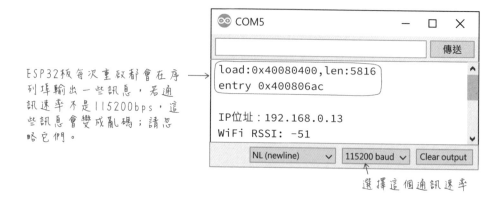

ESP32板每次重啟都會在序列埠輸出一些訊息，若通訊速率不是115200bps，這些訊息會變成亂碼；請忽略它們。

選擇這個通訊速率

為了方便修改程式參數，建議使用常數存放 Wi-Fi 的 SSID 和密碼，例如：

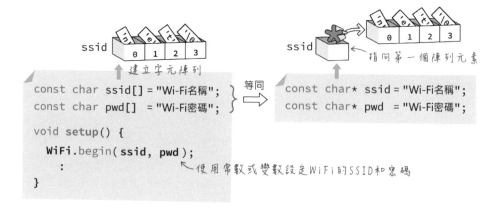

ssid

建立字元陣列

等同

ssid

指向第一個陣列元素

```
const char ssid[] = "Wi-Fi名稱";
const char pwd[]  = "Wi-Fi密碼";

void setup() {
  WiFi.begin( ssid, pwd );
    :
}
```

```
const char* ssid = "Wi-Fi名稱";
const char* pwd  = "Wi-Fi密碼";
```

← 使用常數或變數設定WiFi的SSID和密碼

取得連線用戶的 IP 位址的 3 種寫法

在**序列埠監控視窗**顯示本機 IP 位址的程式寫法有三種，最單純的方式是用 Serial 的 print() 函式自動把 IP 資料轉換字串：

```
Serial.print("\nIP位址：");
Serial.println(WiFi.localIP());
```

輸出 →

← 空行
IP位址：192.168.0.13
← 空行

因為 Arduino 的 IPAddress（IP 位址）資料提供陣列操作介面，所以可以透過索引編號分別提取出來：

```
IPAddress ip = WiFi.localIP();
printf("\nIP位址:%d.%d.%d.%d\n", ip[0], ip[1], ip[2], ip[3]);
```

最後是把 IP 轉換成字元陣列：

```
printf("\nIP 位址:%s\n", WiFi.localIP().toString().c_str());
```

手動設定 IP 以及讀寫 MAC（實體）位址

在非 DHCP（動態指定 IP）環境下連線，裝置需要自行設定 IP，請在 WiFi.begin() 敘述之後，執行 WiFi.config() 依序設定 IP 位址、閘道位址和網路遮罩，例如：

```
WiFi.begin("WiFi 網路名稱", "密碼");
WiFi.config(IPAddress(192, 168, 1, 50),   // IP 位址
            IPAddress(192, 168, 1, 1),     // 閘道 (gateway) 位址
            IPAddress(255, 255, 255, 0));  // 網路遮罩 (netmask)
```

此外，有些網路環境限定只有特定 MAC 位址的設備可以聯網；如果需要在 IP 分享器加入 ESP32 的 MAC 位址，可以透過 WiFi.h 程式庫的 **macAddress()** **函式**取得；上傳這個程式碼到 ESP32，它將在**序列埠監控視窗**顯示它的 MAC 位址：

```
#include <WiFi.h>

void setup() {
  Serial.begin(115200);
  Serial.print("\nMAC 位址:");
  Serial.println(WiFi.macAddress());
}

void loop() {}
```

在**序列埠監控視窗**的輸出結果像這樣：

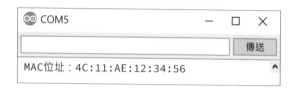

透過 esp_wifi.h 程式庫的 esp_wifi_set_mac() 可自訂 MAC 位址，不過，這個 MAC 位址不是永久性的，重新開機之後就復原了，所以有需要的話，必須每次在設定 Wi-Fi 模式之後自訂 MAC 位址：

```
#include <WiFi.h>
#include <esp_wifi.h>

// 自訂的 MAC 位址
byte mac[] = {0x12, 0x34, 0x56, 0x78, 0x90, 0xA1};
void setup() {
  Serial.begin(115200);

  WiFi.mode(WIFI_STA);  // 切換到 Wi-Fi 基站模式
  Serial.print("\n 舊 MAC 位址:");
  Serial.println(WiFi.macAddress() );

  esp_wifi_set_mac(WIFI_IF_STA, &mac[0]); // 設定 MAC 位址

  Serial.print("新 MAC 位址:");
  Serial.println(WiFi.macAddress() );
}

void loop() {}
```

在**序列埠監控視窗**的輸出結果像這樣：

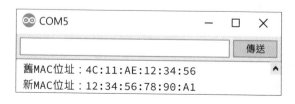

動手做 6-2 建立 Wi-Fi 無線接入點（AP）

實驗說明：讓 ESP32 的 Wi-Fi 以 AP 模式運作，允許用戶端接入，本實驗材料只需一塊 ESP32 開發板。

實驗程式：WiFiAP.h 程式庫（WiFi.h 有引用它）提供支援 ESP32 以 AP 模式運作的各種函式（方法），其中有個用於建立 AP 服務的 softAP() 方法，其原始宣告定義如下（原始碼網址：http://bit.ly/36ttE9M）：

是否建立成功　　自訂的無線AP名稱　　　　　密碼，預設為「無」。

```
bool softAP(const char* ssid, const char* passphrase = NULL,
    int channel = 1, int ssid_hidden = 0, int max_connection = 4);
```

頻道　　　是否隱藏（不廣播）此無線AP　　　允許接入的最大用戶
　　　　　名稱，預設為「不隱藏」。　　　　端數量，預設為4。

樂鑫官方的 Wi-Fi 技術文件指出，**接入用戶端的數量上限為 10，預設為 4**（技術文件網址：http://bit.ly/39A01FR）。WiFi.h 程式庫有引用 WiFiAP.h，所以我們的程式不需要重複引用它。建立 Wi-Fi 無線接入點的範例程式：

```
#include "WiFi.h"
// 自訂的無線 AP 名稱，上限 32 個字元
const char *ssid = "ESP32AP" ;
const char *password = "12345678" ; // 自訂的密碼，上限 64 個字元

void setup() {
  Serial.begin(115200);
  WiFi.softAP(ssid, password);        // 建立 AP 服務

  Serial.print("\nWi-Fi 基地台的 IP 位址:");
  // 在序列埠監控視窗顯示 IP 位址
  Serial.println(WiFi.softAPIP());
}

void loop() {}
```

實驗結果：編譯並上傳程式到 ESP32，**序列埠監控視窗**將顯示它的 IP 位址：

在手機或電腦上搜尋 Wi-Fi，可看到 ESP32AP，裝置也能接入它的 Wi-Fi 網路，只是它沒有提供任何有用的服務：

動手做 6-3 使用 WebServer 程式庫建立 HTTP 伺服器

實驗說明：在 ESP32 晶片上建立 HTTP 伺服器，提供基本網頁服務。本單元的實驗材料只需要一塊 ESP32 開發板。

實驗程式：WiFi.h 程式庫提供了 ESP32 連結 Wi-Fi 的功能，開發工具內建的 WebServer.h 程式庫則提供 HTTP 伺服器的核心功能，以及一個回應用戶端連線請求的 on() 函式。基本的 HTTP 網站伺服器程式架構如下，筆者把伺服器物件命名為 server：

```
#include <WiFi.h>
#include <WebServer.h>  ←────── 必須引用此程式庫

WebServer server(80);  ←────── 在埠口80建立網站伺服器，
                                server是自訂的伺服器物件名稱。
void setup() {
  WiFi.begin( "Wi-Fi網路名稱", "密碼" );

  while (WiFi.status() != WL_CONNECTED) {
    delay(500);              ↖ 確認已連上Wi-Fi
  }
  server.on( "路徑", 處理連線請求的函式 );
  server.onNotFound( 處理「不存在的路徑」請求的函式 );
  server.begin();  ←── 啟動網站伺服器
}
void loop() {
    server.handleClient();  ←── 處理用戶連線
}
```

底下是透過 on() 函式設定網站根路徑 (/index.html 和 /) 的處理程式的例子，
每當用戶端請求根路徑連線時，rootRouter 函式就會被執行，此函式再透過
send() 函式，傳遞 HTTP 狀態碼以及訊息內容給用戶端：

```
server.on("/index.html", rootRouter);
server.on("/", rootRouter);

void rootRouter() {                        ← 續行（反斜線）字元
  String HTML = "<!DOCTYPE html>\
<html><head><meta charset='utf-8'></head>\   ⎱ 編譯器會將此
<body>漫漫長路，總要從第一步開始。\            ⎰ 四行看待成一行
</body></html>";

  server.send( 200, "text/html", HTML );
}
```

伺服器物件.send(狀態碼, 內容類型, 內容)

處理連線請求的函式也可用匿名函式語法改寫，底下是處裡 /about 路徑連線請求的程式片段：

```
server.on("/about", []() {          ← 匿名函式
  server.send( 200, "text/html; charset=utf-8", "是在哈囉喔？" );
});
```

完整的基本 HTTP 伺服器程式碼如下：

```
#include <WiFi.h>
#include <WebServer.h>

const char* ssid = "WiFi 網路名稱";
const char* password = "網路密碼";

WebServer server(80);      // 建立網站伺服器物件

void handleRoot() {
  String HTML = "<!DOCTYPE html>\
  <html><head><meta charset= 'utf-8' ></head>\
  <body>漫漫長路，總要從第一步開始。\
  </body></html>";
  server.send(200, "text/html", HTML);
}

void setup() {
  Serial.begin(115200);
  WiFi.mode(WIFI_STA);              // 設定成 STA 模式
  WiFi.begin(ssid, password);   // 連線到 Wi-Fi 網路分享器
  Serial.println("");
  while (WiFi.status()  != WL_CONNECTED) {
    delay(500);
    Serial.print(".");
  }
  Serial.print("\nIP 位址:");
  Serial.println(WiFi.localIP());   // 顯示 IP 位址
  server.on("/", handleRoot);       // 處理首頁的路由
  server.on("/about", []() {        // 處理 /about 路徑的路由
```

```
      server.send(200, "text/html; charset=utf-8", "是在哈囉喔？");
   });
   server.onNotFound([]() {        // 處理找不到指定資源的路由
     server.send(404, "text/plain", "File NOT found!");
   });

   server.begin() ;                // 啟動網站伺服器
}

void loop() {
   server.handleClient() ;         // 處理用戶端連線
}
```

實驗結果：上傳程式碼到 ESP32 控制板之後，開啟**序列埠監控視窗**，查看 ESP32 的 IP 位址。接著在瀏覽器中輸入該 IP 位址，即可看到 ESP32 的網頁內容：

若輸入不存在的資源網址，如 "ESP32 的 IP 位址/abc.html"，伺服器將回應 HTTP 404 錯誤以及 "File NOT found!" 訊息。

動手做 6-4 處理 GET 或 POST 請求

實驗說明：替 ESP32 網站伺服器加上接收 GET 或 POST 請求的程式，讓 ESP32 開發板依參數值點亮或關閉內建的 LED。本單元的實驗材料只需要一塊 ESP32 開發板：

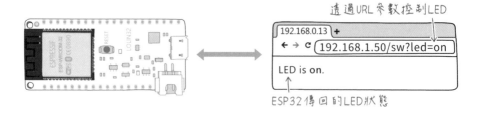

實驗程式：WiFi 程式庫的伺服器物件，提供讀取 GET 與 POST 參數值的 arg()
方法。處理 /sw 路徑請求，並接收 led 參數的程式片段如下；如果 led 參數後
面沒有值，底下的 state 變數將收到空字串：

```
http://192.168.0.13/sw?led=on
```
接收 "led" 參數

```
server.on("/sw", []() {
  String state = server.arg("led");   ← 伺服器物件.arg( "GET或POST參數名稱" )

  if (state == "on") {
    digitalWrite(LED_BUILTIN, LOW);   ←─ 接在腳5的LED是「低電位」點亮
  } else if (state == "off") {
    digitalWrite(LED_BUILTIN, HIGH);
  }                                         粗體字的HTML標籤
                                              ↓
  server.send(200, "text/html", "LED is <b>" + state + "</b>.");
});                    回應HTML網頁給用戶端，顯示LED的狀態。
```

其餘程式碼跟上一節的伺服器程式相同。

實驗結果：上傳程式碼之後，開啟瀏覽器連結到 ESP32 開發板的 /sw 路徑，並
傳遞 led 參數。假設 ESP32 的 IP 位址是 192.168.0.13，輸入這個網址將能點亮
ESP32 開發板的 LED：

```
192.168.0.13/sw?led=on
```

把 led 參數值設成 off，將關閉 LED：

```
192.168.0.13/sw?led=off
```

6-3 在 ESP32 的快閃記憶體中儲存網頁檔案

ESP32 微控器有個 **SPIFFS 檔案系統**,全名是 Serial Peripheral Interface Flash File System(序列週邊介面快閃檔案系統),可讓我們把資料和文件存入 ESP32 模組內建的 4MB 快閃記憶體。

上文的 ESP32 伺服器把「網頁」和「伺服器程式」混合寫在一個程式檔,導致編輯或更新網頁變得麻煩。本文將示範如何把網頁文件和圖檔存入快閃記憶體,再透過程式讀取、傳送給連線的用戶。如此,日後若是修改了網頁或者圖檔,只要把新的文件存入快閃記憶體,伺服器程式碼不用修改:

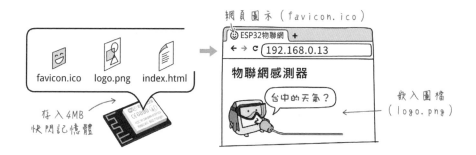

請先下載 Arduino ESP32FS 外掛(網址:http://bit.ly/3a4Q69v),將它解壓縮,把其中的 ESP32FS 存入 Arduino IDE 安裝資料夾的 tools 資料夾裡面:

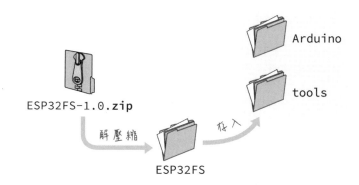

接著，在 Arduino 程式檔資料夾之中，新增一個 data 資料夾，再把要上傳的檔案全都存入 data 資料夾。假設你的 Arduino 程式叫做 ESP32_JS.ino，請在 ESP32_JS 資料夾新增 data 資料夾，然後把範例檔裡的網頁文件（www 資料夾）存入 data：

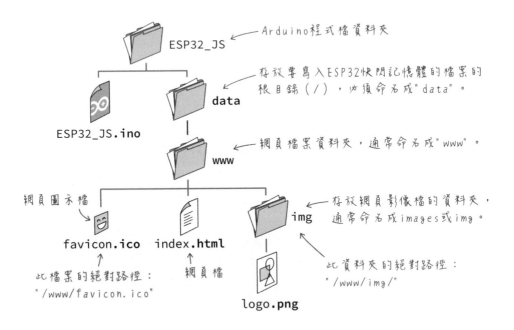

網頁文件不一定要存在 www 資料夾裡面，網頁、圖示、圖檔...等，可以直接存在 data 路徑底下。但是如果要在快閃記憶體中存放許多文件，建議將它們分類存入資料夾，比較好管理。

SPIFFS 的路徑檔名

SPIFFS 檔案系統並沒有階層結構，所有檔案全都存在同一層目錄，我們設定目錄，實際將變成檔名的一部分：

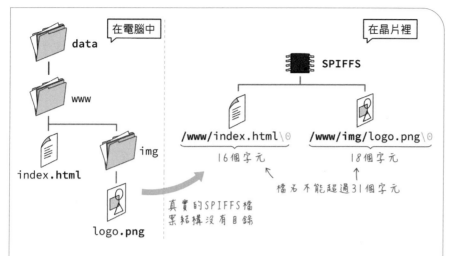

所以 SPIFFS 檔案系統並沒有「新增資料夾」及「刪除資料夾」之類的指令。要留意的是，SPIFFS 檔案系統的檔名有這兩個限制：

- 檔名不能有空格。

- 檔名長度上限是 31 字元（再加上字串結尾 '\0'），若「路徑+檔名」超過 31 個字元，檔名會被成亂碼（像這樣：?O）而且 ESP32 不會提出警告。

使用 ESPAsyncWebServer 非同步網站伺服器讀取並傳送網頁

ESPAsyncWebServer 是個建立**非同步網站伺服器**的程式庫；ESP32 內建的網站伺服器程式庫（WebServer.h）同一時間只能服務一個用戶，期間若有新的用戶連線進來，必須等待前一個用戶處理完畢；**非同步**宛如開設多個服務窗口的伺服器，可同時接待、處理多個用戶的連線請求。

ESPAsyncWebServer 也整合了 SPIFFS 檔案系統，可直接存取快閃記憶體裡的網頁檔案。請先下載、安裝兩個程式庫：

- ESPAsyncWebServer 主程式，下載網址：http://bit.ly/2RllGHE。

- AsyncTCP（非同步 TCP 協定）程式庫，下載網址：http://bit.ly/2uPxrOQ。

下載之後，在 Arduino IDE 中選擇『草稿碼/匯入程式庫/加入 .ZIP 程式庫』指令，選擇剛才下載的 **ESPAsyncWebServer.zip** 檔（或者使用書本範例檔的版本），安裝完畢後，再次執行『**加入 .ZIP 程式庫**』指令，安裝 **AsyncTCP.zip** 檔。

這是 ESP32-SPIFFS.ino 範例檔的程式碼，請修改 ssid 和 pwd 變數值：

```
#include <WiFi.h>
#include <ESPAsyncWebServer.h>     ← 非同步網站伺服器程式庫
#include <SPIFFS.h>  ←               操作快閃記憶體檔案的程式庫
const char* ssid = "你的WiFi網路名稱";
const char* pwd  = "WiFi密碼";
AsyncWebServer server(80);    ← 偵聽埠口80的非同步網站伺服器物件
```

上面最後一行宣告一個名叫 server 的非同步網站伺服器。setup() 函式一開始要確認 SPIFFS 檔案系統可以運作：

```
void setup() {
  Serial.begin(115200);
                              若無法初始化快閃記憶體檔案
                              系統，則顯示錯誤訊息…
  if (!SPIFFS.begin(true)) {
    Serial.println("無法掛載SPIFFS分區~");
    while(1) { }  ← …程式將停留在此
  }
```

連線到無線網路分享器程式碼不變：

```
WiFi.mode(WIFI_STA);
WiFi.begin(ssid, pwd);

while (WiFi.status() != WL_CONNECTED) {
  delay(500);
}

Serial.print("\nIP位址：");
Serial.println(WiFi.localIP());   // 顯示IP位址
```

當瀏覽器開啟這個網站首頁時,它將先後發起 3 次連結請求:

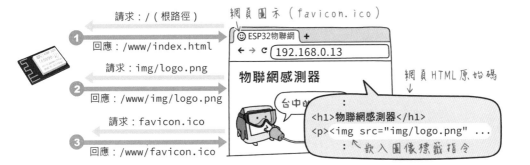

● 根目錄(/):網站伺服器預設將傳回此目錄裡的 index.html 檔。

● 網頁資源:瀏覽器載入 HTML 文件並解析之後,發現其中有嵌入一張影像,因此向伺服器請求圖檔 (img/logo.png)。

● 網站圖示:瀏覽器預設會請求網站圖示 **favicon.ico**,顯示在瀏覽器的標題欄位;網站圖示放在網站根目錄。

> 網站圖示 favicon 的原意是 "favorites icon",所有瀏覽器都支援 .ico 格式的圖檔,最常見的尺寸是 16×16 和 32×32,目前的主流瀏覽器也支援 PNG 和 GIF 格式的 favicon 圖檔。favicon.cc(網址:https://www.favicon.cc/)是個方便好用的免費 .ico 檔製作工具,也具備轉換影像檔功能。

非同步網站伺服器物件 (server) 有個 serverStatic() 方法,可將連線請求固定配置給 SPIFFS 檔案系統裡的某個**資料夾**或**檔案**路徑(指令中的 Static 代表「靜態」或「固定不變」)。例如,對根目錄 (/) 的連線請求,回應 "/www/" 目錄裡的檔案,若不指定請求的檔名,非同步網站伺服器物件預設將回應 index.html 檔。

回應網站固定資源請求的程式碼如下:

選擇性地加上「設定預設檔」敘述 ──→ .setDefaultFile("index.html");

```
server.serveStatic("/", SPIFFS, "/www/")        ←── 資料夾用 '/' 結尾
server.serveStatic("/img", SPIFFS, "/www/img/");
server.serveStatic("/favicon.ico", SPIFFS, "/www/favicon.ico");
```

伺服器物件.serveStatic("請求路徑", SPIFFS, "資源檔案或資料夾路徑")

最後，執行 begin() 方法啟動網站伺服器，loop() 函式不需要任何程式碼：

```
  server.begin(); // 啟動伺服器
  Serial.println("HTTP伺服器開工了~");
}

void loop() { }
```

上傳網頁檔案

上傳網站伺服器程式之前，請先上傳網頁檔案，除非網頁檔案（如：HTML 文件和圖檔）有修改過，否則只需要上傳一次。請先確認 ESP32_JS.ino 檔所在的目錄包含 data 資料夾：選擇『草稿碼/顯示草稿碼資料夾』，將能看到目前程式檔的資料夾：

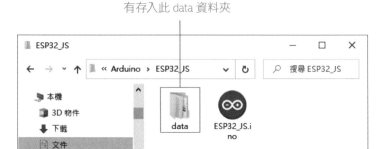

確認網頁文件 (www) 有存入此 data 資料夾

如果**序列埠監控視窗**處於開啟狀態，請先關閉。選擇『**工具/ESP32 Sketch Data Upload（草稿碼資料上傳）**』指令，data 資料夾裡的所有檔案將被上傳到 ESP32 的快閃記憶體：

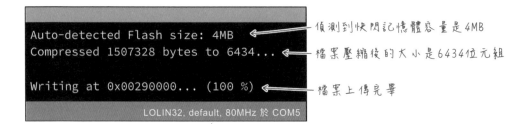

偵測到快閃記憶體容量是4MB

檔案壓縮後的大小是6434位元組

檔案上傳完畢

最後，編譯並上傳 ESP32-SPIFFS.ino 檔，再開啟瀏覽器連結到 ESP32 的網站伺服器，即可看到網頁。

6-4 透過 JavaScript（jQuery 程式庫）動態擷取 ESP32 資料

在上個單元中，ESP32 提供的是內容固定不變的靜態網頁，本單元將製作如下的網頁，每隔一段時間顯示從 ESP32 取得的更新感測數據：

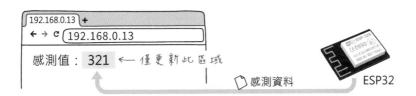

要製作這樣一個動態網頁，需要搭配在網頁瀏覽器中執行的 JavaScript 程式。這個網頁同樣存放在 ESP32 晶片，由 ESP32 伺服器傳遞給用戶端（瀏覽器）。ESP32 網站伺服器設置兩個路由，一個處理首頁的連線請求（/），一個處理感測器資料的請求（/LDR）：

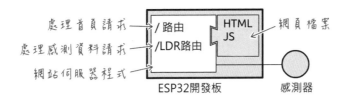

首頁請求回應的是 HTML 網頁，感測器資料請求的回應是「純文字」格式：

整個連線流程大致歷經下列步驟，重點是：最初 ESP32 只傳送網頁給用戶端，然後由網頁裡的 JavaScript 程式發起 "/LDR" 請求，讀取感測器資料：

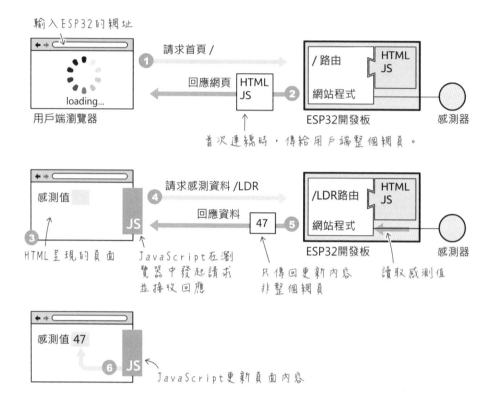

像這種透過 JavaScript 載入資料並更新網頁內容的技術，稱為 **AJAX**
（Asynchronous JavaScript and XML，非同步 JavaScript 和 XML），關於 XML
的說明，請參閱第 7 章。

動態更新網頁

假設有個如下圖的網頁，我們想透過程式更改其中的感測數字。首先，我們得
替「感測數字」區域，設定唯一的識別名稱。在 HTML 內文標定一個區域的方
法，是透過 <span> 標籤：

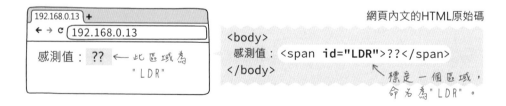

網頁的所有內容以及瀏覽器本身，都能透過 JavaScript 程式操控。雖然每個瀏覽器都能執行 JavaScript，但不同瀏覽器品牌和版本所支援的 JavaScript 語法不完全一致。為了保持瀏覽器的相容性，並且簡化 JavaScript 語法，本書採用 jQuery 程式庫來處理 JavaScript 程式（網頁裡的 JavaScript 程式碼都要寫在 <script>...</script> 標籤之間）。jQuery 提供 **html()** 以及 **text()** 方法，在指定區域填入 **HTML 碼**或**純文字**內容。底下的程式將會把網頁 "LDR" 區域的文字，從原本的 "??" 替換成 47：

```
<html>
  <head>
    <meta charset="utf-8">
  </head>
  <body>
    感測值：<span id="LDR">??</span>        ← 將要顯示感測值的區域
    <script src="https://code.jquery.com/jquery-3.5.1.min.js"></script>   ← 先引用 jQuery 程式庫
    <script>
      $(function(){
        $("#LDR").text("47");    ←  $("網頁元素").text("要替換的字串")    ID 名稱前面要加上 # 號
      });
    </script>
  </body>
</html>
```

$(function() {
    // 網頁載入完畢之後，會自動執行這裡的程式。
});   ← jQuery 程式庫提供的語法

在網頁上執行 jQuery 提供的指令之前，必須先引入 jQuery 程式庫；jQuery 程式通常都寫在 $(function() {...}) 區塊裡面。

動手做 6-5　從 ESP32 輸出網頁的純文字更新資料

實驗說明：從 ESP32 伺服器輸出純文字（亦即，不含任何 HTML 標籤）的感測資料給用戶端。本單元的實作重點是網頁與 ESP32 伺服器程式的互動，所以感測器電路採用簡單的光敏電阻，讀者可自行替換成其他感測器。

實驗材料：

光敏電阻	1 個
1KΩ 電阻	1 個

實驗電路：光敏電阻分壓電路和麵包板示範接線如下：

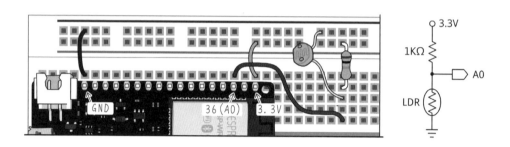

實驗程式：筆者把讀取類比感測資料的伺服器路徑，命名成 /LDR。處理用戶端連線請求的路由處理程式架構如下，**每當伺服器接到連線請求，即便是「拒絕用戶端的請求」，伺服器都要回應，例如，代碼 403 表示「用戶端無訪問權限」、200 代表「請求成功」**：

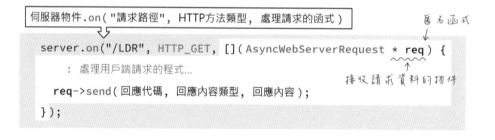

```
伺服器物件.on( "請求路徑", HTTP方法類型, 處理請求的函式 )                    匿名函式

server.on("/LDR", HTTP_GET, [](AsyncWebServerRequest * req) {
     : 處理用戶端請求的程式...                              接收請求資料的物件
  req->send( 回應代碼, 回應內容類型, 回應內容 );
});
```

接收回應請求的物件（函式參數）的類型是 **AsyncWebServerRequest（非同步網站伺服器請求）**，通常命名成 request 或 req，它具有一些處理資料的方法，本例只用到「傳送 HTTP 回應」的 send() 方法，動手做 6-5 將會用到其他方法。

從網站伺服器傳遞 HTML 頁面給瀏覽器時，HTTP 回應狀態碼中的「內容類型」敘述會標示成 "text/html"（實際的訊息為：Content-Type:text/html）。**若要告訴瀏覽器，傳回的內容是純文字，「內容類型」敘述要標示成 "text/plain"。**

/LDR 路由函式的程式碼如下：

```
                  自訂的路徑名稱
                      ↓
server.on( "/LDR", HTTP_GET, []( AsyncWebServerRequest * req ) {
  uint16_t val = analogRead( LDR_PIN );   // 讀取光敏電阻的數值
  req->send( 200, "text/plain", String(val) );
});
           代表內容格式是「純文字」     ↑     數字資料必須轉成字串格式
```

其實這個路由函式沒有一定要標示 "text/plain" 內容類型，因為使用預設的 text/html 類型，網頁的 JavaScript 和 jQuery 程式也能處理。然而，從這個小例子，讀者可以知道如何修改 HTTP 訊息的內容類型。

其餘的網站伺服器程式碼不變，完整的程式碼請參閱 diy6_5.ino 檔。

實驗結果：編譯並上傳到 ESP32 之後，開啟瀏覽器連結到開發板的網址，此例為 http://192.168.0.13/LDR，將能見到光敏電阻值；若要讓瀏覽器接收最新資料，必須重新載入此網頁（或按 F5 功能鍵）：

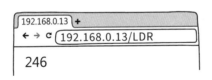

> 若把一般網頁文件的內容類型，從 "text/html" 改成 "text/plain"，瀏覽器將不會解析 HTML，而是把它當成一般文字，直接在視窗中顯示 HTML 原始碼。

使用 JavaScript/jQuery 動態讀取 ESP32 網站更新數據

本單元採用網頁 JavaScript 語言的 jQuery 程式庫，在背地裡向 ESP32 讀取並更新頁面上的感測數據。jQuery 提供數個連接、接收網站回傳資料的指令，其中一個是 get()，基本語法如下：

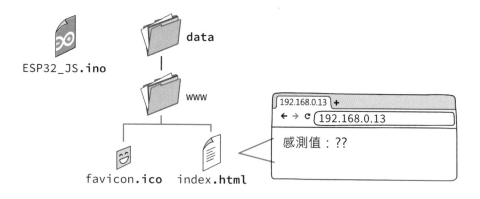

```
$.get( 網址 , 回呼函式 )
```
收到網站傳回的資料後，
自動被呼叫的函式。

```
$.get( "/LDR", function(data){
    // 處理收到網站資料的程式碼...
});
```
接收傳回值的參數，
通常命名成 data。

請在動手做 6-4 的 Arduino 程式資料夾中新增一個 data 資料夾，存入 index.html 網頁以及選擇性的 favicon.ico 檔：

ESP32_JS.ino

data

www

favicon.ico   index.html

192.168.0.13 +

← → C 192.168.0.13

感測值：??

index.html 檔的內容如下：

```
<html>
 <head>
  <meta charset="utf-8">
 </head>
 <body>
  感測值：<span id="LDR">??</span>
  <script src="https://code.jquery.com/jquery-3.5.1.min.js"></script>
```

底下的是負責從 ESP32 取得感測值的 JavaScript 程式。當自訂函式 getData () 被呼叫執行時，get() 將把收到的感測資料值，顯示在 LDR 文字區域。這段程式也透過 setInterval() 方法，每隔 2 秒執行 getData() 自訂函式，擷取最新的光敏電阻值，如此一來，就完成動態更新內容的網頁了！

06

```
<script>
 $(function(){
  function getData() {                    發出/LDR連結請求
                                          並接收回應資料
    $.get("/LDR", function(data){
      $("#LDR").text(data);
    });                                   用收到的資料取代頁面LDR區域的內容
  }

  getData();   // 網頁載入完畢時，立即讀取並顯示溫度值。

  window.setInterval(function(){
    getData();                            ← 每隔2秒執行一次getData()
  }, 2000);
 });
</script>
```

```
window.setInterval(function(){
  // 要定時執行的敘述
}, 毫秒數);
```

網頁檔最後用兩個結束標籤收尾：

```
</body>
</html>
```

在關閉**序列埠監控視窗**的狀態下，選擇『**工具/ESP32 Sketch Data Upload（草稿碼資料上傳）**』指令，上傳 data 資料夾裡的所有檔案到 ESP32。

動手做 6-6 動態網頁調光器

實驗說明：替 ESP32 網站伺服器程式加上接收**開關**和**調光**請求的路由處理程式。

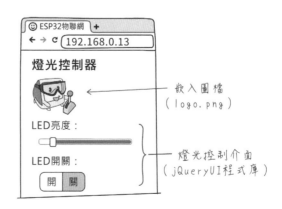

嵌入圖檔
（logo.png）

燈光控制介面
（jQueryUI程式庫）

實驗材料：

LED（顏色不拘）	1
680Ω 電阻（藍灰棕）	1

實驗電路：在 ESP32 的腳 15 傳接 680Ω 電阻和 LED，麵包板示範接線如下：

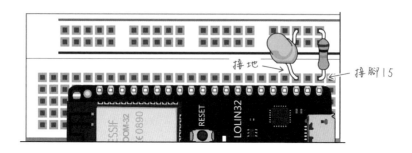

實驗網頁程式：這個網頁上的 LED 開關的真面目是**單選圓鈕（radio button）**，
其 HTML 原始碼如下：

```
LED開關：        ←自訂的「按鈕群組」名稱              傳給伺服器程式的值"on"
<div id="LED_SW">                                              ↓
  <input type="radio" id="LED_ON" class="SW" value="on" name="SW">
  <label for="LED_ON"> 開 </label>
  <input type="radio" id="LED_OFF" ...略... value="off" name="SW">
  <label for="LED_OFF"> 關 </label>
</div>
```

預設會在瀏覽器呈現如左下圖的樣貌，jQuery UI 程式庫的 CSS 和 JavaScript
程式碼會將它改造成右下圖的外觀和行為：

網頁 HTML 預設並沒有滑桿元素，必須仰賴 CSS 和 JavaScript 程式塑造出
來。這是首頁中的滑桿的 HTML 原始碼：

```
LED亮度：        ←自訂的「滑桿區域」名稱
<div id="slider"></div>
```

<div> 標籤的主要用途是劃分版面區域，本身沒有形體，所以預設會在瀏覽器上留下空白。執行 jQuery UI 程式庫的 scroll() 方法，即可在網頁的指定區域動態繪製出滑桿：

LED亮度：　　　　　←　　　空白畫面
在瀏覽器上呈現的預設畫面

LED亮度：
套用jQuery UI之後的呈現結果

首先引用 jQuery 和 jQuery UI 程式庫：

```
<script src="https://code.jquery.com/jquery-3.5.1.min.js"></script>
<script src="https://code.jquery.com/ui/1.12.1/jquery-ui.min.js"></script>
```

然後加入處理 LED 開關與 LED 亮度的 JavaScript 程式：

```
<script>
  var light = 0; // LED 滑桿初設值

  $(function () {
    // 把網頁上的「單選圓鈕」設成 jQuery UI 的按鈕群
    $("#LED_SW").buttonset() ;
    $(".SW").change(function (evt) {  // 當 LED 開關值改變時...

      // 取得 LED 開關值 ("on" 或 "off")
      var state = $(this).val() ;
      // 用 GET 方法連結 ESP32 的 "/sw" 路徑，並傳送開關值
      $.get("/sw", { led:state });
    });
    // 在網頁上 id 名稱為 slider 的滑桿區域附加上滑桿介面元件
    $("#slider").slider({
      orientation:"horizontal",   // 以「水平」放置
      range:"max",                // 滑動範圍設成「最大」
      max:1023,                   // 「最大」值為 1023
      value:0,                    // 預設值為 0
      change:function () {        // 當滑桿值改變時...
        var data = $(this).slider("value");  // 取得滑桿值
        // 用 GET 方法連結 ESP32 的 /pwm 路徑，並傳送滑桿值
        $.get("/pwm", { val:data });
      }
```

```
        });
    });
</script>
```

實驗 ESP32 程式:在上一節的 ESP32_JS.ino 程式開頭加入底下的變數定義:

```
#define BITS 10          // 類比輸出解析度,10 位元
#define PWM_PIN 15       // PWM 輸出接腳
String pwm_val;          // 接收 PWM 字串值
```

在 setup() 函式加入初始化接腳和 PWM 輸出的敘述:

```
pinMode(LED_BUILTIN, OUTPUT);
digitalWrite(LED_BUILTIN, HIGH);

pinMode(PWM_PIN, OUTPUT);
ledcSetup(0, 5000, BITS);      // 設定 PWM,通道 0、5KHz、10 位元
ledcAttachPin(PWM_PIN, 0);     // 指定內建的 LED 接腳成 PWM 輸出
```

當使用者調整 ESP32 伺服器首頁的 LED 亮度滑桿之後,該網頁的 JavaScript
程式將發起 /pwm 路徑的 HTTP GET 連線請求,並夾帶 PWM 值的 val 參數。
ESP32 伺服器的 /pwm 路由處理程式的執行流程如下:

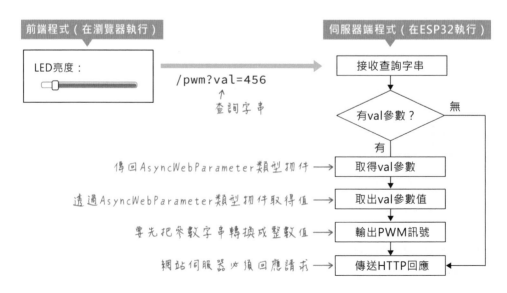

本單元的伺服器端回應都是純文字格式的 "OK!"。網頁 JavaScript 程式發出的請求，也將由 JavaScript 程式收到回應，因此 "OK!" 不會顯示在網頁上。/pwm 路由函式的架構如下：

```
伺服器物件.on ( "請求路徑",  HTTP方法類型,  處理請求的函式 )

server.on("/pwm", HTTP_GET, [](AsyncWebServerRequest * req) {
    :
    :                                          接收請求資料的物件
  req->send(200, "text/plain", "OK!");
});
       請求物件.send ( 回應代碼,  回應內容類型,  回應內容 )
```

除了 send() 方法，本例將用到 **AsyncWebServerRequest**（**非同步網站伺服器請求**）這兩個方法：

● hasParam()：確認指定的查詢字串是否存在，傳回 true 代表存在。

● getParam()：讀取查詢字串參數，並傳回指定的參數物件。

取得查詢字串參數的 getParam() 方法將傳回 **AsyncWebParameter**（**非同步網站參數**）類型物件，底下程式將它命名為 p，這個物件包含兩個方法：

● name()：取得參數名稱

● value()：取得參數值

完整的 /pwm 路由處理程式如下，查詢字串的值是字串格式，將它交給 ledcWtite() 控制 PWM 輸出之前，必須先轉成整數。

```
server.on("/pwm", HTTP_GET, [](AsyncWebServerRequest * req) {
  if (req->hasParam("val")) {       // 確認查詢字串包含 "led" 參數
    AsyncWebParameter* p = req->getParam("val");
    pwm_val = p->value();  // 取得 "val" 參數值        取得 "val" 參數
    ledcWrite(0, pwm_val.toInt());
  }                                        參數字串轉成整數
  req->send(200, "text/plain", "OK!");
});
```

底下是處理 LED 開關按鈕連線請求的流程：

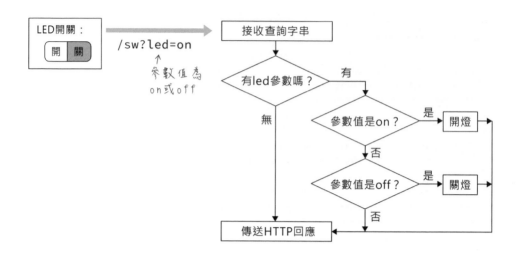

/sw 路由處理程式碼如下：

```
server.on("/sw", HTTP_GET, [](
  AsyncWebServerRequest * request) {
  if (request->hasParam("led")) {
    AsyncWebParameter* p = request->getParam("led");
    if (p->value()  == "on") {
      digitalWrite(LED_BUILTIN, LOW);
    } else if (p->value()  == "off") {

      digitalWrite(LED_BUILTIN, HIGH);
    }
  }
  request->send(200, "text/plain", "OK!");
});
```

實驗結果：完整的程式碼請參閱 diy6_6.ino 檔，編譯並上傳程式到 ESP32 控制板，即可透過瀏覽器連線到控制板伺服器，從網頁控制燈光。

> ESP32 有個方便終端使用者自行設置 Wi-Fi 連線的 **WiFi Manager**（Wi-Fi 管理員）程式庫，使用說明和範例請參閱《Wi-Fi Manager：ESP8266 和 ESP32 開發板的無線網路管理設置介面》貼文，網址：https://swf.com.tw/?p=1516。

00111

7

擷取網路資料以及 Python OLED 圖像轉換工具

本章將把 ESP32 當作網路用戶端，擷取開放平台的資料並以圖文呈現在 OLED 螢幕；顯示在 OLED 螢幕的圖檔必須先經過轉檔，除了使用現成的轉檔工具，本章也將說明 Python 批次轉換圖檔工具的寫法。

7-1 網路應用程式訊息交換格式：XML 與 JSON

網路上有許多開放資料，可供機器（程式）和人類取用。台灣行政院環境保護署的**環境資源資料開放平臺**就是一例，它網羅從各地收集到的不同感測數據，包裝成三種常見的資料交換格式：CSV（逗號分隔檔）、XML 和 JSON，底下是**空氣品質指標 (AQI)** 的檢索頁面：

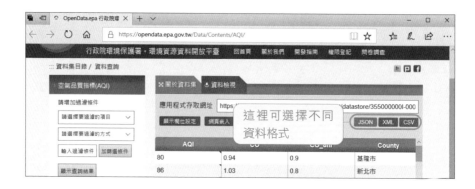

CSV, XML 和 JSON 都是用於描述資料內容以及儲存資料的純文字檔。CSV 檔用逗號分隔每一筆資料，並可選擇性地在第一列包含資料欄位名稱，是匯出 Excel 試算表或者資料庫數據時，最常用的儲存格式之一。CSV 文字檔的副檔名是 .csv，內文第一列通常是標題，以商品價格的資料為例，CSV 檔可寫成：

```
                  資料用逗號分隔
第一列是標題→ 商品標題, 價格, 網址 ←最後不用加逗號
              主機, 9999, https://swf.com.tw/
              螢幕, 2999, https://flag.com.tw/
              鍵盤, 399, https://swf.com.tw/
```

認識 XML

XML（eXtensible Markup Language，可延伸標記式語言）是在純文字當中加入描述資料的標籤，標籤的寫作格式有標準規範，看起來和 HTML 一樣，最大的區別在於 **XML 標籤名稱完全可由我們自訂**，而 HTML 的標籤指令則是 W3 協會或瀏覽器廠商制定的。就用途而言：

- HTML：用於**展示**資料，例如，<h1> 代表大標題文字、<p> 代表段落文字。

- XML：用於**描述**資料

下圖左是筆者自訂的 XML 格式訊息，無須額外的解釋，即可看出這是一段描述某個控制器的溫濕度和數位腳的資料；下圖右則是電腦解析此 XML 訊息的結果，也就是將資料從標籤中抽離出來（這只是個示意圖，我們無須了解運作細節）：

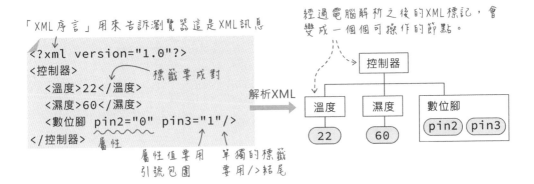

廣泛用於部落格和新聞網站的 RSS，就是 XML 格式。某些應用軟體的**偏好設定**，像 Adobe Photoshop 影像處理軟體的**鍵盤快速鍵**設定，亦採用 XML 格式紀錄。

> RSS 是節錄網站內容與連結的訊息格式。

認識 JSON

JSON（JavaScript Object Notation，直譯為「JavaScript 物件表示法」，發音為 "J-son"）也是通行的**資料描述格式**，它採用 JavaScript 的物件語法，比 XML 輕巧，也更容易解析，因此變成網站交換資訊格式的首選。表 7-1 列舉 JSON（JavaScript 語言）支援的資料類型名稱。

表 7-1

JSON (JavaScript)	中文名稱
object	物件
array	陣列
string	字串
int	整數
float	浮點數
true	邏輯成立 (t 小寫)
false	邏輯不成立 (f 小寫)
null	空 (n 小寫)

下圖左是以 JSON 格式描述 ESP32 開發板的例子，**JSON 的語法規定資料名稱要用雙引號包圍**，不能用單引號：

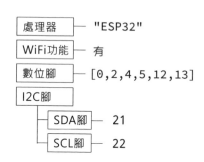

JavaScript物件資料用大括號包圍

```
{
    "SoC":"ESP32",
    "WiFi":true,
    "pins":[0,2,4,5,12,13],
    "I2C": {
        "SDA":21,
        "SCL":22
    }
}
```

屬性名稱用→雙引號包圍

物件裡面可包含物件

處理器	— "ESP32"
WiFi功能	— 有
數位腳	— [0,2,4,5,12,13]
I2C腳	
	SDA腳 — 21
	SCL腳 — 22

動手做 7-1　讀取 JSON 格式的世界各地天氣資料

實驗說明：在全球性的開放天氣資料網站（openweathermap.org）註冊免費帳號，並且取得**應用程式介面驗證碼（API Key）**，然後透過 Arduino 程式取用該網站的開放資料。

請先瀏覽到 openweathermap.org，按一下網頁上方的 **Sign up（註冊）**，建立帳號，接著按一下導覽列上的 Price（價格），進入價格方案說明頁取得免費的 API Key：

1 進入 Pricing 價格) 頁

2 按一下此鈕，取得免費的 API Key。

日後登入 OpenWeatherMap 網站，你便能在 **API Keys** 頁面（home. openweathermap.org/api_keys) 查看 API 碼：

取得 API Key 之後，在瀏覽器輸入底下格式的網址，取得台北地區的氣象：

http://api.openweathermap.org/data/2.5/weather?

q=Taipei,TW&APPID=cc513e2oooooo

區域名稱 　　　　你的API Key

瀏覽器將收到如下的 JSON 資料，其中包含座標 (coord)、天氣、氣溫、濕度、能見度、風速、雲量...等等。這些欄位的完整說明，請參閱 API 文件 (openweathermap.org/current)，我只要取出其中的天氣 (weather)、溫度 (temp) 和濕度 (humidity)，**溫度單位是 K**（Kelvin，絕對溫度），**減去 273.15 才是攝氏溫度值**；weather 欄位裡的 icon 值，包含代表天氣狀況的圖示編號（參閱下文〈在 OLED 螢幕顯示天氣概況〉）。

```
{
  "coord":{"lon":121.53, "lat":25.05},
  "weather":[
    {
      "id":803, "main":"Clouds",
      "description":"broken clouds", "icon":"04d"
    }],
  "base":"stations",
  "main":{
    "temp":287.63, "pressure":1021, "humidity":93,
    "temp_min":287.15, "temp_max":288.15
  },
  "visibility":10000, "wind":{"speed":3.1, "deg":90},
  "clouds":{"all":75}, "dt":1519562400,
  "sys":{
    "type":1, "id":7479, "message":0.0243, "country":"TW",
    "sunrise":1519510804, "sunset":1519552428
  },
  "id":1668341, "name":"Taipei", "cod":200
}
```

OpenWeatherMap 網站的天氣查詢 URL 的查詢字串，可以加上 units=metric，代表要求傳回公制 (metric) 單位 (unit) 的天氣資料，像這樣：

`http://api.openweathermap.org/data/2.5/weather?`

`q=Taipei,TW&APPID=cc513e2oooooo&units=metric`

採用公制單位

收到的 JSON 資料的溫度值將是攝氏單位，而非絕對溫度。

若不確定你所在都市的英文名稱，可以按下導覽列的 **Maps** 選單裡的 **Weather maps（天氣地圖）** 選項，從世界地圖上觀看都市名稱（這個網站會嘗試取得你的位置資訊並顯示最近地區）：

地區名稱後面最好加上**逗號**和代表台灣的 "TW"，例如，台北地區寫成："Taipei, TW"。

動手做 7-2　從 ESP32 讀取氣象網站資料

實驗說明：使用 HTTPClient.h 程式庫的 HTTPClient（HTTP 前端）類別物件，讓 ESP32 開發板充當 HTTP 前端（相當於瀏覽器），向 openWeather 伺服器請求台北的天氣資料：

若請求驗證成功，openWeather 伺服器回應代表 "OK" 的狀態碼 200，並且在回應本體中附加 JSON 格式天氣資料。

本單元使用到的 HTTPClient 類別方法包括：

● begin()：設置連線網址

● GET()：發起 HTTP GET 連線請求並接收伺服器回應 (如：200 或 404)；傳回負值 (-1)，代表無法連線。

● POST()：發起 HTTP POST 連線請求並接收伺服器回應

● getSize()：取得回應本體 (payload，如：網頁內容) 的位元組大小

● getString()：傳回 String (字串) 格式的所有回應本體

● end()：結束連線

網路前端程式的運作流程以及對應的敘述如下：

```
#include <HTTPClient.h>
```
← 引用HTTP前端程式庫

```
HTTPClient http;
```
← 自訂的物件名稱

```
http.begin("網址");
```

```
int httpCode = http.GET();
```
← HTTP回應碼

```
if (httpCode == 200) {
  String payload = http.getString();
     :
}
```
← 字串格式的回應本體

```
http.end();
```
←

接收回應資料之後，都要結束連線。

```
宣告HTTP用戶端物件
        ↓
   設置連線網址
        ↓
 發起GET連線請求
        ↓
  回應狀態碼=200  ──是──┐
        │非            ↓
        │        取出回應本體
        ↓             │
   結束HTTP連線 ←──────┘
```

HTTP 前端物件的設定連線 (begin) 方法有另一種語法，底下兩行敘述的功能一樣：

```
http.begin( "http://api.openweathermap.org/data/2.5/weather" );
http.begin( "api.openweathermap.org", 80, "/data/2.5/weather" );
```
　　　　　　　　　↑　　　　　　　　　　　　　　↑　　　　　　↑
　　　　　　　　網域　　　　　　　　　　　　　埠號　　　　　路徑

實驗程式：底下是連結到 openWeather 網站，在**序列埠監控視窗**顯示接收到的回應本體的完整程式碼：

```
void openWeather () {
  String url = "http://api.openweathermap.org/data/2.5/weather?q=" +
               city + "&appid=" + API_KEY;     ← 連結網址

  http.begin( url );               // 指定連結網址
  int httpCode = http.GET();       // 發起連結請求

  if (httpCode > 0) {              // 檢查HTTP回應代碼       傳回HTTP回應本體
    String payload = http.getString();  ←                 (字串格式)
    Serial.printf("回應本體：%s\n", payload.c_str());
  } else {
    Serial.println("HTTP請求出錯了~");         把字串轉成字元陣列
  }

  http.end();    // 終止前端連線
}
```

完整的前端程式碼如下，可以不引用 WiFi.h 程式庫，因為 HTTPClient.h 程式庫
有引用它：

```
#include <HTTPClient.h>          // 引用 HTTP 前端程式庫

const char* ssid = "WiFi 網路名稱";
const char* pwd = "WiFi 網路密碼";

String API_KEY = "openweather.com 網站的鍵碼";
String city = "Taipei, TW";    // 查詢天氣的目標城市

HTTPClient http;                // 宣告 HTTP 用戶端物件

void openWeather () {           // 輸入上文的自訂函式
  :略
}

void setup () {
  Serial.begin(115200);
  WiFi.begin(ssid, pwd);

  while (WiFi.status() != WL_CONNECTED) {
    Serial.print(".");
    delay(500);
  }

  openWeather() ;
}

void loop() {}
```

實驗結果：上傳程式碼之後，**序列埠監控視窗**將顯示 JSON 格式的天氣資料，
跟上文在網頁瀏覽器輸入 OpenWeatherMap 網址的傳回結果一樣：

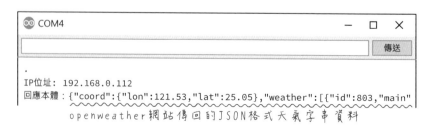

openweather 網站傳回的 JSON 格式天氣字串資料

7-2 使用 ArduinoJson 程式庫處理 JSON 資料

底下是 OpenWeather 傳回的 JSON 格式資料範例：

```
{
  "coord":{"lon":121.53,"lat":25.05},
  "weather":[{"id":803,"main":"Clouds",...,"icon":"04d"}],    ← 這是陣列元素值
  "base":"stations",
  "main":{ "temp":287.63,"pressure":1021,"humidity":93,...},
  :                      ← 絕對溫度值
}
```

從網站載入的 JSON 資料實際上是字串格式，要歷經類似字串搜尋的步驟，才能取出其中的特定內容。常見的手法是先透過**解析器（parser）**，把 JSON 字串**還原**成結構化格式，方便後續程式處理。把 JSON 格式天氣字串還原成樹狀結構的 JSON 物件的示意圖：

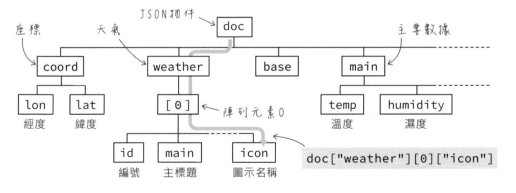

如此，程式將能透過像這樣的敘述讀取天氣的圖示名稱（icon）和溫度（temp）值：

```
// 取得圖示名稱
const char* weather_icon = doc["weather"][0]["icon"];
// 取出 main 底下的 temp 元素
float temp = doc["main"]["temp"];
```

圖示名稱是字串 (字元陣列) 格式,所以儲存此資料的變數 (weather_icon) 類型要設成 const char*,const 代表程式僅讀取,不會修改指向的字串資料。

如果要讀取同一階層路徑 (也稱為**節點**) 底下的元素,例如,doc["main"] 底下的溫度和濕度,我們可以先儲存路徑,像這樣:

```
JsonObject main = doc["main"];      // 儲存路徑,類型為 JsonObject
float temp = main["temp"];          // 取得 main 路徑底下的溫度值
float humid = main["humidity"];     // 取得 mainx 路徑底下的濕度值
```

本單元將使用 ArduinoJson 程式庫 (專案原始檔網址:https://bit.ly/2A23KfX) 解析 JSON 資料。請在 Arduino IDE 中選擇『**草稿碼/匯入程式庫/管理程式庫**』指令,在**程式庫管理員**中,搜尋 "json",安裝最新版的 ArduinoJson 程式庫:

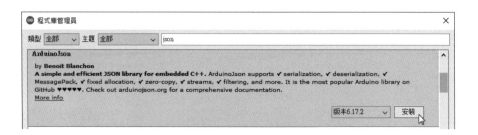

使用 ArduinoJson 程式庫的程式,要自行估算解析資料所需的暫存記憶體空間,或者直接預留一個較大的空間值。此程式庫專案網站有提供預留空間大小的計算式,也有提供一個方便好用的線上工具 (https://arduinojson.org/v6/assistant/),直接產生 Arduino 程式碼。以解析 OpenWeather 的資料為例,分為四大步驟:

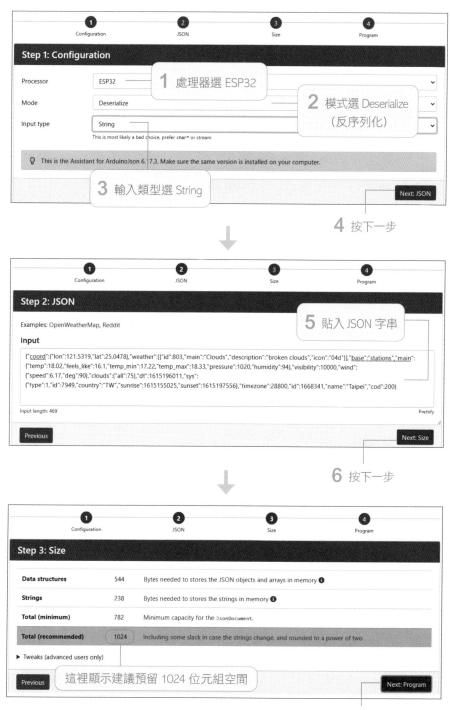

最後一個步驟的頁面可看到完整解析此 JSON 資料的 Arduino 程式碼，它取出每個元素值，包含城市名稱、經緯度、氣溫、日落時間...等等：

解析 OpenWeatherMap 的 JSON 資料

本單元的範例只需要取出 OpenWeatherMap 網站的溫度和天氣圖示名稱，根據上一節 Arduino JSON 網站的提示，**需要預留 1024 位元組空間：**

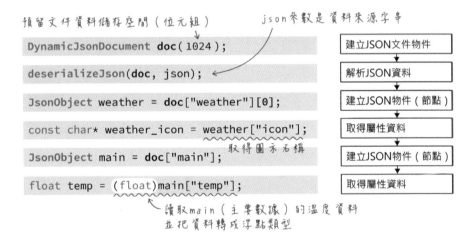

筆者把上面的敘述包裝成自訂函式，命名成 parseWeather()：

```
void parseWeather(String json) {
  DynamicJsonDocument doc(1024);

  deserializeJson(doc, json);
  JsonObject weather = doc["weather"][0];
```

```
    const char* weather_icon = weather["icon"];  // 取得圖示名稱
    JsonObject main = doc["main"];
    // 把絕對溫度轉成攝氏溫度
    float temp = (float)main["temp"] - 273.15;

    Serial.printf("天氣圖示:%s\n", weather_icon);
    Serial.printf("攝氏溫度:%.1f\n", temp);
}
```

最後完成的程式碼如下:

```
#include <ArduinoJson.h>          // 引用 ArduinoJson 程式庫
#include <HTTPClient.h>

const char* ssid = "Wi-Fi 網路名稱";
const char* password = "Wi-Fi 網路密碼";
String API_KEY = "你的 OpenWeather API 碼";
String city = "Taipei,TW";         // 請自行修改城市

HTTPClient http;

String openWeather() {             // 請求天氣資料,傳回 JSON 字串
    :略
}

void parseWeather(String json) {  // 解析天氣 JSON 字串
    :略
}

void setup() {
    :Wi-Fi 連線 (略)
    Serial.println("IP 位址:");
    Serial.println(WiFi.localIP() );

    String payload = openWeather() ;

    if (payload != "") {
        parseWeather(payload);
    }
}

void loop() {
}
```

編譯並上傳程式到 ESP32 控制板，**序列埠監控視窗**將顯示天氣圖示以及攝氏溫度：

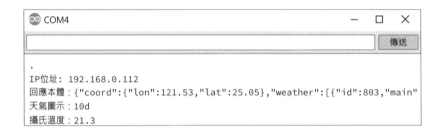

IP位址: 192.168.0.112
回應本體: {"coord":{"lon":121.53,"lat":25.05},"weather":[{"id":803,"main"
天氣圖示: 10d
攝氏溫度: 21.3

7-3 在 OLED 螢幕顯示天氣概況

本單元將在 OLED 顯示器呈現從 OpenWeather 取得的天氣資訊，顯示器畫面的編排格式如下，

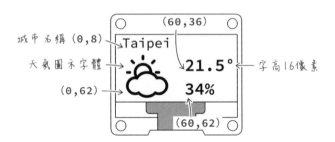

其中的天氣圖示可以用**圖示字體**或者**點陣圖**；請留意**文字的 Y 座標原點是文字的基線**（左下角底部），**圖像的 Y 座標原點則是圖像的左上角**：

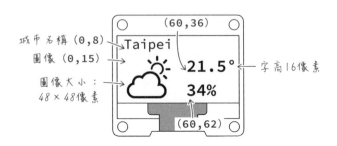

下文將先說明採用圖示字體的方式，再解說採用圖檔的方法。

使用 C++ 的 map 容器的一對一映射功能

從 OpenWeatherMap 擷取的數據中，weather 欄位裡的 icon 值代表天氣狀況的圖示編號，這些編號以及圖示外觀，都列舉在該網站的 Weather Conditions 說明頁（https://openweathermap.org/weather-conditions）。

本文採用免費的天氣圖示字體 meteocons，此字體沒有內建在 u8g2 程式庫，所以要先轉換成 C 程式碼，轉換方式請參閱第 5 章。底下是 meteocons 的字元外觀，及其對應 openWeather 的圖示名稱，圖示名稱用 d 或 n 來區分日（day）、夜（night），如："01d" 的豔陽圖示和 "01n" 的月亮圖示。

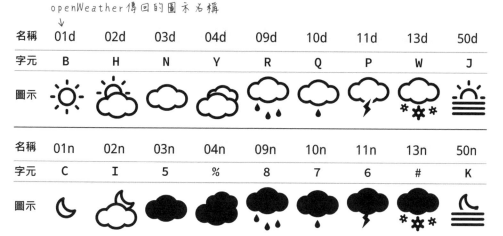

從 OpenWeather 取得天氣資訊之後，我們要把圖示（icon）字串對應成天氣字體的字元，例如：字串 "01d" 對應到字元 'B'、字串 "02d" 對應到字元 'H'。我們可以用 if 條件式寫成類似底下的自訂函式，若執行 iconMap("02d ")，它將傳回字元 'H'：

```
char iconMap(String icon) {
  if (icon == "01d") {
    return 'B' ;
  } else if (icon == "02d") {
```

```
    return 'H' ;
  } else {
    return '';
  }
}
```

另一個辦法是採用 C++ 語言的**標準函式庫（std）**裡名叫 map（直譯為「映射」或「對應」）的容器，來處理「某個唯一關鍵字對應到某值」的「一對一映射」，語法如下：

代表「std函式庫裡的map」
```
std::map<關鍵字類型, 值類型> 自訂容器名稱 {
    {關鍵字1, 值1}, {關鍵字2, 值2}, ...{關鍵字n, 值n}
}
```

底下是把**天氣圖示字串（String 類型）**對應到**天氣字體字元（char 類型）**的自訂容器 icon_map 的程式碼：

```
std::map<String, char> icon_map{
  {"01d", 'B'}, {"02d", 'H'}, {"03d", 'N'}, {"04d", 'Y'},
  {"09d", 'R'}, {"10d", 'Q'}, {"11d", 'P'}, {"13d", 'W'},
  {"50d", 'J'}, {"01n", 'C'}, {"02n", 'I'}, {"03n", '5'},
  {"04n", '%'}, {"09n", '8'}, {"10n", '7'}, {"11n", '6'},
  {"13n", '#'}, {"50n", 'K'}
};
```

取出自訂容器值的語法跟取得陣列元素一樣，底下的敘述執行之後，變數 icon 的值將是 'W'：

對應值（char類型）   關鍵字（String類型）
```
char icon = icon_map["13d"];
```

筆者把包含轉換好的天氣字體存成 weatherFont.h 檔，在 OLED 螢幕顯示靜態天氣圖示的完整程式碼如下：

```
#include <map>
#include <ArduinoJson.h>
#include <HTTPClient.h>
#include <U8g2lib.h>
#include "weatherFont.h"

U8G2_SSD1306_128X64_NONAME_1_HW_I2C
  u8g2(U8G2_R0, U8X8_PIN_NONE);

std::map<String, char> icon_map{
  {"01d", 'B'}, {"02d", 'H'}, {"03d", 'N'}, {"04d", 'Y'},
  {"09d", 'R'}, {"10d", 'Q'}, {"11d", 'P'}, {"13d", 'W'},
  {"50d", 'J'}, {"01n", 'C'}, {"02n", 'I'}, {"03n", '5'},
  {"04n", '%'}, {"09n", '8'}, {"10n", '7'}, {"11n", '6'},
  {"13n", '#'}, {"50n", 'K'}
};

const char* ssid = "Wi-Fi 網路名稱";
const char* password = "Wi-Fi 網路密碼";
String API_KEY = "你的 OpenWeather API 碼";
String city = "Taipei,TW" ; // 城市

HTTPClient http;

void connectWiFi() {          // 連線到 Wi-Fi
  WiFi.begin(ssid, password);

  while (WiFi.status() != WL_CONNECTED) {
    delay(500);
    Serial.print(".");
  }
  Serial.println("IP 位址：");
  Serial.println(WiFi.localIP());
}

String openWeather() {        // 連線到 OpenWeather 網站
  String url =
    "http://api.openweathermap.org/data/2.5/weather?q=" +
    city + "&appid=" + API_KEY;
  String payload = "";
```

```
    if ((WiFi.status() != WL_CONNECTED)) {  // 若網路斷線...
      connectWiFi() ;    // ...重新連線
    } else {
      http.begin(url);  // 準備連線到 OpenWeather 網站
      int httpCode = http.GET() ;            // 開始連線

      if (httpCode == 200) {
        payload = http.getString() ;          // 取得回應本體
        Serial.printf("回應本體:%s\n", payload.c_str());
      } else {
        Serial.println("HTTP 請求出錯了...");
      }
      http.end() ;
    }
    return payload;
}

void displayWeather(String json) {      // 在 OLED 顯示天氣資訊
  DynamicJsonDocument doc(1024);

  deserializeJson(doc, json);            // 解析 JSON 字串
  JsonObject weather = doc["weather"][0];
  const char* icon = weather["icon"]; // 圖示名稱
  const char* city = doc["name"];      // 城市名稱

  JsonObject main = doc["main"];
  float temp = (float)main["temp"] - 273.15;  // 攝氏溫度
  int humid = (int)main["humidity"];            // 濕度

  u8g2.firstPage() ;                   // 在 OLED 螢幕顯示天氣資訊
  do {
    u8g2.setFont(u8g2_font_profont12_mr);
    u8g2.drawUTF8(0, 8, city);
    u8g2.setFont(u8g2_font_inr16_mf);
    u8g2.setCursor(60, 36);
    // 顯示溫度和 "°" (度) 符號
    u8g2.print(String(temp, 1)+ "\xb0");
    u8g2.setCursor(60, 62);
    u8g2.print(String(humid) + "%");
    u8g2.setFont(weatherFont);           // 選用天氣圖示字體
    u8g2.setCursor(0, 62);
```

07

```
    u8g2.print(icon_map[icon]);          // 顯示天氣圖示
  } while (u8g2.nextPage());
}

void setup() {
  Serial.begin(115200);
  connectWiFi() ;                         // 連結無線網路
  u8g2.begin() ;                          // 啟用 OLED
}

void loop() {
  String payload = openWeather() ;        // 讀取天氣資料

  if (payload != "") {                    // 只要傳回的 JSON 不是空字串...
    displayWeather(payload);              // 顯示天氣資料
  }

  delay(50000);
}
```

需要補充說明的是 displayWeather() 函式當中,在 OLED 顯示溫度的敘述,
String() 的第 2 個參數用於設定小數點位數:

浮點數字　　　取到小數點後1位

```
u8g2.print( String(temp, 1) + "\xb0" );    // 顯示溫度和"º"(度)符號
```

程式執行結果如下:

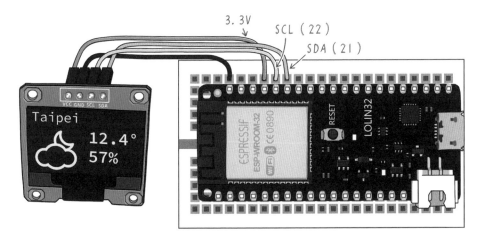

7-4 在 OLED 螢幕顯示開機畫面（點陣圖）

本單元的完成品將在開機時顯示**開機畫面**，隔 3 秒鐘之後顯示天氣資訊：

開機畫面是一張自訂的點陣圖像。在 OLED 螢幕顯示點陣圖像，大致要歷經如下步驟：

1 準備符合尺寸的黑白點陣圖

2 把點陣圖轉換成 XBM 格式

3 把 XBM 原始碼貼入 Arduino IDE

準備黑白點陣圖

我們一般認知的黑白影像有兩種，大多是指每個像素從黑到白可以有 256 種 (2^8) 層次變化的**灰階影像**，而本文的 OLED 螢幕的像素只能有**亮（白）**和**不亮（黑）**兩種變化，所以只能顯示 1 位元深度的**黑白圖像**：

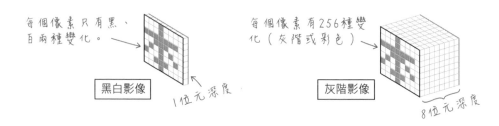

Windows 系統上的點陣 (bitmap) 圖檔也稱為 BMP 檔，也是早期「小畫家」軟體的預設圖檔格式。U8g2 程式庫最初有支援 BMP 圖檔，後來改成支援 XBM 格式。**XBM 是早期用於 UNIX 作業系統的「X 視窗系統 (X Window System)」圖形操作介面環境的單色圖檔**，本文使用免費的影像轉檔和編輯工具 **LCD Image Converter**（LCD 影像轉換器，網址：https://bit.ly/2X1rhqq），把 BMP 圖檔匯出成 XBM 格式。

繪製或者修改點陣圖可用任何影像處理軟體，例如 **Windows 小畫家**或 **Adobe Photoshop**。底下是用**小畫家**開啟範例 hello.png 檔的樣子（圖像尺寸跟 0.96 吋 OLED 解析度一樣，128×64 像素），這個 "hello." 圖像的原創者是知名的 icon 設計師 Susan Kare（蘇珊・卡瑞），也是 80 年代 Mac 電腦的經典圖像。請注意，**底下圖中的畫布是黑色，而畫筆是白色，但使用 LCD 影像轉換器軟體將圖像轉成 XBM 檔之後，黑色像素值將是 "1"（點亮 OLED 像素）、白色像素是 "0"（不點亮）。**

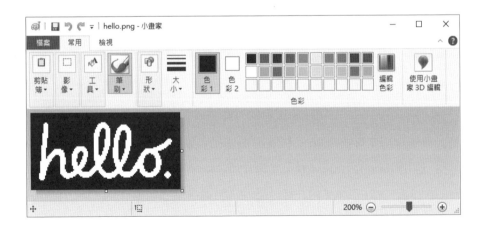

製作黑白點陣圖時，以**小畫家**為例，開啟新檔或者既有圖檔之後，要選擇主功能表『**檔案/內容**』，把圖檔的色彩格式設成**黑白**，此舉將刪除圖像中的色彩資訊，剩下黑、白兩色：

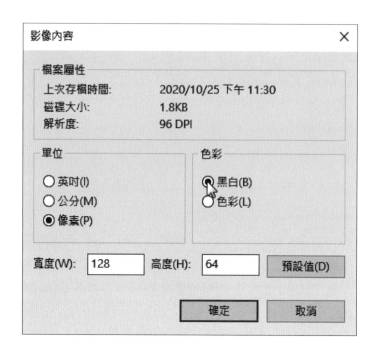

若使用 **Photoshop**，請先把圖像轉換成**灰階**（選擇主功能表『**影像/模式/灰階**』），再轉換成**點陣圖**（選擇主功能表『**影像/模式/點陣圖**』），這樣才能產生黑白圖像。

把黑白點陣圖轉換成 XBM 格式

儲存繪製好的黑白點陣圖之後，再使用 **LCD Image Converter** 轉換 XBM 格式。**LCD Image Converter** 工具不用安裝，雙按即可執行。以轉換書本的 hello.png 範例檔（已事先轉成黑白圖）為例，選擇主功能表『**File/Open（檔案/開啟）**』，打開 hello.png 檔：

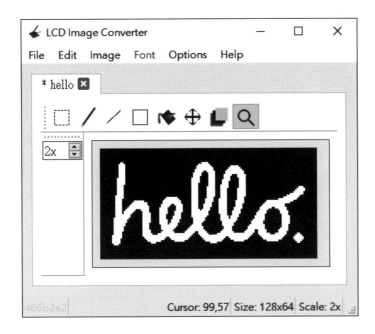

然後選擇主功能表『**Image/Export（影像/匯出）**』，在底下的對話方塊選擇 **X11 Bitmap (*.xbm)** 存檔類型、輸入檔名，再按下**存檔**，即可產生 XBM 影像檔：

XBM 影像其實是個純文字檔，可用任何文字編輯軟體開啟。用記事本打開 XBM 檔，可以看出它是 C 程式碼，而且黑色的部分輸出是 1，白色的部分輸出是 0，剛好可以在 OLED 上點亮原本黑色的背景：

```
logo.xbm - 記事本                                    ─  □  ✕

檔案 (F)   編輯 (E)   格式 (O)   檢視 (V)   說明

#define _width 128      ←—— 定義影像寬、高
#define _height 64
static char _bits[] = {
 0xff,0xff,0xff,0xff,0xff,0xff,0xff,0xff,0xff,0xff,0xff,0xff,
 0xff,0xff,0xff,0xff,0xff,0xff,0xff,0xff,0xff,0xff,0xff,0xff,
   :
 0xff,0xff,0xff,0xff,0xff };    ←—— 定義XBM圖像編碼的陣列
```

在 OLED 螢幕顯示點陣圖像的程式

在 U8g2 程式庫中引用點陣圖資料的方式，跟處理自訂字體的方法類似。請先
選取並複製 XBM 圖檔裡的像素編碼資料：

```
logo.xbm - 記事本                                    ─  □  ✕

檔案 (F)   編輯 (E)   格式 (O)   檢視 (V)   說明

#define _height 64                選取並複製 XBM 圖像編碼
static char _bits[] = {
 0xff,0xff,0xff,0xff,0xff,0xff,0xff,0xff,0xff,0xff,0xff,0xff,
 0xff,0xff,0xff,0xff,0xff,0xff,0xff,0xff,0xff,0xff,0xff,0xff,
   :
 0xff,0xff,0xff,0xff,0xff };
```

然後在 Arduino 程式中定義一個**字元陣列**，筆者將它命名成 logo，並貼入剛才
複製的像素編碼；PROGMEM 關鍵字在 ESP32 沒有實質作用，可省略：

自訂的圖像編碼（陣列）識別名稱   選擇性的「保存在快閃記憶」關鍵字

```
const unsigned char logo[] PROGMEM = {
 0xff,0xff,0xff,0xff,0xff,0xff,0xff,0xff,0xff,0xff,0xff,0xff,
 0xff,0xff,0xff,0xff,0xff,0xff,0xff,0xff,0xff,0xff,0xff,0xff,
   :
 0xff,0xff,0xff,0xff,0xff
};                          貼入XBM圖像編碼
```

筆者透過剛剛說明的方式，轉換一個代表「晴天」的 XBM 圖檔（02d.bmp 檔），命名成 _02d（識別名稱不能用數字開頭，所以筆者在數字前面加上底線），兩個圖像編碼都存入名叫 bmp.h 的標頭檔，跟這個 Arduino 原始碼放在同一個資料夾中備用：

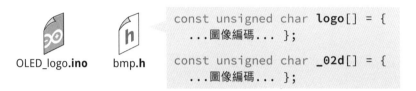

```
const unsigned char logo[] = {
    ...圖像編碼... };
const unsigned char _02d[] = {
    ...圖像編碼... };
```

U8g2 物件繪製 XBM 點陣圖的方法叫做 drawXBMP()，以繪製 logo 點陣圖為例，指令語法和敘述如下：

```
u8g2.drawXBMP( X座標，Y座標，圖像寬，圖像高，圖像編碼識別名稱)
         ↓
u8g2.drawXBMP( 0, 0, 128, 64, logo);
```

完整的程式碼如下：

```
#include <U8g2lib.h>
#include "bmp.h" // 引用點陣圖資料

U8G2_SSD1306_128X64_NONAME_1_HW_I2C u8g2(U8G2_R0,
  U8X8_PIN_NONE);

void setup() {
  u8g2.begin() ;
  u8g2.firstPage() ;
  do {
    u8g2.drawXBMP( 0, 0, 128, 64, logo); // 繪製開機點陣圖
  } while ( u8g2.nextPage()  );
  delay(3000);
}

void loop() {
  u8g2.firstPage() ;
  do {
```

```
    u8g2.setFont(u8g2_font_profont12_mr);
    u8g2.setCursor(0, 8);
    u8g2.print(F("Taipei"));
    u8g2.setFont(u8g2_font_inr16_mf);
    u8g2.setCursor(60, 36);
    u8g2.print(F("21.5\xb0"));
    u8g2.setCursor(60, 62);
    u8g2.print(F("34%"));
    u8g2.drawXBMP( 0, 15, 48, 48, _02d);   // 繪製天氣點陣圖
  } while (u8g2.nextPage());
}
```

編譯並上傳程式碼,將能看到停留 3 秒鐘的開機畫面,接著切換到天氣畫面。

7-5 自動批次轉換點陣圖檔的 Python 程式

使用 **LCD Image Converter** 工具轉檔很方便,但如果要轉換的圖檔很多,最好能有「一鍵完成」全部轉換任務的工具。以本文的天氣圖示為例,筆者在網上找到 Ashley Jager 設計師提供的免費天氣圖示 (https://goo.gl/N6LCun,Adobe Illustrator 向量格式檔),取出其中 10 張圖,並且將它們轉換成點陣圖 (.bmp) 格式,依照 OpenWeatherMap 的圖示編號命名:

01d.bmp   02d.bmp   03d.bmp   04d.bmp   09d.bmp   10d.bmp   11d.bmp   13d.bmp   50d.bmp
01n.bmp   02n.bmp   03n.bmp   04n.bmp   09n.bmp   10n.bmp   11n.bmp   13n.bmp   50n.bmp

有了 BMP 圖檔之後,還要經過轉換 XBM、取出其中的圖像編碼組成陣列...等步驟,才能和 Arduino 程式結合。

使用 Python 的 PIL 程式庫轉換圖檔

Python 的影像處理程式庫 (PIL) 具有轉換 XBM 圖檔功能，本單元將使用 PIL 程式庫編寫一個可批次轉換整個資料夾裡的所有圖檔的命令行程式。PIL 程式庫的基本說明，請參閱《超圖解 Python 程式設計入門》第 14 章。以下假設點陣圖檔位於 D 磁碟的 bmp 資料夾：

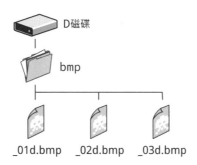

把 BMP 點陣圖轉換成 XBM 格式，只要寫 3 行 Python 程式：

```
Python 3                                                        _ □ x
>>> from PIL import Image
>>> img = Image.open( r'd:\bmp\_02d.bmp' )      點陣圖的資料識別名稱
>>> xbm = img.convert( '1' ).tobitmap( '_02d' )
                        轉成 1 位元點陣圖      轉 XBM 格式
```

Image 模組的 convert() 方法用於轉換影像格式，例如：把彩色影像轉換成黑白灰階，指令格式如下：

影像物件.convert(轉換模式)

轉換模式是個字串值，底下列舉其中 5 個可能值（完整列表請參閱官方文件，網址：https://bit.ly/2Xwg3t8）：

● 1：轉成 1 位元黑白影像，每個像素非黑即白。

● L：轉成 8 位元灰階影像，每個像素從白到黑，能有 256 種層次變化。

- **RGB**：轉成 24 位元全彩影像，每個像素佔 3 個 8 位元，分別紀錄紅、綠、藍三色的層次變化，這三原色可以組成超過 1600 萬種色彩。

- **RGBA**：轉成 32 位元、背景可透明的全彩影像，除 RGB 三原色，加上一個 8 位元 Alpha（遮色片）資料。

- **HSV**：轉成 HSV 格式的 24 位元全彩影像，每個像素佔 3 個 8 位元，分別紀錄 Hue（色相）、Saturation（飽和度）和 Value（亮度）值。

把影像轉換成 XBM 格式的指令是 tobitmap()，它接收一個選擇性的**名稱**參數，傳回值是 UTF-8 編碼的位元組字串，透過 decode() 方法可解碼成普通字串。名稱參數將和 "_bits" 結合，構成點陣圖像編碼的識別名稱：

```
>>> print(xbm.decode('utf-8'))
#define _02d_width 48
#define _02d_height 48                    ← 點陣圖編碼的陣列名稱
static char _02d_bits[] = {
0xff,0xff,0xff,0xff,0xff,0xff,0xff,0xff,0xff,0xff,0xfd,0xff,0xff,0
0xff,0xf8,0xff,0xff,0xff,0xff,0xff,0xf8,0xff,0xff,0xff,0xff,0xff,0
      :
0xff,0xff,0xff                ← 點陣圖的編碼
};
>>>
```

不過，在 OLED 螢幕上呈現此圖像時，點陣圖的白色像素將被點亮，看起來就像負片，也就是每個像素的位元值都反相了：

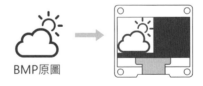

BMP原圖

為了維持原圖的模樣，必須先把原圖反轉成負片，再轉換成 XBM 格式：

BMP原圖　　　反轉BMP圖

PIL 程式庫的 ImageOps 模組的 invert() 指令，可反相像素資料，但圖像的**位元深度**不可以是 1 位元，所以執行反相之前，必須先把圖像轉換成 8 位元深度；單色點陣圖轉成 8 位元深度，影像資料仍是單色。讀取單一圖檔、轉換成 XBM 正片格式的 Python 程式碼如下：

```python
from PIL import Image, ImageOps

im = Image.open(r"d:\bmp\_02d.bmp")
im = im.convert('L')                      # 轉成 8 位元深度圖檔
im = ImageOps.invert(im)                  # 轉成負片
xbm = im.convert('1').tobitmap("_02d")    # 轉成 XBM 格式
print(xbm.decode('utf-8'))                # 輸出解碼成文字的內容
```

再加上寫入磁碟的程式，就能輸出 XBM 檔 (存入 D 磁碟的 bmp 路徑)：

```python
try:
    with open(r"d:\bmp\_02d.xbm", encoding='utf-8', mode='w') as f:
        f.write(xbm.decode('utf-8'))
except:
    print('無法寫入 XBM 檔')
```

取出 XBM 裡的圖像編碼

U8g2 程式庫真正需要的是 XBM 檔案裡的圖像編碼，也就是大括號裡的內容：

XBM圖檔原始碼 ▷

```
#define _02d _width 48 \n
#define _02d _height 48 \n        圖像編碼包含在大括號之中
static char _02d_bits[] = {\n
0xff,0xff,0xff,...,0xff,0xfd,0xff,\n   ← 斷行字元
     :
0xff,0xff,0xff\n
};
```

其實整個 XBM 圖檔原始碼是一長串字串，中間夾雜斷行（'\n'）字元，所以在
文字編輯器中會分行顯示。我們可以用 Python 字串的 find() 方法，搜尋 '{' 和
'}' 的位置，再擷取其中的內容。find() 將會從左側（字串開頭）逐字搜尋，為了
減少搜尋結尾 '}' 的時間，可使用 rfind()，從右側（right，字串結尾）開始搜尋：

find('{')

```
#define _02d _width 48\n#define _02d _height 48\nstatic char
_02d_bits[] = {\n0xff,0xff,0xff,...,0xff,0xff,0xff\n};
```
開頭　　從此開始擷取…

rfind('}')

實際的程式片段如下：

```
src = xbm.decode('utf-8')  # 儲存 XBM 檔的原始碼
# 從起頭開始搜尋 '{' 字元，儲存目標字元所在位置
begin = src.find('{') + 1
# 從結尾搜尋 '}' 字元，儲存目標字元所在位置
end = src.rfind('}')
code = src[begin:end]        # 擷取 '{' 和 '}' 之間的內容
```

它將取出 XBM 原始檔大括號之間的內容：

```
Python 3                                                    _ □ ✕
>>> begin = src.find('{') + 1
>>> end = src.rfind('}')
>>> code = src[begin:end]
>>> code                                          圖像編碼內容
'\n0x00,0x00,0x00,0x00,0x00,0x00,0x00,0x00,0x00,0x00,0x02,0x00,..
   :
0x00,0x00,\n0x00,\n0x00,0x00,0x00\n'
```

但其實我們可以從左大括號開始擷取，直到整個原始碼字串末尾：

```
src = xbm.decode('utf-8')  # 儲存 XBM 檔的原始碼
# 從起頭開始搜尋 '{' 字元，儲存目標字元所在位置
begin = src.find('{')
code = src[begin:]          # 從 '{' 開始，擷取到字串結尾
```

擷取出來的內容像這樣：

```
>>> begin = src.find('{')
>>> code = src[begin:]
>>> code
'{\n0x00,0x00,0x00,0x00,0x00,0x00,0x00,0x00,0x00,0x00,0x02,0x00,..
     :
0x00,0x00,\n0x00,\n0x00,0x00,0x00\n};'
```

只要在取得的圖像編碼的大括號前面加上自訂的陣列宣告，如：'const unsigned char _02d[] = '，即可完成 Arduino 程式適用的圖像資料定義敘述。底下程式將能把 _02d.bmp 點陣圖轉換成 C 程式碼：

```
from PIL import Image, ImageOps

im = Image.open(r'd:\bmp\_02d.bmp')
im = im.convert('L')              # 轉成 8 位元深度圖檔
im = ImageOps.invert(im)          # 轉成負片
xbm = im.convert('1').tobitmap('_02d')  # 轉成 XBM 格式

src = xbm.decode('utf-8')         # 儲存 XBM 檔的原始碼
# 從起頭開始搜尋 '{' 字元，儲存目標字元所在位置
begin = src.find('{')
code = src[begin:]                # 從 '{' 開始，擷取到字串結尾

# 加上陣列資料定義敘述
src_code = 'const unsigned char _02d[] = ' + code
print(src_code)
```

執行結果如下:

批次轉換 XBM 圖檔並輸出 C 程式標頭檔的 Python 程式

本文將把上一節轉換單一圖檔的程式擴充成具備轉換單一,或者指定路徑裡的全部圖檔的功能,假設圖檔位於 d:\bmp 路徑,本單元的工具程式叫做 xbm.py,執行程式的命令格式如下:

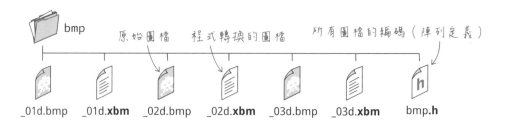

執行之後,圖檔的路徑將包含轉換後的 XBM 檔,以及 Arduino 程式用的 bmp.h 標頭檔,像這樣:

若指定路徑沒有點陣圖，將產生錯誤訊息：

```
D:\code>python xbm.py d:\test.txt
轉換 test.txt 檔案時發生錯誤！
D:\code>
```

這個批次轉檔的 Python 程式的執行流程如下：

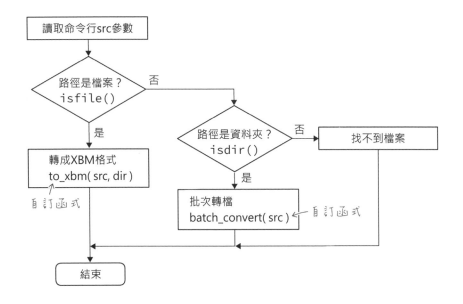

處理命令行以及合併檔案路徑的程式說明，請參閱《超圖解 Python 程式設計入門》第 4 章。完整的程式碼（xbm.py 檔）如下：

```python
import argparse
from os import path, listdir
from PIL import Image, ImageOps

parser = argparse.ArgumentParser()
parser.add_argument('src', help='來源資料夾或檔案路徑')
args = parser.parse_args()

# 轉換單一圖檔
# src 參數：原始圖檔名
# dir 參數：原始圖檔所在路徑
```

```python
def to_xbm(f, dir):
    img_path = path.join(dir, f)    # 合併原始檔路徑和檔名
    img_name = f.split('.')[0]      # 取得檔名（去除副檔名）

    try:
        img = Image.open(img_path)
        img = img.convert('L')
        img = ImageOps.invert(img)
        # 圖檔轉成 XBM 格式
        xbm = img.convert('1').tobitmap(img_name)
    except:
        print(f'轉換 {f} 檔案時發生錯誤！')

    try:
        src = xbm.decode('utf-8')       # 取得整個 XBM 原始碼
        xbm_path = path.join(dir, f'{img_name}.xbm')
        with open(xbm_path, encoding='utf-8', mode='w') as f:
            f.write(src)                # 儲存 XBM 影像檔

        begin = src.find('{')           # 取得圖像編碼
        code = src[begin:]
        src_code = f'const unsigned char {img_name}[] {code}'
        # 全部圖檔的 C 程式原始碼都寫入 bmp.h 檔
        code_path = path.join(dir, 'bmp.h')
        with open(code_path, encoding='utf-8', mode='a') as f:
            f.write(src_code + '\n\n')
    except:
        print('寫入檔案時出錯了～')

# 批次轉換 XBM 檔，接收一個檔案路徑參數
def batch_convert(dir):
    try:
        # 存取目標資料夾裡的每一個檔案
        for f in listdir(dir):
            # 確認處理目標是檔案（非資料夾）
            if path.isfile(path.join(dir, f)):
                to_xbm(f, dir)  # 轉換圖檔
```

```
        except:
            print('指定路徑沒有檔案!')

    def main() :
        if path.isfile(args.src):
            dir_path = path.dirname(args.src)
            to_xbm(args.src, dir_path)
        elif path.isdir(args.src):
            batch_convert(args.src)
        else:
            print(f'找不到 {args.src}')

    if __name__ == '__main__':
        main()
```

轉換後的 XBM 檔要個別儲存，所以它的 file 物件的工作模式採用 'w'（寫入），路徑中存在同名的舊檔，將被會新檔取代；bmp.h 標頭檔將儲存所有圖檔的編碼資料，所以它的 file 物件的工作模式設成 'a'（附加），新增的圖檔資料會被附加在 bmp.h 原始檔的後面。

 M E M O

8

物聯網動態資料
圖表網頁

本章將使用 ESP32 蒐集多個類比感測資料，匯聚成動態網頁圖表，涉及的主題包括：

● 把多筆感測資料包裝成 JSON 格式。

● 動態產生 JSON 格式字串的方式：使用 snprintf() 函式或者 ArduinoJson 程式庫。

● 使用 chart.js 在網頁繪製圖表。

● 產生即時更新數據的動態圖表網頁。

8-1　從 ESP32 網站伺服器輸出 JSON 資料

從 ESP32 輸出多筆資料給用戶端時，可以使用 CSV, JSON 和 XML 等格式，最常用的是 JSON。以輸出兩個感測值為例，使用 JSON 格式可以簡單地包含資料名稱和資料值，假設我們要傳遞名叫 sens1 和 sens2 兩筆資料，JSON 格式寫成：

資料名稱要用雙引號包圍
```
{"sens1":123, "sens2":45.67}
```

由於 JSON 也是純文字，所以我們可以把全部資料連接成一個符合 JSON 格式的字串，再傳給用戶端解析：

在字串中嵌入雙引號
```
char* jsonStr = "{\"sens1\":123, \"sens2\":45.67}";
```

假設我們使用 ESPAsyncWebServer 程式庫建立網站伺服器，並建立一個可以傳回上面的 JSON 字串的路由，這個路由可以寫成：

自訂的資源路徑名稱
```
server.on("/sensors.json", HTTP_GET, [](AsyncWebServerRequest * req){
  char* jsonStr = "{\"sens1\":123, \"sens2\":45.67}";
  req->send(200, "application/json", jsonStr);
});
```
代表「回應內容是 JSON 格式」　　　　JSON 格式字串

使用 snprintf() 函式產生動態字串

上文定義的 JSON 字串內容是固定不變的，要產生動態合成資料的 JSON 格式字串，可以使用下列任一方法：

● 改用 String 類型，搭配 ＋ 運算子串接資料。

● 使用 C 語言的 snprint() 函式**動態合成字元陣列**。

● 使用 ArduinoJson 程式庫產生 JSON 字串。

底下是使用 String 結合資料成 JSON 格式字串的例子：

```
server.on("/sensors.json", HTTP_GET,
          [](AsyncWebServerRequest * req) {
  int val1 = 321;        // 定義虛構的感測資料 1
  float val2 = 45.67;   // 定義虛構的感測資料 2
  // 動態組合 JSON 格式的字串
  String jsonStr = "{\" sens1\":" + String(val1) +
                   ", \" sens2\":" + String(val2) + "}";
  req->send(200, "application/json", jsonStr);
});
```

改用 snprint() 函式動態合成字元陣列需要經過兩個步驟：

1 先宣告一個足以容納最終的 JSON 字串的字元陣列。

2 執行 snprint() 把資料合成字串，存入字元陣列。

筆者把儲存 JSON 字串的字元陣列命名成 jsonStr，最多可儲存 49 個字元 (外加一個字串結尾 '\0')。執行 snprint() 整合 val1 和 val2 感測值，產生 JSON 格式字串的程式敘述寫法：

```
int val1 = 123;
float val2 = 45.67;
char jsonStr[50];
```

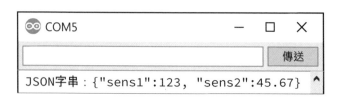

```
snprintf( 字元陣列, 字元數, 樣板字串, 替換值1, 替換值2, ...替換值n )
```

snprintf(jsonStr, 50, ← 與「字元陣列」元素數量相同
  "{\"sens1\":%d, \"sens2\":%.2f}",
  val1, val2 ← 取到小數點後2位
);

printf("JSON字串：%s\n", jsonStr);

樣板字串就是不變的內容，內含以百分比符號開頭的**格式字元**，它們的值將依序填入後面的**替換值**參數。上面程式片段的輸出結果如下：

```
⊚ COM5                              —   □   ×
┌────────────────────────────────┐ ┌──────┐
│                                │ │ 傳送 │
└────────────────────────────────┘ └──────┘
JSON字串：{"sens1":123, "sens2":45.67}      ∧
```

08

使用 ArduinoJson 程式庫序列化 JSON 文件

使用 ArduinoJson 程式庫建立 JSON 物件，也需要宣告預留的記憶體空間大小。第 7 章提到的 ArduinoJson 程式庫的線上工具 (https://arduinojson.org/v6/assistant/)，也能產生建立 JSON 物件的程式；把**結構式物件資料**轉換成**字串**的過程，稱為**序列化（Serialize）**：

1 模式選擇**序列化**

Step 1: Configuration

Processor	ESP32
Mode	Serialize
Output type	String

💡 This is the Assistant for ArduinoJson 6.17.3. Make sure the same version is installed on your computer.

Next: JSON

2 貼入 JSON

Step 2: JSON

Examples: OpenWeatherMap, Reddit

Output

```
{ "sens1":123, "sens2":45.67 }
```

Input length: 30   Prettify

Previous   Next: Size

到第 4 步驟就能看到建立此 JSON 物件的程式碼：

Step 4: Program

```
StaticJsonDocument<32> doc;

doc["sens1"] = 123;
doc["sens2"] = 45.67;

serializeJson(doc, output);
```

Copy

ArduinoJson 程式庫有另一個 JSON 文件類型，叫做 StaticJsonDocument（直譯為「靜態 JSON 文件」），其說明文件 (https://bit.ly/2JgKCj1) 指出，若資料小於 1KB，建議使用 StaticJsonDocument 建立 JSON 文件，它的處理效率較高。ArduinoJson 線上工具估算此 JSON 文件需要 44 位元組記憶體空間，筆者將它設成 50，改用 StaticJsonDocument 類型建立 JSON 文件然後轉成字串的程式片段如下：

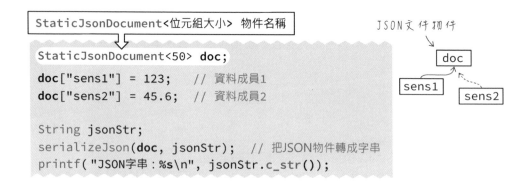

```
StaticJsonDocument<50> doc;
doc["sens1"] = 123;   // 資料成員1
doc["sens2"] = 45.6;  // 資料成員2

String jsonStr;
serializeJson(doc, jsonStr);  // 把JSON物件轉成字串
printf( "JSON字串:%s\n", jsonStr.c_str());
```

動手做 8-1　從 ESP32 伺服器輸出 JSON 文件

實驗說明：本實驗的重點是**輸出 JSON 文件**，所以實驗電路盡量從簡，本範例從兩個光敏電阻取得類比數據，讀者可自行替換成其他感測器來源。ESP32 網站伺服器程式中，處理 JSON 資料請求的路徑命名為 sensor.json：

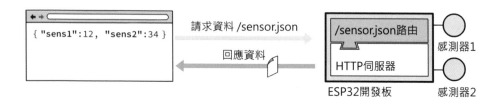

實驗材料：

10KΩ 電阻（棕黑橙）	2 個
光敏電阻	2 個

實驗電路：把兩個光敏電阻分壓電路接在兩個類比輸入腳，此例接腳 36（A0）
和 39（A3），麵包板接線示範：

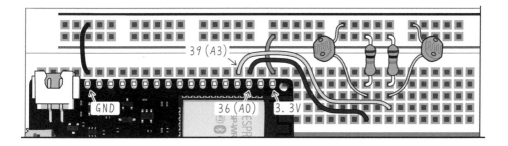

實驗程式：使用 ESPAsyncWebServer 程式庫建立網站伺服器，並採用
ArduinoJson 程式庫產生序列化 JSON 字串的程式碼：

```
#include <WiFi.h>
#include <ESPAsyncWebServer.h>
#include <ArduinoJson.h>
#define BITS 10

const char *ssid = "Wi-Fi 網路名稱";
const char *password = "Wi-Fi 密碼";
const uint16_t ADC_RES = 1023;              // 10 位元 ADC

AsyncWebServer server(80);

void setup() {
  Serial.begin(115200);
  analogSetAttenuation(ADC_11db);
  analogSetWidth(BITS);

  WiFi.mode(WIFI_STA);
  WiFi.begin(ssid, password);
  Serial.println("");
```

```
while (WiFi.status()  != WL_CONNECTED) {
  Serial.print(".");
  delay(500);
}
Serial.print("IP 位址:");
Serial.println(WiFi.localIP());              // 顯示 IP 位址

server.on("/", HTTP_GET, [](AsyncWebServerRequest *req) {
  req->send(200, "text/html", "hello!");   // 回應首頁文件的請求
});

server.on("/sensors.json", HTTP_GET,
          [](AsyncWebServerRequest *req) {
  StaticJsonDocument<50> doc;
  doc ["sens1"] = analogRead(A0);          // 讀取類比值
  doc ["sens2"] = analogRead(A3);
  String resp;
  serializeJson(doc, resp);                // JSON 轉字串
  req->send(200, "application/json", resp); // 送出 JSON
                                            // 文件的回應
});

  server.begin() ;                          // 啟動網站伺服器
}

void loop() {}
```

實驗結果:編譯並上傳程式到開發板,然後用瀏覽器開啟 ESP32 網站的/
sensors.json 路徑,將能看到 ESP32 傳回的 JSON 格式資料:

```
┌ 192.168.0.13 ┐+
 ← → C 192.168.0.13/sensors.json

 {"sens1":12, "sens2":34}
```

8-2 使用 chart.js 在網頁繪製動態圖表

單單在網頁呈現數字實在太無趣了，本文採用一個名叫 chart.js 的程式庫（網址：https://www.chartjs.org/）在網頁上呈現動態圖表，它的語法簡潔，支援多種圖表類型，底下是其中幾種。這些圖表都是在瀏覽器上產生的：**ESP32 只負責傳遞資料和網頁給瀏覽器，再由網頁裡的 JavaScript 動態繪製圖形：**

line
線條

bar
柱狀

radar
雷達

doughnut
環形

polarArea
極座標

scatter
散佈

在結合 ESP32 感測器資料之前，本單元先以「食物熱量表」為例，說明建立 chart.js 圖表的程式寫法。假設我們有個如下的食物熱量表：

標籤 (labels)	三鮮燴飯	燒餅油條	肉絲蛋炒飯	炸排骨便當	薯條	炸雞腿
資料 (data)	513	415	718	925	236	468

使用 chart.js 呈現的柱狀圖效果，以及圖表各個部份的名詞（亦即，chart.js 的物件屬性名稱）如下，圖表的樣式（如：格線的顏色、刻度數字範圍）都可透過程式設定，chart.js 官網有 API 指令文件和許多範例可供參考：

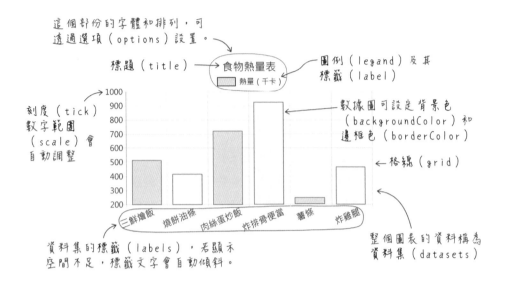

這個部份的字體和排列，可
透過選項（options）設置。

標題（title）

食物熱量表
熱量（千卡）

圖例（legand）及其
標籤（label）

刻度（tick）
數字範圍
（scale）會
自動調整

數據圖可設定背景色
（backgroundColor）和
邊框色（borderColor）

格線（grid）

三鮮燴飯　燒餅油條　肉絲蛋炒飯　炸排骨便當　薯條　炸雞腿

資料集的標籤（labels），若顯示
空間不足，標籤文字會自動傾斜。

整個圖表的資料構為
資料集（datasets）

在網頁的「畫布區」顯示 chart.js 圖表

chart.js 產生的圖表會被程式置入網頁的畫布區域（canvas），所謂的**畫布區域**指的是 HTML 網頁中，用 <canvas> 標籤指令定義的一個區塊，可以讓 JavaScript 程式在其中繪製圖像和文字。例如，底下的 HTML 片段，將在網頁上產生一個 550x400 像素大小的空白畫布，識別名稱叫做 foodChart：

```
<body>
  <canvas id="foodChart" width= "550" height= "400"></canvas>
</body>
```

準備給 chart.js 使用的畫布區，不需要指定寬、高，chart.js 產生的圖表會自動佔滿可用的瀏覽器視窗區域。然而，為了編排網頁版面，我們通常會把「畫布區」放在一個 div 區塊中，並且設定 div 區塊的寬度，例如，底下 HTML 片段，把包含畫布的 div（識別名稱為 chartCanvas）的寬度設成瀏覽器視窗的 80% 寬（透過 CSS 樣式表設定），所以圖表將隨著瀏覽器視窗的大小縮放：

```
<html>
<head>
  <style type= "text/css">
    body {            /* 設定內文的字體 */
      font-family:"微軟正黑體", "黑體-繁", sans-serif;
```

```
    }
    #chartCanvas {
      width:80%;   /* 畫布區的寬度 */
    }
  </style>
</head>
<body>
  <div id="chartCanvas"><!-- 放置圖表的 div 區域 -->
    <canvas id="foodChart"></canvas><!-- 畫布區 -->
  </div>
</body>
</html>
```

在 JavaScript 程式中存取畫布區的敘述如下：

存取網頁上的canvas（畫布）元素　　存取畫布的平面區

```
var ctx = document.getElementById('foodChart').getContext('2d');
```

指向畫布區（context）的自訂名稱　　畫布元素的識別名稱

存取到畫布區之後，便可透過底下的程式建立 chart（圖表）物件，在其中產生各類型的圖表（此例為柱狀圖）；請留意，**Chart（C 大寫）是類別名稱**，chart 則是自訂的物件名稱：

'C' 大寫

```
var 自訂的圖表物件 = new Chart(畫布區，設置參數物件);
```

```
var chart = new Chart(ctx, {        物件資料用大括號包圍
  type: 'bar',                      圖表類型
  data: {                           圖表資料
    labels: ['三鮮燴飯', '燒餅油條', ..略.. ],   資料標籤，用陣列包裝多個名稱。
    datasets: [{                    資料集
      label: '熱量（千卡）',         資料集標籤
      data: [513, 415, ..略.. ],     資料值
    }]                              陣列元素用方括號包圍
  },
  options: { }                      「選項設置」可不寫
});                                 「設置參數物件」的結尾
```

圖表類型 → type: 'bar',

圖表資料 → data: {

資料集 → datasets: [{

8-11

本節的 HTML 網頁內文區的完整程式碼如下：

```html
<body>
  <div id="chartCanvas">
    <canvas id="foodChart"></canvas>
  </div>
  <!-- 引用 chart.js 程式庫  -->
  <script src= "https://cdn.jsdelivr.net/npm/chart.js@2.8.0">
  </script>
  <!-- 繪製圖表的程式  -->
  <script>
    var ctx =
      document.getElementById('foodChart').getContext('2d');
    var chart = new Chart(ctx, {
      type:'bar',   // 採「柱狀圖」類型
      data:{
        labels:['三鮮燴飯', '燒餅油條', '肉絲蛋炒飯',
                '炸排骨便當', '薯條', '炸雞腿'],
        datasets:[{
          label:'熱量',
          data:[513, 415, 718, 925, 236, 468],

        }]
      },
    });
  </script>
</body>
```

在程式編輯器（如：微軟的 Visual Studio Code）或記事本輸入網頁程式，將它命名為 index.html 存檔，然後雙按它開啟，即可在瀏覽器中顯示如下的柱狀圖：

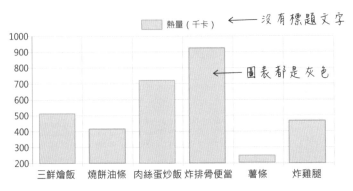

圖表的標題和圖例選項設置

沿用上一節的食物熱量數據，本節將把柱狀圖改成環形圖 (doughnut)，並且替每個數據設定不同的背景色：

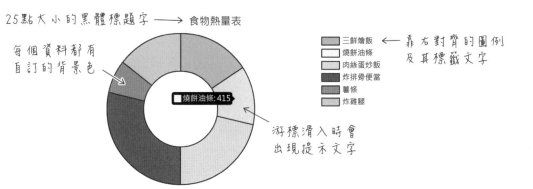

25點大小的黑體標題字 ——→ 食物熱量表

每個資料都有自訂的背景色

靠右對齊的圖例及其標籤文字

三鮮燴飯
燒餅油條
肉絲蛋炒飯
炸排骨便當
薯條
炸雞腿

燒餅油條: 415

游標滑入時會出現提示文字

把上一節的 JavaScript 程式碼改成如下的環形圖程式，存檔後，重新開啟此
HTML 檔，即可看到如上面的圖表：

```
<script>
// 設定圖表的預設字體集、顏色和大小，注意 Chart 的 C 要大寫
Chart.defaults.global.defaultFonFamily =
  "'微軟正黑體', '黑體-繁', sans-serif";
Chart.defaults.global.defaultFontColor = '#623821';
Chart.defaults.global.defaultFontSize = 18;   // 預設的字體大小

var ctx = document.getElementById('foodChart'). getContext('2d');
var chart = new Chart(ctx, {
  type:'doughnut',     // 採用「環形圖」
  data:{
    labels:['三鮮燴飯', '燒餅油條', '肉絲蛋炒飯',
            '炸排骨便當', '薯條', '炸雞腿'],
    datasets:[{
      label:'熱量',
      data:[513, 415, 718, 925, 236, 468],
      // 設定圖表的邊框色，所有資料都採用相同色彩
      borderColor:'#777',
      // 要個別指定每個資料的色彩，必須用陣列儲存各個顏色
      backgroundColor:['#e4b61a', '#fee970', '#dbd7d4',
```

```
                                    '#9b9183', '#98942e', '#d3c265']
      }]
    },

    options:{                    // 選項設置
      title:{                    // 標題字設定
        // 代表「顯示標題字」，預設為 false（不顯示）
        display:true,
        text:'食物熱量表',
        fontSize:25              // 標題字的大小，其他文字沿用預設大小
      },
      legend:{                   // 圖例設定
        position:'right'         // 靠右對齊
      }
    }
});
</script>
```

8-3 動態新增圖表資料

上文的圖表數據都是固定的，本節將在圖表底下新增一個**新增資料**按鈕，每次點擊它，圖表末尾就會加入一筆資料。筆者把顯示圖表的畫布命名為 liveChart；**新增資料**按鈕命名為 updateBtn：

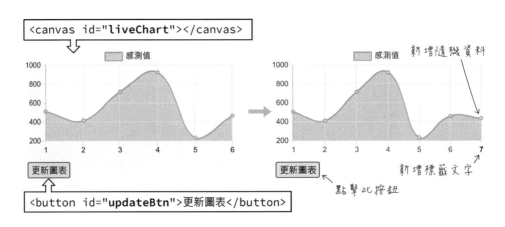

請先在網頁內文引用 jquery 和 chart.js 兩個程式庫：

```
<script src= "https://code.jquery.com/jquery-3.5.1.min.js">
</script>
<script src= "https://cdn.jsdelivr.net/npm/chart.js@2.8.0">
</script>
```

jQuery 提供了簡化版的 JavaScript 敘述，像宣告指向畫布區的 ctx 變數的敘述，可以這樣改寫：

定義區域變數
JavaScript存取網頁元素的常規寫法
```
let ctx = document.getElementById('liveChart').getContext('2d');
```

```
let ctx = $('#liveChart');
```
用jQuery語法改寫

元素的ID名稱要用'#'開頭

原本的 JavaScript 程式（如：建立圖表的敘述），請寫在 $(function() { ... }) 區塊中：

```
$(function () {
  let ctx = $('#liveChart');
  let chart = new Chart(ctx, {
    type: 'line',
    data: {                        x軸標題
      labels: [1, 2, 3, 4, 5, 6],
      datasets: [{
        label: '感測值',
        data: [513, 415, 718, 925, 236, 468]
      }]
    }              y軸資料值
  });       陣列結尾
});
```

chart物件
data物件　type文字
labels陣列　datasets陣列
[0]
label文字　data陣列

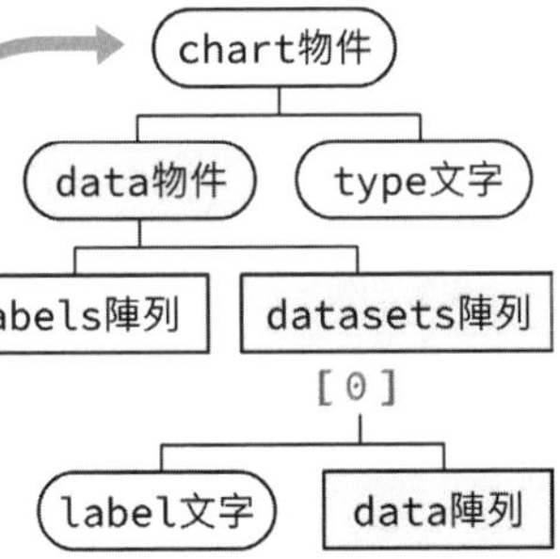

上面的程式將產生如下的線條圖；右上圖代表 chart 物件的結構，從中可看出，**存取 x 軸的第一個標題文字的敘述寫成：chart.data.labels[0]**：

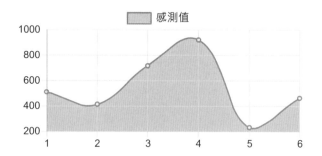

處理點擊（click）的事件程式

JavaScript 的陣列具有 push（推入，從陣列後方推入資料）、shift（移除，刪除陣列的第一個元素）、pop（彈出，刪除陣列最後一個元素）...等操作函式。這個範例使用 push() 方法推入資料給 chart 物件的 labels（x 軸標題）和 data（資料）陣列。

首先宣告儲存「標題」的變數：

```
let labelName = 6;
```

然後加入**新增資料**按鈕的「點擊」事件處理函式，每當使用者按一下這個按鈕，它將新增累加 1 之後的「標題」以及隨機產生的「資料」：

$(網頁元素).click(處理「點擊」事件的函式);

```
$('#updateBtn').click( function () {
chart.data.labels.push( ++labelName );
chart.data.datasets[0].data.push( Math.floor(Math.random() * 900 + 9));
chart.update();
});
```

先加1再存入 labels（標籤）陣列
產生9~909之間的隨機整數
無條件捨去小數點
產生0~1之間的隨機小數數字
更新圖表

每次更新圖表數據之後，一定要執行 **chart 物件的 update() 方法**，否則網頁上的圖表不會更新。完整的網頁內文區（body）程式碼如下：

```html
<!-- 定義圖表繪圖區和按鈕 -->
<div id="chartCanvas"><canvas id="liveChart"></canvas></div>
<p><button id="updateBtn">新增資料</button></p>
<script src= "https://code.jquery.com/jquery-3.5.1.min.js">
</script>
<script src= "https://cdn.jsdelivr.net/npm/chart.js@2.8.0">
</script>
<!-- 引用兩個 JavaScript 程式庫 -->
<script>
  $(function () {
    let ctx = $('#liveChart');
    let chart = new Chart(ctx, {
      type:'line',
      data:{
        labels:[1, 2, 3, 4, 5, 6],              // 圖表標題
        datasets:[{
          label:'感測值',
          data:[513, 415, 718, 925, 236, 468], // 圖表資料
          borderColor:'#FA0'                    // 邊框（線條）色
        }]
      }
    });

    let labelName = 6;                          // 圖標標題
    $('#updateBtn').click(function(){
      // 標題+1 之後存入 labels 陣列
      chart.data.labels.push(++labelName);
      chart.data.datasets[0].data.push(Math.random() * 900 + 80);
      chart.update();                           // 更新圖表
    });
  });
</script>
```

開啟寫好以上程式的網頁，即可看見包含線條圖和**新增資料**按鈕的頁面，每按一次**新增資料**鈕，圖表後面就會新增一筆數據。

8-4 即時動態圖表

Chart.js 有個 streaming（串流）外掛，可簡化新增「時序」資料的程式，本單元完成的圖表外觀如下。這個網頁程式每隔 2 秒向 ESP32 請求（讀取）兩個感測器值，圖表的 x 軸顯示時間，y 軸呈現感測值：

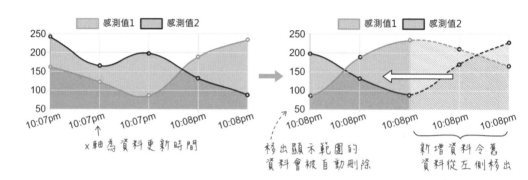

這個串流圖表資料的外掛叫做 chartjs-plugin-streaming（專案網址：https://nagix.github.io/chartjs-plugin-streaming/），必須搭配 chart.js（圖表）和 moment.js 程式庫（格式化時間，網址：https://momentjs.com/）一起使用。

附帶一題，在 dataset（資料集）陣列存入多個物件即可在同一個圖表呈現多筆不同數據：

```
let chart = new Chart(ctx, {
  type: 'line',
  data: {              ← 此資料集陣列包含兩個物件
    datasets: [ {
      label: '感測值1',
      data: [12, 34, 56]   // 來自感測器1的資料
    }, {
      label: '感測值2',
      data: [78, 90, 12]   // 來自感測器2的資料
    } ]
  }
}
```

動手做 8-2 呈現即時動態數據圖表

實驗說明：在 ESP32 伺服器的首頁加入動態圖表程式，每隔兩秒自動更新數據。本單元的實驗材料和電路跟動手做 8-1 相同。

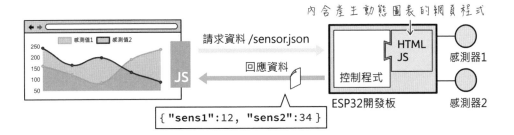

實驗程式：ESP32 的 Arduino 網站伺服器程式，請直接參閱 ESP32_chart.ino 範例檔。本實驗的網頁檔放在 data 資料夾的 www 路徑底下，檔名為 index.html。這個網頁有兩個感測值顯示區（sens1 和 sens2）、一個圖表顯示區（liveChart）：

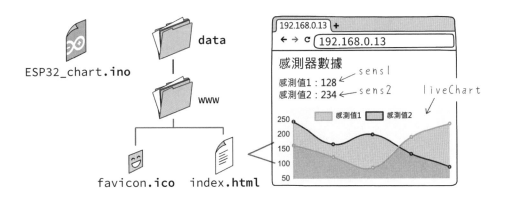

網頁內文區的原始碼如下，它引用了 4 個程式庫：jQuery, chart.js, moment.js 和 chartjs-plugin-streaming：

```
<body>
  <h1>感測器數據</h1>
  <p>感測值 1：<span id="sens1">???</span></p>
  <p>感測值 2：<span id="sens2">???</span></p>
  <div id="chartCanvas">
    <canvas id="liveChart"></canvas>
  </div>
  <script src="https://code.jquery.com/jquery-3.5.1.min.js">
  </script>
  <script src=
    "https://cdn.jsdelivr.net/npm/moment@2.24.0/min/moment.min.js">
  </script>
  <script src="https://cdn.jsdelivr.net/npm/chart.js@2.8.0">
  </script>
  <script src=
    "https://cdn.jsdelivr.net/npm/chartjs-plugin-streaming@1.8.0">
  </script>
```

繪製圖表的程式和上文的程式差不多，只是在 option 物件裡面要把 **x 軸**
（**xAxes**）類型（type）屬性設成 'realtime'（即時），並選擇性地加上 2000 毫
秒的延遲時間（delay）。**realtime**（即時）與 **dalay** 屬性都是 chartjs-plugin-
streaming 外掛提供的，**realtime** 會在新資料出現時讓圖表展現舊資料往左移
動的動畫效果，**delay** 則控制了出現新資料的間隔時間，兩者帶給 chart.js 動
態接收並更新圖表的功能。：

```
<script>
$(function () {
  let hostname = window.location.hostname;
  let ctx = $('#liveChart'); // 用 jQuery 語法存取網頁的「畫布區」

  let chart = new Chart(ctx, {
    type:'line',
    data:{
      datasets:[{
        label:"感測值 1",
        data:[]  // 空資料陣列
```

```
      }, {
        label:"感測值 2",
        data:[]  // 空資料陣列
      }]
    },

    options:{
      scales:{     // 範圍
        xAxes:[{   // 設定 x 軸的參數
          type:'realtime',        // 「即時」類型
          realtime:{ delay:2000 }  // 延遲 2000 毫秒（2 秒）
        }]
      }
    }
  });

  // 這裡放置請求以及處理 JSON 資料的程式（參閱下文）
});
</script>
```

向 ESP32 發出 JSON 資料請求，以及處理 JSON 資料的程式碼如下。收到來自 ESP32 的 JSON 資料時，它將取出其中的 sens1 和 sens2，推入圖表的 data（資料）陣列，最後執行 chart 物件的 update() 方法更新圖表：

```
function getData() {
  $.getJSON("http://" + hostname + "/sensors.json",
    function (data) {
    $("#sens1").text(data.sens1);  // 在網頁中填入文字
    $("#sens2").text(data.sens2);

    // 在圖表的資料集陣列[0]新增資料
    chart.data.datasets[0].data.push({
      x:Date.now(),  // x 軸填入時間
      y:data.sens1   // y 軸填入感測值
    });

    // 在圖表的資料集陣列[1]新增資料
    chart.data.datasets[1].data.push({
      x:Date.now(), // x 軸填入時間
```

```
        y:data.sens2   // y 軸填入感測值
    });

    chart.update({
        // 更新時，保存之前的資料（true），
        // 才會有舊數據往前挪移的效果
        // 移出圖標範圍的舊資料會自動被刪除
        preservation:true
    });
  });
}

getData() ;
window.setInterval(function () {
  getData() ;  // 每隔 2 秒向 ESP32 請求 JSON 資料
}, 2000);
```

實驗結果：選擇 Arduino IDE 功能表的『**工具/ESP32 Sketch Data Upload**』指令，上傳新的 HTML 網頁到 ESP32 開發板。接著，編譯與上傳 ESP32 程式。完成之後，在瀏覽器中輸入 ESP32 的 IP 位址，即可看到動態圖表。

01001

9

使用 WebSocket 即時連線
監控聯網裝置

WebSocket 是一種讓 HTTP 用戶端與伺服器保持連線、雙方可即時收發訊息的通訊協定，網頁即時通訊和多人連線遊戲等應用程式大都採用這種通訊協定，本章將介紹 WebSocket 的概念和優勢，並採用它即時更新網頁上的監測資料以及傳遞使用者的調控值。

9-1 使用 WebSocket 建立即時連線

典型的 HTTP 通訊模式屬於**單向式：一定是由用戶端發起連線請求，伺服器不能主動把資料傳遞給用戶端**，所以用戶端必須自行定時連接伺服器才能取得更新數據。此外，每次發出及回應 HTTP 請求，前後端的訊息都要夾帶一堆 HTTP 標頭欄位，以下圖為例，訊息標頭比資料本體（"128"）佔用更多空間：

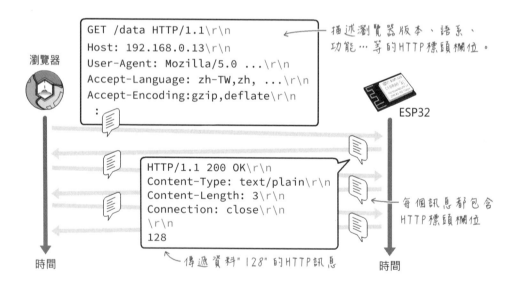

WebSocket 是在既有的 HTTP 通訊協定中，新增即時、雙向傳輸資料的協定。開始通訊之前，仍然要從用戶端發起連線請求，伺服器傳遞網頁文件給用戶端，再由網頁裡的 JavaScript 程式向伺服器要求改用 WebSocket 協定通訊。伺服器回應「切換協定」之後，雙方便可透過 WebSocket 協定交換資料：

此後，**兩端將維持連線狀態，直到其中一方切斷連線為止**；傳輸的資料不再需要加入 HTTP 標頭，而且伺服器端可隨時向用戶端推送更新資料：

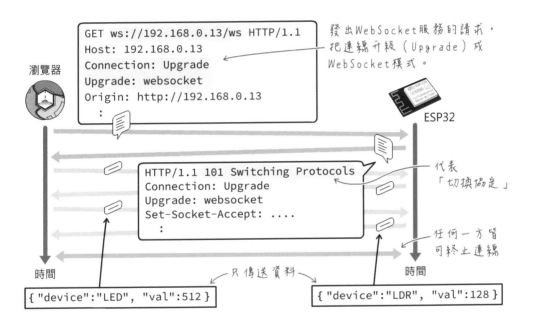

我們不需要知道 WebSocket 背後的 HTTP 通訊細節，因為 JavaScript 程式和 Arduino 程式庫會幫忙搞定。這種兩端可雙向、同時交換資料的連接方式，也稱為**全雙工**。WebSocket 適合用在即時通訊、多人連線互動遊戲...之類的應用場合，但對於長時間才需要讀取一次資料，例如，每隔幾分鐘讀取一次溫濕度值，用典型的 HTTP 通訊模式就好了，程式碼也比較簡單。

"socket"（直譯為「插座」，這個網路名詞似乎沒有正式的中文譯名）代表軟體中的通訊介面，它能讓兩個不同的程序彼此溝通。用現實生活比喻，socket 相當於「電話」，有了電話，就能和其他人通訊。

socket 包含**位址**、**埠口**和**通訊協定**這三大要素（相當於電話號碼、分機和溝通語言），每個網路通訊軟體都會用到它。例如，當瀏覽器連線到遠端伺服器時，本機系統就會建立一個 socket，並隨機指派 1024~65535 之間的埠號，讓遠端網站資料從這個 socket 進出電腦。

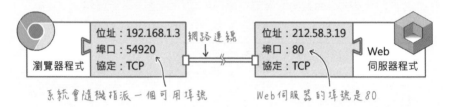

若要觀察本機的 socket 運作狀態，讀者可先用瀏覽器開啟任何網站，接著在 Windows 命令列輸入 netstat（原意為 **net**work **stat**us，網路狀態），或者在 Mac OS X/Linux 系統上的終端機輸入 netstat -n。底下是在命令列執行 netstat 的結果，它將列舉通訊協定、本機位址和埠號，以及外部連線位址：

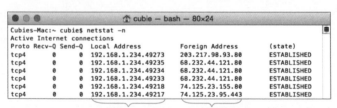

WebSocket 伺服端程式架構

ESPAsyncWebServer 程式庫內建提供 WebSocket 服務的外掛，現有的 HTTP 伺服器程式只需要指定一個專門處理 WebSocket 通訊的路徑，就能提供即時通訊服務；若採用其他程式庫，需要在其他埠口額外執行一個專屬的 WebSocket 伺服器程式。

處理 WebSocket 通訊的路徑通常取名 /ws，在原有的 HTTP 伺服器程式當中新增 WebSocket 服務的程式架構如下，首先在程式開頭宣告 WebSocket 物件：

```
#include <WiFi.h>
#include <ESPAsyncWebServer.h>
#include <WebSocketsServer.h>  // WebSocket程式庫
    :
AsyncWebServer server( 80 );     // 建立HTTP伺服器物件
AsyncWebSocket ws( "/ws" );      // 建立WebSocket物件
```

自訂的WebSocket物件 ←   → 自訂的路徑

在 setup() 中，啟動 HTTP 伺服器的敘述之前，設置處理 WebSocket 訊息的回呼函式：

```
void onSocketEvent( ... 略 ... ) {
  // 接收WebSocket資料的程式
}

void setup(){
    :
  ws.onEvent( onSocketEvent );  // 附加事件處理程式
  server.addHandler( &ws );
  server.begin(); // 啟動網站伺服器
}
```

每當有WebSocket訊息傳入，自動執行此自訂回呼函式。

將WebSocket物件附加（傳址）給伺服器物件

最後，選擇性地在 loop() 裡面加入「清理用戶端」敘述：

```
void loop(){
  ws.cleanupClients();  // 清理用戶端
}
```

WebSocket 即時通訊會佔用伺服器 (ESP32) 的記憶體和處理器資源，在正常使用下無妨，但可能因為各種因素 (如：瀏覽器的 bug)，導致沒有確實切斷連線，而持續消耗伺服器的資源，ESP32 最好每隔一段時間 (如：1 秒) 呼叫執行

WebSocket 物件的 cleanupClients() 方法 (直譯為「清理用戶端」),釋出已斷線的用戶端佔用的資源。

WebSocket 的事件回呼函式

WebSocket 事件回呼函式 (此處命名為 onSocketEvent) 的格式如下,它接收 6 個參數,但我們通常只用到其中的 client (用戶端物件)、type (類型) 和 data (資料) 這 3 個參數:

```
void onSocketEvent(AsyncWebSocket *server,
                   AsyncWebSocketClient *client,
                   AwsEventType type,
                   void *arg,
                   uint8_t *data,
                   size_t len) {
    // 接收 WebSocket 資料的程式
})
```

type 參數包含觸發事件的類型名稱,其可能值如下:

● WS_EVT_CONNECT:有個新用戶端連入

● WS_EVT_DISCONNECT:有個用戶端離線

● WS_EVT_DATA:用戶端傳入資料

● WS_EVT_PONG:回應 ping 請求

● WS_EVT_ERROR:收到錯誤訊息

有些瀏覽器會在沒有傳輸資料時,每隔一段時間 (如:30 秒) 送出一個稱作 "ping" 的訊息給伺服器,伺服器則回應一個 "pong" 訊息,確認持續連線狀態。此舉相當於講電話的一方發出「嘿!」,確認對方還在聽,另一方則回應「唔!」;"ping pong" 取自乒乓球來回拍打的行為。

底下的 WS 事件回呼函式將依據觸發的事件類型，在**序列埠監控視窗**顯示用
戶端資訊和接收到的資料：

```
void onSocketEvent(AsyncWebSocket *server,
                   AsyncWebSocketClient *client,
                   AwsEventType type,
                   void *arg,
                   uint8_t *data,
                   size_t len) {
  switch (type) {
  case WS_EVT_CONNECT:
    // 從 client 物件取得用戶端 IP 位址 (remoteIP) 和編號 (id)
    Serial.printf("來自%s 的用戶%u 已連線\n",
      client->remoteIP().toString().c_str(), client->id() );
    break;
  case WS_EVT_DISCONNECT:
    Serial.printf("用戶%u 已離線\n", client->id() );
    break;
  case WS_EVT_ERROR:
    // 從 data 參數取得資料
    Serial.printf("用戶%u 出錯了 :%s\n",
      client->id(), (char *)data);
    break;
  case WS_EVT_DATA:
    Serial.printf("用戶%u 傳入資料 :%s\n",
      client->id(), (char *)data);
    break;
  }
}
```

每當有新的用戶端連線時，WS 伺服器會替它設定一個唯一編號，數字從 1 開
始，第 1 個連線用戶編號是 1、第 2 個用戶是 2...。最大可連線的用戶端數量
受限於 ESP32 的 Wi-Fi 介面用戶端連線數量 (預設 4 個，參閱第 6 章說明)

9-2 使用 JavaScript 的 WebSocket 物件與 ESP32 伺服器連線

以上是在 ESP32 上執行的 WebSocket 伺服器端程式架構,用戶端的網頁瀏覽器則是透過 JavaScript 的 WebSocket 物件跟 ESP32 伺服器進行即時通訊。

建立 JavaScript 的 WebSocket 物件時,需要傳入 ESP32 的 WebSocket 服務路徑,也就是 ESP32 的 IP 位址後面加上 /ws 路徑,通訊協定用 ws:// 而非 http://,例如:ws://192.168.0.13/ws。而目前瀏覽網頁的 IP 位址(或主機和網域名稱),可透過 JavaScript 的 location 物件 host(主機)屬性取得:

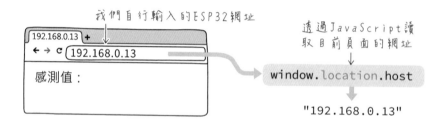

所以,JavaScript 建立 WebSocket 物件的敘述可寫成:

```
var hostName = window.location.host;    // 取得目前瀏覽頁面的網址
var url = "ws://" + hostName + "/ws" ;  // 合併成 WebSocket
                                        // 服務路徑
var ws = new WebSocket(url);            // 建立 WebSocket 物件
```

每當 WebSocket 物件連上伺服器或收到訊息時,便會觸發對應的事件,這些事件名稱如下:

● onopen:與伺服器連線成功時觸發

● onclose:切斷與伺服器的連線時觸發

● onerror：連線錯誤時觸發

● onmessage：收到訊息時觸發

假設 WebSocket 物件叫做 ws，底下的事件回呼程式將在連線到 ESP32 伺服器時，在瀏覽器的控制台顯示 "已連上 ESP32 伺服器"：

```
ws.onopen = function (evt) {
  console.log("已連上 ESP32 伺服器");
};
```

建立 JavaScript 程式

本文的網頁包含兩個功能：顯示來自 ESP32 的感測值以及傳送控制值給 ESP32，網頁內文的 HTML 原始碼如下：

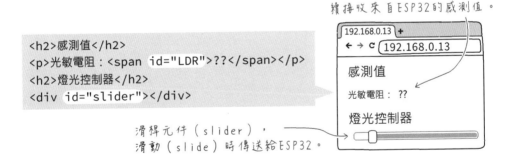

這個區域的id是"LDR"，將持續接收來自ESP32的感測值。

```
<h2>感測值</h2>
<p>光敏電阻：<span id="LDR">??</span></p>
<h2>燈光控制器</h2>
<div id="slider"></div>
```

滑桿元件（slider），滑動（slide）時傳送給ESP32。

這個網頁使用 jQuery 程式庫以及 jQuery UI（使用者操作介面）當中的滑桿元件，完整的 JavaScript 程式碼如下，除了新增的 WebSocket 部份，其餘跟第 6 章的網頁很相似：

```
<script src="https://code.jquery.com/jquery-1.12.4.js"></script>
<script src="https://code.jquery.com/ui/1.12.1/jquery-ui.js">
</script>
<script>
let hostName = window.location.host;  // 取得目前頁面的網址
```

```
$(function () {
  let url = "ws://" + hostName + "/ws";
  let ws;         // 宣告儲存 WebSocket 物件的變數
  wsInit(url);   // 呼叫初始化 WebSocket 物件的自訂函式

  function wsInit(url) {
    ws = new WebSocket(url);                   // 建立 WebSocket 物件
    ws.onopen = function (evt) {
      console.log("已連上 ESP32 伺服器");
    };
    ws.onclose = function (evt) {
      console.log("已斷線");
    };
    ws.onerror = function (evt) {
      console.log("出錯了：" + evt.data);
    };
    ws.onmessage = function (evt) {
      console.log("收到訊息：" + evt.data);
      let msg = JSON.parse(evt.data); // 把字串轉成 JSON 物件
      if (msg.device == "LDR") {
        $("#LDR").text(msg.val);  // 取出 JSON 物件的 val 屬性值
      }
    };
  }

  $("#slider").slider({
    orientation:"horizontal",
    range:"max",
    max:1023,
    value:0,

    slide:function () {
      var data = $(this).slider("value");
      msg = {"device":"LED", "val":data };
      ws.send(JSON.stringify(msg));  // 把 JSON 格式資料轉成字串
      console.log("已送出：" + JSON.stringify(msg));
    }
  });
});
</script>
```

上面滑桿事件處理程式改成偵聽 slide 事件而非之前的 change 事件,兩者的差別:

● change:當滑桿的值改變時,才觸發執行事件處理函式;在按著滑鼠鈕滑動過程中,不會觸發函式、放開滑鼠鈕才會觸發。

● slide:當滑桿被滑動時,就觸發執行事件處理函式。

普通網頁比較適合使用 change,避免瀏覽器在滑桿滑動過程中頻繁地發出 HTTP 請求訊息。slide 事件可用於 WebSocket,因為傳輸資料量小。

動手做 9-1　透過 WebSocket 從 ESP32 發送 JSON 資料

實驗說明:每隔 5 秒,從 ESP32 透過 WebSocket 傳送類比(光敏電阻)感測值給連線的用戶端;每當使用者滑動網頁上的滑桿,傳送 LED 亮度值給 ESP32。這兩個自訂訊息的格式如下:

ESP32定時傳給用戶端的光敏感測值
{ "device":"LDR", "val":1023 }
　　裝置　　　　　值

用戶端傳給ESP32的LED亮度訊息
{ "device":"LED", "val":1023 }
　　裝置　　　　　值

ESPAsyncWebServer 程式庫的 WebSocket 物件傳送文字資料的方法:

● text(用戶端編號, 字元陣列):傳送字串給指定編號的用戶端

● textAll(字元陣列):傳送字串給目前連線的所有用戶端

假設 WebSocket 物件叫做 ws,底下的敘述將傳送 "hello" 給所有用戶端:

```
char data[] = "hello";
ws.textAll(data);
```

實驗電路：在類比腳 A0（36）連接光敏電阻分壓電路、腳 32 接一個 LED。

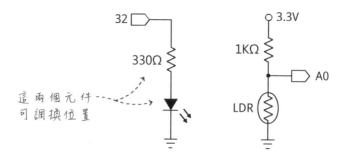

麵包板示範接線：

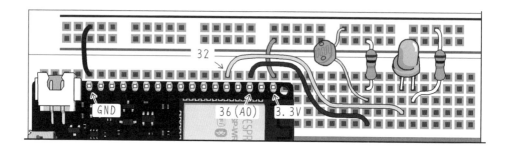

ESP32 的 Arduino 實驗程式：在 ArduinoJson 的 **Assistant**（助理）頁 （https://arduinojson.org/v6/assistant/），輸入 JSON 格式字串 『{"device":"LDR", "val":1023}』，即可在該頁的 **Serializing program**（序列化程式）區，得到如下 的程式碼：

```
const size_t capacity = JSON_OBJECT_SIZE(2);
DynamicJsonDocument doc(capacity);

doc["device"] = "LDR";
doc["val"] = 1023;

serializeJson(doc, Serial);        // JSON 物件轉成字串
```

把上面的程式碼包裝成自訂函式，資料值改成類比腳 A0 值，並透過 WebSocket 物件將此 JSON 字串傳給所有連線的用戶端：

```
void notifyClients() {
  const size_t capacity = JSON_OBJECT_SIZE(2);
  DynamicJsonDocument doc(capacity);

  doc["device"] = "LDR";
  doc["val"] = analogRead(A0); // 讀取 A0 腳的類比值

  char data[30];                 // 儲存 JSON 字串的字元陣列
  serializeJson(doc, data);      // 把 JSON 轉成字串
  ws.textAll(data);              // 向所有連線的用戶端傳遞 JSON 字串
}
```

完整的 ESP32 程式碼如下：

```
#include <WiFi.h>
#include <ArduinoJson.h>
#include <ESPAsyncWebServer.h>
#include <SPIFFS.h>
#include <WebSocketsServer.h>
#define BITS 10                  // 類比取樣位元
#define ADC_RES 1023             // 10 位元解析度
#define LED_PIN 32               // LED 接腳

const char *ssid = "你的 Wi-Fi 網路名稱";
const char *password = "Wi-Fi 密碼";

AsyncWebServer server(80);       // 建立 HTTP 伺服器物件
AsyncWebSocket ws("/ws");        // 建立 WebSocket 物件

void onSocketEvent(AsyncWebSocket *server,
                   AsyncWebSocketClient *client,
                   AwsEventType type,
                   void *arg,
                   uint8_t *data,
                   size_t len) {

  switch (type) {
  case WS_EVT_CONNECT:
    printf("來自%s 的用戶%u 已連線\n",
      client->remoteIP().toString().c_str(), client->id() );
    break;
```

```
        case WS_EVT_DISCONNECT:
          printf("用戶%u 已離線\n", client->id() );
          break;
        case WS_EVT_ERROR:
          printf("用戶%u 出錯了：%s\n", client->id(), (char *)data);
          break;
        case WS_EVT_DATA:
          printf("用戶%u 傳入資料：%s\n", client->id(), (char *)data);
          const size_t capacity = JSON_OBJECT_SIZE(2) + 20;
          DynamicJsonDocument doc(capacity);
          deserializeJson(doc, data);

          const char *device = doc["device"];  // "LED"
          int val = doc["val"];                 // 資料值
          if (strcmp(device, "LED") == 0) {
            ledcWrite(0, 1023 - val);           // 輸出 PWM
          }
          break;
      }
}

void notifyClients() {  // 傳送 JSON 資料給所有連線用戶
    // 省略，參閱上文。
}

void setup() {
  Serial.begin(115200);
  analogSetAttenuation(ADC_11db);  // 設定類比輸入
  analogSetWidth(BITS);
  pinMode(LED_PIN, OUTPUT);     // 設定類比輸出
  ledcSetup(0, 5000, BITS);      // 設定 PWM，通道 0、5KHz、10 位元
  ledcAttachPin(LED_PIN, 0);     // 指定 LED 接腳成 PWM 輸出

  if (!SPIFFS.begin(true)) {
    Serial.println("無法載入 SPIFFS 記憶體");
    return;
  }

  WiFi.mode(WIFI_STA);
  WiFi.begin(ssid, password);
  Serial.println("");

  while (WiFi.status()  != WL_CONNECTED) {
```

```
    Serial.print(".");
    delay(500);
  }
  printf("\nIP 位址:%s\n", WiFi.localIP().toString().c_str()
);

  server.serveStatic("/", SPIFFS, "/www/").setDefaultFile(
    "index.html");
  server.serveStatic("/favicon.ico", SPIFFS,
                     "/www/favicon.ico");
  server.onNotFound([](AsyncWebServerRequest *req) {
    req->send(404, "text/plain", "Not found");  // 查無此頁
  });

  ws.onEvent(onSocketEvent);  // 附加 WebSocket 的事件處理程式
  server.addHandler(&ws);
  server.begin() ;  // 啟動網站伺服器
  Serial.println("HTTP 伺服器開工了～");
}

void loop() {
  ws.cleanupClients() ;
  notifyClients() ;
  delay(5000);    // 每隔 5 秒傳出類比感測值
}
```

把網頁檔案存入 ESP32：此 Arduino 程式資料夾裡面要新增一個 data 資料夾，在其中置入 WebSocket 用戶端網頁檔案 (可直接從書本的範例檔複製過來)：

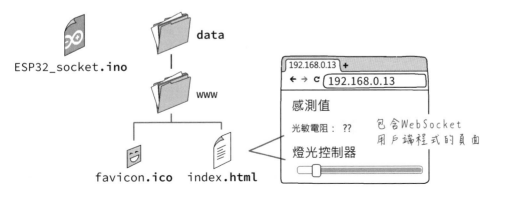

在 Arduino IDE 的主功能表選擇『**工具/ESP32 Sketch Data Upload**』指令,上傳 Data 資料夾內容到 ESP32 晶片。

實驗結果:網頁檔案上傳完畢之後,把程式碼裡的 Wi-Fi 網路名稱和密碼改成你的設定,編譯並上傳 Arduino 程式到 ESP32 開發板,開啟瀏覽器連接到 ESP32。瀏覽器的 **Console (控制台)** 將顯示接收到來自 ESP32 的訊息:

拉動網頁上的滑鈕,接在腳 32 的 LED 亮度將隨之變化,**序列埠監控視窗**也會顯示網頁傳入的訊息;若關閉瀏覽器,**序列埠監控視窗**將顯示用戶端離線:

10

RTC 即時鐘以及網路和
GPS 精確對時

ESP32 晶片內部具有**即時鐘**(Real Time Clock,簡稱 RTC),它的作用像附帶月曆和鬧鈴功能的時鐘。就像新買的時鐘,ESP32 每次通電之後都需要先設定正確的時間,本章將透過網路和 GPS 衛星定位接收器來設置 ESP32 的即時鐘。

10-1 再談 struct(結構)

結構(**struct**)是一個可儲存多個不同類型資料的容器,下文〈即時鐘(RTC)〉單元當中的時間轉換函式的結構參數必須透過**指標**傳遞,所以本節先快速複習結構語法。

底下是名叫 LED 的自訂結構類型,它能儲存一個 byte 以及一個 int 類型值:

```
typedef struct data {
    byte pin;  ← 接腳編號
    int ms;    ← 延遲時間(微秒)
} LED ;
        ↖ 自訂的類型名稱
```

底下的敘述宣告了兩個 LED 類型變數,led2 沒有定義值:

```
LED led1 = {7, 250};
LED led2 ;
```

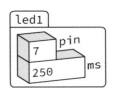

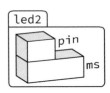

透過 "." 語法,可存取結構的成員:

結構體變數.成員名稱 ⇨
```
led2.pin = 8;
led2.ms = 500;
```

10

透過指標存取結構

延續上一節的 LED 結構，若要透過指標存取 led2，首先要宣告一個「指向到 LED 類型的指標」，此處將它命名為 pLed：

透過指標存取結構成員的寫法有兩種：

取得指向的內容，也就是led2。

```
(*pLed).pin = 8;
(*pLed).ms = 500;
```

結構體指標變數->成員名稱

```
pLed->pin = 8;
pLed->ms = 500;
```

底下範例程式混合採用這兩種語法設定及讀取結構成員：

```
typedef struct data { // 定義結構
  byte pin;
  int ms;
} LED;

void setup() {
  Serial.begin(115200);
  LED led;             // 宣告一個空白的 LED 結構
  LED *pLed = &led;    // 定義一個指向 led 的變數

  (*pLed).pin = 7;     // 設定 led 結構的 pin 成員
  (*pLed).ms = 250;    // 設定 led 結構的 ms 成員

  Serial.printf("pin:%d\n", pLed->pin); // 讀取 led 的 pin 成員
  Serial.printf("ms:%d\n", pLed->ms);   // 讀取 led 的 ms 成員
}

void loop() {}
```

編譯並上傳到控制版，**序列埠監控視窗**將顯示 led 的 pin 和 ms 成員資料：

```
COM5                          —   □   ×

                                       傳送
pin: 7
ms: 250
```

10-2 內建在 ESP32 晶片內部的月曆和時鐘：即時鐘（RTC）

ESP32 晶片內部具有**即時鐘**（Real Time Clock，簡稱 RTC），它的作用像附帶月曆和鬧鈴功能的時鐘。某些開發板沒有內建 RTC（如：Arduino Uno 和樹莓派），需要額外安裝 DS3231, DS1307 等時鐘晶片模組。不管是內建還是外接 RTC，至少在第一次使用時都要替它設定正確時間：

透過 **time.h 程式庫**可讀取 ESP32 的 RTC 日期和時間資料。time.h 是 C 語言的標準程式庫，幾乎每個 C 語言程式開發工具都有提供 time.h（某些嵌入式系統開發工具例外）。time.h 提供三種保存日期時間的資料類型：

- time_t：與 time() 函式搭配，儲存自**標準時間點**（**epoch**，代表格林威治時間 1970 年 1 月 1 日零時）到現在的累計秒數，這個時間值也稱為**日曆時間**（**Calendar Time**）；在 ESP32 晶片上，此類型的長度為 32 位元長整數（long int）。

● clock_t：與 clock() 函式搭配，儲存**時脈計時單元 (clock tick)** 的時間值 ("tick" 直譯為「時鐘滴答」)，也就是從開機到現在的經過時間，也稱為**處理器時間 (Processor Time 或 CPU Time)**。在標准 C/C++ 和 ESP32 晶片，此計時單位是 1 毫秒，類型長度為 32 位元長整數 (long int)。

● struct tm：儲存時間的年、月、日、時、分、秒...等的結構，這個時間值又稱為**分解時間(broken-down time)**。tm 結構包含下列成員：

成員名稱	說明
tm_sec	秒 (0~60)，60 代表閏秒
tm_min	分 (0~59)
tm_hour	小時 (0~23)
tm_mday	月份的日 (1 ~31)
tm_mon	月 (0~11)，0 代表一月
tm_year	從 1900 年至今的年數
tm_wday	星期幾 (0~6)，0 代表星期日
tm_yday	一年中的某日 (0~365)
tm_isdst	夏令時間：> 0 代表啟用、= 0 是禁用、< 0 則是未知

> 人類習慣使用時、分、秒來描述時間，電腦則擅長用「經過時間」的秒數或毫秒數來處理時間資料。例如，電腦系統的「目前時刻」，是從 1970 年 1 月 1 日零時到現在所經過的秒數值，為了方便人類理解，要透過程式把這個秒數轉換成年、月、日、星期幾...等格式。

time.h 程式庫也提供操作時間的函式，底下列舉本書將會用到的其中幾個：

● time()：在電腦上，此函式將傳回從一個**標準時間點**到現在的累計秒數；在 ESP32 上，它將傳回**從開機到現在經過的秒數**。此函式的傳回值類型為 time_t。此建構式接收一個儲存時間值的物件，通常設成 NULL。

● clock()：傳回從開機到現在經過的毫秒數，用於度量一段程序執行前後的時間差，功用和 Arduino 語言的 millis() 函式相同。

● localtime()：取得本機的**分解時間**。

● mktime()：把**分解時間**轉成**日曆時間**。

● ctime()：把**日曆時間**轉換成字串。

底下是宣告 time-t 和 clock_t 類型變數的敘述：

```
#include <time.h>    ←── 要引用此程式庫

time_t t = time( NULL );           // 開機執行到此的累計秒數
clock_t c = clock();               // 開機執行到此的累計毫秒數
unsigned long ms = millis();       // 開機執行到此的累計毫秒數
```

這3種類型都佔 4個位元組大小

假若要在 time_t 變數中儲存一個自訂的時刻，例如：2025 年的聖誕節零時，可以像這樣宣告一個 struct tm 類型的變數，並依序設定時間值：

```
void setup() {
  Serial.begin(115200);              NULL零數可寫成0
  time_t today = time( NULL );       可能值：0~11   年份值要減去1900
  struct tm xmas = { 0, 0, 0, 25, 11, (2025 - 1900) };
                     秒  分 時  日  月    年
```

接著透過 **mktime() 函式**把 struct tm 結構（分解時間）轉成 time_t 可接受的長整數（日曆時間），請注意，mktime() 函式的參數要以**傳址 (&)**方式傳遞：

```
  printf( "設定tm之前：%u\n", today );
  today = mktime( &xmas );    ←── 把「分解時間」轉成「日曆時間」
  printf( "設定tm之後：%u\n", today );
}                    ↑
void loop() { }   代表無正負號整數
```

編譯並上傳程式到 ESP32 開發板，在**序列埠監控視窗**呈現的結果：

```
COM5                              —    □    ×
┌──────────────────────────────┬────────┐
│                              │  傳送  │
├──────────────────────────────┴────────┤
│ 設定tm之前：0                          │
│ 設定tm之後：1766620800                 │
```

附帶一題，設定 struct 結構成員時，也能採用底下兩種語法，增加程式的可讀性：

秒
分
時
日
月
年

```
struct tm xmas = {
  .tm_sec = 0,     依序設定成員的值，
  .tm_min = 0,     前面的成員不可省略，
  .tm_hour = 0,    或可設成 0, 0, 0。
  .tm_mday = 25,
  .tm_mon = 11,
  .tm_year = 125
};        點開頭，加上成員名稱。
```

宣告 struct tm 型變數

```
struct tm xmas;
xmas.tm_year = 125;
xmas.tm_mon = 11;
xmas.tm_mday = 25;
```

設定成員時，不用按順序，可略過前面的成員。

在筆者撰寫本文時，ESP32 的 time.h 採用帶有正負號的長整數來儲存時間值，而每個變數所能儲存的資料都是有限的，time_t 最大只能儲存到 2038 年 1 月 19 日 03:14:07 UTC，超過這個時間點的秒數會溢位成負值，造成錯亂。

電腦和手機的作業系統都已經改用 unsigned int32（無正負號的 32 位元整數）或者 64 位元資料類型來儲存時間，以 unsigned int32 類型而言，可紀錄到 2106 年 2 月 7 日 06:28:15 UTC。樂鑫公司也將會改用 unsigned int32 類型，以後只要更新 Arduino IDE 的 ESP32 編譯工具，我們自己寫的程式碼不用改，重新編譯就行了。

顯示格式的日期時間

如果要把 time_t（日曆時間）的秒數，或者 struct tm（分解時間）的結構資料，以方便人類閱讀的「星期幾 月份 日期 時:分:秒 年」格式化的時間字串呈現，可採用下列兩個函式，它們差別在於接收的參數類型不同：

● asctime(tm 結構)：接收一個 **tm 結構**參數，傳回格式化時間字串。

● ctime(日曆時間)：接收一個 **time_t 類型**參數（日曆時間），傳回格式化時間字串。

這兩個函式的日期時間字串格式是固定的，星期和月份都是英文，這是測試程式：

```
void setup() {
  struct tm xmas = { 30, 40, 15, 25, 11, (2025 - 1900) };
  time_t today = mktime(&xmas);
  struct tm* localtm = localtime(&today);   // 定義 tm 結構時間
  printf("asctime 輸出:%s\n", asctime(localtm));
  printf("ctime 輸出:%s", ctime(&today));
}


void loop() {}
```

執行結果:

若要自訂時間字串格式,可用表 10-1 的**格式指定字**提取分解時間結構資料:

表 10-1

格式指定字	說明
%y	2 位數字的年份
%Y	4 位數字的年份 (不用加 1900)
%m	2 位數字的月 (01~12)
%B	月份英文全稱,例如:October
%b	月份英文簡寫,例如:Oct
%d	2 位數字的日 (01~31)
%w	代表星期幾的數字 (0~6),0 代表週日
%H	24 時制的時 (00~23)
%I	12 時制的時 (01~12)
%M	分 (00~59)
%S	秒 (00~60)
%a	星期英文簡稱,例如:Fri
%A	星期英文全稱,例如:Friday

以顯示自訂的 "年/月/日 時:分:秒" 字串為例，先透過 localtime() 函式取得本機的分解時間（若是讀取上一節的 xmas 結構，可以省去此一步驟），再搭配「格式指定字」格式化日期時間字串，完整的程式碼請參閱下一節：

```
time_t now = time( NULL );
struct tm* localtm = localtime( &now );

Serial.println( localtm, "%Y/%m/%d %H:%M:%S" );
```

把「日曆時間」轉成本地「分解時間」

接收 localtime() 的傳回值，要設成指標類型。

分解時間是「結構」類型

字串格式

輸出結果 ⇩

"2025/12/25 00:00:01"

若要呈現中文的「星期幾」，可以像這樣先定義中文的星期字串陣列，再依據 tm_wday 成員的數字索引取值：

```
char* weekDays[7] = {"日", "一", "二", "三", "四", "五", "六"};

char* wday = weekDays[ localtm->tm_wday ];
printf( "星期%s\n", wday );
```

7個字串元素

一個中文字的UTF-8編碼佔2~4位元組，不是一個字元。

1個字串

讀取 localtm 的「星期」成員

輸出 ⇩

"星期四"

設定 ESP32 晶片的時間

time() 函式的作用是**讀取**本機時間，設定時間要透過 **settimeofday() 函式**，其語法格式如下：

```
settimeofday(&時間值結構, &時區值結構)
```

其中的**時間值結構**和**時區值結構**，都已定義在 sys/time.h 中（沒錯！跟上文的 time.h 不是同一個）。底下是時間值結構 timeval 的定義，儲存目前的秒數和微秒值，但程式通常只設定 tv_sec（秒）。

```
struct  timeval{
  long  tv_sec;    // 秒
  long  tv_usec;   // 微秒
};
```

底下是時區值結構的定義，用於儲存本地時區和 UTC 時區的差值，單位是
分鐘。台灣所在的時區是 UTC+8，所以 tz_minuteswest 值要設定成 8*60 或
480。另一個 tz_dsttime 成員，電腦的 Linux 系統和 ESP32 的編譯器都沒有用
到，保留它只是為了維持舊版程式的相容性：

```
struct  timezone{
  int tz_minuteswest; // UTC 時間差的分鐘數
  int tz_dsttime;      // 夏令時間的類型，已不再使用
};
```

理論上，設定 timezone 時區結構，就能調整時區，但實際在 ESP32 上測試卻
沒有作用。改用 C 語言標準函式庫的 setenv() 函式 (代表 set environment，直
譯為「設置環境」) 才能有效設定時區：

setenv (環境變數名稱，值，是否覆寫)

setenv ("TZ", "CST-8", 1);

代表「時區 (Time Zone)」   台灣地區時間

表 10-2 列舉幾個時區 (TZ) 環境變數的地區代碼，底下的敘述代表把時區設
成「雪梨」，完整的列表請參閱 https://bit.ly/35ZSU6x：

```
// 設成「雪梨」時區
setenv("TZ", " AEST-10AEDT, M10.1.0, M4.1.0/3", 1);
```

表 10-2

地區	代碼
非洲/開羅	EET-2
美洲/哈瓦那	CST5CDT, M3.2.0/0, M11.1.0/1
美洲/紐約	EST5EDT, M3.2.0, M11.1.0
美洲/溫哥華	PST8PDT, M3.2.0, M11.1.0
亞洲/東京	JST-9
澳洲/雪梨	AEST-10AEDT, M10.1.0, M4.1.0/3
歐洲/赫爾辛基	EET-2EEST, M3.5.0/3, M10.5.0/4

手動把時間設定成 2025 年聖誕節零時的程式碼：

```
#include <time.h>
#include <sys/time.h>        // 內含 timeval 和 timezone 結構的定義

void setup() {
  Serial.begin(115200);
  time_t today = time(NULL);
  // 2025 年 12 月 25 日
  struct tm xmas = { 0, 0, 0, 25, 11, 125 };
  today = mktime(&xmas);
  struct timeval tv = { .tv_sec = today };
  // 設定時區
  struct timezone tz = { .tz_minuteswest = 8 * 60 };
  settimeofday(&tv, &tz);     // 這兩個參數都是以傳址方式傳送
  setenv("TZ", "CST-8", 1);   // 「時區」環境變數設成「亞洲/台北」
}

void loop() {
  delay(1000);
  time_t now = time(NULL);
  printf("ctime 的輸出:%s", ctime(&now));
  struct tm *localtm = localtime(&now);
  Serial.println(localtm, "自訂格式:%Y/%m/%d %H:%M:%S");
}
```

編譯並上傳到 ESP32 開發板，在**序列埠監控視窗**的輸出結果：

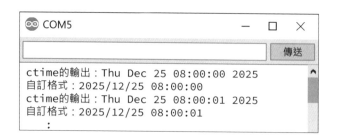

如果開發板有個已知的時間訊號來源，如：GPS 衛星定位訊號接收器（GPS 訊號包含經緯度座標和日期時間資料），就可透過類似的方式，自動替開發板設定正確的日期資料，下文將示範從網路取得正確的時間。

動手做 10-1　透過網際網路更新時間

實驗說明：透過網路上的時間伺服器校正 ESP32 的即時鐘。本實驗材料僅需一塊 ESP32 開發板。

世界上數以億萬計的電子裝置都需要透過網路對時，各地的機關組織、學術機構和企業都有建置提供網路對時服務的**時間伺服器**（**Network Time Protocol，網路時間協定，簡稱 NTP 伺服器**）。以 Windows 系統為例，它預設會連接到微軟的 time.windows.com 伺服器對時；Google 也有建置 NTP 伺服器，網址是 time.google.com。這些 NTP 伺服器的源頭都有一個非常精確的計時裝置，像原子鐘和 GPS 訊號。

ESP32 開發板可利用內建的 Wi-Fi，連接網際網路的時間伺服器來對時：

最知名的時間伺服器網址是 pool.ntp.org。ntp.org 是一個集結各地志願提供網路對時的伺服器的非營利組織，分佈世界各地的 NTP 伺服器則有各自的主機＋域名（參閱表 10-3），例如，佈署在台灣的 NTP 伺服器的網址是 tw.pool.ntp.org。我們的程式只要連接到 pool.ntp.org，它會自動依據我們裝置所在的 IP 位址，連接到最近的伺服器：

表 10-3

區域	主機+域名
亞洲	asia.pool.ntp.org
歐洲	europe.pool.ntp.org
北美	north-america.pool.ntp.org
台灣	tw.pool.ntp.org

ESP32 內建一個 NTP 伺服器連線設定的 **configTime() 函式**（原意是「設置時間」），它最多可設定三個 NTP 伺服器網址，但通常只設定一個，**UTC 偏移量**和**夏令時間**的單位都是秒數，台灣沒有採行夏令時間所以設定成 0：

```
configTime( UTC偏移量, 夏令時間, NTP伺服器1, NTP伺服器2, NTP伺服器3 )

configTime( 28800, 0, "pool.ntp.org", "time.windows.com" );
```
此為UTC+8的秒數，即：8*60*60。

執行以上敘述之後，ESP32 晶片內部的 RTC 時鐘將完成網路對時；若接著執行底下敘述，將能在**序列埠監控視窗**輸出目前的日期時間：

```
time_t now = time(NULL);
Serial.println(ctime(&now));
```

或者，執行 **getLocalTime() 函式**（原意是「取得本機時間」），把時間資料存入「分解時間」結構參數，以便自訂格式化日期時間字串；若成功取得時間，它將傳回 true。

實驗程式：連線到 NTP 伺服器對時，並在**序列埠監控視窗**每隔一秒顯示當前時間的程式碼如下：

```
#include <WiFi.h>
#include <time.h>

const char* ssid = "Wi-Fi 網路名稱";
const char* password = "網路密碼";

const char* ntpServer = "pool.ntp.org";
const uint16_t utcOffest = 28800;      // UTC+8 偏移量
const uint8_t daylightOffset = 0;      // 夏令時間

void setup() {
  Serial.begin(115200);
  WiFi.mode(WIFI_STA);
  WiFi.begin(ssid, password);
  Serial.println("");
  while(WiFi.status() != WL_CONNECTED) {
    Serial.print(".");
    delay(500);
  }
  Serial.print("IP 位址：");
  Serial.println(WiFi.localIP() );   // 顯示 IP 位址

  // 設置並取得網路時間
  configTime(utcOffest, daylightOffset, ntpServer);
  delay(1000);   // 稍等一下，讓 configTime() 完成連網對時
}

void loop() {
  struct tm now;                      // 宣告「分解時間」結構變數
  if(!getLocalTime(&now)){            // 取得本地時間
    Serial.println("無法取得時間～");
    return;
  }

  // 輸出格式化時間字串
  Serial.println(&now, "%Y/%m/%d %H:%M:%S");
  delay(1000);                        // 等下一秒再讀取
}
```

10

實驗結果：編譯並上傳程式到 ESP32，在**序列埠監控視窗**的呈現結果：

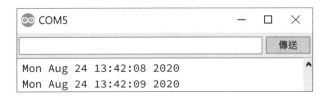

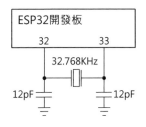

ESP32 即時鐘的精確度不高

ESP32 的即時鐘預設透過晶片內部的 RC（電阻和電容構成的）震盪電路提供時脈訊號來計時；RC 電路產生的時脈誤差約±5%，也就是一小時（3600 秒）的誤差可達±180 秒。

ESP32 支援採用石英振盪器當作即時鐘的時脈來源，石英振盪器的誤差約±0.002%，每 10 小時約誤差±0.72 秒。不過，即時鐘的時脈來源不同於主處理器的時脈來源，我們必須自行連接如下圖的電路，還要重新編譯 ESP32 的開發工具程式庫（編譯方式請參閱：https://bit.ly/3jSACt8），才能把即時鐘的時脈改成外部來源：

10-3 在 ESP32 的 Serial2 序列埠 連接 GPS 衛星定位模組

GPS 模組可接收全球定位系統衛星的訊號，此訊號包含經緯度座標和衛星內部的原子鐘時間資料。筆者購買的 GPS 模組型號是 GY-NEO6MV2，採用 UART 序列埠傳輸接收到的衛星訊號：

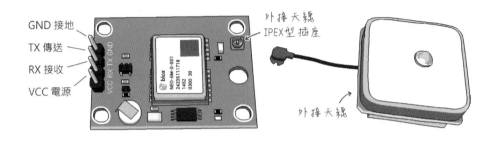

GND 接地
TX 傳送
RX 接收
VCC 電源

外接天線
IPEX型插座

外接天線

動手做 10-2　連接 GPS 模組

實驗說明：連接採用 UART 介面的 GPS 衛星定位接收器模組，在**序列埠監控視窗**顯示 GPS 座標和時間。

實驗材料：

採 UART 序列介面的 GPS 接收模組	1 個

實驗電路：GPS 模組電源可接 5V 或 3.3V，ESP32 開發板請接 3.3V，麵包板接線示範：

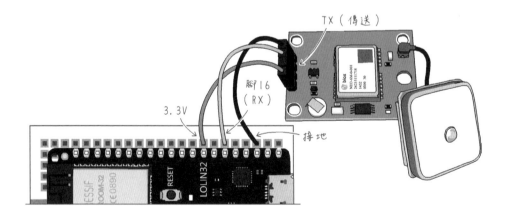

TX（傳送）

腳16（RX）

3.3V

接地

實驗程式：GPS 模組的 UART 序列埠的通訊速率為 9600bps，在**序列埠監控視窗**顯示 GPS 資料的程式如下：

```
void setup() {
  Serial.begin(115200);     // 連接電腦 USB 介面的序列埠
  Serial2.begin(9600);      // 連接 GPS 模組的序列埠
}

void loop() {
  while (Serial2.available()  > 0) { // 若 GPS 有資料傳入...
    // 在序列埠監控視窗顯示 GPS 資料
    Serial.print(Serial2.read() );
  }
}
```

實驗結果：編譯與上傳程式碼，ESP32 將在**序列埠監控視窗**顯示來自 GPS 模組的資料：

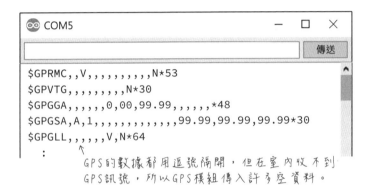

10-4 認識 NMEA 標準格式與獲取 GPS 的經緯度值

GPS 模組的訊息，是由美國國家海洋電子學會(National Marine Electronics Association，NMEA)所制定的 **NMEA 標準格式**，每一則訊息以$符號開頭，內容採 **ASCII 字元編碼，最後用\r\n 結尾**。一則訊息稱為一個「句子」。

每個「句子」最長不超過 82 個字元，起始 '$' 之後的第 2 和第 3 個字元為
設備識別碼，以 GPS 裝置為例，設備識別碼為 'GP'，因此 GPS 模組傳回的
訊息句都以 "$GP" 開頭：

設備識別碼後面 3 個字元，是傳輸資料的**識別名稱**。例如，"GSV" 代表 "GPS
Satellites in view（可見的 GPS 衛星數量）"，其訊息包含可用的衛星數量、訊號
雜訊比等資料；"RMC" 代表 "Recommended minimum specific GPS/Transit data
（推薦最少特定 GPS 傳輸資料）"，其訊息包含 GPS 定位到的經緯度和時間、
日期等資料。

在室內收不到 GPS 衛星訊號的場合，$GPRMC 句子將是一堆逗號分隔的空
欄位。底下是筆者在台中國立美術館旁邊測試的 GPS 所接收到的$GPRMC 訊
息，日期、時間和經緯度值都包含在這一則訊息當中：

```
        接收定位時間        緯度           經度           速度        日期  磁方位角      檢查位元
$GPRMC,024352.00,A,2408.403,N,12039.735,E,18,94,251017,,,A*68\r\n
        定位狀態        緯度區分       經度區分      方向  磁極變量    定位模式      結尾
```

不同 GPS 晶片組的訊息內容，可能會有些差異，以這個模組採用的 U-blox 晶
片為例，訊息格式可從該公司的《u-blox 6 Receiver Description》技術文件（請
上網搜尋關鍵字 "ubx protocol specification"）的第 75 頁查到。技術文件提到，
這個 GPS 接收晶片不會傳回「磁極變量」和「磁方位角」，因此這兩個參數始
終都是空白。

經緯度格式說明

經緯度的座標有不同的單位系統（就好比長度單位分成公制和英制），以谷歌
地圖為例，它支援稱為 **WGS84 大地基準**的兩種座標格式：

10

- XY 座標數字：在谷歌地圖上的任何地點按滑鼠右鍵，即可看到 XY 座標數字；選擇右鍵選單中的**這是哪裡？**選項，可看到精度更高的座標，例如：24.140011, 120.663111，第一個數字是「緯度」，第二個數字是「經度」，數字格式為**十進位度數.小數分數**。GPS 的經緯度值也採用這種格式

- 經緯度座標：用度、分、秒表示，例如：24° 08′29.1″N 120° 39′47.5″E，緯度後面的 N 代表北半球（North）、經度後面的 E 代表東半球（East）。

GPS 模組傳回的經緯度格式，需要把**「分（minute）」除以 60，才能換算成 WGS84 系統的座標格式**，底下是換算緯度的例子：

GPS模組的緯度格式

2408.40066
度 度 分 分 . 分 分 分 分 分

$\Rightarrow$

$24 + \dfrac{8.40066}{60}$

$\Rightarrow$

WGS84的X座標數字

24.140011
度 度 . 分 分 分 分 分 分

這是換算經度的例子：

GPS模組的經度格式

12039.78666
度 度 度 分 分 . 分 分 分 分 分

$\Rightarrow$

$120 + \dfrac{39.78666}{60}$

$\Rightarrow$

WGS84的Y座標數字

120.663111
度 度 度 . 分 分 分 分 分 分

此外，南半球（South）的緯度值和西半球（West）的經度值都是**負值**，但是 **GPS 模組傳回的經緯度值都是正數，程式要自行加上正負符號**。底下是巴西里約熱內盧州的一個臨海公園座標：

南半球（S）
西半球（W）

−22.895972，−43.177233

10-5 解析 GPS 訊號的經緯度和日期時間資料

許多現成的 GPS 程式庫可從 $GPRMC 句子中解析出經緯度、日期和時間。本單元採用 Mikal Hart 先生開發的 TinyGPS++（https://bit.ly/3idWZIE），它的程式碼比較精簡，請先下載並在 Arduino IDE 中選擇『**草稿碼/匯入程式庫/加入 ZIP 程式庫**』:

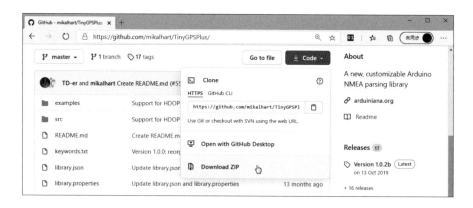

GPS 程式碼需要在開頭引用此程式庫，並且宣告一個 TinyGPSPlus 類型物件，例如:

```
#include <TinyGPS++.h>
TinyGPSPlus gps;    // 宣告名叫 gps 的 TinyGPSPlus 類型物件
```

建立物件之後即可執行下列方法，其中必要執行的是 encode():

● encode():解析 GPS 字串，若解析成功則傳回 true（呃…encode 其實是「編碼」之意，不知道為何這個方法不取名為 decode「解碼」）；程式必須不停地對序列埠傳入的 GPS 資料執行此方法。

- isValid()：確認解析後的資料是否有效，有效則傳回 true。例如，GPS 裝置剛通電時，尚未收到 GPS 定位座標（此時為「空」值），isValid() 將傳回 false，代表無效。

- isUpdated()：是否有新資料傳入，true 代表有（但不代表資料有變動）。

- age()：距離上次資料更新的經過時間（毫秒），若超過 1500 毫秒，代表可能遺失 GPS 訊號。

解碼 GPS 字串之後，便能透過 gps 物件的子物件存取解析後的 GPS 資料：

- location：位置

  - gps.location.lat()：傳回「**緯度**」浮點數字。

  - gps.location.lng()：傳回「**經度**」浮點數字。

- date：日期

  - gps.date.year()：傳回 4 位數字「年」。

  - gps.date.month()：傳回「月」，數字 1~12。

  - gps.date.day()：傳回「日」，數字 1~31。

- time：時間

  - gps.time.hour()：傳回「時」，數字 0~23。

  - gps.time.minute()：傳回「分」，數字 0-59。

  - gps.time.second()：傳回「秒」，數字 0-59。

- speed：速度

  - gps.speed.knots()：傳回單位「節」的速度值。

  - gps.speed.mps()：傳回「公尺/秒」的速度值。

  - gps.speed.kmph()：傳回「公里/時」的速度值。

● altitude：高度

    ● gps.altitude.meters()：傳回「公尺」單位的高度值

完整的 gps 子物件列表，請參閱 TinyGPS++ 官網的說明（網址：https://bit.ly/33dK19m）。

動手做 10-3 使用 TinyGPS++ 程式庫解析 GPS 訊號

實驗說明：使用 TinyGPS++ 程式庫解析 GPS 的 NMEA 格式訊號，並顯示在**序列埠監控視窗**。本單元的實驗材料與電路跟動手做 10-2 單元相同。

實驗程式：

```
#include <TinyGPS++.h>
#define GPS_BAUD 9600      // GPS 的序列通訊速率

TinyGPSPlus gps;           // 宣告 gps 物件

void parseGPS() {
  if (gps.location.isValid() ) {      // 確認「位置」資料格式正確
    float lat = gps.location.lat() ; // 緯度
    float lng = gps.location.lng() ; // 經度

    Serial.printf("座標：%.6f, %.6f\n", lat, lng);
  } else {
    Serial.printf("座標資料錯誤\n");
  }

  if (gps.date.isValid() ) {          // 確認「日期」資料格式正確
    uint16_t y = gps.date.year() ;   // 年
    uint8_t m = gps.date.month() ;   // 月
    uint8_t d = gps.date.day() ;     // 日
```

```
      Serial.printf("%d/%d/%d ", y, m, d);
   } else {
      Serial.printf("日期資料錯誤");
   }

   if (gps.time.isValid() ) {          // 確認「時間」資料格式正確
      uint8_t hr = gps.time.hour() ;    // 時
      uint8_t mn = gps.time.minute() ;  // 分
      uint8_t sec = gps.time.second() ; // 秒

      Serial.printf("%d:%d:%d\n", hr, mn, sec);
   } else {
      Serial.println("時間資料錯誤");
   }
}

void setup() {
   Serial.begin(115200);
   // 連接 GPS, TX 是 GPIO17、RX 是 GPIO16
   Serial2.begin(GPS_BAUD);
}

void loop() {
   while (Serial2.available()  > 0) {
      if (gps.encode(Serial2.read() )) { // 解析讀入的 GPS 序列資料
         parseGPS() ;
      }
   }
}
```

實驗結果：編譯與上傳程式碼，將能在**序列埠監控視窗**顯示解析後的 GPS
資料：

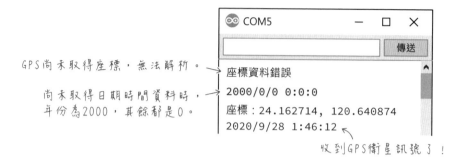

GPS尚未取得座標，無法解析。

尚未取得日期時間資料時，
年份為2000，其餘都是0。

座標資料錯誤
2000/0/0 0:0:0
座標: 24.162714, 120.640874
2020/9/28 1:46:12

收到GPS衛星訊號了！

用 GPS 資料設置 RTC 時鐘

GPS 模組傳回的是 UTC（協調世界時），加 8 小時才是台灣時間，使用 GPS 的
時間資料設定 ESP32 的 RTC 時鐘的程式碼如下：

```
#include <TinyGPS++.h>
#include <time.h>
#include <sys/time.h>
#define GPS_BAUD 9600

TinyGPSPlus gps;
bool timeSetted = false;

void parseGPS() {
  uint16_t y = gps.date.year() ;

  if (y != 2000) {    // 若年份不是 2000，代表時間資料已就緒
    uint8_t m = gps.date.month() ;
    uint8_t d = gps.date.day() ;
    uint8_t hr = gps.time.hour() ;
    uint8_t mn = gps.time.minute() ;
    uint8_t sec = gps.time.second() ;

    time_t today = time(NULL);
    // 時間結構
    // {秒，分，時，日，月（從 0 開始），年（自 1900 開始）}
    struct tm now = { sec, mn, hr, d, m - 1, (y - 1900) };
    today = mktime(&now);    // 把日期時間轉成秒數
    struct timeval tv = { .tv_sec = today };
    struct timezone tz = { .tz_minuteswest = 8 * 60 };
```

```
      settimeofday(&tv, &tz); // 設置 RTC 時間
      timeSetted = true;      // RTC 時間設置完畢！
    } else {
      Serial.printf("GPS 日期資料讀取中...\n");
    }
}

void setup() {
  Serial.begin(115200);
  // 連接 GPS, RX 是 GPIO16、TX 是 GPIO17
  Serial2.begin(GPS_BAUD);
}

void loop() {
  if (!timeSetted) {          // 若尚未設定系統 RTC 時間...
    while (Serial2.available() > 0) {  // ...持續讀取 GPS 資料
      if (gps.encode(Serial2.read())) {
        parseGPS() ;
      }
    }
  } else {
    // 停止接收 GPS 資料，顯示 RTC 時間。
    setenv("TZ", "CST-8", 1);  // 設成台北時區
    time_t now = time(NULL);
    struct tm *localtm = localtime(&now);
    Serial.println(localtm, "系統時間：%Y/%m/%d %H:%M:%S");
  }
  delay(1000);
}
```

MEMO

11

ESP32 的睡眠模式與
喚醒方法

ESP32 晶片像電腦和手機一樣，也具備睡眠/休眠/待機功能。在睡眠狀態下，系統幾乎完全停止運作，只保留基本的偵測功能（以電腦為例，在睡眠狀態下，可被鍵盤按鍵或者網路訊息喚醒），因此只消耗少許電力，這功能對採用電池運作的物聯網裝置尤其重要。

本章將介紹 ESP32 晶片的睡眠模式、開發板的耗電量，以及這些相關主題：

● 啟用深度睡眠模式以及喚醒 ESP32 的程式。

● 透過觸控或者接腳的電位變化喚醒微控器。

● 搭配網路對時，在指定時間喚醒 ESP32 並上傳感測資料到雲端平台。

● 在自訂類別程式中引入「回呼」函式。

● 在深度睡眠中透過 ULP 超低功耗處理器維持接腳的狀態。

11-1　超低功耗的深度睡眠模式

樂鑫 ESP32-WROOM-32 模組官方技術文件（第 7 頁，表 4）列舉了該模組在不同電源模式的耗電量，如表 11-1 所示：

表 11-1

電源模式	說明	功率消耗
數據機 (Modem) 睡眠	關閉無線通訊以及週邊 I/O	高速 240MHz：30mA~50mA
		中速 80MHz：20mA~25mA
		低速 2MHz：2mA~4mA
輕度 (Light) 睡眠	–	0.8mA
深度 (Deep) 睡眠	ULP 輔助處理器保持運作	150µA
	ULP 感測器偵測模式	100µA @ 1% 週期
	RTC 計時器 +RTC 記憶體	10µA
冬眠 (Hibernation)	僅 RTC 計時器	5µA

ESP32 Arduino 開發環境並未支援全部睡眠模式,在筆者撰寫本文時,僅支援
輕度(light)和深度(deep)睡眠:

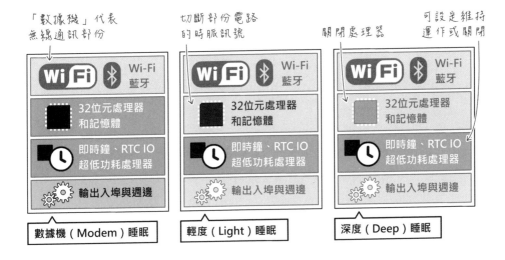

ESP32 開發板不只有「ESP32 模組」,還包括直流電壓轉換器、USB 序列晶
片,有些甚至搭載了顯示器,這些週邊元件都會消耗電量。Holger Fleischmann
先生測量了幾款 ESP32 開發板的耗電量,結果如表 11-2 所示,其中的**活躍
(Awake)模式**,代表非睡眠時的運作狀態;詳細的測試說明請參閱 https://bit.
ly/38kqtTZ:

表 11-2

開發板	工作電壓	活躍	輕度睡眠	深度睡眠
LILYGO ESP32 OLED	5.0V	64.5 mA	10.8 mA	9.4 mA
NodeMCU ESP-32S V1.1	5.0V	64.6 mA	13.8 mA	4.7 mA
WEMOS LOLIN32 V1.0.0	3.7V	55.7 mA	2.0 mA	0.13 mA
WEMOS LOLIN32 V1.0.0	5.0V	57.3 mA	3.1 mA	1.2 mA

啟用深度睡眠模式以及喚醒 ESP32

令 ESP32 進入深度睡眠的函式叫做 esp_deep_sleep_start();把 ESP32 從睡眠
狀態喚醒的方法:

● 定時器喚醒：設定一個間隔時間，定時喚醒微控器。

● 觸控感應喚醒：碰觸到觸控接腳。

● 外部喚醒：一個或多個特定接腳的輸入訊號發生變化，例如，按鍵被按下導致訊號發生高低變化。

● ULP 協同處理器喚醒：從 ULP 處理器發出訊號喚醒主處理器，ULP 處理器的程式需要另外編寫。

ULP 處理器的架構不同於主處理器，其程式碼採用組合語言編寫，開發者的電腦要安裝 ULP 組譯器和程式上傳工具，所以本書不會涉及 ULP 程式設計。若讀者有興趣研究，可參考樂鑫公司的 ULP 組合語言指令集文件（https://bit.ly/3gMnXal）以及 Christopher Biggs 編寫的 Arduino ULP 整合開發工具（http://bit.ly/395Sayo）。

11-2 定時喚醒微控器

在 ESP32 進入睡眠模式之前執行底下的「啟用定時喚醒」敘述，即可定時喚醒 ESP32，其中的微秒值不能超過 2^{45}（約 400 天）：

```
esp_sleep_enable_timer_wakeup( 3 * 1000000 );
```
微秒值

當 ESP32 進入深度睡眠時，變數資料不會被保存下來。還好 ESP32 的即時鐘內含 8KB 記憶體，可在主處理器處於睡眠時幫忙保存資料：

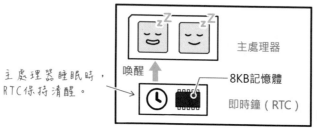

主處理器睡眠時，RTC保持清醒。

喚醒

主處理器

8KB記憶體

即時鐘（RTC）

ESP32晶片

要使用 RTC 的記憶體而非主記憶體儲存變數，必須在宣告變數的敘述前面加上 **RTC_DATA_ATTR 關鍵字** (ATTR 代表 "attribute"，屬性)：

```
RTC_DATA_ATTR int wakes = 0;
```
代表使用 RTC 記憶體

底下的程式將令 ESP32 進入深度睡眠，然後每隔 5 秒喚醒它，並且用 wakes 變數紀錄喚醒次數：

```
#define WAKEUP_MS  5*1000000  // 每 5 秒喚醒

RTC_DATA_ATTR int wakes = 0;  // 紀錄喚醒次數的整數值

void setup() {
  Serial.begin(115200);
  Serial.printf("喚醒次數：%d\n", wakes);
  wakes ++;
  delay(1000);                 // 給序列埠一點時間傳輸資料
  Serial.println("進入睡眠 zzz");
  delay(1000);
  esp_sleep_enable_timer_wakeup(WAKEUP_MS); // 啟用定時喚醒
  esp_deep_sleep_start() ;      // 令 ESP32 進入深度睡眠
}

void loop() {}
```

此程式的執行結果：

第1次啟動
第2次啟動
(定時器喚醒)

喚醒次數：0
進入睡眠 zzz
ets Jun 8 2016 00:22:57
ESP32 重新啟動的訊息
rst:0x5 (DEEPSLEEP_RESET),boot:0x13 (SPI_FAST_FLASH_BOOT)
：中略
代表「深度睡眠重置」
喚醒次數：1
進入睡眠 zzz

從**序列埠監控視窗**顯示的訊息可看出，**將 ESP32 從深度睡眠中喚醒，相當於「重置」ESP32，所以程式碼會從頭執行**，也因此主記憶體裡的變數資料也會被清空。假如錄喚醒次數的 wakes 變數宣告前面未加上 RTC_DATA_ATTR，「喚醒次數」值將始終顯示 0：

```
int wakes = 0;   // 紀錄喚醒次數，此變數值存在主記憶體
```

RTC 記憶體依運作時脈分成 **fast（快速）**和 **slow（低速）**兩個分區，快速區只能被核心 0 存取。ESP-IDF 開發工具有個 **CONFIG_ESP32_RTCDATA_IN_FAST_MEM** 常數決定是否啟用快速分區，預設為否，所以 RTC 的資料都會存在低速區。無論存在哪個分區，對我們的程式都沒有影響。

動手做 11-1 觸控喚醒微控器

實驗說明：令 ESP32 進入深度睡眠，並於觸控腳被碰觸時喚醒 ESP32，在**序列埠監控視窗**顯示被喚醒的次數。

實驗材料：

ESP32 開發板	1 個
導線	1 線

實驗電路：請在具備電容觸控功能的接腳插上一根導線，準備感應人體觸碰：

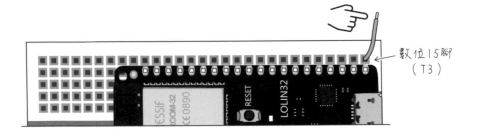

數位15腳（T3）

實驗程式：觸控腳透過 touchAttachInterrupt() 函式設置中斷，語法範例如下：

```
#define THRESHOLD 40          // 數字越大，觸控越靈敏。
const byte touchPin = T3;   // 指定觸控腳

void callback(){
    // 發生觸控中斷時，此函式將被執行。
}

touchAttachInterrupt(touchPin, callback, THRESHOLD);
```

touchAttachInterrupt(觸控腳, 回呼函式, 觸發中斷臨界值)

接著加入這個函式：

```
esp_sleep_enable_touchpad_wakeup() ;   // 啟用觸控喚醒
```

當觸控腳的感測值低於臨界值（THRESHOLD），ESP32 將被喚醒並執行回呼函
式 callback()。完整的深度睡眠、觸控喚醒程式碼如下：

```
#define THRESHOLD 40             // 數字越大，觸控越靈敏
RTC_DATA_ATTR int wakes = 0;   // 紀錄喚醒次數的整數值
const byte touchPin = T3;       // 指定觸控腳

void callback() {
    // 此例沒用到中斷回呼函式，所以這裡保持空白
}

void setup() {
  Serial.begin(115200);
  Serial.printf("喚醒次數:%d\n", wakes);
  wakes ++;
  delay(1000); // 給序列埠一點時間傳輸資料
  Serial.println("進入睡眠 zzz");
  delay(1000);
  // 附加觸控中斷
  touchAttachInterrupt(touchPin, callback, THRESHOLD);
  esp_sleep_enable_touchpad_wakeup() ;   // 啟用觸控喚醒
  esp_deep_sleep_start() ;
}

void loop() {}
```

如果你需要設置多個觸控喚醒的腳位，只需要編寫多個 touchAttachInterrupt() 函式，例如，底下的敘述把 T3 和 T4 腳都當成觸控喚醒接腳：

```
touchAttachInterrupt(T3, callback, THRESHOLD);
touchAttachInterrupt(T4, callback, THRESHOLD);
```

實驗結果：編譯並上傳程式，ESP32 將進入深度睡眠，當 T3 腳被觸摸時，ESP32 將被喚醒。

> 某些開發板的觸控接腳和內建的 LED 相通，例如，假設內建 LED 接在 GPIO 腳 2，而這個腳位也是 T2 觸控腳，若把觸控喚醒腳設在 T2，ESP32 會在睡眠後立刻被喚醒。

11-3 搭配網路時間的定時喚醒程式

定時喚醒的機制通常會搭配實際時間，例如：每天上午 8 點 30 分喚醒，像這種情況，ESP32 的即時鐘需要事先對時。本單元將編寫在每個鐘點某分某秒喚醒的定時程式，例如：在 9:30:00, 10:30:00, 11:30:00...各喚醒一次。假設目前時間是 9 點 42 分 56 秒，還不到 10 點 30 分，所以先讓 ESP32 進入睡眠，等 2824 秒之後再喚醒：

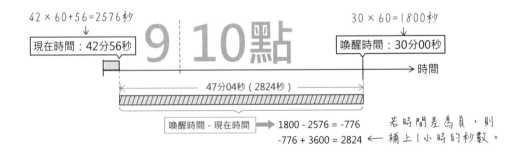

程式運作流程如下：

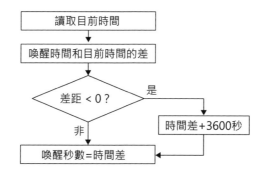

但 ESP32 內建的即時鐘不是很精準，被喚醒的實際時間可能是 29 分 56 秒。
所以筆者在程式中設置一個「容許誤差」值，若容許誤差為 ±5 秒，這個喚醒
時間就算過關；每次喚醒 ESP32 就立即上網對時，避免累計誤差：

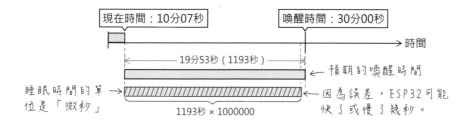

若實際時間是 29 分 54 秒，超過容許誤差，則取它和喚醒時間的差 (6 秒) 當
作喚醒時間，再令 ESP32 進入深度睡眠。如此，當 ESP32 在 6 秒後醒來，誤
差就非常小了。考量容許誤差的程式流程如下：

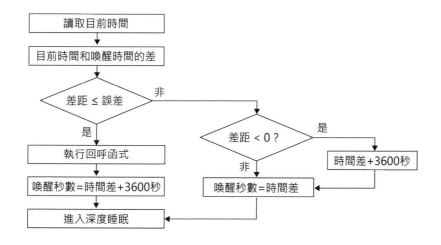

設置「定時執行」的自訂類別

筆者把這個「在每個鐘點某分某秒」喚醒的程式，寫成一個叫做 SleepTimer 的自訂類別，它包含下列建構式和方法：

● SleepTimer(uint8_t sec)：建構式，接收一個**容許誤差**（秒）參數。

● void init(uint16_t utcOffest, uint8_t daylightOffset)：初始化即時鐘，接收 **UTC 時區秒差**、**日光節約時間**（秒）兩個參數，沒有傳回值。

● int8_t start(uint8_t mn, uint8_t sec, void (*ptFunc)())：啟動計時器，接收**分**、**秒**和**回呼函式**三個參數，若無法取得 RTC 時間，此方法將傳回 -1；若定時器設定成功，則傳回 1。

  當 ESP32 於預定時間被喚醒，並且在容許誤差範圍內，它將呼叫執行回呼函式。

● void goSleep(uint32_t sec)：設定喚醒時間（秒）、令 ESP32 進入深度睡眠。

此自訂 SleepTimer 類別寫在 sleepTimer.h 檔，除了 start() 方法之外的程式碼如下：

```
// 自訂常數 SLEEP_TIMER_H，避免此程式庫被重複引用
#ifndef SLEEP_TIMER_H
#define SLEEP_TIMER_H
#include <time.h>

class SleepTimer {
  private:
    uint8_t  tolerance;            // 緩衝秒數
    const char* ntpServer = "pool.ntp.org";

    void goSleep(uint32_t sec) { // 設定喚醒時間並啟動深度睡眠
      // 喚醒時間（微秒）
      esp_sleep_enable_timer_wakeup(sec * 1000000L);
      Serial.printf("喚醒秒數：%u\n", sec);
      Serial.println("睡覺了～");
      delay(50);
```

```
      esp_deep_sleep_start();    // 進入深度睡眠
    }

  public:
    SleepTimer (uint8_t sec) {    // 建構式
      tolerance = sec;            // 設定容許誤差秒數
    }

    void init(uint16_t utcOffest=28800,
      uint8_t daylightOffset=0) {
      // 透過網路對時
      configTime(utcOffest, daylightOffset, ntpServer);
    }

    int8_t start(uint8_t mn, uint8_t sec, void (*ptFunc)() ) {
      // 處理「開始計時」的程式碼（參閱下一節）
    }
};
#endif
```

請留意 **goSleep()** 方法的參數類型設成 **uint32_t**，因為此參數值將乘上 **1000000**，變數容量要夠大才能完整容納正確的數值。解說 start() 方法的原始碼之前，先看一下引用此類別的 Arduino 主程式原始碼：

```
#include <WiFi.h>
#include "sleepTimer.h" // 引用包含自訂類別的程式庫

const char* ssid = "Wi-Fi 網路名稱";
const char* password = "Wi-Fi 密碼";

SleepTimer st(5);    // 建立 SleepTimer 類別物件 st，容許誤差 5 秒

void sendData() {    // 定時器的回呼函式
  Serial.println("送出資料...");
}

void setup() {
  Serial.begin(115200);
  WiFi.mode(WIFI_STA);
  WiFi.begin(ssid, password);    // 即時鐘需要上網對時
```

```
    Serial.println("");
    while (WiFi.status()  != WL_CONNECTED) {
      delay(500);
    }

    st.init(28800, 0);              // 採台北時區初始化即時鐘
    // 啟動計時器，每鐘點的 29 分 0 秒執行 sendData 函式
    st.start(29, 0, sendData);
}

void loop() {}
```

編譯並上傳到 ESP32 開發板的執行結果如下，開機時間為 55 分 2 秒，與喚醒時間差距 -1562 秒，所以要加上一小時的秒數（3600 秒），得到喚醒秒數 2038 秒。ESP32 在 2038 秒之後從深度睡眠被喚醒，經上網對時，得知誤差了 12 秒，超過程式設定的 5 秒容許值，所以 ESP32 再度進入睡眠狀態，直到 12 秒後被喚醒：

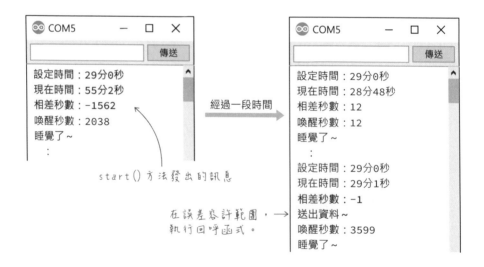

設置「回呼函式」參數

啟動計時器的 start() 方法的第 3 個參數用於接收函式，它透過**指標**參照到函式所在的記憶體空間，語法如下：

代表接收「沒有傳回值、沒有輸入參數」的函式

```
int8_t start(uint8_t mn, uint8_t sec, void (*ptFunc)()) {
    :
  (*ptFunc)();
    :
}
```

自訂的指標名稱

執行函式

假設主程式建立了一個叫做 st 的定時器類別物件，底下的敘述將在 29 分時呼叫 sendData() 函式：

```
st.start(29, 0, sendData);
```

上面的程式透過「指標」參照到 sendData 函式，像這樣：

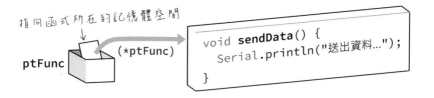

指向函式所在的記憶體空間

ptFunc

(*ptFunc)

```
void sendData() {
  Serial.println("送出資料...");
}
```

start() 方法將傳回下列可能值：

● 1：定時器設置成功

● -1：無法取得本機時間

● -2：「分」值未介於 0~60

● -3：「秒」值未介於 0~60

完整的 start() 原始碼:

```
int8_t start(uint8_t mn, uint8_t sec, void (*ptFunc)() ) {
  if (mn > 60 || mn < 0) return -2;     // 分要介於 0~60
  if (sec > 60 || sec < 0) return -3;   // 秒要介於 0~60

  struct tm now;
  if (!getLocalTime(&now)) return -1;   // 無法取得本機時間

  int8_t mnNow = now.tm_min;            // 此刻的「分」
  int8_t secNow = now.tm_sec;           // 此刻的「秒」
  Serial.printf("設定時間:%d 分%d 秒\n", mn, sec);
  Serial.printf("現在時間:%d 分%d 秒\n", mnNow, secNow);

  if (mn == 0) mn = 60;
  if (mnNow == 0) mnNow = 60;

  // 比較時間差
  int16_t diffTime = (mn*60 + sec) - (mnNow*60 + secNow);
  Serial.printf("相差秒數:%d\n", diffTime);

  // 若時間差小於等於容許誤差...
  if (abs(diffTime) <= tolerance) {
    (*ptFunc)() ;                   // 執行回呼
    goSleep(diffTime + 3600);       // 進入深度睡眠 (+隔 1 小時的秒數)
  } else {                          // 若秒數相差超過容許誤差值...
    if (diffTime < 0) {
      diffTime += 3600;
    }
    goSleep(diffTime);             // 進入深度睡眠
  }

  return 1;
}
```

11-4 認識 ThingSpeak 物聯網 雲端平台

底下的動手做單元將令 ESP32 定時上傳溫濕度感測值到雲端儲存，所以本節先介紹物聯網雲端平台的基本操作。

雲端 IoT 平台用於儲存、管理、分享和處理各種物聯網裝置上傳的數據。例如，從各地上傳空氣品質感測器的 GPS 座標地點與採集到的數據，然後結合線上地圖，描繪即時或者過往的空氣品質變化。

在網路上搜尋 iot cloud platform（物聯網雲端平台）關鍵字，可找到許多相關網站，本文採用的是 ThingSpeak。ThingSpeak 有提供免費、非商業用途的 IoT 雲端服務，使用此免費方案時，物聯網裝置的訊息發送**時間間隔不可小於 15 秒**、每年可發送 300 萬則訊息（每一天約 8200 則）。

在 ThingSpeak 建立一個物聯網通道

ThingSpeak 平台的**資料儲存空間叫做 Channel（通道）**，每次上傳的資料**最多能有 8 個欄位（field）**。例如，從控制板送出溫度和濕度資料，就需要「溫度」和「濕度」兩個欄位：

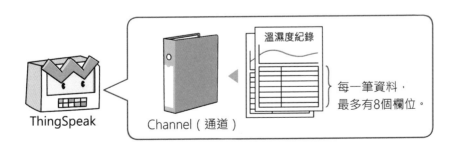

在 ThingSpeak 註冊一個帳號並登入之後，在 **Channels** 分頁按下 **New Channel**（新增通道）鈕：

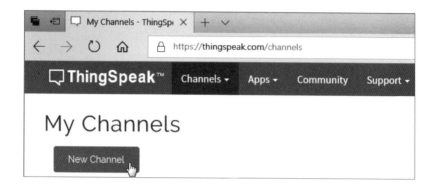

接著在底下的畫面設定通道的名稱、說明、勾選需要的欄位數量。本單元的例子只需要兩個欄位，欄位 1 儲存溫度、欄位 2 儲存濕度，其餘內容不用填，直接捲到網頁底下，按下 **Save Channel**（儲存通道）：

ThingSpeak 通道的 ID 和 API Key

ThingSpeak 的每一個通道都有一個識別編號，稱為 **Channel ID**（通道 ID）。對此通道寫入（上傳）資料時，用戶端必須提交 **Write API Key**（寫入資料的 API 碼），它的作用相當於驗證碼；若 API Key 錯誤，就無法上傳資料到此通道。

點選新建立通道的 **API Keys** 分頁，即可看見寫入資料所需的 API Key：

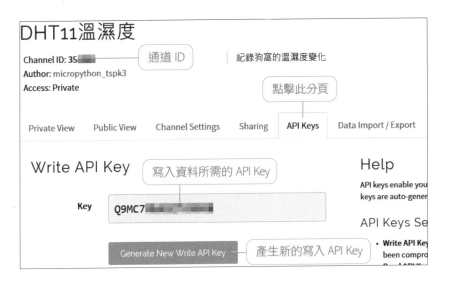

ThingSpeak 雲端平台支援使用查詢字串上傳欄位值，底下的敘述代表在 field1（欄 1）存入溫度、field2（欄 2）存放濕度，另外要加入一個 key 參數，傳入你的 API_KEY 讓伺服器驗證身份：

資源網址**?**參數1**=**值1**&**參數2**=**值2**&**參數3**=**值3

http://api.thingspeak.com/update**?key=**你的API_KEY**&field1=**溫度**&field2=**濕度

ThingSpeak欄位名稱可能值：field1~field8

直接在瀏覽器的 URL 欄位輸入上面格式的位址，即可把溫度和濕度寫入對應的 ThingSpeak 通道。請嘗試透過瀏覽器上傳虛構的 22 度氣溫和 25% 濕度：

```
http://api.thingspeak.com/update?key=你的 API_KEY&field1=22
&field2=25
```

輸入上面的網址後，瀏覽器頁面將顯示 ThingSpeak 傳回的資料紀錄編號數字，第 1 筆資料的編號是 1，每新增一筆資料，編號就會自動加 1；若編號數字為 0，代表你的 API_KEY 輸入錯誤：

上傳溫濕度資料到你的ThingSpeak空間

```
thingspeak
← → C  http://api.thingspeak.com/update?key=你的API_KEY&field1=22&field2=25
```

1 ← 資料紀錄編號，傳回0代表你的API_KEY輸入錯誤。

為了方便稍後觀察紀錄，請過 15 秒之後再上傳一次虛構的溫濕度資料，溫濕度值不要重複，例如：

```
http://api.thingspeak.com/update?key=你的 API_KEY&field1=19
&field2=37
```

若網頁的資料紀錄顯示 0，代表上傳的間隔時間太短，請等一下再傳。新資料上傳成功之後，回到 ThingSpeak 的 **Preview（預覽）**頁面，將能看到剛剛上傳的溫濕度資料以線條圖呈現出來：

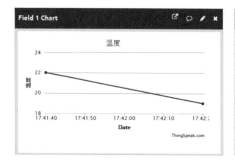
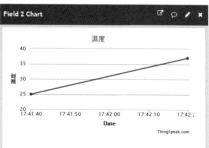

動手做 11-2　定時喚醒 ESP32 並上傳感測資料

實驗說明：透過 SleepTimer 定時器類別，於每個鐘點喚醒深度睡眠中的 ESP32，並上傳溫濕度資料到 ThingSpeak 平台。

實驗材料:

DHT11 溫濕度感測器模組	1 個

實驗電路:DHT11 模組連接 ESP32 開發板的麵包板示範接線:

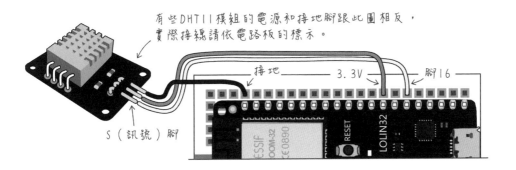

有些DHT11模組的電源和接地腳跟此圖相反,
實際接線請依電路板的標示。

接地　　　3.3V　　　腳16

S（訊號）腳

實驗程式:此範例採用 Adafruit 公司編寫的 DHT11 程式庫(可在**程式庫管理員**中搜尋 "dht11" 關鍵字安裝),編譯程式之前請先安裝好此程式庫。完整的程式碼如下:

```
#include <WiFi.h>
#include <HTTPClient.h>
#include <DHT.h>
#include "sleepTimer.h"   // 引用自訂的睡眠定時器

#define DHTPIN 16         // DHT11 的資料接腳
#define DHTTYPE DHT11     // 感測器類型
#define MIN 30            // 整點喚醒的「分」
#define SEC 0             // 整點喚醒的「秒」

const char* ssid = "Wi-Fi 網路名稱";
const char* password = "Wi-Fi 密碼";
String apiKey = "你的 ThingSpeak Read API Key";

SleepTimer st(5);           // 建立睡眠定時物件,容許誤差 5 秒
DHT dht(DHTPIN, DHTTYPE);   // 建立 DHT11 物件

void sendData() {
  float t = dht.readTemperature() ;   // 讀取溫度
  float h = dht.readHumidity() ;      // 讀取濕度
```

```
    HTTPClient http;
    String urlStr = "http://api.thingspeak.com/update?api_key=";
    urlStr += apiKey + "&field1=";
    urlStr += String(t);      // 溫度
    urlStr += "&field2=";
    urlStr += String(h);      // 濕度
    urlStr += " HTTP/1.1\n";

    http.begin(urlStr);
    int httpCode = http.GET() ;

    if (httpCode > 0) {
      String payload = http.getString() ;
      Serial.printf("HTTP 回應碼：%d、回應本體：%s\n",
        httpCode, payload);
    } else {
      Serial.println("HTTP 請求出錯啦～");
    }
    http.end() ;
}

void setup() {
  Serial.begin(115200);
  WiFi.mode(WIFI_STA);
  WiFi.begin(ssid, password);
  Serial.println("");
  while (WiFi.status() != WL_CONNECTED) {
    Serial.print(".");
    delay(500);
  }
  Serial.print("IP 位址：");
  Serial.println(WiFi.localIP() );  // 顯示 IP 位址

  dht.begin() ;
  st.init(28800, 0);
  st.start(MIN, SEC, sendData);
}

void loop() {}
```

實驗結果：測試數小時，每次上傳時間的誤差都在兩秒之內：

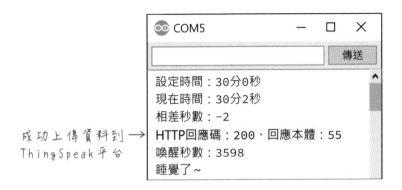

成功上傳資料到 →
ThingSpeak平台

設定時間：30分0秒
現在時間：30分2秒
相差秒數：−2
HTTP回應碼：200、回應本體：55
喚醒秒數：3598
睡覺了～

11-5 在深度睡眠中維持接腳的狀態：控制 RTC_GPIO 接腳

假設 ESP32 腳 26 連接一個 MOSFET 驅動負載，我們希望即使 ESP32 進入深度睡眠，這個負載也要維持現狀（導通或關閉）：

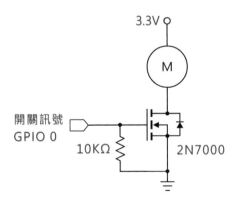

3.3V

M

開關訊號
GPIO 0

10KΩ   2N7000

可是，一旦進入深層睡眠，ESP32 的 GPIO 腳將切換成**浮接**（floating，相當於**斷線**）狀態，無法持續輸出高、低電位，所以接在 26 腳的 MOSFET 將無法導通，使得負載的電源被切斷。

若希望 GPIO 接腳能在睡眠時保持高電位或低電位狀態,需要把接腳轉交給 RTC 與協作處理器 (ULP) 單元來控制,因為無論主處理器是否處於睡眠狀態, RTC 和 ULP 協作處理器皆可保持清醒、獨立運作。**可供 RTC 和 ULP 操控的 接腳名稱以 "RTC_GPIO" 開頭,其編號數字和 GPIO 不同**,例如,GPIO 26 腳 和 RTC_GPIO7 是同一腳:

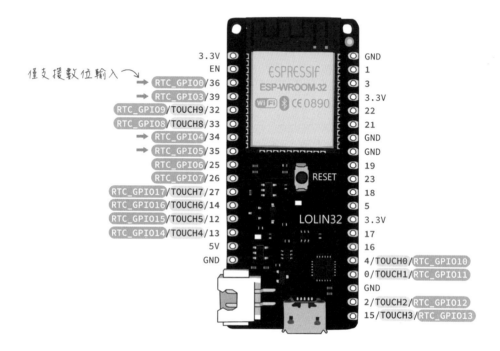

為了便於區分兩種 IO,下文把連接即時鐘的 RTC_GPIO 稱作 **RTC IO**:

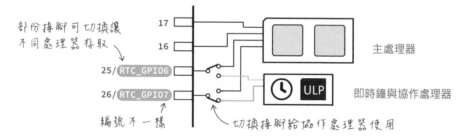

控制 RTC IO 腳的指令和控制 GPIO 也不一樣,以控制某個接腳的數位輸出訊 號為例,兩者的控制流程如下:

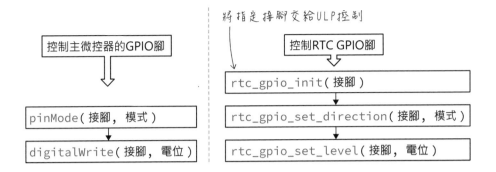

由於印刷電路板只有標示 GPIO 編號，為了方便操控，ESP32 程式開發環境提供了一組 **GPIO_NUM_○○格式**的接腳常數名稱，對應到 RTC IO 編號。此常數的類型是 gpio_num_t（此為 ESP32 開發環境自訂的 enum 類型，定義在 gpio.h 檔），底下敘述將把 26 腳（RTC_GPIO7）存入變數 OLED_SW：

資料類型　　變數名稱　　　　GPIO接腳編號

```
gpio_num_t OLED_SW = GPIO_NUM_26;
```
此即RTC_GPIO7

把接腳設定成輸出或輸入模式的函式如下，若設定成功則傳回 ESP_OK（等同 true）；否則傳回 ESP_ERR_INVALID_ARG，代表該腳不是有效的 RTC GPIO 腳：

rtc_gpio_set_direction(接腳編號, 模式)　　把RTC_GPIO7設成「輸出」

```
rtc_gpio_set_direction(OLED_SW, RTC_GPIO_MODE_OUTPUT_ONLY);
```
此參數類型為gpio_num_t

「模式」的可能值：

● RTC_GPIO_MODE_INPUT_ONLY：僅輸入

● RTC_GPIO_MODE_OUTPUT_ONLY：僅輸出

● RTC_GPIO_MODE_INPUT_OUTPUT：輸出和輸入

● RTC_GPIO_MODE_DISABLED：取消輸出和輸入

RTC IO 也能啟用上拉 (pullup) 和下拉 (pulldown) 電阻，底下是啟用和停用上拉電阻的指令：

● rtc_gpio_pullup_en(接腳編號)：啟用上拉電阻，若啟用成功則傳回 ESP_OK；否則傳回 ESP_ERR_INVALID_ARG。

● rtc_gpio_pullup_dis(接腳編號)：停用上拉電阻，若停用成功則傳回 ESP_OK；否則傳回 ESP_ERR_INVALID_ARG。

在指定接腳輸出數位訊號的函式為：

可能值為HIGH（或1）或LOW（或0）

```
rtc_gpio_set_level( OLED_SW, HIGH );
```

綜合以上說明，底下敘述將令 RTC_GPIO7 (即 GPIO 腳 26) 輸出高電位：

```
gpio_num_t OLED_SW = GPIO_NUM_26;   // 定義接腳
rtc_gpio_init(OLED_SW);              // 初始化，轉交 ULP 控制
rtc_gpio_set_direction(OLED_SW, RTC_GPIO_MODE_OUTPUT_ONLY);
rtc_gpio_set_level(OLED_SW, HIGH); // 輸出高電位
```

最後，在 ESP32 進入深度睡眠狀態之前，必須執行底下的敘述，讓 RTC IO 和 ULP 保持運作，否則接腳仍會在睡眠時變成浮接狀態：

esp_sleep_pd_config(電源作用域，選項)

```
esp_sleep_pd_config( ESP_PD_DOMAIN_RTC_PERIPH, ESP_PD_OPTION_ON );
```

代表RTC GPIO、感應器和ULP　　代表保持運作狀態

電源作用域 (domain) 參數用於指定電源控制範圍，底下列舉三個參數值，完整列表和說明請參閱樂鑫公司的 ESP32 線上文件 (https://bit.ly/3gX3OP3)：

● ESP_PD_DOMAIN_RTC_PERIPH：RTC GPIO、感測器 (霍爾感測器和溫度感測器) 及 ULP 協同處理器。

● ESP_PD_DOMAIN_RTC_SLOW_MEM：RTC 低速記憶體。

● ESP_PD_DOMAIN_RTC_FAST_MEM：RTC 高速記憶體。

選項參數用於指定斷電的選項：

● ESP_PD_OPTION_OFF：在睡眠模式下關閉指定作用域的電源。

● ESP_PD_OPTION_ON：在睡眠模式下持續供電給作用域。

● ESP_PD_OPTION_AUTO：如果喚醒晶片的選項需要電源，則在睡眠模式下持續供電給作用域，否則關閉電源。此為預設選項。

動手做 11-3 在深度睡眠時維持數位輸出狀態

實驗說明：在開發板腳 0 連接一個 LED，並讓此接腳在開發板處於深度睡眠時保持狀態；每隔 3 秒喚醒 ESP32 並且切換腳 0 的輸出狀態（高電位或低電位）。

實驗材料：

LED（顏色不拘）	1 個

實驗電路：麵包板示範接線如下。因為這個實驗的進行時間不長，所以 LED 可以不用接電阻；若是長時間運作的成品，請替 LED 串接一個 330Ω 左右的電阻：

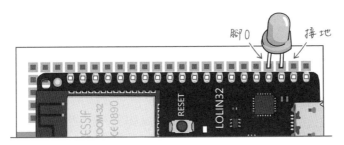

實驗程式：

```
#include <driver/rtc_io.h>    // 控制 RTC IO 需要引用這個程式庫
#define SLEEP_SEC 3            // 睡眠 3 秒

RTC_DATA_ATTR bool LEDstate = 0;  // 紀錄 LED 狀態
gpio_num_t LED = GPIO_NUM_0;       // 定義 LED 接腳

void setup() {
  Serial.begin(115200);
  rtc_gpio_init(LED);
  rtc_gpio_set_direction(LED, RTC_GPIO_MODE_OUTPUT_ONLY);
  LEDstate = !LEDstate;                // 反相布林值
  rtc_gpio_set_level(LED, LEDstate); // 在 LED 接腳輸出數位訊號
  Serial.println("我醒著～");
  delay(100);
  // 讓 RTC GPIO 和 ULP 在睡眠時持續運作
  esp_sleep_pd_config(ESP_PD_DOMAIN_RTC_PERIPH,
    ESP_PD_OPTION_ON);
  esp_sleep_enable_timer_wakeup(SLEEP_SEC * 1000000L);
  Serial.println("睡覺了～");
  delay(100);
  esp_deep_sleep_start() ;   // 進入深度睡眠
}

void loop() {}
```

實驗結果：編譯並上傳程式之後，腳 0 的 LED 將每隔 3 秒間歇地點亮、熄滅。

11-6 外部喚醒：透過 GPIO 腳

GPIO 接腳的電位訊號變化也能喚醒 ESP32，這種喚醒方式稱為**外部喚醒**（External Wake Up）。深度睡眠期間，只剩下 RTC 週邊仍在運作，所以也只**有 RTC GPIO 腳可以喚醒 ESP32**。ESP32 提供兩種外部喚醒的模式：

● ext0：透過**某一個接腳**的輸入高或低電位，喚醒 ESP32。底下的敘述指定使用腳 32（亦即，RTC_GPIO9），在該腳輸入高電位時喚醒：

```
esp_sleep_enable_ext0_wakeup( GPIO_NUM_○, 喚醒電位 )
esp_sleep_enable_ext0_wakeup( GPIO_NUM_32, 1);
```

1 或 0

● ext1：可指定**多個**可喚醒 ESP32 的 RTC GPIO 接腳，語法如下：

```
esp_sleep_enable_ext1_wakeup( 接腳遮罩, 模式 )
esp_sleep_enable_ext1_wakeup( 0x300000000, ESP_EXT1_WAKEUP_ANY_HIGH );
```

代表腳32和33   指定腳變成高電位時喚醒

模式參數有兩種可能值：

● ESP_EXT1_WAKEUP_ALL_LOW：所有指定接腳**都變成低電位**時喚醒。

● ESP_EXT1_WAKEUP_ANY_HIGH：任一指定接腳變成**高電位**時喚醒。

接腳遮罩（bitmask）參數用**接腳編號**當作指數，以 2 為底，設置外部喚醒的 GPIO 腳。以指定腳 32（亦即，RTC_GPIO9）為例，遮罩值為 0x100000000（遮罩值習慣上用 16 進位表示，比較容易閱讀）：

2^{32} ←接腳編號 →10進位→ 4294967296 →16進位→ 0x100000000

11-27

用 Windows 內建的**小算盤**可計算出上面的值，或者，在瀏覽器的**控制台**（Console），透過 JavaScript 內建的 Math.pow() 函式或者 ** 運算子進行指數運算：

$$x^y$$

語法 ⟹ Math.pow(x, y) 計算2^{32} ⟹ Math.pow(2, 32) ⟹ 4294967296

或者 ⟹ 2 ** 32 ⟹ 4294967296

然後用字串的 toString() 方法把 10 進位數字轉成 16 進位字串：

'0x' + (2 ** 32).toString(16) ⟹ "0x100000000"

轉成16進位字串

若要指定多個接腳，請將這些腳的指數運算值加總起來。例如，指定用腳 32 和 33 作為外部觸發來源：

$2^{32}+2^{33}$ ⟹ '0x' + ((2 ** 32) + (2 ** 33)).toString(16)

↓計算結果

"0x300000000"

動手做 11-4　透過 GPIO 腳從外部喚醒 ESP32

實驗說明：使用 ext0 和 ext1 模式，從外部喚醒深度睡眠中的 ESP32。本單元使用微觸開關當作喚醒訊號來源，讀者可以把開關替換成其他數位輸出的感測器（如：微波感測器）。

實驗材料：

微觸開關	2 個
10KΩ（棕黑橙）電阻	2 個

實驗電路：在 ESP32 開發板的 32 和 33 腳，各連接一個下拉電阻開關電路。
當開關按下時，ESP32 將收到高電位：

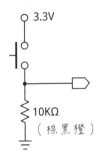

麵包板接線示範：

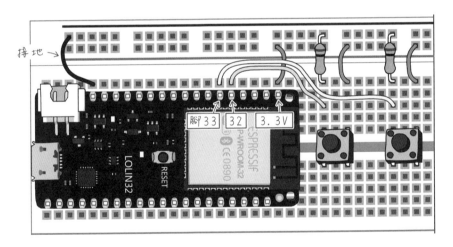

實驗程式一：底下程式採用 ext1 模式，若按下腳 32 或 33 的開關，ESP32 將
被喚醒：

```
#define BITMASK 0x300000000    // 腳 32 和 33 的位元遮罩

RTC_DATA_ATTR int wakes = 0;   // 紀錄喚醒次數的整數值

void setup() {
  Serial.begin(115200);
  Serial.printf("喚醒次數:%d\n", wakes);
  wakes ++;
  esp_sleep_enable_ext1_wakeup(BITMASK,
    ESP_EXT1_WAKEUP_ANY_HIGH);
  Serial.println("進入睡眠 zzz");
  delay(50);                    // 給序列埠一點時間傳輸資料
  esp_deep_sleep_start() ;      // 進入深度睡眠
}

void loop() {}
```

實驗程式二:底下程式採用 ext0 模式,按下腳 32 的開關將喚醒 ESP32:

```
RTC_DATA_ATTR int wakes = 0;   // 紀錄喚醒次數的整數值

void setup() {
  Serial.begin(115200);
  Serial.printf("喚醒次數:%d\n", wakes);
  wakes ++;
  // 設定讓腳 32 輸入高電位時喚醒 ESP32
  esp_sleep_enable_ext0_wakeup(GPIO_NUM_32, 1);
  Serial.println("進入睡眠 zzz");
  delay(50);                    // 給序列埠一點時間傳輸資料
  esp_deep_sleep_start() ;
}

void loop() {}
```

實驗結果:編譯並上傳程式碼,ESP32 將進入深度睡眠狀態,按一下腳 32 的
開關將喚醒 ESP32。

12

SPIFFS 檔案系統與
MicroSD 記憶卡

SPIFFS.h 檔案系統程式庫相當於快閃記憶體的檔案總管,提供程式建立、刪除、讀寫檔案,以及重新命名、格式化...等操作功能。第 6 章的網站應用程式透過 ESPAsyncWebServer (非同步網站伺服器) 內建的 SPIFFS 整合功能,存取其中的網頁資料。本單元將深入介紹 SPIFFS 檔案系統,並利用它來儲存裝置的狀態資料。

12-1 快閃記憶體的 SPIFFS 分區配置與操作

ESP32 開發板的快閃記憶體普遍容量是 4MB,其中存放了開機啟動程式 (bootloader)、我們編寫的程式檔 (也稱為 APP,應用程式) 以及可供應用程式自由使用的檔案資料儲存區:SPIFFS。

APP 和 SPIFFS 各自佔據了快閃記憶體的一部分空間,它們的大小配置,可從 Arduino IDE 主功能表的『**工具/Partition Scheme (分區配置)**』選單調整:

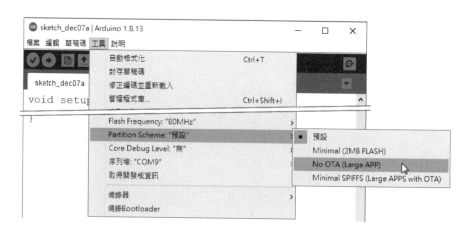

底下是**預設**和 **No OTA (Large APP)** (無 OTA (大 APP 空間)) 的分區配置比較:

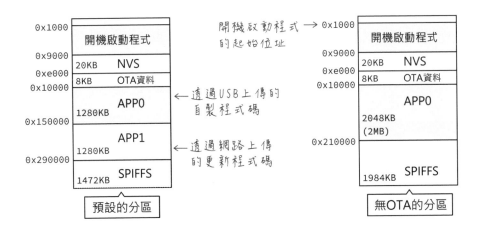

關於〈透過網路上傳更新程式〉(即:OTA 功能)的説明,請參閱 13 章。應用程式預設分配到 1280KB (1.25MB) 的儲存空間,如果你的程式檔需要更多空間,可選擇 **No OTA**(無 OTA 分區)配置。

不同 ESP32 開發板的 **Partition Scheme**(分區配置)選單指令也不太一樣,因為有些開發板具備較大容量的快閃記憶體。我們也能自訂分區配置,詳細説明請參閱下文〈調整快閃記憶體分區設置〉單元。

SPIFFS 檔案系統的相關操作指令

SPIFFS.h 程式庫提供下列操作方法:

- **SPIFFS.begin(是否格式化)**:掛載 (mount) SPIFFS 檔案系統,也就是告訴控制板有儲存裝置可用。若檔案系統掛載成功,傳回 true,否則傳回 false。

  這個方法接收一個選擇性的布林 (bool) 類型參數,指定是否在 SPIFFS 檔案系統「掛載失敗而且儲存區尚未格式化」時**自動格式化 SPIFFS 分區**,像這樣:

```
SPIFFS.begin(true);  // 掛載 SPIFFS 檔案系統,必要時將它格式化
```

  存取 SPIFFS 檔案系統的程式,都會在 setup() 函式加入底下的條件式,若掛載 SPIFFS 檔案系統失敗,則顯示錯誤訊息:

```
void setup() {
  Serial.begin(115200);

  if (!SPIFFS.begin(true)) {
    Serial.println("無法掛載 SPIFFS 檔案系統～");
  }
    :
}
```

- SPIFFS.format()：格式化檔案系統，若格式化成功則傳回 true。

- SPIFFS.totalBytes()：傳回檔案系統的總空間大小 (位元組)。

- SPIFFS.usedBytes()：傳回檔案系統已使用的空間大小 (位元組)。

- SPIFFS.exists("檔案路徑")：如果指定的路徑存在，則傳回 true，否則傳回 false。SPIFFS 的檔案路徑都必須用斜線開頭，斜線代表根目錄，而斜線開頭的路徑又稱為**絕對路徑** (如：/www/index.html)。

- SPIFFS.remove("檔案路徑")：刪除檔案，例如，/www/index.html 路徑代表刪除 /www 裡的 index.html 檔。若刪除成功則傳回 true。

- SPIFFS.rename(原始路徑檔名, 新路徑檔名)：重新命名檔案，路徑必須是絕對路徑，若重新命名成功則傳回 true。

- SPIFFS.open(路徑, 模式)：開啟檔案。**模式**參數用於指定存取模式，請參閱表 12-1。這個方法將傳回一個 File (代表「檔案」) 物件。若要檢查檔案是否開啟成功，請使用布林運算子：

```
File file = SPIFFS.open("/test.txt", "w");
// 以「寫入」模式開啟 test.txt 檔
if (!file) {
    Serial.println("開啟檔案時出錯了～");   // 檔案開啟失敗
}
```

實際上 ESP32 可以開啟不存在的檔案, 請參考線上教學文章：
https://bit.ly/3GjD6gK

表 12-1

模式	意義	說明
'w'	覆寫 (write only)	建立新檔,若檔案已存在,該檔內容將會被清空
'r'	僅讀 (read only)	開啟既有的檔案
'a'	附加 (append)	在既有檔案內容之後,寫入新的文字資料,或者建立新檔
'w+'	寫、讀	建立新檔,若檔案已存在,該檔內容將會被清空;可以讀取和寫入文字資料
'r+'	讀、寫	開啟既有的檔案,新的文字資料將從頭開始寫入
'a+'	附加、讀取	在既有檔案內容之後,寫入新的文字資料;若檔案不存在,則建立新檔,並啟用讀、寫模式

File (檔案) 物件具備操作檔案和資料夾方法,底下列舉部份方法:

- name():傳回檔案的名稱 (const char* 類型)。

- size():傳回檔案的大小。

- read():讀取一個字元。

- readStringUntil():讀取字串,直到讀入某個字元 (通常指定成 '\n') 停止。

- close():關閉檔案。

- isDirectory():若是資料夾則傳回 true,否則傳回 false。在第 6 章曾經說明過, 其實 SPIFFS 檔案系統沒有真正的資料夾,但它還是提供這個方法。

- openNextFile():開啟下一個資料夾路徑。

動手做 12-1　在 SPIFFS 中寫入與讀取檔案

實驗說明:在 SPIFFS 中新建一個 test.txt 檔,然後在其中寫入一行字串,接著讀取該檔,將其內容顯示在**序列埠監控視窗**,最後列舉 SPIFFS 裡的全部檔案。本實驗材料只需要一塊 ESP32 開發板。

實驗程式：筆者把寫入、讀取和列舉檔案的操作，分別寫成 writeFile(), readFile() 和 listFile() 三個自訂函式，完整的程式碼如下：

```
#include <SPIFFS.h>   // 引用操作 SPIFFS 的程式庫

void writeFile() {    // 寫入檔案
  // 以「寫入模式」開啟
  File file = SPIFFS.open("/test.txt", "w");
  if (!file) {
    Serial.println("無法開啟檔案～");
    return;
  }
  file.println("因為難，所以好玩！");
  file.close() ;        // 檔案操作完畢後，記得關閉它
}


void readFile() {     // 讀取檔案
  // 以「唯讀模式」開啟
  File file = SPIFFS.open("/test.txt", "r");
  if (!file) {
    Serial.println("無法開啟檔案～");
    return;
  }
  Serial.printf("檔案大小：%u 位元組\n", file.size());
  Serial.println("檔案內容：");

  while (file.available()) {        // 讀取整個檔案內容
    Serial.write(file.read());
  }

  file.close() ;
}

void listFile() {     // 列舉檔案
  File root = SPIFFS.open("/");        // 以預設（r）模式開啟根目錄
  File file = root.openNextFile() ; // 從根目錄開啟檔案
  while (file) {        // 開啟所有檔案
    Serial.printf("檔名：%s\n", file.name());
    file = root.openNextFile() ;
```

```
  }

  Serial.printf("總空間：%u 位元組\n", SPIFFS.totalBytes());
  Serial.printf("已使用：%u 位元組\n", SPIFFS.usedBytes());
}

void setup() {
  Serial.begin(115200);

  if (!SPIFFS.begin(true)) {
    Serial.println("無法掛載 SPIFFS 檔案系統～");
    while(1)  delay(10);
  }

  writeFile() ;   // 寫入檔案
  readFile() ;    // 讀取檔案
  listFile() ;    // 列舉檔案
}

void loop() {}
```

上面的 readFile() 函式中，在序列埠輸出字元所用的方法是 write()，而非
print()，因為 **print() 傳送的是「字元」，write() 送出的是原始位元組值**：

Serial.print(65); → 送出兩個字元 → "65" ← 實際傳出：54（字元' 6' 的ASCII 編碼值）和53（字元' 5'）

Serial.write(65); → 送出一個位元組值 → 'A' ← 65正好是' A' 的ASCII編碼，所以 在序列埠監控視窗顯示' A'。
（介於0~255）

此外，read() 方法是一次讀入一個字元，程式可以改用 readStringUntil('\n') 一次
讀取一行，像這樣：

```
while (file.available()) {
  // 持續讀取到 '\n' 字元
  Serial.print(file.readStringUntil('\n'));
}
```

實驗結果：編譯與上傳程式到 ESP32 開發板的執行結果：

在初次存取 SPIFFS 分區的 ESP32 開發板執行本單元的程式時，若 SPIFFS. begin() 沒有設定參數 true，**序列埠監控視窗**顯示『無法掛載 SPIFFS 檔案系統～』，代表 ESP32 開發板的 SPIFFS 檔案系統尚未格式化：

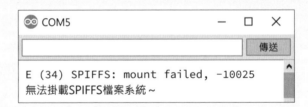

設定 true 參數，像這樣：SPIFFS.begin(true)，重新編譯上傳程式就能運作了。

動手做 12-2　使用 SPIFFS 紀錄執行狀態

實驗說明：延續第 3 章的雙按鍵調光程式，使用 JSON 格式文件在 SPIFFS 中紀錄調光器的亮度設置。每次開機時，ESP32 將先讀取此 JSON 文件裡的亮度設置，讓燈光維持在上一次關機前的亮度。

筆者將此 JSON 文件命名成 config.json，存在 SPIFFS 的根目錄。此 JSON 文件
的內容格式：

```
{
  "light":128,        // 保存亮度
  "desc":"紀錄亮度"   // 為了示範儲存多個成員而設定的資料
}
```

每當調光器的按鍵被「按一下」，程式就要把亮度值寫入 JSON 文件。為了避
免頻繁地寫入快閃記憶體，筆者將它設定成：調光後 5 秒，再紀錄亮度值。例
如，**調亮**鍵被按了 5 次，程式不會寫入 5 次紀錄，而是在最後一次被按下之後
5 秒，再寫入資料。

以這個範例來說，我們只需要簡單地在 SPIFFS 中建立個純文字檔，例如：
data.txt，然後在裡面寫入一個代表亮度值的數字就好了，不必大費周章地採
用 JSON 格式。然而，當裝置需要儲存多筆數據的時候，比方說，體重計可
能要儲存不同人的身高、體重、測量時間...等，使用 JSON 格式儲存是最普
遍的方式。

快閃記憶體約可重複寫入 10 萬次以上，假如一天重複寫入 50 次，其使用
壽命長達 5.5 年～不用擔心頻繁寫入資料會損壞開發板。

實驗電路：本單元的實驗材料和電路與動手做 3-2 相同，麵包板示範接線：

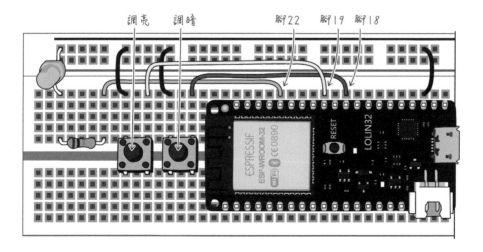

實驗程式：

```
#include <ArduinoJson.h>
#include <SPIFFS.h>
#include <switch.h>        // 引用自訂按鍵程式庫

#define BITS 10
#define STEPS 20           // 燈光有 20 階變化

const byte LED = 22;       // LED 的接腳
const byte SW_UP = 19;     // 「上」按鍵接腳
const byte SW_DW = 18;     // 「下」按鍵
const byte CHANG_VAL = 1024 / STEPS;
const char* CONFIG_FILE = "/config.json";  // 設置檔的名稱
const uint16_t SAVE_INTERVAL = 5000;        // 存檔延遲時間
bool clicked = false;      // 按鍵是否被「按一下」
uint32_t clickTime = 0;    // 按鍵被按一下的時間
uint16_t pwmVal = 0;       // 電源輸出值

Switch upSW(SW_UP, LOW, true);
Switch downSW(SW_DW, LOW, true);

void lightUp() {           // 調亮燈光
  if ((pwmVal + CHANG_VAL) <= 1023) {
    pwmVal += CHANG_VAL;
    Serial.println(pwmVal);
    ledcWrite(0, pwmVal);
  }
}

void lightDown() {         // 調暗燈光
  if ((pwmVal - CHANG_VAL) >= 0) {
    pwmVal -= CHANG_VAL;
    Serial.println(pwmVal);
    ledcWrite(0, pwmVal);
  }
}
```

```
void writeJson(uint16_t n) {      // 寫入 JSON 文件
  StaticJsonDocument<100> doc;   // 宣告 100 位元組大小的暫存空間
  doc["light"] = n;
  doc["desc"] = "紀錄亮度";

  String jsonStr;
  serializeJson(doc, jsonStr);        // 把 JSON 資料轉成字串
  Serial.printf("JSON 字串:%s\n", jsonStr.c_str());

  File file = SPIFFS.open(CONFIG_FILE, "w");

  if (!file) {
    Serial.println("無法開啟檔案～");
    return;
  } else {
    file.println(jsonStr.c_str());    // 寫入 JSON 字串
    file.close() ;
  }
}

uint16_t readJson() {                 // 讀取 JSON 文件
  String jsonStr;
  File file = SPIFFS.open(CONFIG_FILE, "r");

  if (!file || file.size()  == 0) {
    Serial.println("無法開啟檔案～");
    return 0;                         // 傳回燈光亮度值 0
  } else {
    while (file.available()) {
      jsonStr = file.readStringUntil('\n');  // 讀入檔案
    }
    Serial.printf("檔案內容:%s\n", jsonStr.c_str());
    file.close() ;
  }
  StaticJsonDocument<100> doc;

  deserializeJson(doc, jsonStr);
  uint16_t light = doc["light"];      // 取得燈光值
  String desc = doc["desc"];
```

```
    Serial.printf("light 值:%u、desc 值:%s\n",
      light, desc.c_str());
    return light;                          // 傳回亮度值
}


void setup() {
  Serial.begin(115200);
  pinMode(LED, OUTPUT);

  analogSetAttenuation(ADC_11db);      // 設定類比輸出
  analogSetWidth(BITS);
  ledcSetup(0, 5000, BITS);
  ledcAttachPin(LED, 0);

  if (!SPIFFS.begin(true)) {
    Serial.println("無法掛載 SPIFFS 檔案系統～");
    while (1) {
      delay(10);
    }
  }

  pwmVal = readJson() ;          // 讀取存檔紀錄
  ledcWrite(0, pwmVal);          // 設定燈光亮度
}


void loop() {
  switch (upSW.check()) {        // 偵測 "上" 按鍵
    case RELEASED_FROM_PRESS:
    case PRESSING:
      clicked = true;            // 代表「按鍵被按一下了」
      clickTime = millis() ;     // 紀錄按下按鍵的時間
      lightUp() ;                // 調亮燈光
      break;
  }

  switch (downSW.check()) {      // 偵測 "下" 按鍵
    case RELEASED_FROM_PRESS:
    case PRESSING:
      clicked = true;
```

```
        clickTime = millis() ;
        lightDown() ;
        break;
    }

    // 若有按鍵被按一下，而且經過了一段時間（5 秒）...
    if (clicked && (millis() - clickTime>=SAVE_INTERVAL)) {
      clicked = false;
      writeJson(pwmVal);          // 把亮度設定寫入 JSON 文件
    }
}
```

實驗結果：第一次執行程式時，SPIFFS 裡面並無 config.json 檔，所以燈光亮度將被設成 0，之後則會延續上一次的亮度設定：

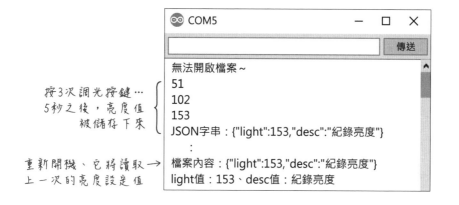

12-2 透過網頁表單上傳檔案到 ESP32

本單元將在 ESP32 設置一個 Web 伺服器，並在 /firmware 路徑提供一個**上傳檔案**表單網頁。使用者按下其中的**選擇檔案**，選取一個檔案之後，再按下**上傳鈕**，該檔案將存入 SPIFFS。存檔完畢後，ESP32 將回應包含**回首頁**超連結的網頁：

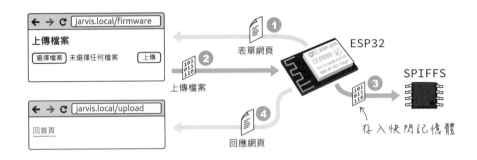

這個表單網頁要存放在 SPIFFS 分區，底下是上傳檔案的表單外觀和 HTML 碼，標籤元素叫做 <form>，<input type="file"> 標籤元素會在 Chrome 瀏覽器上呈現**選擇檔案**鈕，此欄位的名稱不重要（這裡命名成 filename），伺服器端程式會自動擷取上傳的檔案本體：

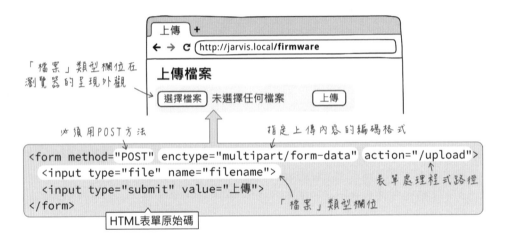

表單原始碼當中的 multipart 代表「多個部份」，也就是上傳檔案將被自動分割成數個、分批上傳（這個過程由瀏覽器自動完成）。

處理檔案上傳表單的路由函式

處理上傳檔案表單的路由函式，是在普通的路由後面添加一個接收上傳檔的函式參數，語法格式如下，筆者將此函式命名為 handleUpload；這個表單處理程式的路徑是 /upload：

HTTP 回應類型參數

```
伺服器物件 .on ( 網站路徑，HTTP方法，HTTP回應函式，接收上傳檔的函式 )
```

```
server.on("/upload", HTTP_POST, [](AsyncWebServerRequest * req) {
  req->send(200, "text/html; charset=utf-8", "<a href='/'>回首頁</a>");
}, handleUpload );
```
接收上傳檔的自訂函式　　　　　　字元編碼　　　　　　　　超連結文字

根據上面的 HTTP 回應函式碼，處理好上傳檔案時，瀏覽器將呈現一個**回首頁**的超連結文字。因為回應內容包含中文字，所以要設定 utf-8 萬國編碼，否則瀏覽器可能會將網頁當成英文（即：Latin-1 或 ISO-8859-1 編碼）來解讀而顯示成亂碼：

處理上傳檔的 handleUpload 自訂函式，需要宣告下列參數。在檔案從前端分批上傳的過程中，這個函式也將多次被呼叫，直到檔案上傳完畢：

請求物件　　　　　　　檔名

```
void handleUpload(AsyncWebServerRequest * req, String filename,
       size_t index, uint8_t * data, size_t len, bool final) {
```
下載資料的起始點　　　下載的資料　　資料長度
是否為最一段資料
```
  // ...儲存檔案的程式碼...
}
```

第一次被呼叫時，index 參數值將是 0，代表上傳檔的第 0 個位元組（開頭），len 參數則是這次傳入的檔案資料長度。假設第一次傳入的資料長度是 500，下次被呼叫，index 值將是 501。handleUpload 函式裡面的檔案儲存流程如下：

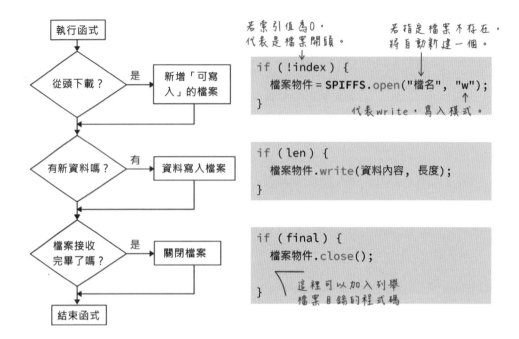

若索引值為0，代表是檔案開頭。

若指定檔案不存在，將自動新建一個。

```
if (!index) {
    檔案物件 = SPIFFS.open("檔名", "w");
}
```

代表write，寫入模式。

```
if (len) {
    檔案物件.write(資料內容，長度);
}
```

```
if (final) {
    檔案物件.close();

}
```
這裡可以加入列舉檔案目錄的程式碼

AsyncWebServerRequest 類別有個 File（檔案）類型的公有屬性，叫做 **_tempFile，用於儲存上傳檔案物件。**此例中，筆者把上傳檔案存入 SPIFFS 分區的 "/www/data/" 路徑。新增檔案的實際程式碼如下：

```
if (!index) {
  Serial.printf("開始上傳~");
  req->_tempFile = SPIFFS.open("/www/data/" + filename, "w");
}
```
    檔案物件　　　　　　　　　存檔路徑　　　檔名　　寫入

這是具備處理上傳檔案路由的完整 Web 伺服器程式碼：

```
#include <WiFi.h>
#include <ESPAsyncWebServer.h>
#include <SPIFFS.h>


const char* ssid = "Wi-Fi 網路名稱";
const char* password = "網路密碼";


AsyncWebServer server(80);  // 建立網站伺服器物件
```

```
void listFile() {               // 列舉全部檔案
  File root = SPIFFS.open("/");
  File file = root.openNextFile() ;
  while (file) {
    Serial.println(String("檔名：") + file.name());
    file = root.openNextFile() ;
  }
}

void handleUpload(AsyncWebServerRequest *req, String filename,
  size_t index, uint8_t *data, size_t len, bool final) {
  if (!index){
    Serial.printf("開始上傳：%s\n", filename);
    req->_tempFile = SPIFFS.open("/www/data/" + filename, "w");
  }
  if (len){
    req->_tempFile.write(data, len);  // 寫入上傳檔
  }
  if (final){
    Serial.printf("已上傳：%s、檔案大小：%u\n",
      filename, (index + len));
    req->_tempFile.close() ;

    listFile() ;                        // 列舉全部檔案
  }
}

void setup() {
  Serial.begin(115200);

  if (!SPIFFS.begin(true)){
    Serial.println("無法掛載 SPIFFS");
    while (1){
      delay(50);
    }
  }

  WiFi.mode(WIFI_STA);
  WiFi.begin(ssid, password);
  Serial.println("");
```

```
while (WiFi.status()  != WL_CONNECTED) {
  Serial.print(".");
  delay(500);
}
Serial.print("IP 位址 : ");
Serial.println(WiFi.localIP());     // 顯示 IP 位址

server.serveStatic("/", SPIFFS, "/www/").setDefaultFile(
  "index.html");
server.serveStatic("/firmware", SPIFFS,
                "/www/firmware.html ");

server.on(   // 上傳檔案之後，回應「回首頁」超連結網頁
  "/upload", HTTP_POST, [](AsyncWebServerRequest *req) {
    req->send(200, "text/html; charset=utf-8",
      "<a href= '/' >回首頁</a>");
  },
  handleUpload);

server.begin() ; // 啟動網站伺服器
Serial.println("HTTP 伺服器開工了～");
}

void loop() {}
```

選擇 Arduino IDE 主功能表『**工具/ESP32 Sketch Data Upload**』指令，上傳 data 資料夾裡的網頁檔案到 ESP32 開發板，然後編譯並上傳程式。接著使用瀏覽器開啟 ESP32 伺服器的 /firmware 路徑，即可上傳檔案到 SPIFFS。

調整快閃記憶體分區設置

Arduino IDE 主功能表的『**工具/Partition Scheme（分區配置）**』選單項目，定義在 boards.txt 檔（參閱第 2 章），底下是 LOLIN D32 開發板的**預設**分區選項設定：

開發版　選單　　　分區配置　　　預設選項　　選項名稱
↓　　　　↓　　　　　↓　　　　　↓　　　　　↓
　　　　　　　　　　　　　　　　　　　　　　　　　分區設置檔名
　　　　　　　　　　　　　　　　　　　　　　　　　↓
　d32.menu.PartitionScheme.default=Default
　d32.menu.PartitionScheme.default.build.partitions=default
　　　　　　　　　　　　　　　　　　↑
　　　　　　　　「預設選項」建立分區的依據

快閃記憶體的分區配置，紀錄在 CSV 格式的文字檔中，以上面的敘述來說，這個分區設置檔是 default.csv。default.csv 檔的內容如下：

分區名稱　　　類型　　　子類型　　　位址　　　　大小　　　　旗標
```
# Name,    Type,  SubType, Offset,   Size,     Flags
nvs,       data,  nvs,     0x9000,   0x5000,         ← 設定內容是否加密
otadata,   data,  ota,     0xe000,   0x2000,
app0,      app,   ota_0,   0x10000,  0x140000, ← 程式檔的容量上限
app1,      app,   ota_1,   0x150000, 0x140000,
spiffs,    data,  spiffs,  0x290000, 0x170000, ← 檔案資料儲存空間
```

所有分區設置檔都位於「ESP32 開發工具根目錄」的 tools/partitions 裡面：

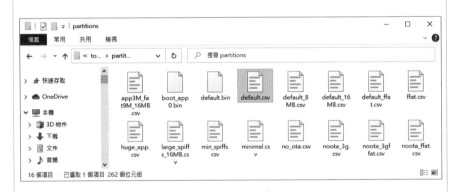

同樣地，boards.txt 的底下敘述設定了 IDE『**工具/Partition Scheme（分區配置）**』選單的 **No OTA (Large APP)** 選項：

　　　　　「無OTA分區」選項　　　　選項名稱
　　　　　　　　　↓　　　　　　　　　↓
　　　　　　　　　　　　　　　　　　　　　　　　　　　分區設置檔名
　　　　　　　　　　　　　　　　　　　　　　　　　　　　↓
d32.menu.PartitionScheme.no_ota=No OTA (Large APP)
d32.menu.PartitionScheme.no_ota.build.partitions=no_ota
d32.menu.PartitionScheme.no_ota.upload.maximum_size=2097152
　　　　　　　　　　　　　　　　　↑　　　　　　　　　　　　↑
　　　　　　　　此選項的「程式檔」上傳上限　　　　2MB

上面的敘述指定採用 no_ota.csv 檔的設定來配置快閃記憶體,並設定「程式檔」的上限是 2MB。其他 ESP32 開發板有不同的快閃記憶體配置,只要快閃記憶體同樣是 4MB,修改開頭的開發板名稱,就能用於 LOLIN D32,例如,把底下的敘述貼入 boards.txt 的設定檔:

```
d32.menu.PartitionScheme.huge_app=特大 APP (3MB 無 OTA/1MB SPIFFS)
d32.menu.PartitionScheme.huge_app.build.partitions=huge_app
d32.menu.PartitionScheme.huge_app.upload.maximum_size=3145728
d32.menu.PartitionScheme.noota_3g=無 OTA (1MB APP/3MB SPIFFS)
d32.menu.PartitionScheme.noota_3g.build.partitions=noota_3g
d32.menu.PartitionScheme.noota_3g.upload.maximum_size=1048576
```

重新啟動 Arduino IDE,『**工具/Partition Scheme(分區配置)**』選單就新增了兩個設置:

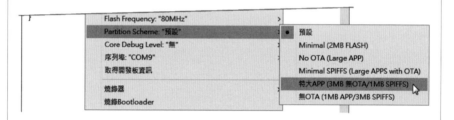

底下是分別選擇**預設**和 **No OTA (Large APP)** 的快閃記憶體分區設置,上傳動手做 12-2 程式的執行結果,可看出 SPIFFS 的分區大小確實變了:

12-3 連接 microSD 記憶卡

雖然 ESP32 模組提供了 SPIFFS 系統給程式存取檔案，但是每次要存入或取出其中的檔案資料，都要透過 Arduino IDE 或程式，不太方便。另一個讓 ESP32 存取外部檔案的方式是連接 SD 或 microSD 記憶卡，用這種方式，從電腦取得 ESP32 存入的檔案資料就易如反掌了。

SD 和 microSD 記憶卡的傳輸介面都採用標準的 SPI 序列介面。底下是 ESP32 開發板連接 SPI 週邊的電路；某些 SPI 週邊模組把 MOSI（主出從入）標示成 DI（數據輸入）、MISO（主入從出）標示成 DO（數據輸出）。關於 SPI 介面的説明，請參閱《超圖解 Arduino 互動設計入門》第 7 章：

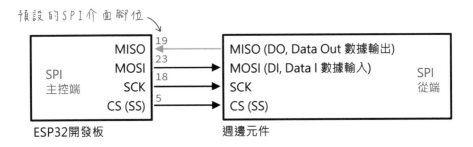

預設的SPI介面腳位

SPI 主控端		ESP32開發板		SPI 從端	週邊元件
MISO	19	MISO (DO, Data Out 數據輸出)
MOSI	23	MOSI (DI, Data I 數據輸入)
SCK	18	SCK
CS (SS)	5	CS (SS)

動手做 12-3 使用 SD 記憶卡提供 ESP32 伺服器網頁

實驗說明：把第 6 章〈在 ESP32 的快閃記憶體中儲存網頁檔案〉單元，存在 SPIFFS 分區中的網頁（www 資料夾），改放在 MicroSD 記憶卡。

實驗材料：

SD 或 MicroSD 讀卡機模組	1 個

實驗電路：SD 或 MicroSD 讀卡機模組的麵包板示範接線如下，電源接 3.3V：

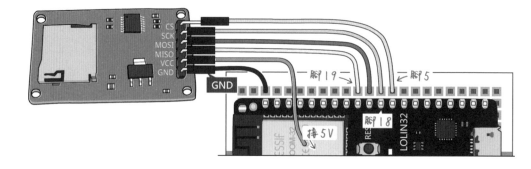

如果喜歡動手做，可以直接在 SD 轉接卡的接點焊接排線，製作出簡易的「MicroSD 讀卡器」，轉接卡的接點腳位對照如下：

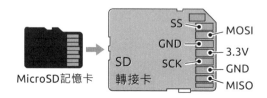

實驗程式：ESPAsyncWebServer.h 程式庫支援 SPIFFS 和 SD 記憶卡；本實驗程式碼幾乎跟採用 SPIFFS 檔案系統的版本一樣，只是把 SPIFFS 物件改成 SD（此程式庫內建於 ESP32 開發環境），底下列舉修改部份，loop() 函式仍舊維持空白：

```
#include <SD.h>     ←── 原本是用SPIFFS.h程式庫
#include <WiFi.h>
#include <ESPAsyncWebServer.h>
```

SD.h 程式庫內部已經引用了 SPI 通訊所需的 SPI.h 程式庫；底下的寫法也行，只是沒有必要：

```
#include <SPI.h>   // 引用 SPI 通訊程式庫
#include <SD.h>
    :
```

```
void setup() {
  Serial.begin(115200);
                        ——— 原本是：!SPIFFS.begin(true)
  if (!SD.begin()) {
    Serial.println("無法掛載SD記憶卡~");
    return;
  }

  byte cardType = SD.cardType();         ←— 新增這一段敘述，
  if (cardType == CARD_NONE) {              確認記憶卡存在。
    Serial.println("沒有插入SD記憶卡~");
    return;
  }
  WiFi.mode(WIFI_STA);    // 連結Wi-Fi相關程式
    :
```

```
                      原本是SPIFFS ——
  server.serveStatic("/", SD, "/www/")
                              .setDefaultFile("index.html");
  server.begin();    // 啟動HTTP伺服器
  Serial.println("HTTP伺服器開工了~");
}
```

實驗結果：請在 MicroSD 記憶卡的根目錄存入 www 資料夾和網頁相關文件，
記憶卡可用的檔案格式為 FAT 或 FAT32，若不是這兩種格式，請先格式化記憶
卡：

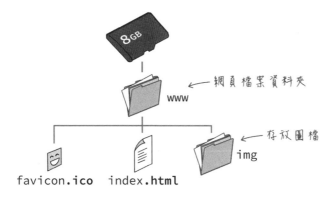

接著把 MicroSD 記憶卡插入記憶卡讀寫器模組,編譯並上傳程式碼到 ESP32 開發板,再連上此 ESP32 開發板的網站,將能看到首頁畫面。

讀寫 MicroSD 記憶卡的程式通常只需判斷 MicroSD 卡是否有插入,也就是 SD.cardType() 的傳回值不是 CARD_NONE。SD 程式庫還定義了其他代表 SD 記憶卡類型的常數(整數值),可以搭配如下的條件判斷式顯示記憶卡類型:

```
Serial.print("記憶卡類型:");
uint8_t cardType = SD.cardType() ;
switch (cardType) {
  case CARD_NONE:
    Serial.println("沒有插入 SD 記憶卡~");
    return;
  case CARD_MMC:
    Serial.println("MMC");    // 記憶卡是 MMC 類型
    break;
  case CARD_SD:
    Serial.println("SDSC");   // 記憶卡是 SDSC 類型
    break;
  case CARD_SDHC:
    Serial.println("SDHC");   // 記憶卡是 SDHC 類型
    break;
  default:
    Serial.println("未知");
}
```

讀寫 SD 記憶卡的操作方法和 SPIFFS 一樣,所以動手做 12-1 的程式,也能簡單地改成「在 MicroSD 記憶卡寫入與讀取檔案」的版本,改寫後的程式碼請參閱 diy12_3.ino 檔。

其中需要補充說明的是,目前的 MicroSD 記憶卡都是以 GB 為單位,所以程式最好改用 MB 單位顯示記憶卡容量,也就是把位元組值除以 1024*1024:

```
void listFile() {
  // 以預設 (r) 模式開啟 MicroSD 卡根目錄
  File root = SD.open("/");
```

```
File file = root.openNextFile() ;    // 從根目錄開啟檔案
while (file) {                        // 開啟所有檔案
  Serial.printf("檔名：%s\n", file.name());
  file = root.openNextFile() ;
}

Serial.printf("記憶卡大小：%uMB\n",
  SD.cardSize() / (1024 * 1024));
Serial.printf("總空間：%uMB\n",
  SD.totalBytes() / (1024 * 1024));
Serial.printf("已使用：%uMB\n",
  SD.usedBytes() / (1024 * 1024));
}
```

此外，1024 等於 2^{10}，所以 1024×1024 等於 $2^{10} \times 2^{10}$ 或者 2^{20}，因此 "/ (1024×1024)" 算式可以用**位元右移運算子 (>>)** 寫成 ">> 20"：

```
Serial.printf("記憶卡大小：%uMB\n", SD.cardSize()  >> 20);
```

動手做 12-4　寫入 DHT11 溫濕度紀錄到 MicroSD 記憶卡

實驗說明：結合 DHT11 溫濕度感測器模組、MicroSD 記憶卡讀寫器模組，以及線上時間伺服器和深度睡眠機制，每隔 10 分鐘把 ESP32 從深度睡眠中喚醒，在 MicroSD 記憶卡記下當前時間和溫濕度值。

紀錄檔名為 log.txt，紀錄格式為「日期時間, 溫度, 濕度」：

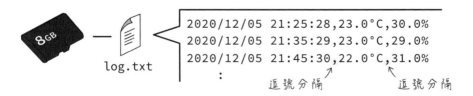

```
2020/12/05 21:25:28,23.0°C,30.0%
2020/12/05 21:35:29,23.0°C,29.0%
2020/12/05 21:45:30,22.0°C,31.0%
             :
```

log.txt

逗號分隔　　　逗號分隔

實驗材料:

DHT11 温濕度感測器模組	1 個
SD 或 MicroSD 讀卡機模組	1 個

實驗電路:在麵包板組裝的實驗電路示範:

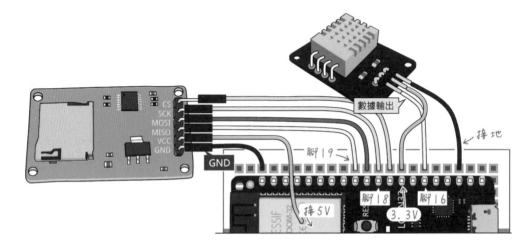

實驗程式:

```
#include <DHT.h>
#include <SD.h>                    // 引用操作 SD 的程式庫
#include <WiFi.h>
#include <time.h>

#define DHTPIN 16                  // DHT11 的接腳
#define DHTTYPE DHT11              // DHT 感測器類型
#define WAKE_TIME 10*60*1000000L   // 10 分鐘後喚醒

const char* ssid = "Wi-Fi 網路名稱";
const char* password = "Wi-Fi 網路密碼";

const char* ntpServer = "time.windows.com" ; // 時間伺服器
const uint16_t utcOffest = 28800;            // 台北時間 (UTC+8)
const uint8_t daylightOffset = 0;            // 日光節約時間 (0)
```

```
DHT dht(DHTPIN, DHTTYPE);                    // 建立 DHT11 感測器物件

void saveData() {
  float t = dht.readTemperature() ;  // 讀取攝氏溫度
  float h = dht.readHumidity() ;     // 讀取相對濕度

  time_t now = time(NULL);
  struct tm *localtm = localtime(&now);
  Serial.println(localtm, "時間:%Y/%m/%d %H:%M:%S");
  Serial.printf("溫度:%.1f°C、濕度:%.1f%%\n", t, h);

  File file = SD.open("/log.txt", "a");        // 以「附加模式」開啟
  if (!file) {
    Serial.println("無法開啟檔案～");
    return;
  }
  file.print(localtm, "%Y/%m/%d %H:%M:%S"); // 寫入時間
  // 寫入溫濕度,用逗號隔開
  file.printf(", %.1f°C, %.1f%%\n", t, h);
  file.close() ;                               // 關閉檔案
}

void setup() {
  Serial.begin(115200);

  if (!SD.begin()) {
    Serial.println("無法掛載 SD 記憶卡～");
    return;
  }

  uint8_t cardType = SD.cardType() ;
  if (cardType == CARD_NONE) {
    Serial.println("沒有插入 SD 記憶卡～");
    return;
  }

  WiFi.mode(WIFI_STA);                    // 設定成 STA 模式
  WiFi.begin(ssid, password);             // 連線到 Wi-Fi 網路分享器
  Serial.println("");
```

```
while (WiFi.status()  != WL_CONNECTED) {
  delay(500);
  Serial.print(".");
}
Serial.print("IP 位址 : ");
Serial.println(WiFi.localIP()); // 顯示 IP 位址

// 設置並取得網路時間
configTime(utcOffest, daylightOffset, ntpServer);
dht.begin() ;
delay(2000);                       // 等待兩秒，讓 DHT11 穩定
saveData() ;                       // 寫入目前時間和 DHT11 資料
delay(100);
esp_sleep_enable_timer_wakeup(WAKE_TIME);  // 設置喚醒時間
Serial.println("睡覺了～");
delay(100);
esp_deep_sleep_start() ;  // 進入深度睡眠
}

void loop() {}
```

實驗結果：把記憶卡插入 MicroSD 讀卡機模組，編譯並上傳程式碼，ESP32 將每隔 10 分鐘紀錄寫入一筆資料到記憶卡，**序列埠監控視窗**也會顯示時間和感測值：

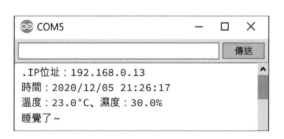

12-4 重複利用既有的程式碼：
父類別、子類別與繼承

第 15 章的藍牙程式涉及一些之前尚未提到的物件導向程式概念和專有名詞，本章先在這個單元用幾個簡單的範例介紹。

眼尖的讀者一定發現了 Arduino 的一些讀取和輸出數據的函式（方法）名稱都一樣。例如，在序列埠輸出訊息的方法是 Serial.println()、向 SD 記憶卡輸出文字的方法是 SD.println()，而這兩個物件讀取資料的方法都叫 read()；這不是巧合，而是姻緣註定：

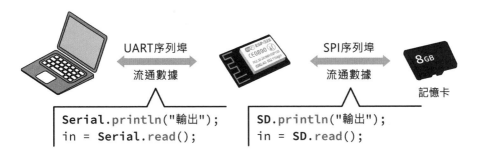

```
Serial.println("輸出");        SD.println("輸出");
in = Serial.read();            in = SD.read();
```

我們知道「類別」就是集結功能（方法）和資料（屬性）的程式模組，除此之外，程式可以用原有的類別當作基底，加入新增功能與資料，組合成新的類別。當作基底的類別，中文通常叫做**父類別**，英文有不同的說法，如：base class, superclass 和 parent class。從基底類別衍生出來的類別，則稱作**子類別**，英文有 subclass, derived class 和 child class 等說法。在程式設計領域中，衍生的正確說法是**繼承(inheritance)**。用造船來比喻，船體是基底，依照這個藍圖可產出許多船隻：

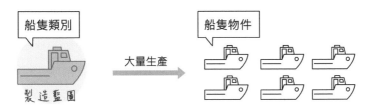

父類別所代表的船隻，是對某個物件一般化的說法，像漁船和獵雷艦都是「船」。在既有的船體設計上加入捕魚設備，它就不僅是普通的船隻，而且是「漁船」。船體是父類別，「漁船」則是具有新功能和屬性（如：捕魚和最大漁獲量）的子類別；父類別維持不變，但按照子類別定義（藍圖），即可造出漁船或獵雷艦。我們可以說，漁船和獵雷艦類別繼承了船隻的功能和屬性：

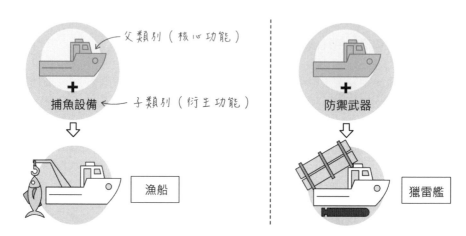

在 C++ 程式語言中，處理物件之間（例如：處理器和週邊設備）的數據流通的程式，統稱 **stream**（直譯為「串流」）。就像生活中的「金流」，不管是用 ATM 轉帳還是用高鐵搬 300 萬，都是讓錢從 A 流向 B。在 ESP32 程式開發環境中，負責讀取數據的是 Stream（數據流）類別，而 Stream 類別是負責輸出數據的 Print（列印）類別的子類別：

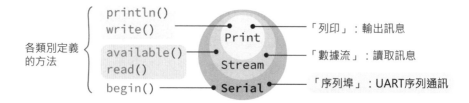

從上圖可知，Serial 繼承了 Print 和 Stream 的 println() 和 read() 等方法。存取 SPIFFS 記憶體和 SD 記憶卡檔案的類別，以及第 15 章介紹的 BluetoothSerial（藍牙序列通訊）類別，也都繼承了 Stream 類別，所以他們有一致的操作指令。這是物件導向程式的重要特點：已經建立好的功能或機制，不用重寫，拿過來用就好！

Serial 其實是個「跨原始檔」的全域變數 (物件) 名稱，實際的「序列埠」類別名稱叫做 HardwareSerial，定義在 HardwareSerial.h 檔 (原始碼：https://bit.ly/3ggDa45)，而這個檔案被 Arduino 程式開發環境的 Arduino.h 引入 (原始碼：http://bit.ly/3rfUoTk)，這就是為何在程式中使用 Serial 物件，不必事先宣告的原因：

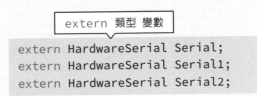

```
extern 類型 變數

extern HardwareSerial Serial;
extern HardwareSerial Serial1;
extern HardwareSerial Serial2;
```

編寫子類別程式

為了簡要說明子類別的程式寫法，底下將建立一個虛構的「顯示器」類別，在其中定義「設定游標」和「輸出字串」兩個方法。接著，定義 OLED 和 LCD 兩個顯示器子類別，並各自擁有自訂的成員：

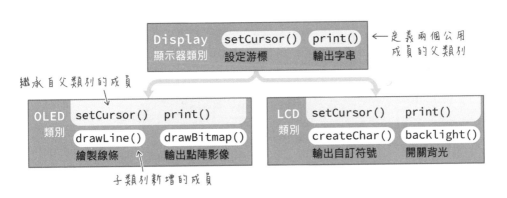

子類別將自動繼承父類別的「設定游標」和「輸出字串」方法。底下是父類別的程式碼，其屬性和方法成員的存取設定，必須是 public (公用) 或 protected (受保護的)，才可以繼承給子類別：

```
class Display {
  protected:
    int _x = 0;
    int _y = 0;

  public:
    void setCursor(int x, int y) {
      _x = x;
      _y = y;
    };
```

「受保護的」屬性，
可被這個類別及其子
類別物件存取。

「設定游標」公用成員，
可繼承給子類別。

```
    void print(String txt) {
      Serial.printf("在(%u, %u)顯示：%s\n",
                    _x, _y, txt.c_str());
    };
};
```

「輸出字串」公用成員

建立 OLED 子類別的語法和範例程式碼如下：

```
class 子類別名稱 : public 父類別名稱 {
  // 定義子類別的程式碼
};
```

```
class OLED : public Display {
  public:
    void drawLine() {
      Serial.println("繪製線條~");
    }
    void createBitmap() {
      Serial.println("輸出點陣圖~");
    }
};
```

包含類別和物件定義的完整程式碼：

```
class Display {                          // 建立「顯示器」類別
  protected:
    int _x = 0;                          // 定義屬性
    int _y = 0;
```

```
  public:
    void setCursor(int x, int y) {   // 定義方法
      _x = x;
      _y = y;
    };

    void print(String txt) {
      Serial.printf("在(%u, %u)顯示:%s\n", _x, _y,
                    txt.c_str());
    };
};

class OLED :public Display {         // 繼承「顯示器」的 OLED 類別
  public:
    void drawLine() {
      Serial.println("繪製線條～");
    }
    void createBitmap() {
      Serial.println("輸出點陣圖～");
    }
};

class LCD :public Display {          // 繼承「顯示器」的 LCD 類別
  public:
    void createChar() {
      Serial.println("產生自訂符號～");
    }
    void backlight() {
      Serial.println("已開啟背光～");
    }
};

void setup() {
  Serial.begin(115200);

  OLED oled;                         // 宣告 OLED 類型物件
  oled.setCursor(12, 34);            // 執行繼承自父類別的方法
  oled.print("追憶似水年華");         // 執行繼承自父類別的方法
```

```
    oled.drawLine() ;              // 執行在 OLED 類別定義的方法
    oled.createBitmap() ;
}

void loop() {}
```

上傳到 ESP32 板，從執行結果可看出 OLED 子類別繼承了父類別的 _x, _y 屬
性，以及 setCursor（設定游標）方法：

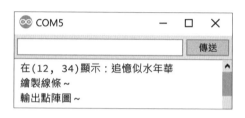

12-5 透過指標存取類別物件

如同陣列和結構，類別物件也可以透過指標存取。底下是改用指標存取 OLED
物件的程式，執行結果和上面的程式完全相同。透過指標存取的類別物件使
用 **new 運算子**（代表「新建」）建立，**存取物件的成員（屬性和方法），使用代表
「指向」的箭號（->），不能使用點（.）號**：

```
void setup() {
  Serial.begin( 115200 );
                                    ← 建立物件
  類別 指標 = new 類別()  ⇨  OLED *pt = new OLED();
                              pt->setCursor(12, 34);
                              pt->print("追憶似水年華");
  指標->類別成員  ⇨           pt->drawLine();
                              pt->createBitmap();
}
```

採用變數宣告語法建立的物件，程式會指派固定的記憶體空間給它，這種記憶體配置方式為**靜態配置**（static allocation）；採用 new 運算子建立的物件，其記憶體空間則是**動態配置**（dynamic allocation）。回顧一下建立字元陣列的敘述，左下是靜態分配記憶體，右下是動態分配：

傳遞類別物件給函式的場合，經常透過指標以節省記憶體；若不是透過指標，函式會把傳入的物件複製一份。第 15 章的低功耗藍牙程式，就是透過指標傳遞類別物件。

覆寫方法

子類別程式可重新定義父類別既有的方法，稱為**覆寫**（overwrite）方法。例如，底下程式定義一個叫做 PriceTag（價格標籤）的類別，以及一個衍生自「價格標籤」的 RedTag（紅標）子類別：

RedTag是一種PriceTag

```
class PriceTag {
  public:
    float price = 0;

    float tax() {
      return price * 1.05;
    };
};
```
父類別

```
class RedTag : public PriceTag {
  public:
    float tax() {
      return price;
    };
};
```
子類別

覆寫父類別當中，相同名稱、格式的方法。

這兩個類別都有 tax（計算稅金）方法，但是算法不一樣；子類別的版本將**覆寫**（也就是取代）繼承自父類別的方法。請看這個範例程式：

```
void setup() {
  Serial.begin(115200);

  PriceTag  tag;        // 宣告價格標籤（父類別）物件
  tag.price = 89;       // 設定價格
  RedTag  redTag;       // 宣告紅標（子類別）物件
  redTag.price = 89;    // 設定價格（price 屬性繼承自父類別）
  Serial.printf("一般含稅價格：%.1f 元\n", tag.tax());
  Serial.printf("紅標含稅價格：%.1f 元\n", redTag.tax());
}

void loop() {}
```

執行結果如下，子物件 redTag 執行的是子類別定義的 tax() 方法：

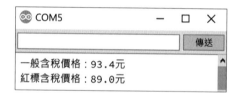

為指標而生的虛擬（virtual）函式

延續上一節定義的價格標籤範例，程式可以改用指標參照類別物件，像這樣宣告兩個指標，分別參照到兩個物件：

```
PriceTag *pt1 = new PriceTag();
RedTag   *pt2 = new RedTag();
```

但因為 RedTag（紅標）物件屬於一種 PriceTag（價格標籤）物件，具有相同的成員，所以程式可用一個父類別指標參照到所有子類別，好處是可以用相同的語法操控所有子物件。

就好比轎車、貨車、公車都是車，也都有方向盤，假設有個「車子」類型的 pt 指標，我們將能透過 pt 操控所有車輛轉動方向盤，類似這樣敘述：「車子.轉動」，不必透過個別的子物件執行「公車.轉動」、「貨車.轉動」…。範例程式如下：

```
void setup() {
  Serial.begin(115200);
  PriceTag *pt;          ← 用父類別宣告指標變數
  pt = new PriceTag();
  pt->price = 89;
  Serial.printf("一般含稅價格:%.1f元\n", pt->tax());

  pt = new RedTag();     ← 「紅標」物件也是
  pt->price = 89;           一種「價格標籤」

  Serial.printf("紅標含稅價格:%.1f元\n", pt->tax());
}                                    ↑
                            父、子類別使用相
                            同的語法存取成員
```

pt ▢*
↓
PriceTag物件

pt ▢*
↓
RedTag物件

可是，執行結果跟預期不符：

全都執行
父類別的方法 →

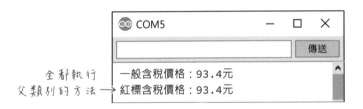

COM5
一般含稅價格:93.4元
紅標含稅價格:93.4元

若**要讓透過指標參照的子物件，執行子類別裡的覆寫方法**，請在父類別的方法宣告前面加上 **virtual**（代表「虛擬」）：

```
class PriceTag {
  public:
    float price = 0;

    virtual float tax() {      ← 虛擬函式
      return price * 1.05;
    };
};
```

父類別

其餘程式碼不變，再次執行程式，結果就正確了：

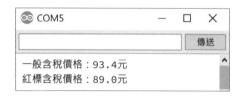

使用虛擬函式制定程式介面規範

電腦和手機裡的媒體播放器都有三角形的播放鍵，以及方形的停止鍵，儘管播放音樂和播放影片的程式碼大不相同，但控制介面都一樣。在 C++ 程式語言中，制定類似的「介面規範」，讓程式設計師遵循的束束，叫做**純虛擬函式**（**pure virtual interface**）。

假設我們要編寫一個計算面積和周長的工具程式，無論要計算哪種形狀物件，計算面積的方法都叫做 area()、計算周長的方法則是 perimeter()。我們可以先編寫一個制定函式（方法）名稱的父類別，如下：

```
class Shape {
  public:
    virtual float area() = 0;
    virtual float perimeter() = 0;
};
```

純虛擬函式，子物件
必須實作這些函式。

純虛擬函式就是只宣告名稱和格式，但是沒有實質內容，並且以 "=0" 結尾的虛擬函式宣告，實質程式碼由各個子類別自行定義。例如，底下是 Shape 的子類別 Rect（矩形），它實作了計算面積和周長的函式。它還定義了兩個不同版本的建構式，一個接收一個寬度參數（用於正方形），一個接收寬、高參數：

Rect（矩形）類別是 ─→ 一種 Shape（造型）類別

接收一個寬度參數 ─→

寬（_w）、高（_h）
私有屬性

接收寬、高參數 ─→

多型建構式

定義「面積計算」方法 ─→

定義「周長計算」方法 ─→

```cpp
class Rect : public Shape {
    private:
        float _w, _h;
    public:
        Rect(float w) {
            _w = w;
            _h = w;
        }

        Rect(float w, float h) {
            _w = w;
            _h = h;
        }

    float area() {
        return _w * _h;  // 寬×高
    }

    float perimeter() {
        return  (_w + _h) * 2; // (寬+高)×2
    }
};
```

底下是另一個 Shape 的子類別 Circle（圓形），它也實作了計算面積和周長的函式：

```cpp
class Circle :public Shape {
  private:
    float _r;               // 私有的「半徑」屬性
  public:
    Circle(float r) {       // 建構式，接收一個「半徑」參數
      _r = r;
    }
    float area() {          // 計算圓面積
      return _r * _r * PI;  // 半徑×半徑×圓周率
    }
    float perimeter() {     // 計算圓周長
      return  _r * 2 * PI;  // 半徑×2×圓周率
    }
};
```

底下是定義子物件和執行方法的主程式碼：

```
void setup() {
  Serial.begin(115200);

  Shape *pt;
  Rect  rect(12, 34);    // 建立寬 12, 高 34 的矩形物件
  Circle circle(56);     // 建立半徑 56 的圓形物件

  pt = &rect;            // 參照到矩形物件
  Serial.printf("矩形面積:%.1f\n", pt->area());
  Serial.printf("矩形周長:%.1f\n", pt->perimeter());

  pt = &circle;          // 參照到圓形物件
  Serial.printf("圓形面積:%.1f\n", pt->area());
  Serial.printf("圓形周長:%.1f\n", pt->perimeter());
}

void loop() {}
```

因為 Rect（矩形）和 Circle（圓形）物件同屬於一種 Shape（造型）物件，所以不
管那一種形狀，專案程式碼可以透過同一個 Shape 類型物件操控，所以 Shape
扮演「程式介面」的角色：

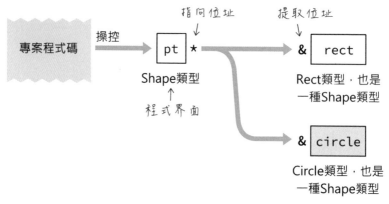

程式執行結果：

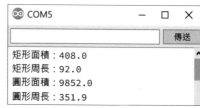

01101

13

設置區域網路域名、
動態顯示 QR Code
以及 OTA 更新韌體

所有聯網裝置都能從 IP 分享器取得唯一的 IP 位址，但動態分配到的位址可能
會變動而且不好記。本章將介紹兩種解決辦法，其一是替裝置指定像這樣的網
域名稱：esp32.local，然後從電腦或手機透過這個域名連接它。其二是在 OLED
螢幕顯示裝置的 IP 位址和 QR 碼，用手機掃描 QR 碼即可連接它。

本章也將說明如何在 ESP32 中加入 OTA（Over-The-Air，空中下載）機制，讓開
發板從網路下載並安裝程式檔（韌體），不必透過 USB 線連接 Arduino IDE。

13-1 設置區域網路域名

物聯網設備最好能像烤麵包機一樣，插上電源就能使用，不需要繁複的網路設
定。例如，新買的手機，只要開啟**畫面同步/AirPlay** 投放功能，它就會自動探索
區域網路中的可用裝置（如：電視或媒體播放器）並且連線播送影音：

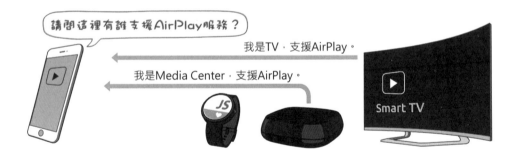

這種讓設備自動聯網的便捷功能通稱 **Zeroconf**（Zero-configuration
networking，**零配置聯網**），主要包含三種功能：

- 自動配置 IP 位址（稱為 Link-local 位址）：無需手動設定 IP 也不需要透
  過 DHCP 指定。

- 自動配置並解析網域名稱（domain name）：這項技術稱為 **mDNS**
  （Multicast Domain Name Service，**多點傳送域名服務**）。

● 在網路上傳播和接收自己與其他設備所能提供的服務：這項技術稱為 **DNS-SD**（DNS-based Service Discovery，**直譯為「基於 DNS 的服務探索」**）。

蘋果公司的 Bonjour（原意為法文「你好」），就是一種零配置聯網技術，內建在 iOS 和 macOS 系統。為了擴大此技術的應用範圍，蘋果將它開放原始碼，也提供 Windows 版本；新版的 Windows 10 已內建這項技術。Linux 上的 Avahi 也是基於此開放原始碼的零配置聯網服務軟體。

替 ESP32 設定專屬網名和服務回應訊息

假設我們在家裡佈署數個 ESP32 無線控制器，如果可以透過網域名稱而非 IP 位址存取它們，使用起來會更方便。例如，位於廚房的控制器，可以用 kitchen.local 來連接：

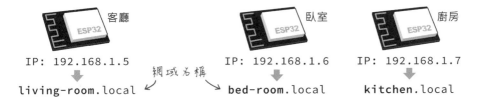

網域名稱的點之後的部份，稱為**頂級域名**（Top-level Domain，簡稱 TLD），零配置聯網裝置的 TLD 使用區域網路設備專屬的 .local。例如，假如把 ESP32 控制板命名成 jarvis，則它的域名為 jarvis.local：

一般的網站（如：swf.com.tw）都要透過 DNS 伺服器，把網域名稱轉換成對應的 IP 位址，替零配置聯網裝置解析域名的則是 mDNS。蘋果公司的 Bonjour 包含 mDNS，微軟也有開發自己的 mDNS 技術，稱為 LLMNR（Link-local Multicast Name Resolution，連結本機多點傳送名稱解析），但並未獲得廣泛採用。當今市面上的零配置聯網裝置大都採用蘋果的 Bonjour 相關技術。

ESP32 開發環境內建的 ESPmDNS 程式庫，可提供設定裝置的域名以及服務項目的基本功能。

> IP 位址配置不屬於 ESPmDNS 程式庫的功能，它會使用 ESP32 從基地台取得的動態 IP 位址或者程式設定的固定 IP。

裝置提供的服務類型，透過底下的格式描述，假設此裝置提供 HTTP 網路服務，每當其他裝置開始探索週邊的 HTTP 服務時，此裝置就會發出如下的回應訊息 (responder)：

實體名稱.服務類型.網域 ⟹ Cubie's ESP32._http._tcp.local
                                          服務類型

其中：

● 實體名稱：可供人類閱讀的任何 UTF-8 編碼的字串。

● 服務類型：底線開頭，加上標準 IP 協定的名稱，例如：_http (代表 HTTP 服務)、_ipp (列印服務) 或 _daap (音樂服務)，後面跟著同樣以底線開頭的傳輸協定，例如：_tcp 或 _udp。因此，_http._tcp 代表基於 TCP 傳輸協定的 HTTP 網站服務，可用瀏覽器存取；_daap._tcp 代表基於 TCP 傳輸協定的數位音樂服務，可用 iTunes 軟體存取。

● 網域：標準的 DNS 網域格式，例如 swf.com.tw 或者只能從區域網路存取的 local。

動手做 13-1　替 ESP32 伺服器設定本地域名

實驗說明：建立一個基本 HTTP 伺服器服務，並使用 ESPmDNS 程式庫設置控制板的域名，以及 HTTP 服務的回應訊息。本單元的實驗材料只需要一塊 ESP32 開發板：

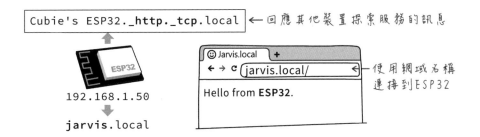

實驗程式：這個範例的大部分程式碼跟普通 Wi-Fi 網站伺服器程式相同，只是加入設置本機域名的敘述，完整的程式請參閱 diy13-1.ino 檔：

```
#include <WiFi.h>
#include <ESPAsyncWebServer.h>
#include <ESPmDNS.h>

AsyncWebServer server(80);

void setup() {
  WiFi.begin(ssid, password);   // 連線到網路基地台
    ⋮                    ←── 此為確認WiFi連線成功的迴圈敘述

  if (!MDNS.begin("jarvis")) {        設定主機名稱
    while(1) {                      （無須加入.local域名）
      delay(1000);
    }         若無法成功設置mDNS，程式將停在這裡。
  }

  server.on("/", HTTP_GET, [](AsyncWebServerRequest * req) {
    send(200, "text/html; charset=utf-8", "我是ESP32！");
  });
  server.begin();   // 啟用HTTP服務

  MDNS.setInstanceName("Cubie's ESP32");   // 設置實體名稱
  MDNS.addService("http", "tcp", 80);      // 設置服務描述
}
    不用底線開頭，全部小寫。     http服務的埠號
```

實驗結果：編譯並上傳程式到 ESP32，即可在 macOS, Windows 10 和 iOS 等系統的瀏覽器透過 jarvis.local 網址連結到此裝置網頁。

在手機或平板上，請安裝 Bonjour Browser（Android 系統）或者 Network Explorer（iOS 系統）免費 App，探索區域網路中 Zeroconf 裝置。底下是 Bonjour

Browser 探索到的 ESP32 控制板資訊,從這個畫面可得知此裝置提供 HTTP 服務(位於 80 埠),以及它的實體名稱、域名和 IP 位址:

13-2 用 QR Code 二維條碼呈現網址

假如微電腦裝置有搭載顯示器,我們可以用它來顯示內含連結網址的 QR Code(下文稱 QR 碼),方便用戶掃描連線。現在許多商場和博物館的標籤都改用**電子紙(ePaper)**,除了顯示文字訊息往往還附帶 QR 碼,以下單元將使用 OLED 顯示器示範動態顯示 QR 碼的程式寫法。

QR 碼是目前最被廣泛使用的二維條碼(也稱為「矩陣條碼」),它由日本汽車零件業者 Denso Wave 為了解決追蹤貨物的流通和管理,於 1994 年的發明,在 2000 年獲得 ISO 國際標準化組織認可為國際標準。QR 是 Quick Response(快速反應)的縮寫,相較於一維條碼,二維條碼可乘載更多資料類型和數量,從物品的生產商、批號、網址、電話...等中英文資料,還具備資料錯誤修正功能、可多角度掃描、佔用面積小等優點。

QR 碼的特徵是具有 3 個「回」字形的**定位標記**(position detection pattern),讓掃描器在不同角度掃碼時,也能夠得知資料的起始位置。除了必有的「回」字定位標記,大多數 QR 碼還有**校正圖塊**(alignment pattern),用於輔助定位和對齊:

條碼記載的是一連串 2 進位資料；QR 碼裡的一個黑白格子稱作**碼元**（module），一個碼元代表一個位元，黑色通常是 1，白色為 0。QR 碼的四周需要和其他內容保留約 4 個碼元大小的留白，以便於識別。

除了必要的定位、校正和留白等圖樣，QR 碼的其餘部份填滿了**資料**和**糾錯碼**（Error Correction Codeword，簡稱 ECC）。**糾錯碼**用於修補資料，當 QR 碼表面污損或局部破損時，QR 碼掃描軟體仍可透過糾錯碼還原缺遺的部份。

依承載的資訊量，QR 碼分成 40 個版本，最小的版本 1 的大小為 21×21 碼元，最大的版本 40 為 177×177：

本文將在 0.96 吋 OLED 螢幕上顯示 QR 碼，若採用一個像素呈現一個碼元，幾乎無法掃描成功；改用 2×2 像素呈現一個碼元就行了。由於 0.96 吋 OLED 螢幕的垂直像素數目為 64，所以最高只能呈現版本 3 的 QR 碼，剩週邊 3 像素留白：

每個 QR 碼在建立時，都可以從 4 種**容錯率**中選用一種：

● L：代表 Low（低），可修正 7% 的錯誤字碼。

● M：代表 Medium（中），可修正 15% 的錯誤字碼。

● Q：代表 Quartile（中高），可修正 25% 的錯誤字碼。

● H：代表 High（高），可修正 30% 的錯誤字碼。

容錯率越高，可被修正的錯誤率也就越高，但所需的糾錯碼也越長，可能要改用高版本才能放入 QR 碼。表 13-1 列舉 QR 碼的版本 1~3 的大小和可承載的資料量。

表 13-1

版本	碼元	容錯率	資料位元數	數字	英數字	二進位	漢字
1	21×21	L (7%)	152	41	25	17	10
		M (15%)	128	34	20	14	8
		Q (25%)	104	27	16	11	7
		H (30%)	72	17	10	7	4
2	25×25	L (7%)	272	77	47	32	20
		M (15%)	224	63	38	26	16
		Q (25%)	176	48	29	20	12
		H (30%)	128	34	20	14	8
3	29×29	L (7%)	440	127	77	53	32
		M (15%)	352	101	61	42	26
		Q (25%)	272	77	41	32	20
		H (30%)	208	58	35	24	15

使用 qrcode 程式庫產生 QR 碼

在 Arduino IDE 中選擇主功能表『**草稿碼/匯入程式庫/管理程式庫**』，在**程式庫管理員**中搜尋 "qrcode"，安裝 Richard Moore 先生編寫的 QR Code 程式庫（原始碼專案網址：https://bit.ly/2G9GJeL）：

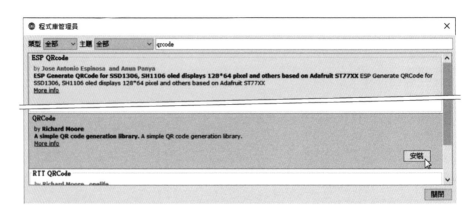

採用此程式庫產生 QR 碼，只需依序執行 3 行敘述：

```
QRCode qrcode;
```
← 建立管理QR碼的QRCode物件

陣列元素的類型

傳回指定QR碼版本所需的陣列大小

```
uint8_t qrcodeBytes[qrcode_getBufferSize(3)];
```
← 準備記憶體空間

自訂的陣列名稱　　　　　　　　　QR碼版本

```
qrcode_initText(&QRCode物件，預留的陣列空間，版本，容錯率，QR碼內容)
```

```
qrcode_initText(&qrcode, qrcodeBytes, 3, ECC_LOW, "hello");
```

建立QR碼　　　傳址　　　　　低容錯率（L），等同數字0。

其中的**容錯率**參數可用表 13-2
列舉的常數，或者 0~3 的整數
值。

表 13-2

常數	說明	整數值
ECC_LOW	低	0
ECC_MEDIUM	中	1
ECC_QUARTILE	中高	2
ECC_HIGH	高	3

以上 3 行敘述將在記憶體的 QRCode 物件中，產生如左下圖的版本 3，低容
錯率的 QR 碼。接著，我們可以透過 QRCode 物件的 size 屬性，取得此 QR
碼的碼元大小，或執行 qrcode_getModule() 方法，取得指定位置的碼元值
（1 或 0）：

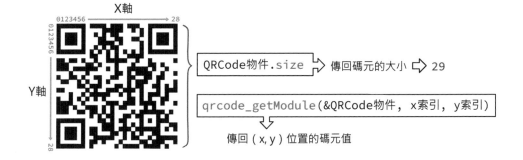

X軸

0123456 → 28

0123456

Y軸

28

QRCode物件.size → 傳回碼元的大小 ⇨ 29

qrcode_getModule(&QRCode物件，x索引，y索引)

傳回 (x,y) 位置的碼元值

底下的程式修改自 qrcode 程式庫的範例檔，它將在**序列埠監控視窗**輸出包含 "hello" 文字的版本 3、低容錯率的 QR 碼：

```c
#include "qrcode.h"              // 引用 qrcode.h 程式庫

void setup() {
  Serial.begin(115200);
  uint32_t dt = millis();        // 紀錄程式起始時間

  QRCode qrcode;                 // 建立 QR 碼物件
  uint8_t qrcodeData[qrcode_getBufferSize(3)];
  qrcode_initText(&qrcode, qrcodeData, 3, 0, "hello");

  dt = millis() - dt;
  Serial.printf("產生 QR 碼所花費的時間：%d\n\n", dt);
```

```c
for ( byte y = 0; y < qrcode.size; y++) {
  for ( byte x = 0; x < qrcode.size; x++) {      輸出水平方向
    if (qrcode_getModule(&qrcode, x, y)) {        的碼元
      Serial.print( "\u25A0\u25A0" );
    } else {                           ← ■ 符號unicode編碼
      Serial.print("\u25A1\u25A1");
    }                                  ← □ 符號unicode編碼
  }
  Serial.print("\n");
}
```

```c
  Serial.println("\n");
}

void loop() {}
```

實驗結果：編譯並上傳程式碼到 ESP32，即可在**序列埠監控視窗**看到黑白方格字元構成的 QR 碼：

```
COM5                                        —    □    ×
                                                        傳送
產生QR碼所花費的時間：15ms
```

(QR 碼圖樣顯示區)

在 OLED 螢幕顯示本機
IP 位址和 QR 碼

實驗說明：在 OLED 螢幕的左半部以文字顯示本機的 IP 位址（方便人類閱讀），字體選用 u8g2 程式庫內建的 15 像素高字體（https://bit.ly/37Jlbkn）當中的 u8g2_font_VCR_OSD_tn；畫面右半部顯示包含 IP 位址的 QR 碼。本單元的材料和電路跟動手做 5-1 相同：

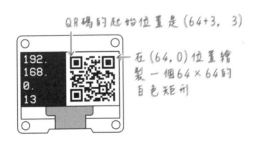

QR碼的起始位置是 (64+3, 3)

在 (64,0) 位置繪製一個 64×64 的白色矩形

實驗程式：筆者把在 OLED 螢幕繪製 QR 碼以及 IP 位址的程式碼寫成 drawQRcode() 函式，它接收一個 IP 位址類型參數：

```
void drawQRcode(IPAddress ip) {
    byte x0 = 3 + 64;          // QR 碼的 X 起始位置
    byte y0 = 3;               // QR 碼的 Y 起始位置
    // 將傳入的 IP 位址組合成網址字串
```

13-11

```
String url = "http://" + ip.toString();
// 預留 QR 碼的記憶體空間
uint8_t qrcodeData[qrcode_getBufferSize(3)];
// 產生 QR 碼
qrcode_initText(&qrcode, qrcodeData, 3 , 0, url.c_str());
String subIP;                    // 宣告暫存 IP 位址的變數

u8g2.firstPage();
do {
  u8g2.setFont(u8g2_font_VCR_OSD_tn);
  u8g2.setColorIndex(1);         // 設成白色
  for (byte i = 0; i < 3; i++) {
    // 取出 IP 位址數字，後面加 '.'
    subIP = String(ip[i]) + ".";
    // 顯示 IP 位址
    u8g2.drawUTF8(0, 16 * (i + 1), subIP.c_str());
  }
  subIP = String(ip[3]);
  u8g2.drawUTF8(0, 64, subIP.c_str());

  u8g2.drawBox(64, 0, 64, 64);    // 繪製 64x64 大小的白色背景
  for (uint8_t y = 0; y < qrcode.size; y ++) { // 產生 QR 碼
    for (uint8_t x = 0; x < qrcode.size; x ++) {
      if (qrcode_getModule(&qrcode, x, y)) {
        u8g2.setColorIndex(0);    // 黑色
      } else {
        u8g2.setColorIndex(1);    // 白色
      }
      u8g2.drawBox(x0 + x*2, y0 + y*2, 2, 2); // 繪製 2x2 方塊
    }
  }
} while (u8g2.nextPage());
}
```

比較需要補充說明的是在螢幕左側顯示 IP 位址的程式，從下圖可看出，文字的 y 座標是 16 的倍數，所以顯示前 3 個 IP 數字可以透過一個 for 迴圈完成：

```
for ( byte i = 0; i < 3; i++ ) {
  subIP = String( ip[i] ) + ".";
  u8g2.drawUTF8( 0, 16 * (i + 1), subIP.c_str());
}
```

此外，ip 陣列的元素值先轉成 String 類型，再透過 c_str() 方法取得字元陣列；
若直接把 ip 元素傳入 drawUTF8() 方法，將會在編譯時產生類型錯誤。本單元
的完整程式碼如下，採用非同步 ESPAsyncWebServer 建立 HTTP 伺服器：

```cpp
#include <WiFi.h>
#include <ESPAsyncWebServer.h>
#include <U8g2lib.h>
#include <qrcode.h>


const char* ssid = "Wi-Fi 網路名稱";
const char* password = "Wi-Fi 密碼";

U8G2_SSD1306_128X64_NONAME_1_HW_I2C u8g2(U8G2_R0, U8X8_PIN_NONE);
QRCode qrcode;
AsyncWebServer server(80);

// 定義網站首頁的 HTML 原始碼
const char* homePage = "<!DOCTYPE html>\
  <html><head><meta charset= 'utf-8' >\
  <meta name= 'viewport' content= 'width=device-width, \
    initial-scale=1' >\
  </head><body>沒錯！這是 ESP32 網站！\
  </body></html>";

void drawQRcode(IPAddress ip) {      // 繪製 QR 碼自訂函式
  :// 略
}
```

```
void setup() {
  Serial.begin(115200);
  WiFi.mode(WIFI_STA);
  WiFi.begin(ssid, password);

  while (WiFi.status() != WL_CONNECTED) {
    Serial.print(".");
    delay(500);
  }
  Serial.print("IP 位址：");
  Serial.println(WiFi.localIP());  // 顯示 IP 位址

  server.on("/", HTTP_GET, [](AsyncWebServerRequest * req) {
    req->send(200, "text/html", homePage);  // 回應首頁給用戶端
  });

  server.begin();    // 啟動網站伺服器
  u8g2.begin();      // 啟用 OLED 螢幕
  drawQRcode(WiFi.localIP());
}

void loop() {}
```

補充說明，因為本例使用的是 ESP32 晶片，所以 HTML 原始碼字串使用 const
宣告成常數，即可被保存在快閃記憶體。若是用 ESP8266 或 AVR 系列晶片的
Arduino 開發板，請改用底下的語法將字串保存在快閃記憶體（在 ESP32 開發
板採用這個語法也行）：

```
const char* 識別名稱 PROGMEM = R"rawliteral(
    ⋮ 多行文字內容

  )rawliteral";
```

```
const char* homePage PROGMEM = R"rawliteral(
<!DOCTYPE html>
<html><head><meta charset="utf-8">
<meta name="viewport" content="width=device-width, initial-scale=1">
</head><body>沒錯！這是ESP32網站！
</body></html>
)rawliteral";
```

13

QR 碼的各個組成部份說明

下圖是文字 "hello" 的 QR 碼，實際的資料其實只佔整個 QR 碼的右下角部份，其餘則是糾錯碼、定時圖案、格式資訊和定位圖案等編碼。糾錯碼用於修正、還原缺損的資料：

定時圖案（Timing Pattern）用於提供碼元的尺寸參考資訊。當掃描器傾斜掃描 QR 碼時，遠近的碼元（黑白）的大小會有差異，可能造成機器判讀錯誤，藉由定時圖案呈現出不同角度的碼元比例變化，便能校正掃描資料：

左上圖藍色部份的碼元提供格式資訊（Format information），內含此 QR 碼的容錯率和遮罩圖樣類型（參閱下文）等訊息。QR 碼裡的英文字元採用 ASCII 編碼，用 2 進位格式從右下角以「之」字形向上排列，資料結尾用數字 0 代表（佔 4 個碼元）：

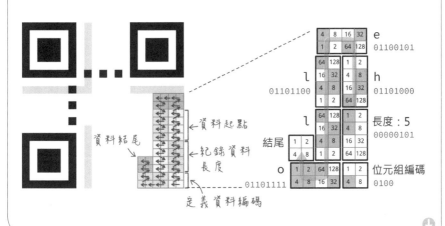

表 13-3 列舉本範例用到的幾個字元的 ASCII 編碼：

表 13-3

字元	10 進位	2 進位
h	104	01101000
e	101	01100101
l	108	01101100
o	111	01101111

表 13-4 列舉其中的四種資料編碼定義，英文字串和網址，都是採用「位元組編碼」：

表 13-4

編碼	資料類型
0001	數字編碼 (每 3 個數字佔 10 位元)
0010	英數字編碼 (每 2 個字元佔 11 位元)
0100	位元組編碼 (每個字元佔 8 位元)
1000	漢字編碼 (每個字元佔 13 位元)

QR 碼左邊的兩個**格式資訊**區域包含**容錯率**和**遮罩圖樣**（Mask Pattern）資訊，容錯率由兩個碼元定義，它會影響到資料編碼和解碼的算式，所以掃碼軟體會先讀取這個資訊：

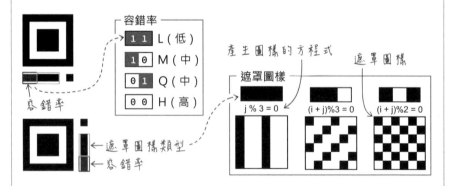

遮罩圖樣共有 7 種，製作 QR 碼時可任意選用一種，它的作用是避免 QR 碼呈現多處連續的黑或白而導致誤讀。其他 4 種遮罩圖樣和方程式長這樣：

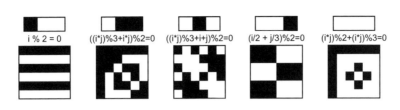

遮罩方程式中的 i 跟 j 分別代表垂直與水平方向的像素,底下是採用斜線
方程式的例子:

```
void setup() {
  Serial.begin(115200);
  Serial.println("\n");

  for (byte i=0; i<5; i++) {       ← 控制垂直方向(輸出5列)
    for (byte j=0; j<16; j++) {    ← 控制水平方向(輸出16行)
      if ((i + j) % 3 == 0) {
        Serial.print("\u25A0");    ← 輸出 ■
      } else {
        Serial.print("\u25A1");    ← 輸出 □
      }
    }
    Serial.print("\n");            ← 切換到下一列
  }
}

void loop() { }
```

它將在**序列埠監控視窗**顯示如下的 16×5 字元斜線圖樣:

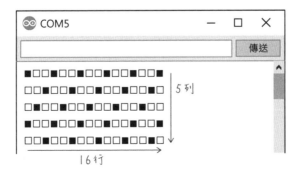

底下是替 "hello" 資料編碼套上垂直線條遮罩圖樣的樣子，當編碼資料與遮罩的黑色（1）重疊時，編碼資料將被反相，也就是黑變成白、白變成黑。右下圖是 QR 碼 "hello" 的資料區完成品外觀：

因為 QR 碼可設定不同的容錯率和遮罩圖樣，所以同一個資料（如："hello" 字串）的 QR 碼有 28 種變化（4 種容錯率 ×7 種遮罩圖樣）。資料區以外的空白處，除了填入遮罩圖樣，還會加入採用**里德-所羅門碼**（Reed-solomon codes）演算出來的糾錯碼，這個演算法的說明，參閱維基百科的這個條目：http://bit.ly/3o2nCmR。

13-3 透過 OTA 更新 ESP32 的韌體

開發 ESP32 程式時，我們都是透過 USB 線傳遞程式給開發板，而這個版本也稱為**出廠（factory）的程式**。OTA 是 Over-The-Air 的縮寫，直譯為「空中更新」，代表透過網路下載並更新韌體，這項功能有助於更新佈署在各地的裝置；手機和電動車的系統軟體，也都是透過 OTA 更新。

ESP32 開發工具把快閃記憶體分割成如下圖的幾個區域，其中包含兩個存放透過網路上傳的韌體的 OTA 分區：OTA_0 和 OTA_1。分區表的詳細說明，請參閱樂鑫官方簡體中文文件（https://bit.ly/38DdUmu）：

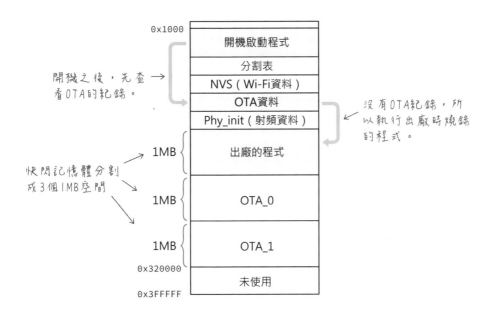

ESP32 的開機啟動程式,會自動執行包含最新可用韌體區域裡的程式。當我們以 OTA 方式上傳韌體時,新的韌體會被存入一個 OTA 分區,若安裝新韌體的過程沒有發生錯誤,ESP32 將自行重新啟動並且執行新韌體,否則執行前一個 OTA 分區的舊韌體;日後若再透過 OTA 更新韌體,新韌體會被下載到另一個分區,以此類推:

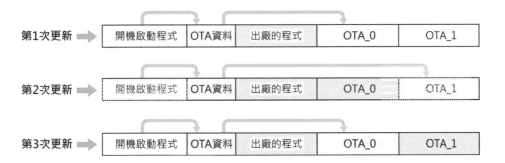

本文採用 Juraj Andrássy 開發、內建於 ESP32 Arduino 開發工具的 ArduinoOTA 程式庫(這個程式庫也支援其他 Arduino 相容開發板,專案網址:https://bit.ly/3loPNM4),並說明兩種 OTA 更新韌體的方式:

- Arduino IDE：在 Arduino 軟體的『**工具**』選項，上傳方式選擇 OTA（預設為 Serial，序列埠），『**序列埠**』選項選擇 ESP 模組的域名。電腦系統需要安裝 Python 語言的執行環境，請到 python.org 網站下載 Python 3 安裝程式。

- Web 瀏覽器：ESP 模組提供網頁，讓用戶上傳新韌體。

動手做 13-3 透過 Arduino IDE 進行 OTA 更新

實驗說明：第一次先透過 USB 序列埠上傳程式，後續透過無線網路更新 ESP32 的程式。本實驗只需使用一塊 ESP32 開發板：

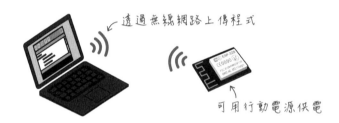

透過無線網路上傳程式

可用行動電源供電

實驗程式一：為了從 Arduino IDE，透過無線網路上傳韌體到 ESP32 開發板，ESP32 必須先連上 Wi-Fi 網路，然後啟用 OTA 功能，基本的程式運作流程及對應的指令如下：

流程	指令
引用程式庫	`#include <WiFi.h>` `#include <ArduinoOTA.h>`
網路連線	`WiFi.begin("Wi-Fi名稱", "Wi-Fi密碼");`
設定ESP32的主機名稱（可省略）	`ArduinoOTA.setHostname("自訂名稱");`
設定ESP32的密碼（可省略）	`ArduinoOTA.setPassword("自訂密碼");`
啟用OTA功能	`ArduinoOTA.begin();`
處理OTA任務	`ArduinoOTA.handle();`

如果沒有設定 ESP32 的主機名稱，它將使用「ESP32-○○○...○」格式當作預設名稱，其中的「○○○...○」是 ESP32 晶片的 MAC 位址。完整的程式碼如下：

```
#include <WiFi.h>
#include <ArduinoOTA.h> // 處理 OTA 的程式庫

const char* ssid = "Wi-Fi 網路名稱";
const char* password = "Wi-Fi 密碼";

void setup() {
  Serial.begin(115200);
  WiFi.mode(WIFI_STA);
  WiFi.begin(ssid, password);
  while (WiFi.waitForConnectResult()  != WL_CONNECTED) {
    Serial.println(".");
    delay(500);
  }
  Serial.print("IP 位址：");
  Serial.println(WiFi.localIP());

  ArduinoOTA.setHostname("ESP32 IoT"); // 自訂主機名稱
  ArduinoOTA.setPassword("12345");     // 自訂密碼
  ArduinoOTA.begin();                  // 啟用 OTA
}

void loop() {
  ArduinoOTA.handle();                 // 處理 OTA 任務
}
```

實驗結果：第一次上傳程式時，請使用既有的 USB 序列埠。上傳完畢，將能在『工具/序列埠』功能表看見並選擇 **ESP32 IoT**：

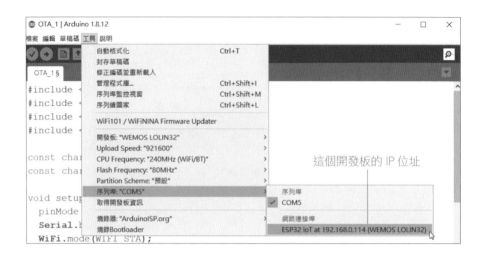

在**序列埠監控視窗**開啟的狀態下,把序列埠改成無線連結的 ESP32 IoT 埠,IDE 可能會出現如下的錯誤訊息,提示目前的**序列埠監控視窗**不支援無線連接;請忽略此錯誤訊息:

```
Serial monitor is not supported on network ports such as 192.168.0.114 for the WEMOS LOLIN32 in this release   複製錯誤訊息

Leaving...
Hard resetting via RTS pin...
Serial monitor is not supported on network ports such as 192.168.0.114 for the WEMOS LO

                                                              WEMOS LOLIN32 於 192.168.0.114
```

實驗程式二:為了測試 OTA 更新程式,請稍微修改原始碼,例如:加入閃爍 LED 的程式,但原有的 Wi-Fi 網路連線以及 ArduinoOTA 的程式碼都要保留:

```
#include <WiFi.h>
#include <ArduinoOTA.h>
   :
void setup() {
  pinMode(LED_BUILTIN, OUTPUT);  // 內建的 LED 腳設成輸出模式
    :// 其餘程式碼不變
}

void loop() {
  ArduinoOTA.handle();
  // 加入閃爍 LED 的程式
```

```
    digitalWrite(LED_BUILTIN, LOW);
    delay(1000);
    digitalWrite(LED_BUILTIN, HIGH);
    delay(1000);
}
```

ESP32 開發板依舊可插在電腦的 USB 取得電力,或者改接行動電源。選擇主功能表的『**工具/序列埠/ESP32 IoT**』,然後按下**上傳**鈕上傳修改後的程式碼,IDE 將出現底下的對話方塊,提示你輸入密碼:

輸入密碼並按下**上傳**鈕,程式將開始透過無線網路傳輸程式檔:

```
上傳完畢。
全域變數使用了 43216 bytes (13%) 的動態記憶體,剩餘 284464 bytes
Sending invitation to 192.168.0.114
Authenticating...OK
Uploading..............................................

                                    WEMOS LOLIN32 於 192.168.0.114
```

動手做 13-4　透過網頁表單上傳檔案更新 ESP32 韌體

實驗說明:第 12 章的網頁表單上傳檔案程式,把上傳檔寫入 SPIFFS 的資料分區,如果要更新韌體,上傳檔必須寫入 OTA 分區。ESP32 開發工具內建負責處理更新韌體檔案的 Update 程式庫,本單元將用到這個程式庫的下列函式:

● Update.begin()：初始化更新韌體的任務，若 SPIFFS 空間不足，它將傳回 false。這個函式可接收一個韌體檔案大小（位元組）的參數，若不確定檔案大小，則無需傳入任何參數。

● Update.write()：把上傳檔寫入 OTA 分區。

● Update.end()：完成燒錄韌體。若不確定上傳韌體檔案的大小，請傳入參數 true，否則無需傳入任何參數。

● Update.hasError()：確認更新過程是否有錯，若有則傳回 true。

● Update.printError()：輸出錯誤訊息，它接收一個序列埠物件參數，底下的敘述代表把錯誤訊息輸出到預設的序列埠：

```
Update.printError(Serial);
```

實驗程式：本實驗材料和電路只使用一塊 ESP32 開發板。底下程式將替 ESP32 設置本機域名（jarvis.local），並將從網頁表單上傳的檔案寫入 OTA 分區，然後重新啟動 ESP32 執行新韌體：

```
#include <WiFi.h>
#include <ESPAsyncWebServer.h>
#include <ESPmDNS.h>
#include <SPIFFS.h>
#include <Update.h>              // 負責網路更新韌體的程式庫

const char *host = "jarvis";   // 自訂的本機域名
const char *ssid = "Wi-Fi 網路名稱";
const char *password = "Wi-Fi 密碼";

AsyncWebServer server(80);      // 建立網站伺服器物件

void handleUpdate(AsyncWebServerRequest *request,
  String filename, size_t index, uint8_t *data, size_t len,
  bool final){
  if (!index){ // 第一次接收到資料
    // 顯示收到的檔名
```

```
    Serial.printf("更新韌體:%s\n", filename.c_str());
    // 開始接收上傳檔並寫入 SPIFFS 的 OTA 分區
    if (!Update.begin()){
      // 若有問題，則在序列埠顯示錯誤訊息
      Update.printError(Serial);
    }
  }

  if (len){                      // 若仍有資料...
    Update.write(data, len);    // 持續寫入韌體檔
  }

  if (final){                    // 若檔案接收完畢...
    if (Update.end(true)){       // 若更新韌體沒發生問題...
      Serial.printf("成功寫入%u 位元組。\n 重新啟動 ESP32〜\n",
        index + len);
    }else{
      // 若更新出錯，在序列埠顯示錯誤訊息
      Update.printError(Serial);
    }
  }
}

void setup() {
  Serial.begin(115200);

  if (!SPIFFS.begin(true)){
    Serial.println("無法掛載 SPIFFS");
    while (1) delay(50);
  }

  WiFi.mode(WIFI_STA);
  WiFi.begin(ssid, password);
  Serial.println("");

  while (WiFi.status()  != WL_CONNECTED){
    Serial.print(".");
    delay(500);
  }
  Serial.print("IP 位址:");
  Serial.println(WiFi.localIP()); // 顯示 IP 位址
```

```
if (!MDNS.begin(host)){              // 啟用 jarvis.local 域名
  Serial.println("設置 MDNS 回應器時出錯了～");
  while (1) delay(50);
}

server.serveStatic("/", SPIFFS, "/www/").setDefaultFile(
  "index.html");
server.serveStatic("/firmware", SPIFFS, "/www/firmware.html");
server.serveStatic("/img", SPIFFS, "/www/img/");
server.serveStatic("/favicon.ico", SPIFFS, "/www/favicon.ico");

server.on("/upload", HTTP_POST, [](AsyncWebServerRequest *req) {
    // 處理上傳檔案之後，傳送這個 HTTP 回應給用戶端...
    // 若更新韌體出錯，則回應 "更新失敗～"，否則回應 "更新成功！
    req->send(200, "text/html; charset=utf-8",
            (Update.hasError()) ? "更新失敗～":"更新成功！");
    delay(3000);          // 等待一段時間，確保用戶端收到上面的訊息
    ESP.restart();        // 重新啟動 ESP32
  },
  handleUpdate);

server.begin();          // 啟動網站伺服器
MDNS.setInstanceName("Cubie's ESP32"); // 設置實體名稱
MDNS.addService("http", "tcp", 80);    // 設置服務描述
}

void loop() {}
```

上面程式的這個敘述使用了 C/C++ 語言的**三元運算子** (ternary operator) 來決定傳給用戶端的訊息：

三元運算子相當於單行 if...else 條件式，若**條件表達式**為 true，則傳回**表達式 1**，否則傳回**表達式 2**。

實驗結果：本單元可沿用動手做 12-3 的 HTML 網頁，不用重新上傳 data 資料夾到 ESP32。請編譯並上傳本單元的程式。

為了確認更新韌體的效果，請稍微修改上面的程式，例如，在其中加入閃爍內建 LED 的程式：

```
    :略
void setup() {
  // 內建的 LED 腳設成「輸出」模式
  pinMode(LED_BUILTIN, OUTPUT);
  Serial.begin(115200);
    :略
}

void loop() {   // 加入閃爍 LED 的程式
  digitalWrite(LED_BUILTIN, HIGH);
  delay(500);
  digitalWrite(LED_BUILTIN, LOW);
  delay(500);
}
```

接著選擇 Arduino IDE 主功能表的『**工具/匯出已編譯的二進位檔**』，它將在 .ino 原始檔的資料夾，存入編譯好的.bin 檔：

在瀏覽器中連結 ESP32 的 firmare.html 頁面,上傳剛剛產生的.bin 檔,即可將它燒錄到 ESP32 開發板:

韌體燒錄完畢後,ESP32 開發板將重新啟動,內建的 LED 也將會閃爍:

瀏覽器也將載入/upload 路由回應的更新成功訊息:

但如果你上傳了非 ESP32 韌體檔,例如,上傳 Arduino 的.ino 原始碼,該檔案也將被寫入 OTA 分區,但是在最後階段被查出有誤,Update.hasError() 傳回 true,所以網頁顯示更新失敗訊息,而 ESP32 將在重新啟動之後執行舊有的韌體:

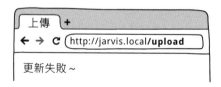

14

網路收音機、文字轉語音
播報裝置與音樂播放器

ESP32 晶片具備 I²S 序列音訊介面以及 DAC (數位轉類比) 功能,可變成音樂播放器。本章首先將介紹 I²S 與 DAC,接著採用現成的程式庫製作:

● 網路收音機 / Podcast (播客) 播放器

● 氣溫語音播報服務

為了深入瞭解 I²S 介面,本章後半段將不採用既有的音樂播放程式庫,自行建立一個播放器,從這個例子可學到下列主題:

● 設置與驅動 I²S 介面

● WAVE 聲音檔的結構以及解析程式的寫法

● 在 Arduino 程式裡面嵌入 2 進位檔

● 認識 DMA (直接記憶體存取) 功能

14-1 I²S 序列音訊介面

I²S 介面是荷蘭飛利浦電子公司的發明,最早應用在 CD 播放機內部,簡化光碟驅動器和聲音訊號處理 IC 之間的匯流排,目前廣泛用在各廠商的數位音響設備和智慧音箱。許多微控器晶片和控制板也有內建 I²S,像是 ESP8266, ESP32, Raspberry Pi (樹莓派), Pico (樹莓派基金會的 32 位元微控器) 以及採用 SAMD21 微控器的 Arduino 原廠開發板 (如:Arduino Zero)。

若使用並列方式傳送 16 位元聲音資料,光碟驅動器和 DAC (digital to analog converter,數位到類比轉換器) 之間需要 16 條資料線。I²S 介面為序列式,由 3 條接線組成:

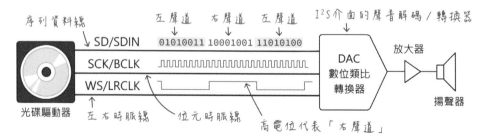

I²S 介面的 3 條接線的名稱和用途：

● **序列資料**：分批傳送左、右聲道資料，通常寫成 SD（Serial Data，序列資料）或 SDIN。

● **位元時脈**：確保接收端能同步收到資料，通常寫成 SCK（Continuous Serial Clock，連續序列時脈）或 BCLK（Bit Clock，位元時脈）。

● **左右時脈**：區分左、右聲道資料，若「序列資料」當下傳送的是右聲道資料，此時脈線將呈現高電位；低電位代表「序列資料」正傳送左聲道資料。通常寫成 WS（Word Select，字組選擇）或 LRCLK（Left-Right Clock，左右時脈）。

ESP32 內部有兩組 I²S 訊號處理單元（統稱 I²S 週邊），每個週邊都可透過 I²S 驅動程式設置成輸入（接 I²S 麥克風）或輸出（接 I²S 聲音解碼器），I²S 的接腳可指定成任一數位腳。

DAC（數位類比轉換）解碼晶片

使用 ESP32 製作 MP3 播放器，需要搭配一個 I²S DAC 解碼晶片，這個晶片的作用是解析 I²S 序列資料並且轉換成類比訊號。WAV 是一種未經壓縮編碼的原始聲音格式，檔案比較大；**MP3 是常見的聲音壓縮編碼格式，處理器需要將它解碼（解壓縮）、還原成原始的聲音資料，才能傳給 DAC 晶片播放**：

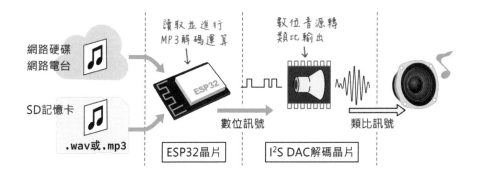

MP3 聲音來源可透過外接的 SD 記憶卡存取或透過 Wi-Fi 存取雲端的檔案，本章的範例採用網路存取。

I²S DAC 解碼器有不同的 IC 和模組可供選擇,本文選用是右下圖這款採用 PCM5102 晶片、附帶耳機插座的模組(搜尋關鍵字:"PCM5102 立體聲 DAC 解碼板"),它的價格比較實惠,接線也比較少;左下圖是本書設定的 I²S 接腳:

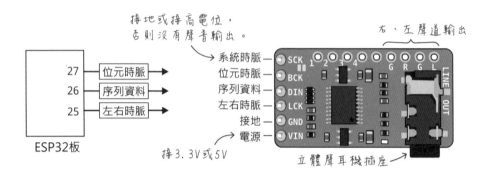

有些採相同晶片的模組有引出 PCM5102 IC 的額外接腳,我們必須自行將它們接地或高電位;有些模組強調使用日系電解電容、高傳真音質,價格也高一點;有些解碼器附帶聲音放大器,可驅動小型揚聲器,上圖這款只能驅動普通耳機,但可透過右上角的 GRGL 四個接點或耳機孔連接擴大機。

某些 I²S DAC 解碼晶片是單聲道,像 MCP4725,要購買兩個模組才能組成立體聲,這種模組的 PCB 板上面通常有留下焊接點,讓使用者設定模組是左聲道還是右聲道。

14-2 製作網路收音機的前置作業

底下動手做單元將透過 ESP32 播放網路電台的串流音訊,在此之前,我們要先找出串流音源的網址。

查看網路電台 / Podcast 的聲音來源網址

本節將示範從 TuneIn 網路電台(https://tunein.com/)取得串流網址的方法,首先在首頁搜尋或瀏覽到你想要聆聽的廣播或 Podcast,例如:ICRT(https://tunein.com/icrt100/),點擊之後即可聽到廣播串流:

在 TuneIn 網站收聽廣播

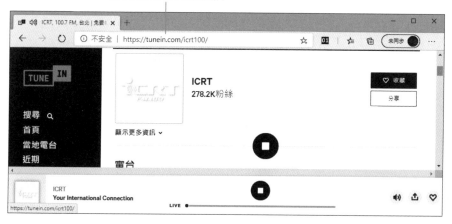

在瀏覽器中按下 F12 功能鍵（或選擇），開啟**開發人員工具**。切換到 **Network**（網路）分頁，再按下 Ctrl + R 鍵，重新連線。這個面板將顯示目前網頁的各項資源連線資訊：

2 輸入 mp3，篩選內容　　**1** 切換到 Network，然後按下 Ctrl + R 鍵

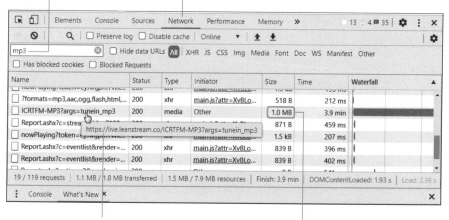

此為串流電台的來源網址　　串流音樂通常佔用整個網頁最大的流量

在串流來源中按滑鼠右鍵，選擇 **Copy/Copy link address**（複製連結網址）：

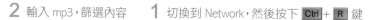

複製到的 ICRT 電台串流網址如下：

```
https://live.leanstream.co/ICRTFM-MP3?args=tunein_mp3
```

URL 參數可省略

把串流網址貼入瀏覽器的 URL 欄位，若網址是正確的，瀏覽器將開啟內建的
播放器播放音訊：

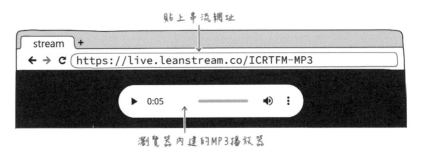

貼上串流網址

瀏覽器內建的MP3播放器

並非所有網路廣播/podcast 都採用 MP3 或 AAC 壓縮，像英國 BBC 廣播公
司的 Radio 1 廣播電台也有採用蘋果專屬的 AAC+（也稱作 HSL，hypertext
transfer protocol live streaming）高音質壓縮技術（320Kbps），但僅限於英國地
區收聽。

ESP32-audioI2S 程式庫

本章使用的 I²S 程式庫是 Wolle 開發的 ESP32-audioI2S（開源專案網址：
https://bit.ly/33Dz6ox），請先下載此程式庫原始檔：

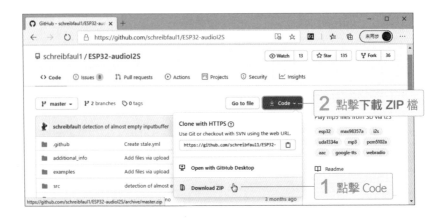

2 點擊下載 ZIP 檔

1 點擊 Code

這個程式庫的檔案比較大，主因是裡面包含了數個測試用的 MP3 檔案。下載完畢後，選擇 Arduino IDE 主功能表的『**草稿碼/匯入程式庫/管理程式庫**』指令，匯入剛剛下載的 ESP32-audioI2S-master.zip 檔，或手動將它解壓縮到 "文件\arduino\libraries" 路徑裡面，這個程式庫包含以下檔案，其中包括 MP3 和 AAC 兩種最常用的聲音格式的解壓縮程式：

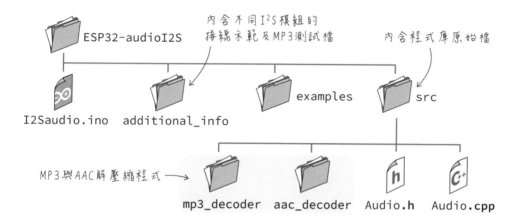

底下列舉 ESP32-audioI2S 程式庫提供的部份函式：

Audio 物件的方法：

● setPinout()：設定 I²S 模組的接腳

● loop()：播放聲音檔或串流

● connecttoFS()：讀取 SD 記憶卡的檔案

● connecttohost()：讀取網路電台的聲音串流

● connecttospeech()：連結 Google 文字轉語音服務

● getAudioFileDuration()：取得聲音的播放時間長度秒數

● getAudioCurrentTime()：取得聲音播放到現在的時間秒數

● pauseResume()：暫停或繼續播放

- stopSong()：停止播放

- setVolume()：設定音量，有效範圍：0~21

- getVolume()：取得音量

事件名稱：

- audio_eof_mp3：MP3 音樂播放完畢

- audio_eof_speech：Google 語音播放完畢

- audio_eof_stream：串流音樂播放完畢

- audio_showstreamtitle：顯示串流的標題

- audio_showstation：顯示電台名稱

- audio_showstreaminfo：顯示串流資訊

- audio_info：顯示聲音的資訊

- audio_id3data：顯示聲音檔裡的曲名、演唱者、專輯名稱...等詮釋資料（meta data）。

- audio_bitrate：顯示聲音的取樣位元速率

除了本文使用的程式庫，還有其他幾個與聲音輸出相關的程式庫：

- 透過 I²S 播放 MOD, WAV, MP3, FLAC, MIDI, AAC 和 RTTL 聲音檔，支援 ESP32 和 ESP8266：https://github.com/earlephilhower/ESP8266Audio

- 在 ESP32 輸出 AV 視訊和聲音：https://bitluni.net/esp32-composite-audio

- 離線英文語音合成器，支援 ESP32 和 ESP8266：https://github.com/earlephilhower/ESP8266SAM

動手做 14-1 網路收音機 / Podcast 播放器

實驗說明：使用 ESP32 接收網路電台串流，透過 I²S DAC 解碼器播出聲音。

實驗材料：

I²S DAC 解碼模組	1 個
觸控開關	2 個

實驗電路：I²S DAC 解碼模組的麵包板示範接線如下，I²S 介面通常接在 ESP32 的腳 25, 26 和 27，但並非硬性規定；微觸開關分別接在腳 21 和 22，用於控制音量大小：

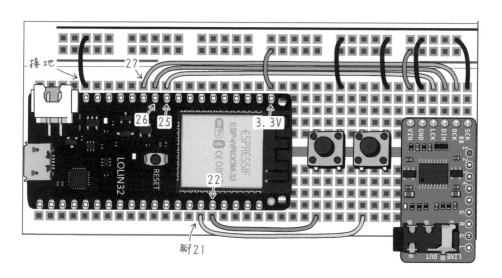

實驗程式：完整的程式碼如下：

```
#include <WiFi.h>
#include <Audio.h>


#define I2S_DOUT      26   // 接 I²S 模組的 DIN
#define I2S_BCLK      27   // 接 I²S 模組的 BCK
#define I2S_LRC       25   // 接 I²S 模組的 LCK
```

```
#define MAX_VOL        21   // 最高音量
#define VOL_UP         22   // 音量（升）腳
#define VOL_DOWN       21   // 音量（降）腳

Audio audio;                    // 建立 Audio 物件

const char* ssid = "Wi-Fi 網路名稱";
const char* pwd = "Wi-Fi 密碼";

byte volume = 10;               // 預設音量

void setup() {
  Serial.begin(115200);
  pinMode(VOL_UP, INPUT_PULLUP);     // 啟用音量按鍵的上拉電阻
  pinMode(VOL_DOWN, INPUT_PULLUP);
  WiFi.mode(WIFI_STA);
  WiFi.begin(ssid, pwd);             // 連線到 Wi-Fi
  while (WiFi.status()  != WL_CONNECTED) {
    Serial.print(".");
    delay(500);
  }
  audio.setPinout(I2S_BCLK, I2S_LRC, I2S_DOUT);  // 設定 I²S 接腳
  audio.setVolume(volume);                       // 設定音量

  // 連線到網路電台（ICRT）
  audio.connecttohost("https://live.leanstream.co/ICRTFM-MP3");
}

void loop() {
  audio.loop();                              // 播放聲音（如果有的話）

  if (digitalRead(VOL_DOWN) == LOW) {    // 音量按鍵程式
    delay(20);                             // 消除彈跳用的延遲
    if (digitalRead(VOL_DOWN) == LOW) {  // 如果仍是按下狀態...
      if (volume > 0) volume--;            // 降低音量
      audio.setVolume(volume);
    }
  }
```

```
      if (digitalRead(VOL_UP) == LOW) {
        delay(20);
        if (digitalRead(VOL_DOWN) == LOW) {
          if (volume < MAX_VOL) volume++;
          audio.setVolume(volume);
        }
      }
    }
```

實驗結果：編譯並上傳到 ESP32 控制板，你將能聽到 ICRT 電台廣播；按一下觸控開關可調整音量。

加入 ESP32-audioI2S 的事件處理函式

I²S 聲音播放程式可接收 ESP32-audioI2S 預設的事件，這些事件處理函式可放在 setup() 之前或者程式檔末尾，語法格式如下：

```
void 事件名稱( const char *參數 ){
    ：事件處理程式碼
}
```
↖ 指向訊息字串

底下定義了 4 個事件處理函式，它們會在對應事件發生時自動被呼叫執行：

```
void audio_info(const char *info){
  printf("聲音資訊：%s\n", info);
}
void audio_showstation(const char *info){
  printf("電台    ：%s\n", info);
}
void audio_showstreaminfo(const char *info){
  printf("串流資訊：%s\n", info);
}
void audio_showstreamtitle(const char *info){
  printf("串流標題：%s\n", info);
}
```

編譯程式之前，請先把收聽的電台換成 TED Talks 或其他你喜愛的播客（Podcast），因為 TED Talks 聲音串流有夾帶節目名稱訊息；有些網路廣播電台也會顯示播放的歌曲名稱和演唱者等資訊。

```
audio.connecttohost("https://tunein.streamguys1.com/TEDTalks");
```

編譯並上傳修改後的程式，在**序列埠監控視窗**顯示的結果如下，也許是因為 TED Talks 的串流頻寬較小或收聽者眾多，所以聲音偶爾會斷斷續續：

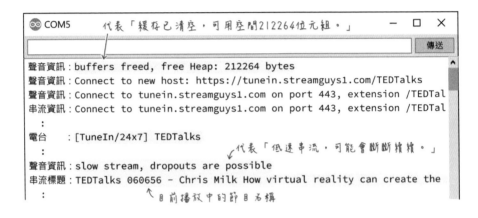

14-3 使用 Google 文字轉語音服務

上面的例子是播放預先錄製好的聲音，文字轉語音功能則可讓程式依設定輸出語音。例如這樣的文字：「新聞快報：○○地區○○：○○時，發生規模○○級的○○地震。」填入感測器數據再轉成語音，就能組成新聞快訊播報服務。

把文字轉成語音最簡單的辦法，是使用 Google 線上翻譯服務。直接在瀏覽器的網址欄位輸入底下格式的 URL（請寫成一行，中間不要有空格）：

```
https://translate.googleapis.com/translate_tts?ie=UTF-8
```

```
&q=○○○○○○○○&tl=○○&client=gtx
```
要轉成語音的文字，須經過URL編碼。　　　　語系　或設定為tw-ob

如果網址後面沒有加上 client（用戶端）參數，Google 伺服器將回應 HTTP 403 錯誤（代表「拒絕提供服務」）。輸入網址後，Google 翻譯服務就會傳回語音，瀏覽器將把收到的音訊用內建的 MP3 播放器播放出來，像這樣：

瀏覽器會自動進行URL編碼　　　台式中文

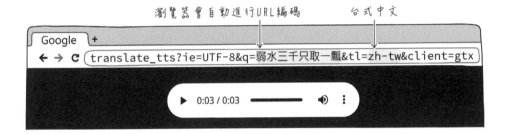

中文語音的語系可以設成 zh-tw（台灣腔）或 zh-CN（或 zh，北京腔），就像英文（en）也有各地的腔調：en-US（美式）、en-UK（英式）、en-AU（澳洲）...等。Google 翻譯服務支援的語系代碼，請參閱官方文件：https://bit.ly/35L6TPq。

從 ESP32 程式發出 Google 文字轉語音的 HTTP 請求訊息如下，其中的 User-Agent（用戶端）欄位不可省略，否則 Google 伺服器將回應 HTTP 403 錯誤：

URL網址

```
GET /translate_tts?ie=UTF-8...略 HTTP/1.0\r\n
Host: translate.google.com\r\n
User-Agent: GoogleTTS for ESP32/1.0.0\r\n
Accept-Encoding: identity\r\n
Accept: text/html\r\n\r\n
```
自訂的用戶端名稱
代表接收的回應內容不要壓縮
接受HTML文字，一般的瀏覽器會標註
其他可接受的格式，像webp圖檔。

URL 網址裡的文字要經過 URL 編碼，上文使用的 ESP32-audioI2S 程式庫，已經把上面那些連結 Google 翻譯服務的程式碼都寫好了，包裝成 connecttospeech() 方法（代表「連線到語音服務」）：

14-13

```
audio物件.connecttospeech("要轉成語音的文字", "語系")
```

```
audio.connecttospeech("robot源自捷克語，原意為「奴隸」。", "zh");
```

Google 語音播放完畢時，connecttospeech() 方法會自動執行 (觸發事件) 名叫 audio_eof_speech() 的函式 (如果有的話) 並傳入轉成語音的文字。因此，若有需要在 Google 語音播放結束時執行的程式碼，可以寫在這個函式之中：

```
void audio_eof_speech( const char *info ) {
  printf("「%s」播放結束\n", info);        指向Google語音文字
}
```

定義多個字串：二維字元陣列

下文將需要編寫隨機組合的字串，像這個句子：「真是____的好天氣啊！」隨機填入「讀書」、「睡覺」、「滑手機」...等文字。所以本節先說明定義多個字串的程式寫法。

每個字串都是一個陣列，所以儲存多個字串，需要建立 2 維陣列：

UTF-8編碼的一個中文字，佔3~4位元組。　　　　　　　　　每個字串都有NULL結尾

```
char texts[5][13] = { "讀書", "睡覺", "聽音樂", "滑手機", "外出走走" };
```
共5個元素，　　　　至少要能容納最長的字　　這個字串佔13位元組（4×3+1）
此值可省略。　　　　串，此值不可省略。

此敘述將建立一個 5×13 大小的二維陣列：

產生隨機字串的程式片段如下：

```
char texts[5][13] = {"讀書","睡覺","聽音樂","滑手機","外出走走"};
uint8_t index = random(5);  // 從 5 個字串中隨機產生一個數字
String msg = "真是" + String(texts[index]) + "的好天氣啊！";
```

上面的二維陣列定義，會造成空間的浪費，而且還得預估字元數量。比較好的
寫法是改用字元指標陣列：

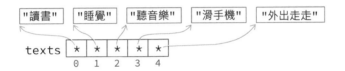

texts 陣列的每個元素都各自指向一個字元陣列空間：

程式先求取 texts 陣列的元素數量（此例為 5），再用此數量值隨機產生一個
數字（其值將介於 0~4），最後依此隨機數字當作索引，取出文字內容：

```
char* texts[] = {"讀書", "睡覺", "聽音樂", "滑手機", "外出走走" };
// 取得文字元素的數量
uint8_t totalTexts = sizeof(texts)/sizeof(texts[0]);
// 在文字數量範圍內隨機產生一個數字
uint8_t index = random(totalTexts);
String msg = "真是" + String(texts[index]) + "的好天氣啊！";
```

動手做 14-2 氣溫語音播報服務

實驗說明：結合 Google 文字轉語音功能，讓使用者按一下按鍵，就能說出溫
度，像這樣：「現在溫度攝氏○○度，真是適合●●的好天氣啊！」，其中的
●●可隨機替換成其他文字。

實驗材料：

ESP32 開發板	1 個
I²S DAC 解碼模組	1 個
DHT11	1 個
微觸開關	1 個

實驗電路：在麵包板組合的示範電路如下，DHT11 的輸出接 ESP32 腳 13、開關接在腳 22：

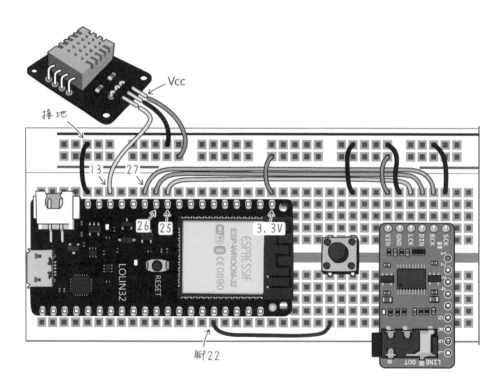

實驗程式：接收 Google 語音資料需要時間，所以當使用者按一下開關時，這個裝置不會立即發出聲音；為了避免使用者誤以為程式沒有運作，重複再按下按關，這個實驗會把開發板內建的 LED 當成運作狀態指示燈：按一下開關，如果程式不處於運作狀態，就立即點亮 LED，直到語音播放完畢再熄滅：

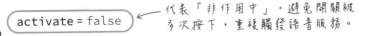

activate = false ← 代表「非作用中」,避免開關被
多次按下,重複觸發語音服務。

如果開關被按下而且activate為false...

activate = true
點亮LED
讀取DHT11的溫度值
組合溫度和隨機文字,傳給Google語音服務。

← 因為文字轉語音需要時
間完成,在此點亮LED
告知使用者資料正在處
理中…

播放接收到的Google語音

語音播放完畢 ← 事件自動觸發

關閉LED
activate = false ← 到此,使用者才能再次按下開關。

完整的程式碼如下:

```
#include <WiFi.h>
#include <Audio.h>
#include <DHT.h>
#define I2S_DOUT      26   // 接 I²S DAC 模組的 DIN
#define I2S_BCLK      27   // 接 I²S DAC 模組的 BCK
#define I2S_LRC       25   // 接 I²S DAC 模組的 LCK
#define SW            22   // 接開關
#define LED           5    // 內建的 LED
#define DHTPIN        13   // 接 DHT11
#define DHTTYPE       DHT11

Audio audio;
DHT dht(DHTPIN, DHTTYPE);

const char* ssid = "Wi-Fi 網路名稱";
const char* pwd = "Wi-Fi 密碼";

const uint8_t debounceDelay = 20;   // 去除開關彈跳的延遲毫秒
bool activate = false;

char* texts[] = {"讀書", "睡覺", "廳音樂", "滑手機", "外出走走" };
uint8_t totalTexts = sizeof(texts)/sizeof(texts[0]);
```

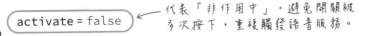

```
void audio_eof_speech(const char *info) {
  digitalWrite(LED, HIGH);
  activate = false;
  printf("「%s」播放結束\n", info);
}

void setup() {
  Serial.begin(115200);
  pinMode(SW, INPUT_PULLUP);
  pinMode(LED, OUTPUT);
  digitalWrite(LED, HIGH);
  dht.begin();

  WiFi.mode(WIFI_STA);
  WiFi.begin(ssid, pwd);
  while (WiFi.status() != WL_CONNECTED) {
    Serial.print(".");
    delay(500);
  }
  Serial.println("\nWi-Fi 已連線!");
  audio.setPinout(I2S_BCLK, I2S_LRC, I2S_DOUT);
  audio.setVolume(12);                          // 設定音量,範圍:0...21
}

void loop() {
  bool swState = digitalRead(SW);
  String msg;

  if (!activate && swState == LOW) {
    delay(debounceDelay);                        // 等待一段時間去除彈跳
    if (swState == digitalRead(SW)) {   // 確認開關值是否一致
      activate = true;                           // 啟動語音
      digitalWrite(LED, LOW);
      uint16_t t = dht.readTemperature();    // 讀取溫度
      if (isnan(t)) {
        msg = "無法取得溫度值。";
      } else {
        uint8_t index = random(totalTexts); // 產生隨機數字
```

```
            msg = "現在溫度攝氏" + String(t) + "度，真是" +
                  texts[index] + "的好天氣啊！";
      }
      audio.connecttospeech(msg, "zh");    // 傳給 Google 轉成語音
    }
  }
  audio.loop();
}
```

實驗結果：編譯並上傳程式碼之後，按一下開關，ESP32 將播報目前的溫度。

14-4 認識與解析 WAV 聲音檔案格式資料

底下單元將透過編寫一個 WAV 播放器，深入理解 I²S 裝置的操控方式。WAV 是一種未壓縮聲音資料的儲存格式（WAV 的原意是 "wave"，聲波），所以播放 WAV 時，程式只要聚焦在資料傳遞給 I²S 裝置（即：DAC 模組）的流程，不用思索如何處理（解碼）聲音資料。

首先準備聲音檔。如果你現有的聲音檔不是 WAV 格式，要先透過聲音剪輯軟體編輯並匯出。然後，為了把聲音資料存入程式碼，需要將 2 進位的聲音檔轉成文字檔，像這樣：

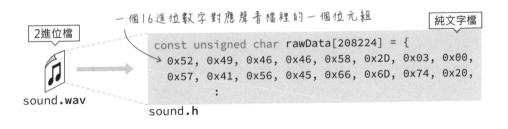

電腦的檔案可依「能否用文字編輯器開啟」，粗略分成**文字檔**（text file）以及**二進位檔**（binary file）；聲音、圖像和視訊都屬於二進位檔。

14-19

整個聲音檔的準備步驟大致如下：

使用 Audacity 軟體匯出 16 位元 PCM 編碼的 WAV 音檔

本文將使用免費、開放原始碼的音效編輯軟體 Audacity 來編輯、匯出 WAV 檔。請先下載、安裝 Audacity 軟體（網址：audacityteam.org，有 Windows, macOS 和 Linux 版本），然後在 Audacity 中開啟 "蝸牛愛跳舞.mp3" 範例檔。你將看到視窗顯示代表左、右聲道的兩個聲波：

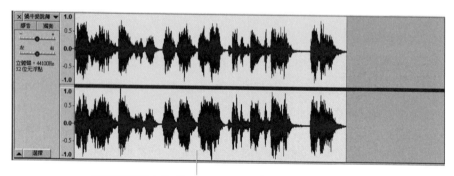

這裡顯示聲音格式：44100Hz、32 位元取樣

為了避免 ESP32 的快閃記憶體容納不下內容未經壓縮的 WAV 資料，我們要將此聲音檔從立體聲轉成單聲道（此舉可節省一半的檔案大小），並且降低取樣頻率和量化的位元數；取樣頻率高，代表每一秒內紀錄的資料越多，以 44.1KHz、32 位元取樣為例，紀錄一秒鐘聲音（單聲道）的數據大小為 172KB：

```
44100 x 32bit = 1, 411, 200bit (172KB)
```

選擇**將立體聲分割成單聲道**指令：

1 按一下這裡

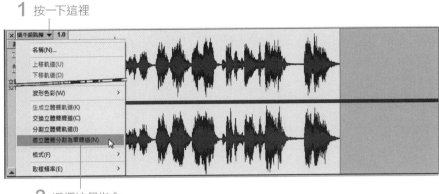

2 選擇這個指令

原本的立體聲將被分割成兩個單聲道，請關閉（刪除）其中一個音軌：

— 按一下這裡關閉它

選擇下圖的指令，把格式轉成 **16 位元 PCM**：

選擇主功能表的『**軌道/重新取樣**』指令，把取樣頻率改成 16000Hz：

主視窗左下角的取樣頻率選單也要改成 16000：

改成 16000

最後，選擇主功能表的『**檔案/匯出/匯出為 WAV**』指令，把聲音檔匯出成 **Signed 16-bit PCM**（帶正負號 16 位元 PCM 編碼）的 .wav 格式檔：

編碼選擇 Signed 16-bit PCM

WAVE 檔案格式

WAV 檔案的內容除了聲音資料，檔案開頭的前 44 個位元組還紀錄了此聲音檔的基本資訊，共佔 44 個位元組，這個開頭部份稱作**標頭區**：

14

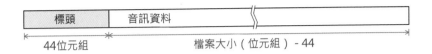

	標頭		音訊資料	

44位元組　　　　　　　　　　　檔案大小（位元組）- 44

標頭區的內容如表 14-1，**格式標籤**欄位值始終是 "RIFF"，代表這個檔案屬於一種「資源交換檔案格式（Resource Interchange File Format，簡稱 RIFF）」，**內容格式**欄位值則始終是 "WAVE"。從 "fmt" 子區塊，可得知聲道數、取樣頻率、取樣位元…等資訊：

表 14-1

起始 位址	欄位名稱	欄位大小 （位元組）	欄位內容	
0	格式標籤	4	"RIFF"	RIFF區塊描述器
4	檔案大小	4	"data"區塊大小（位元組）+ 36	"WAVE"格式分成"fmt'
8	內容格式	4	"WAVE"	和"data"兩個子區塊
12	fmt區塊標籤	4	"fmt"	這個子區塊後面欄 位的總位元組數
16	fmt區塊大小	4	16	
20	音訊格式	2	1代表「未壓縮PCM」	"fmt"子區塊
22	聲道數	2	1代表「單聲道」；2代表「立體聲」	描述"data"子區塊裡的
24	取樣頻率	4	44100, 32000, 22050, 16000, ... 等等	聲音資訊格式
28	位元組率	4	取樣頻率 x 聲道數 x (取樣位元/8)	
32	區塊對齊	2	聲道數 x (取樣位元/8)	
34	取樣位元	2	8,16,24或32	
36	data區塊標籤	4	"data"	"data"子區塊
40	data區塊大小	4	音訊資料大小	指出音訊資料的大小， 後面跟著資料內容。
44	資料內容 :			

聲音資料依序排列在**聲音資料**區塊，而**區塊對齊**欄位值，代表一組聲音資料的跨度（間隔）。例如，16 位元取樣的立體聲和單聲道，跨度分別為 4 和 2，也就是立體聲一次要讀取 4 位元組，單聲道（下圖用「左」代表）一次讀取 2 位元組：

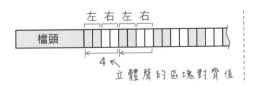

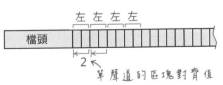

檢視 WAV 檔的構成內容

為了查看二進位檔的內容，而非播放它們，請下載並安裝 16 進位編輯器 (Hex Editor)，像 **HxD Editor** (網址：https://mh-nexus.de/en/hxd/) 這個免費的編輯器。

底下是用 HxD Editor 開啟上一節匯出的 WAV 檔的畫面。文件視窗預設每列顯示 16 組數字，位址用 16 進位編號；為了方便與上文的 WAV 檔頭格式對照，我將它設成每列 10 組數字、位址用 10 進位：

底下是此 WAV 檔的前 15 個位元組 (位址：0~14)，將其中代表檔案大小的 4 個位元組換算成 10 進位值加上 8(也就是記錄 data 子區塊標籤以及區塊大小的 8 個位元組)，就是此 .wav 檔的大小 (208224 位元組，203KB)：

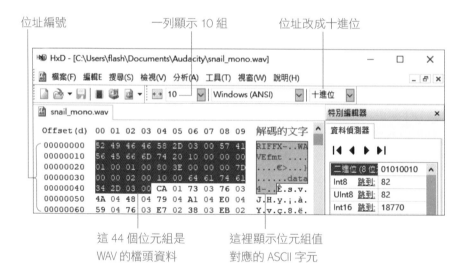

位址編號　　　　　　一列顯示 10 組　　　　　　位址改成十進位

這 44 個位元組是　　　　　這裡顯示位元組值
WAV 的檔頭資料　　　　　對應的 ASCII 字元

⚡ 大頭派 VS 小頭派

就像人類的文字，有直式、橫式 (從左到右或相反) 等不同的寫法，電腦在寫入、讀取和傳送資料時，也分成「高位元」先傳或者「低位元」先傳不同的排列順序，不同作業系統或者週邊 IC，可能有不同的資料排列方式。

以數字 1000（16 進位 0x03E8）為例，有些程式會先存入 03，再存入 E8；有些則先存入 E8。高位元先存的型式，稱為「大頭派（Big-Endian，也譯**大端序**）」；低位元組先存的型式，稱為「小頭派（Little-Endian，也譯做**小端序**）」。WAV 檔裡的數字資料都是「小頭派」格式，所以解讀之前要前後對調位元組：

| 原始值 | 0x03E8 | | 大頭派 | 03 | E8 | | 小頭派 | E8 | 03 |

底下是此 WAV 檔案中，紀錄聲音編碼的相關資料（位址：20~35）：

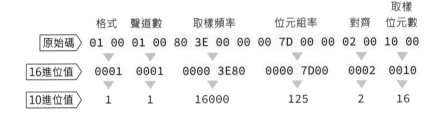

	格式	聲道數	取樣頻率	位元組率	對齊	取樣位元數
原始碼	01 00	01 00	80 3E 00 00	00 7D 00 00	02 00	10 00
16進位值	0001	0001	0000 3E80	0000 7D00	0002	0010
10進位值	1	1	16000	125	2	16

把 WAV 檔轉存為 .h 標頭檔

HxD Editor 具備把二進位檔轉存成 C 語言標頭檔的功能，我們也可以自己寫一個 Python 程式來轉換二進位檔（參閱第 19 章）。如果你有在 HxD Editor 的文件視窗中框選任何數字，請先點擊文件視窗任意處，取消選取數字，否則匯出檔案時，將只匯出選取部份（你也可以先選取所有內容再匯出）：

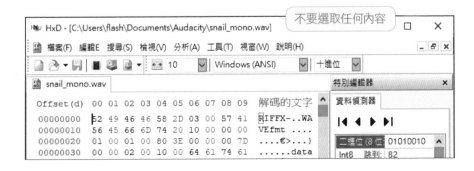

選擇 HxD Editor 主功能表的『**檔案/匯出/C**』，將檔案命名成 sound.h 儲存：

使用程式編輯器或記事本開啟 sound.h 檔，在字元陣列定義敘述前面加上 const，然後存檔備用：

將此陣列設成常數

```
const unsigned char rawData[208224] = {
  0x52, 0x49, 0x46, 0x46, 0x58, 0x2D, 0x03, 0x00, 0x57, 0x41, 0x56, 0x45,
  0x66, 0x6D, 0x74, 0x20, 0x10, 0x00, 0x00, 0x00, 0x01, 0x00, 0x01, 0x00,
      :
```

14-5 驅動 I²S 週邊播放 WAV 音檔

請把轉換成 .h 標頭檔的聲音資料存入 Arduino 程式所在資料夾：

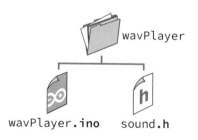

驅動 I²S 週邊播放聲音的程式流程和對應的函式指令如下;I²S 的相關函式定義在 ESP-IDF 開發環境提供的 i2s.h 程式庫:

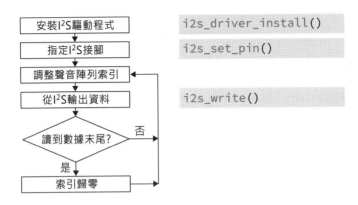

i2s_driver_install() 函式、i2s_config_t 結構以及 DMA

安裝 I²S 驅動程式的 i2s_driver_install() 函式的語法如下,共有 4 個參數,其中的**佇列**(queue)是可循序存取多筆資料的物件,請先把它看待成類似於陣列的一個**連續資料儲存空間**,相關說明請參閱第 18 章。當佇列發生變化時(如:存入或刪除元素),**佇列事件處理程式**就會被呼叫:

```
i2s_driver_install(I²S 埠號, I²S 介面設置, 佇列大小, 佇列事件處理函式)
```

ESP32 晶片內部的兩個 I²S 訊號處理單元,常數名稱分別是 **I2S_NUM_0** 和 **I2S_NUM_1**,程式可自由擇一使用。**I²S 介面設置**是個結構類型值,要按照規定依序設置 I²S 介面的工作模式、訊息格式、記憶體大小...等參數,假設這個結構變數名叫 i2s_config,安裝 I²S 驅動程式的敘述寫成:

```
i2s_driver_install(I2S_NUM_0, &i2s_config, 0, NULL);
```

本章的 I²S 程式沒有使用佇列,所以後面兩個參數分別設成 0 和 NULL。**I²S 介面設置**結構的類型為 i2s_config_t,自訂內容的定義如下:

自訂名稱

邏輯或 "|" 代表「合併」，此處合併「主控端（master）」和「傳送方（TX）」兩個模式。

```
const i2s_config_t i2s_config = {
  .mode = (i2s_mode_t)( I2S_MODE_MASTER | I2S_MODE_TX ),
  .sample_rate = 16000,      // 取樣頻率
  .bits_per_sample = (i2s_bits_per_sample_t)16, // 取樣位元：16位元
  .channel_format = I2S_CHANNEL_FMT_ONLY_LEFT,   // 聲道格式：僅左聲道
  .communication_format = (i2s_comm_format_t)I2S_COMM_FORMAT_I2S,
  .intr_alloc_flags = ESP_INTR_FLAG_LEVEL1,
  .dma_buf_count = 2 ,    // 使用2個緩衝記憶體區域
  .dma_buf_len = 256      // 每個緩衝記憶體存256個聲音取樣資料
};
```

整數值要轉換成這個類型

代表「標準I2S通訊格式」，最大有效位元（MSB）先傳。

代表「DMA緩衝記憶體」

代表「中斷配置（interrupt allocate）」

其中的**取樣頻率**（sample_rate）值要和聲音檔一致（此例為 16KHz），否則聲音會失真。I²S 的**模式**（mode）若僅設定**主控端**（I2S_MODE_MASTER），將不會有聲音傳送出去。ESP32 的官方 I²S API 說明文件 (https://bit.ly/3k4Uuts) 有提供 I²S 結構設置範例，但直接將它套用在 Arduino 開發環境，將會產生編譯錯誤，問題出在某些欄位值必須轉換成對應的資料類型，例如，**取樣位元**（bits_per_sample）的整數值，必須轉換成 **i2s_bits_per_sample_t 類型**，或者指定成以下常數之一，就不用再轉換類型：

● I2S_BITS_PER_SAMPLE_8BIT：8 位元，等同：(i2s_bits_per_sample_t) 8

● I2S_BITS_PER_SAMPLE_16BIT：16 位元取樣

● I2S_BITS_PER_SAMPLE_24BIT：24 位元取樣

● I2S_BITS_PER_SAMPLE_32BIT：32 位元取樣

由於本例的範例音效為單聲道，所以**聲道格式**（channel_format）設成「僅左聲道」或「僅右聲道」，其他可能值包括：

● I2S_CHANNEL_FMT_RIGHT_LEFT：左右立體聲（雙聲道）

● I2S_CHANNEL_FMT_ALL_RIGHT：全都播放右聲道（雙聲道）

- I2S_CHANNEL_FMT_ALL_LEFT：全都播放左聲道（雙聲道）
- I2S_CHANNEL_FMT_ONLY_RIGHT：僅右聲道（單聲道）

中斷用在處理器忙於處理其他任務時，通知它先把聲音資料傳出 I²S 介面。除非你的程式同時執行多項任務，否則**中斷配置旗標（intr_alloc_flags）**設成 **ESP_INTR_FLAG_LEVEL1**（最低等級）即可，上文使用的 ESP32-audioI2S 程式庫，也是設成最低等級；優先處理等級範圍是 LEVEL1~LEVEL6，最高等級是 ESP_INTR_FLAG_NMI（第七級）。

dma_buf_count（DMA 緩存數量）的有效值介於 2~128，數量越多可暫存的資料也越多，但可能會影響程式的運作效能：

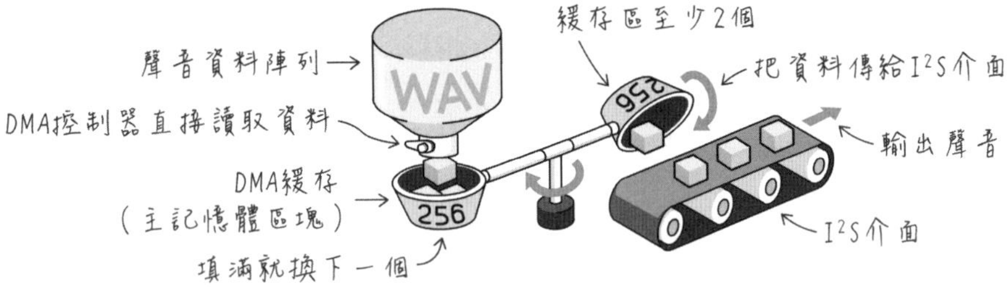

實際測試結果，緩存數量越多，資料準備時間也越長：

```
.dma_buf_count = 2 ,
.dma_buf_len = 256
```

⇩

開機立即有聲音播出

```
.dma_buf_count = 128,
.dma_buf_len = 256
```

⇩

約等待2秒才播出聲音

dma_buf_len（DMA 緩存長度）的有效值介於 8~1024，代表儲存的聲音資料元素量，不是位元組。例如，假設此值設成 512，代表可存入 512 組取樣資料，若聲音是 16 位元取樣、單聲道，將佔用 1KB 空間；若是立體聲，則佔用 2KB。佔用空間若超過 4092 位元組，將會被自動限縮在 4092 以內：

16位元取樣，佔2位元組

```
dma_buf_len = 512  ⇨  512 × 2 × 1 = 1024位元組 ( 1KB )
```

單聲道

DMA 的全名是 **Direct Access Memory**（**直接存取記憶體**），它代表不用煩勞 CPU，可自行快速地（每次 32 位元）在週邊和主記憶體之間搬運資料，也因此讓 CPU 專注於執行其他運算工作：

DMA 之所以知道要把資料從哪個週邊搬到哪個記憶體區域（或相反），是因為在程式執行初期，CPU 就預先設定好 DMA 的工作模式。ESP32 官方技術文件指出 DMA 記憶體空間的定址範圍達 328 KB，它和兩個處理器核心共享同一個主記憶體：

定址範圍代表最高可用的記憶體區域，不等於真正的記憶體容量，就像某一塊土地的面積可建設 10 棟大廈，但實際只蓋了 3 棟；ESP32 的內建記憶體（ROM 和 RAM）定址範圍達 1296 KB，但內建的 ROM 和 SRAM 大小分別是 448KB 和 520KB。ESP32 晶片共有 13 個週邊介面可運用 DMA 存取資料：

UART 序列埠 →	UART0	UART1	UART2
SPI 介面 →	SPI1	SPI2	SPI3
I²S 介面 →	I2S0		I2S1
SD 記憶卡介面 →	SDIO 從端		SDMMC
乙太網路介面 →	EMAC		
無線通訊介面 →	藍牙		Wi-Fi

指定 I²S 接腳

設定 I²S 接腳的函式語法:

透過位址存取

`i2s_set_pin( I²S埠號,接腳設置 )` ➡ `i2s_set_pin( i2s_num, &i2s_pins )`

結構體變數

I²S 腳的設定要寫在 i2s_pin_config_t 類型的結構,筆者將此變數命名為 i2s_pins;接腳編號請依照實際接線設定:

```
const i2s_pin_config_t i2s_pins = {
  .bck_io_num = 27,                    // 位元時脈,接模組的 BCK
  .ws_io_num = 25,                     // 左右時脈,接模組的 LCK
  .data_out_num = 26,                  // 序列資料輸出,接模組的 DIN
  .data_in_num = I2S_PIN_NO_CHANGE     // 序列資料輸入,未使用
};
```

本書未使用 **I²S 序列資料輸入**功能,因此上面結構中的 .data_in_num 成員可以不寫,或者明確地設成 I2S_PIN_NO_CHANGE 常數,代表不使用此接腳。

輸出 I²S 訊號的完整程式

從 I²S 介面輸出單聲道 WAV 音訊的完整程式碼如下,首先定義一些變數:

```
#include <driver/i2s.h>   // 引用 ESP-IDF 提供的 I²S 程式庫
#include "sound.h"         // 讀入 WAV 聲音資料

const i2s_port_t i2s_num = I2S_NUM_0;   // 使用埠號 0 的 I²S 介面
// 聲音 PCM 資料區的起始位址
const unsigned char* pcmData = rawData + 44;
// 聲音 PCM 資料區的大小
const uint32_t pcmSize = sizeof(rawData) - 44;
uint32_t pcmIndex = 0;                  // PCM 資料區的索引
```

其中,聲音資料陣列 rawData 和各個變數的關係如下:

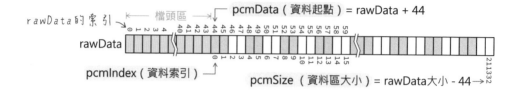

接著設置 I²S 參數和接腳的結構變數：

```
const i2s_config_t i2s_config = {   // 設置 I²S 參數
  // 參閱上文
};

const i2s_pin_config_t i2s_pins = { // 設置 I²S 接腳
  // 參閱上文
};

void setup() {
  // 安裝 I²S 驅動程式
  i2s_driver_install(i2s_num, &i2s_config, 0, NULL);
  i2s_set_pin(i2s_num, &i2s_pins);  // 設定 I2S 接腳
}

void loop() {
  uint8_t align = 2;                   // 區塊對齊值
  uint8_t dataLen = 2;                 // 聲音資料長度
  const unsigned char* pt;
  size_t bytesWritten;

  pt = pcmData + pcmIndex;             // 指到目前要播放的資料起點

  // 從 I2S 送出 2 位元組
  i2s_write(i2s_num, pt, dataLen, &bytesWritten, 1000);
  pcmIndex += align;                   // 移動索引
  if (pcmIndex >= pcmSize) {
    pcmIndex = 0;                      // 重設索引
  }
}
```

本例的 WAV 是 16 位元取樣的單聲道，聲音資料長度是 2 位元組；若是 16 位元的立體聲，長度是 4 位元組。pcmData, pcmInddex 以及 pt 變數的關係如下圖，每次讀取 2 位元組之後，pcmIndex 就加 2：

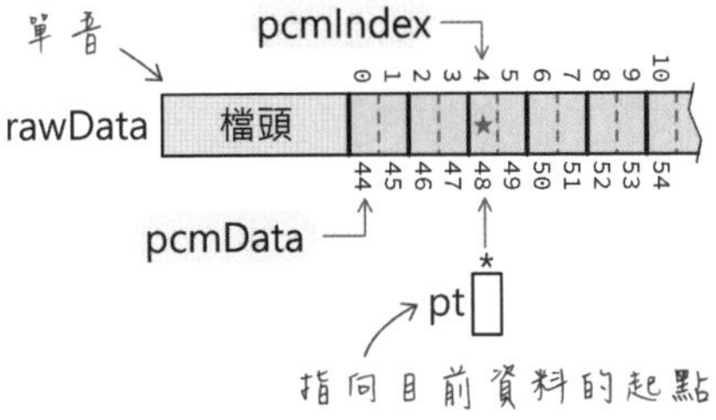

```
const unsigned char* pt;          // 指標變數
pt = pcmData + pcmIndex ;          // 計算索引位址
align = 2 ;                        // 對齊間隔為2
    ⋮  // 從I²S送出2個位元組
pcmIndex += align;                 // 累加資料索引
if ( pcmIndex >= pcmSize ) {       // 資料末尾
    pcmIndex = 0;                  // 資料索引歸0
}
```

程式透過 i2s_write() 函式，告訴 ESP32 從聲音陣列的哪個位址開始讀取資料、讀取幾個位元組，而讀取到的聲音資料將被存入 I²S DMA 緩衝記憶體，然後從 I²S 接腳傳送出去。i2s_write() 函式的語法：

```
i2s_write(I²S 埠號, 資料起始位置, 資料長度, 已寫入的位元組數, 等待時間)
```

這個函式將回報已經寫入 DMA 緩衝記憶體的位元組數，若在**等待時間**內，處理器因忙於其他任務無法完成寫入資料，就不再寫入，傳出 I²S 的聲音資料將不完整而導致破音。等待時間的單位是 ESP32 的 FreeRTOS 系統的 tick（直譯為「滴答」），在 ESP32 上，1 tick 等於 1ms；等待時間通常設成 1000，也就是 1 秒。

等待時間也能設成 FreeRTOS 系統的 portMAX_DELAY 常數，相當於**一直等待到資料寫入完成**：

```
i2s_write(i2s_num, pt, dataLen, &bytesWritten, portMAX_DELAY);
```

編譯並上傳程式碼到 ESP32 開發板，插上耳機，你將聽到開發板播放 WAV 的聲音。

14-6 兼具播放立體聲和單聲道 WAV 音源的程式

上文的程式只能播放單聲道的 WAV 音源，立體聲和單聲道的音源資料的差異如下圖，若聲音取樣為 16 位元，則一組立體聲佔 4 位元組：

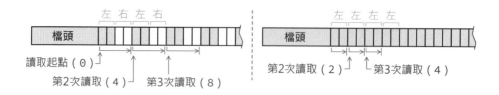

所以把上文程式中的 dataLen（資料長度）和 align（對齊間隔）值都改成 4：

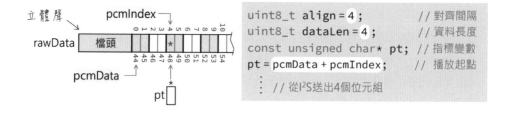

I²S 參數設置結構的 channel_format（頻道格式）改成「左右聲道」，這樣就能播放立體聲了：

```
const i2s_config_t i2s_config = {  // 設置 I²S 參數
    :
    .channel_format = I2S_CHANNEL_FMT_RIGHT_LEFT, // 左右聲道立體聲
    :
};
```

若想讓同一個程式能播放單聲道和立體聲，我們可以把單聲道資料擴充成雙聲道（用單聲道資料填入左、右兩個聲道），作法是新增一個 4 位元組的陣列（本例將它命名為 dual），然後在其中複製兩組相同的單聲道資料：

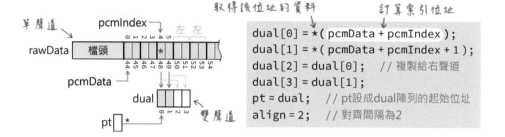

原本程式裡的 pt 指標，是指向 rawData（原始音源陣列），左上圖裡的程式改為指向 dual 陣列，如此，i2s_write() 將能從 dual 陣列讀取到 4 個位元組的雙聲道資料。

```
#include <driver/i2s.h>
#include "sound.h"

const i2s_port_t i2s_num = I2S_NUM_0;   // 使用埠號 0 的 I²S 介面
   :
const bool isMono = true;               // 是否為單聲道，是

const i2s_config_t i2s_config = {       // 設置 I²S 參數
   :
  .channel_format = I2S_CHANNEL_FMT_RIGHT_LEFT, // 左右聲道立體聲
   :
};

const i2s_pin_config_t i2s_pins = {    // 設置 I²S 接腳
  // 參閱上文
};

void setup() {
  i2s_driver_install(i2s_num, &i2s_config, 0, NULL);
  i2s_set_pin(i2s_num, &i2s_pins);
}

void loop() {
  uint8_t dual[4];        // 儲存單音、雙聲道資料的陣列
  uint8_t dataLen = 4;   // 每次從 I²S 送出的位元組數
  uint8_t align;         // 區塊對齊值
```

```
const unsigned char* pt;
size_t bytesWritten;   // 暫存寫入 DMA 緩存的位元組數

if (isMono) {           // 若是單聲道...
  dual[0] = *(pcmData + pcmIndex);    // 複製聲音資料到 dual
  dual[1] = *(pcmData + pcmIndex + 1);
  dual[2] = dual[0];
  dual[3] = dual[1];
  pt = dual;
  align = 2;            // 單聲道原始資料的跨度是 2
} else {
  pt = pcmData + pcmIndex;
  align = 4;            // 立體聲原始資料的跨度是 4
}

i2s_write(i2s_num, pt, dataLen, &bytesWritten, 1000);
pcmIndex += align;
if (pcmIndex >= pcmSize) {
  pcmIndex = 0;
}
}
```

14-7 使用自訂結構解析 WAV 音檔標頭

上面的 WAV 播放程式設置了固定的取樣頻率、位元數、對齊間隔、是否單聲道…等資料,如果 WAV 資料的格式不同,播放器就不適用了,但其實這些資料都紀錄在 WAV 的檔頭區,可將它們取出來用。

從一個陣列中取出部份內容,除了用迴圈,還可以執行 memcpy() 函式,把指定範圍複製到另一個陣列。例如,rawData 陣列從元素 8 開始的 4 個元素,儲存內容格式 ("WAVE"),底下的敘述將能把這 4 個元素複製到 format 字元陣列:

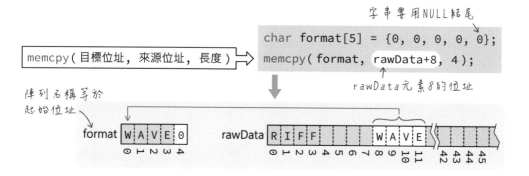

因為底下程式將要輸出 format 字串到序列埠，所以我預先在結尾加上 0，也就是`'\0'`。同樣地，rawData 陣列從元素 40 開始的 4 個元素，儲存「子區塊 2 大小（音訊資料大小）」整數值，複製資料的敘述如下；ESP32 的整數和 WAV 資料都是「小頭派」排列，所以能直接複製：

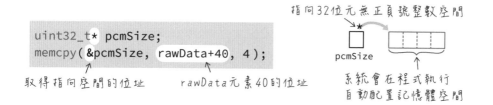

向序列埠輸出 WAV 音訊「內容格式」和「資料大小」的程式片段如下：

```
char format[5] = {0, 0, 0, 0, 0};
uint32_t* pcmSize;
memcpy(format, rawData+8, 4);
memcpy(&pcmSize, rawData+40, 4);
printf("媒體格式：%s\n 資料大小：%d 位元組", format, pcmSize);;
```

在**序列埠監控視窗**的輸出結果：

對照表 14-1 的 WAV 標頭區格式說明，我們可以整理出如下的自訂結構 (命名成 wavHeader) 來存放標頭區資料：

```
struct wavStruct {
  // RIFF 識別區
  char riffTag[4];       // 包含 "RIFF"
  uint32_t riffSize;     // PCM 資料大小+36
  char riffFormat[4];    // 包含 "WAVE"

  // 聲音格式區
  char fmtTag[4];        // 包含 "fmt"
  uint32_t fmtSize;      // 聲音格式區的大小
  uint16_t audioFormat;  // 聲音格式，1 代表 PCM
  uint16_t numChannels;  // 聲道數
  uint32_t sampleRate;   // 取樣頻率
  uint32_t byteRate;     // 每秒取樣的位元組數
  uint16_t blockAlign;   // 區塊對齊
  uint16_t bitDepth;     // 每秒取樣的位元數

  // 資料區
  char dataTag[4];       // 包含 "data"
  uint32_t dataSize;     // PCM 資料大小
} wavHeader;
```

透過 memcpy() 函式把 WAV 標頭區資料複製到 wavHeader 自訂結構，即可用點 (.) 語法方便地取出其中的欄位資料：

```
memcpy(&wavHeader, rawData, 44);  // 複製 WAV 資料的檔頭區
printf("聲道數：%d\n", wavHeader.numChannels);
printf("位元對齊：%d\n", wavHeader.blockAlign);
printf("資料大小：%d\n", wavHeader.dataSize);
```

程式執行結果：

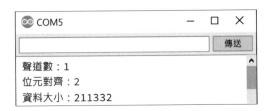

修改主程式，讀取 WAV 檔頭區的聲道數和區塊對齊（跨度）資料：

```
void setup() {
  i2s_driver_install(i2s_num, &i2s_config, 0, NULL);
  i2s_set_pin(i2s_num, &i2s_pins);
  memcpy(&wavHeader, rawData, 44);     // 複製 WAV 資料的檔頭區
}


void loop() {
  uint8_t dual[4];                     // 每次暫存 4 個位元組聲音資料
  uint8_t dataLen = 4;                 // 每次從 I²S 送出的位元組數
  const unsigned char* pt;
  size_t bytesWritten;

  if (wavHeader.numChannels == 1) {  // 若是單聲道...
    dual[0] = *(pcmData + pcmIndex);
    dual[1] = *(pcmData + pcmIndex + 1);
    dual[2] = dual[0];
    dual[3] = dual[1];
    pt = dual;
  } else {                            // 若是立體聲...
    pt = pcmData + pcmIndex;
  }

  i2s_write(i2s_num, pt, dataLen, &bytesWritten, 1000);
  pcmIndex += wavHeader.blockAlign;    // 取得聲音資料的跨度
  if (pcmIndex >= wavHeader.dataSize) { // 取得資料資料的大小
    pcmIndex = 0;
  }
}
```

完整的程式碼請參閱 wavPlayer.ino 檔。

 M E M O

15

典型藍牙以及 BLE
藍牙應用實作

從 4.0 開始，藍牙分成兩個標準：

● Bluetooth Classic：經典或傳統（以下稱「典型」）藍牙，向下相容 3.0 和 2.0 規範。

● Bluetooth Low Energy：BLE 藍牙（簡稱 BLE）和典型藍牙不相容，適合應用在以電池驅動的裝置、傳輸少量資料的場合，像運動手環、防丟器、心律監測器。

ESP32 晶片內建的藍牙支援這兩個標準，但它們的程式寫法南轅北轍。本章的範例囊括典型藍牙與 BLE 藍牙應用實做以及下列內容：

● 製作高音質藍牙立體聲接收器

● 使用 ESP32 內部的 DAC（數位類比轉換器）輸出真實的類比訊號以及聲音

● 製作跟典型藍牙 2.1 SPP 序列通訊協定相容的無線通訊介面，並且透過藍牙無線連接兩個 ESP32 開發板。

● 製作 ESP32BLE 藍牙序列通訊裝置

● 提供 BLE 藍牙顯示剩餘電量功能

● 偵測負載的消耗電流

15-1 藍牙立體聲接收器以及 ESP32 內部的 DAC

ESP32 內建的藍牙可以變成立體聲接收器。市面販售的藍牙立體聲耳機通常支援 3 種規範：

● HFP：支援雙向低品質語音傳送以及操控介面的免持聽筒（Hands-Free）。

● A2DP：進階音訊傳輸（Advance Audio Distribution）規範，傳送 44.1KHz 取樣頻率的高品質立體聲音樂；「進階」代表相對於 HFP 或 HSP（Headset，藍牙耳機麥克風）規範的 8KHz 音質，A2DP 的音質比較高階。

● AVRCP：影音遙控（AV Remote Control）規範，制定音量調整、播放、暫停、下一首...等控制功能。

聽音樂時，手機以 A2DP 規範傳送音訊給耳機，期間若接聽來電，它將自動切換使用 HFP 規範傳送麥克風和耳機的聲音：

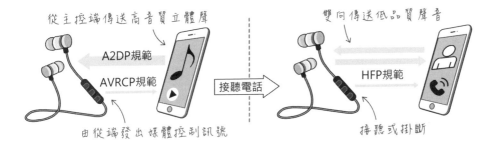

汽車音響的藍牙設備通常還會支援兩個規範：

● PBAP：電話通訊錄存取（Phone Book Access）規範，手機來電時，在汽車儀表板顯示來電者的名字。

● MAP：訊息存取（Message Access）規範，在儀表板顯示手機簡訊。

你可以在手機上檢視藍牙裝置使用的功能（相當於規範），以 Android 手機為例，點擊『設定/連接/藍牙』，然後按下配對裝置列表右邊的設定圖示，即可看到該裝置的規範：

動手做 15-1　ESP32 藍牙立體聲播放器

實驗說明：讓 ESP32 變成支援藍牙 A2DP 高品質音源的接收器，透過 I²S DAC
解碼器播出聲音。

實驗材料：

I²S DAC 解碼模組	1 個

實驗電路：I²S 介面連接 ESP32 的腳 25, 26 和 27，麵包板示範接線如下：

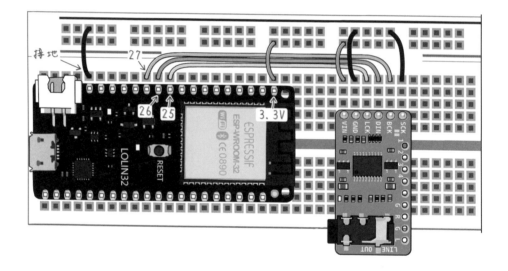

實驗程式：樂鑫原廠的 ESP-IDF 工具內建一個藍牙立體聲播放器的範例程式
（a2dp_sink，網址：http://bit.ly/3nnZY4s），Phil Schatzmann 將它改寫成 Arduino
版本的程式庫，請在這個專案網址下載：http://bit.ly/3gSpf4h：

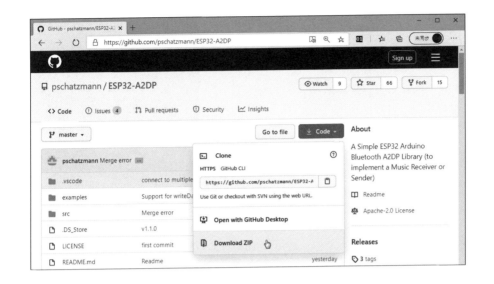

在 Arduino IDE 中選擇主功能表『**草稿碼/匯入程式庫/加入 ZIP 程式庫**』，安裝剛剛下載的.ZIP 程式庫檔案。程式庫安裝完畢後，選擇主功能表『**檔案/範例/ESP32-A2DP/bt_music_receiver_simple**』範例檔，將它修改成：

```
#include <BluetoothA2DPSink.h>

BluetoothA2DPSink a2dp;        // 建立 A2DP 物件

const i2s_pin_config_t i2s_pins = {
  .bck_io_num = 27,            // 位元時脈，接模組的 BCK
  .ws_io_num = 25,             // 左右時脈，接模組的 LCK
  .data_out_num = 26,          // 序列資料輸出，接模組的 DIN
  .data_in_num = I2S_PIN_NO_CHANGE  // 序列資料輸入，未使用
};

void setup() {
  a2dp.set_pin_config(i2s_pins);   // 設定 I²S 接腳
  a2dp.start("ESP32 高傳真音響");   // 設定藍牙裝置名稱
}

void loop() {}
```

實驗結果：編譯並上傳程式碼，開啟手機藍牙，將能搜尋到 "ESP32 高傳真音響"，配對之後，從手機播放音樂或影片，即可從 ESP32 開發板接收到立體聲：

使用 ESP32 內部的 DAC 輸出聲音

ESP32 內部有兩組 DAC，分別連接到腳 25（DAC1）和 26（DAC2）。沒有 DAC 的開發板（如：Arduino Uno），本身只能用 PWM 訊號模擬類比電壓變化，而 DAC 則是輸出真實的類比訊號：

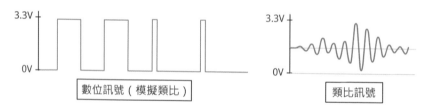

所以其實 ESP32 可以不外接 I²S DAC 模組，直接像下圖那樣連接耳機；ESP32 訊號輸出電壓最高約 3.3V，而普通耳機的輸入訊號震幅約 2V，消耗電流約 20mA，所以 ESP32 足以驅動耳機，但是無法驅動揚聲器：

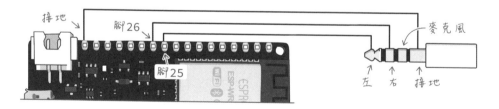

接耳機的腳 25 和 26，可以連接電容和電阻構成的濾波電路來降低雜訊。相關說明請參閱筆者網站的〈聲音檢測/聲音放大器（二）：計算聲波峰對峰值（振幅大小）的程式〉貼文的〈佐貝爾網路濾波器(Zobel Network Filter)〉，網址：https://swf.com.tw/?p=1079

第 14 章的網路收音機以及上文的藍牙立體聲接收器程式，都是**透過 I²S 介面輸出數位音訊**，ESP32-A2DP 程式庫有個範例 "bt_music_receiver_to_dac"，能把藍牙收到的數位音訊，透過內部的 DAC 直接輸出類比音訊。按照上圖接線，再編譯、上傳 bt_music_receiver_to_dac.ino 範例到 ESP32 開發板，即可變成簡易的藍牙立體聲接收器。

但是，**ESP32 內部 DAC 的量化位元數只有 8 位元**，也就是聲音振幅只有 256 階層變化，而良好音源至少是 16 位元深度（有 65536 階層變化），能展現細膩的音色，所以建議外接 I²S DAC 模組。

類比和數位訊號在轉換過程之間會產生誤差，影響轉換精確度的主要兩個因素為**取樣頻率**和**量化位元數**。取樣頻率就是擷取資料的時間間隔，相當於水平切割資料的數量，間隔越長，誤差越大：

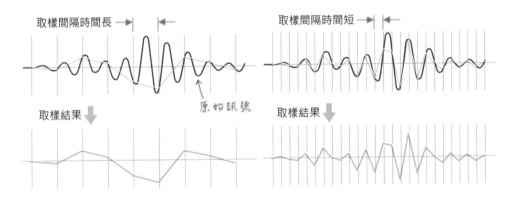

量化位元數則代表數值範圍的大小，也就是取樣點的數位值，相當於垂直切割資料的數量。像下圖是將取樣值劃分成 5 和 10 個單位的比較，由此可見，量化數字範圍越大越精確：

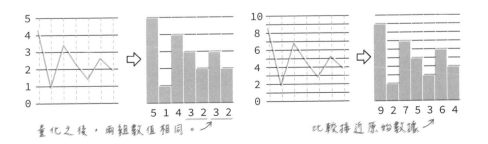

量化之後，兩組數值相同。

比較接近原始數據

使用 ESP32 內部的 DAC 輸出類比訊號

從 DAC 輸出類比訊號的語法：

假設我們要令 DAC 輸出如下圖右的正弦波，輸出電壓上限設在 3.2V 的 75%（約 2.4V），所以 DAC 的輸出值參數最高設成 190（約 255 的 75%），正弦波訊號的中心值是 256 的一半、上下振幅 ±62：

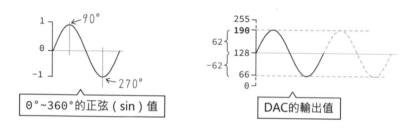

C 語言的三角函式使用的角度單位都是**弧度**；假設半徑為 1 的圓中心切出的夾角（中心角）所對應的弧長是 n，這個夾角稱為 **n 弧度**；中心角繞成一個圓等於 360°，對應的弧長就是圓周長，可換算出 1° 等於 π/180 弧度：

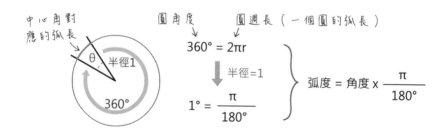

假設角度值儲存在 deg 變數，deg 值在 0~360 之間變化，底下的敘述將產生振幅介於 66~190 的正弦波：

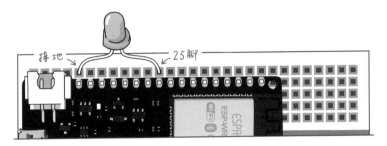

在 ESP32 的腳 25 連接一個 LED，因此例的輸出電壓上限約 2.4V，所以不用接電阻：

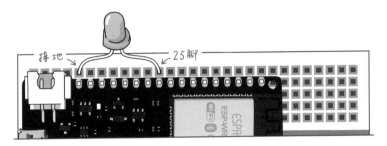

完整的範例程式如下，25 腳的 LED 的亮度將反覆逐漸增強、減弱。

```
void setup() {}

void loop() {
  static int deg=0;
  dacWrite(25, int(128+62*sin(deg*PI/180)));
  deg++;
  if (deg>360) deg = 0;
  delay(20);   // 設定輸出訊號的週期時間：20ms × 360
}
```

15-2 ESP32 典型藍牙序列埠通訊程式

典型藍牙的程式寫法很簡單，其功用等效於 Arduino Uno 開發板加上 HC-05 藍牙序列埠模組。支援 SPP 序列通訊協定的程式庫叫做 BluetoothSerial.h，它提供下列方法：

- begin("裝置名稱", 是否為主控端)：設定裝置名稱並啟動藍牙通訊，預設為「從端」。

- setPin("配對碼")：設定配對碼。

- available()：傳回接收到的藍牙序列資料字元數。

- read()：讀取輸入的字元。

- write()：輸出字元。

- println()：輸出包含行結尾的字串。

- connect("從端名稱" 或 MAC 位址)：連接到藍牙從端，可以是另一個 ESP32 或者 HC-05/HC-06 之類的藍牙 SPP 序列通訊模組。

- connected(毫秒數)：是否連線；若在指定時間內，無法與指定的從端相連，則傳回 false。

- disconnect()：中斷藍牙連線。

動手做 15-2　ESP32 藍牙序列埠通訊

實驗說明：透過藍牙與 ESP32 開發板連線，開、關板子的內建 LED。本實驗材料只需要用到一塊 ESP32 開發板。

實驗程式：這個程式將把 ESP32 的藍牙設定為採用 SPP 序列通訊規範的從端，命名成 "ESP32 藍牙經典好朋友"：

```
#include <BluetoothSerial.h>   // 引用藍牙 SPP 序列通訊程式庫

BluetoothSerial BT;

char* pin = "9420";            // 設定配對碼
char  val;                     // 儲存接收資料的變數

void setup() {
```

```
  Serial.begin(115200);
  pinMode(LED_BUILTIN, OUTPUT);
  BT.setPin(pin);                    // 設置配對碼
  BT.begin("ESP32 經典好朋友");        // 以「從端」模式啟動藍牙

  byte macBT[6];                     // 宣告儲存 MAC 位址的陣列
  esp_read_mac(macBT, ESP_MAC_BT);   // 讀取晶片的藍牙 MAC 位址
  Serial.printf("藍牙 MAC 位址：%02X:%02X:%02X:%02X:%02X:%02X\n",
    macBT[0], macBT[1], macBT[2], macBT[3], macBT[4], macBT[5]);
}

void loop() {
  if (BT.available()){               // 若接收到藍牙序列資料
    val = BT.read();                 // 讀取字元
    switch (val){
    case '0':// 若接收到 '0' ...
      digitalWrite(LED_BUILTIN, LOW);   // 關閉 LED
      BT.println("關燈～");              // 送出訊息
      break;
    case '1':// 若接收到 '1' ...
      digitalWrite(LED_BUILTIN, HIGH); // 點亮 LED
      BT.println("開燈！");
      break;
    }
  }
}
```

輸出藍牙 MAC 位址的 **printf()** 敘述中的 **"%02X"**，代表以 **16** 進位格式顯示兩位數數字，若只有個位數字，則補上 **0** 開頭。

實驗結果：編譯並上傳程式到 ESP32 板，它將在**序列埠監控視窗**顯示這個 ESP32 晶片的藍牙 MAC 位址（每個晶片的位址都不一樣）：

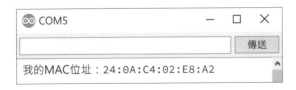

15-3 使用 Serial Bluetooth Terminal 手機 App 連接藍牙

蘋果 iOS 和 Google Android 智慧型手機都支援藍牙通訊，本節採用 Android 系統的 **Serial Bluetooth Terminal**（直譯為「序列藍牙終端機」）連接 Arduino 的藍牙模組，請在 Google Play 搜尋此 App 的名字並安裝它。iOS 的使用者請搜尋 "Bluetooth Terminal" 關鍵字下載相關 App。在電腦上使用 Python 程式連接 ESP32 BLE 藍牙的範例，請參閱附錄 A。

首先請將 Android 手機和藍牙模組配對，操作步驟如下：

1　點擊手機的『**設定/連接/藍牙**』選擇**開啟**，手機將開始掃描藍牙裝置：

2　點擊**可用的裝置**裡的藍牙設備，理論上，手機應該會要求我們輸入藍牙配對碼，但筆者撰寫本文時，藍牙序列程式庫的 setPin() 方法沒有作用，所以不必輸入配對碼：

配對完畢後，開啟 **Serial Bluetooth Terminal** 程式，點擊左上角的選單，選擇 **Devices**（裝置）：

在 **CLASSIC** 窗格可見到剛剛配對的
ESP32 裝置：

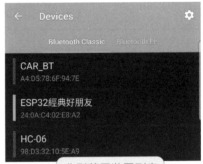

典型藍牙裝置列表

點擊 **ESP32 經典好朋友** 之後，Terminal（終端機）畫面將顯示 **Connected**
（已連線）訊息，你就可以在底下的欄位輸入 1 或 0 測試開、關燈：

已連線到藍牙模組

在此輸入 1 或 0

動手做 15-3 藍牙 SPP 一對一連線

實驗說明：將兩個 ESP32 開發板透過典型藍牙 SPP 序列規範連線，從主控端控制從端的 LED：

實驗材料：

ESP32 開發板	2 個

實驗程式：扮演從端的 ESP32 開發板，請上傳動手做 15-2 的程式；另一個 ESP32 開發板請上傳這個程式：

```
#include <BluetoothSerial.h>

BluetoothSerial BT;    // 宣告藍牙 SPP 序列通訊物件

// 藍牙從端的 MAC 位址 (請自行修改)
byte clientAddr[6]  = {0x24, 0x0A, 0xC4, 0x02, 0xE8, 0xA2};
// 藍牙從端的名稱
String clientName = "ESP32 經典好朋友";
bool connected;

void setup() {
  Serial.begin(115200);
  BT.begin("ESP32 經典大頭目", true);   // 以「主控端」模式啟動藍牙

  Serial.println("準備藍牙連線...");
  // 透過 MAC 位址連線，速度較快 (頂多耗時 10 秒)
```

```
  connected = BT.connect(clientAddr);
  // 透過名稱連線，速度較慢（最多耗時 30 秒）
  //connected = BT.connect(clientName);

  if(connected) {
    Serial.println("跟好朋友連線了！");
  } else {
    while(!BT.connected(10000)) {   // 若過了 10 秒仍無法連線...
      Serial.println("無法連線，請確認好朋友在旁邊...還要接電喔！");
    }
  }
}

void loop() {
  if (Serial.available()) {  // 若 UART 序列埠有資料傳入...
    BT.write(Serial.read()); // 則轉傳給藍牙序列埠輸出
  }
  if (BT.available()) {      // 若藍牙序列埠有資料輸入...
    Serial.write(BT.read()); // 則轉傳給 UART 序列埠輸出
  }
}
```

如果把兩個 ESP32 開發板都連接到電腦的 USB，上傳程式之前請記得選擇要
擔任藍牙主控端的開發板所在的序列埠：

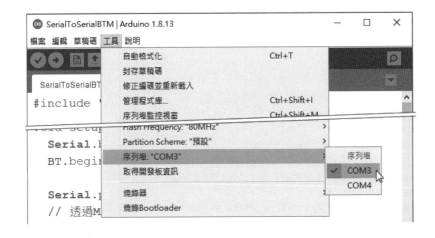

實驗結果：從 Arduino IDE 的主功能表『**工具/序列埠**』，確認選擇藍牙主控端的 ESP32 開發板所在的 UART 序列埠，然後開啟**序列埠監控視窗**，在其中輸入並傳送 0 或 1，將能點亮或關閉從端開發板的 LED：

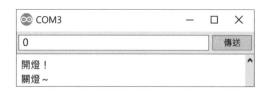

筆者撰寫本文時，BluetoothSerial.h 程式庫的 connect() 方法，無論是否連線成功，它始終傳回 true，所以上面程式中的「過了 10 秒仍無法連線」程式區塊永不會被執行。

此外，ESP32 藍牙的配對紀錄會保存在快閃記憶體，被保存配對紀錄的藍牙裝置，也稱為**被綁定（bonded）**，相關說明請參閱下文。BluetoothSerial.h 程式庫有提供一個檢視以及刪除配對紀錄的程式範例，選擇『**檔案/範例/BluetoothSerial/bt_remove_paired_devices**』即可開啟此範例。

若把這個範例程式碼裡的 REMOVE_BONDED_DEVICES 常數設成 1，將能刪除 ESP32 的配對紀錄：

```
#include "esp_bt_main.h"
#include "esp_bt_device.h"
#include "esp_gap_bt_api.h"
#include "esp_err.h"

// 此常數設成 0 可列舉配對紀錄；設成 1 可列舉並清除所有配對紀錄
#define REMOVE_BONDED_DEVICES 1
    :
```

編譯並上傳程式到 ESP32 的執行結果如下：

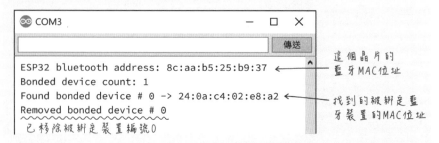

配對和綁定

藍牙的配對和綁定,大致歷經三個往來通訊階段才完成。在配對階段,雙方將產生加密通訊用的**短期密鑰**(Short Term Key,**簡稱 STK**),「短期」代表這個密鑰不會被儲存下來;每一次重新配對,都會執行階段一和階段二,並產生新的短期密鑰(STK):

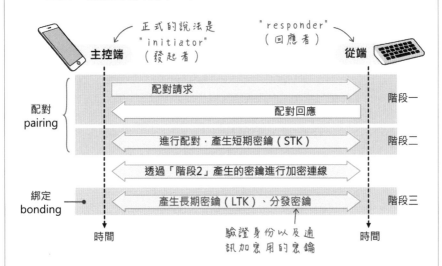

第三階段是選擇性的,如果使用者選擇綁定兩個裝置,雙方將產生**長期密鑰**(Long Term Key,**簡稱 LTK**)並儲存,因為雙方已驗證彼此並且約定了辨識的方式,所以兩個綁定的裝置再次連線時,不需要歷經階段一和階段二。

階段三產生的密鑰包括識別身份用的長期密鑰、加密通訊內容的密鑰以及解析位址的密鑰。例如,BLE 裝置具有每隔一段時間改變其自身位址的**可解析的私有位址**(Resolvable Private Address,避免被第三方裝置鎖定和擷取資料),透過**身份解析密鑰**(Identity Resolving Key,**簡稱 IRK**),主控端(如:手機)將得知改變位址的規則並且和設備保持連線。

傳統藍牙連線(Legacy Connection)的 3 種配對方式

為了避免藍牙的無線電訊號被其他未經許可的設備擷取或變造,兩個藍牙裝置之間的配對和連線通訊過程的資料,都會經過不同的**密鑰**(key)加密。藍牙 4.0~5.0 支援 Legacy Connection(直譯為「傳統連線」),在這種連線方式的配對過程,主要歷經兩個階段、產生兩種密鑰:

1 雙方交換**臨時密鑰**（Temporary Key，簡稱 TK）。

2 透過**臨時密鑰（TK）**各自產生用於加密連線通訊的**短期密鑰**（Short Term Key，簡稱 STK）。

產生密鑰以及配對的方式，有下列三種；這些過程都是由藍牙內部的 Security Manager（直譯為「安全管理員」）自動完成，我們的程式碼不用管這些：

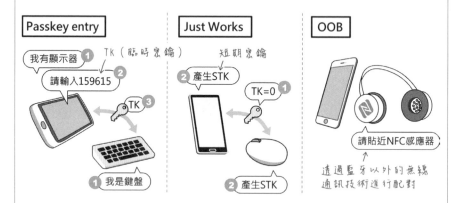

- Passkey entry：直譯為「通行鑰輸入」；在配對過程，兩個藍牙裝置會告知彼此的 I/O 功能，若一方有顯示器輸出，另一方有鍵盤輸入，則可採用這個方案。

  例如，當電腦嘗試與藍牙鍵盤配對時，電腦將隨機產生 6 個數字並顯示在螢幕上，使用者必須在要配對的鍵盤輸入這 6 個數字，才能完成配對。這 6 個數字稱為**通行鑰**（Passkey）或**臨時密鑰**（TK）。

- Just Works：直譯為「單純可行」；若配對的藍牙雙方沒有顯示器或鍵盤輸入功能，則採用這種配對方式，**臨時密鑰**（TK）預設為 0。

- Out of Band (OOB)：直譯為「外部頻段」，指透過藍牙以外的無線技術（如：NFC）交換**臨時密鑰（TK）**。由於**臨時密鑰（TK）**是以明文（未加密）方式傳送，可能被周遭的其他藍牙裝置擷取，改用 NFC 近距離無線通訊技術，即可避免密鑰被竊取（NFC 通訊雙方要貼近才能連線，通常距離在數公釐到數公分之間）。

此外，NFC 採用 13.56MHz 頻段而非藍牙的 2.4GHz，所以這種配對方式叫做「外部頻段」。有些藍牙通訊晶片支援 NFC，像 Nordic nRF52832，就能進行 OOB 配對；這個晶片被 Google 以及三星的某些智慧型手機採用。

15

15-4 開發 BLE 藍牙裝置

開發 BLE 藍牙的程式比起典型藍牙困難一些,部份原因是 BLE 藍牙有些令初學者摸不著頭緒的術語,所幸 ESP-IDF 開發工具提供了幾個 BLE 藍牙專案的範例程式碼,也有幾個工程師提供了 ESP32 Arduino 開發環境的程式庫,大大降低開發 ESP32 BLE 的難度。著手開發之前,我們要先認識 BLE 的一些專有名詞。

BLE 藍牙的關鍵術語

在連線之前,BLE 藍牙裝置分成**週邊裝置**(peripheral device)和**中央裝置**(central device)兩大類。假設有個搭載 BLE 藍牙晶片的體重計,透過廠商提供的手機 App 連接它,可在手機上設置體重計以及顯示體重數據。體重計屬於週邊裝置。

週邊裝置在啟動後,會透過無線電波廣播它的基本資料,例如:裝置名稱和類型,這些廣播資料稱作**廣告封包**(advertising packet)。打開體重計 App,它便開始掃描周遭的 BLE 藍牙週邊裝置,一旦收到自家的體重計的廣告封包,即可進行連線:

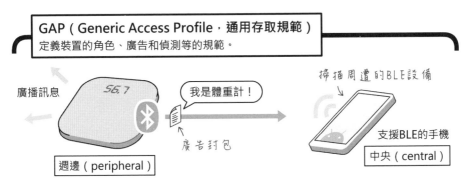

在藍牙 4.1 版本之前,週邊裝置一次只能連結一個中央裝置,而中央裝置可同時連接多個週邊。當中央與週邊連線成功,該週邊將停止廣播廣告封包,所以其他中央裝置無法偵測到它,直到目前連線的中央裝置切斷連線。

中央與週邊連線之後，提供資料的一方（體重計），稱為 **GATT(Generic ATTribute)伺服器**，而各項資料則依功能分類歸納成不同的**服務（service）**。以體重計為例，體重和體脂資料分類在「身體成份」服務裡面：

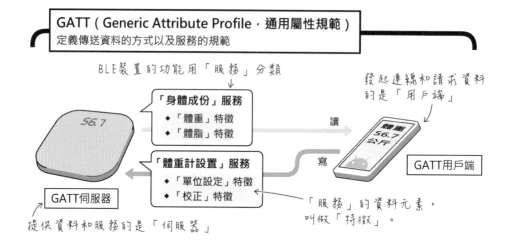

「服務」裡的每一項資料，稱為**特徵（characteristic）**，而特徵裡面則至少包含**屬性（property）**和**值（value）**，有時包含選擇性的**描述器（descriptor**，主要用於說明特徵的用途，或者設置特徵的狀態）。例如，「體重」特徵的「僅讀」屬性，限定這個特徵值只能被讀取，而「體重特徵」若包含代表持續推送值的「通知」描述器，App 將能不斷地收到體重計的體重量測數據：

「身體成份」服務
◆ 體重特徵
　◇ 屬性：僅讀
　◇ 值：56.7
　◇ 描述器：推送更新數據
◆ 體脂特徵

「體重計設置」服務
◆ 設定單位特徵
　◇ 屬性：可寫
　◇ 值："kg"
　◇ 描述器：可能值為"kg"（公斤）或"lb"（磅）
◆ 校正特徵

BLE 藍牙的「服務」和「特徵」都採用 UUID 識別碼命名

BLE 藍牙的服務、特徵和描述器，都可以由開發者自行設定，但是它們的識別名稱並非採用字串格式，而是由 32 個 16 進位數字以及連字符號組成的 **UUID**（Universally Unique Identifier，**通用唯一辨識碼**），底下是一個 UUID 碼：

15

字母應該要小寫
↓
6e400001-b5a3-f393-e0a9-e50e24dcca9e

8個字　　　4個字　　4個字　　4個字　　　12個字

32 個 16 進位數字的編碼數字的總數為 16^{32}（或者說 2^{128}，所以 UUID 的長度是 128 位元），約 $3.4×10^{38}$ 個；光看數字很難體會 UUID 的龐大數量，對照 Jason Marshall 博士估算地球上的所有沙灘的沙粒總數（原文出處：https://bit.ly/3bW2xor），大約是 $5.6×10^{21}$ 粒；UUID 有沙粒總數的 $6×10^{16}$ 倍這麼多！根據維基百科的「通用唯一辨識碼」條目（https://bit.ly/2JBsFIW）指出，若每奈秒（ns）產生 1 兆個 UUID，要花 100 億年才會用完所有 UUID。

UUID 的數字有標準的產生方式，包括根據日期時間、裝置的實體位址和隨機數字，產生重複 UUID 碼的機率幾乎是 0。我們可以從 UUID 產生器網站（https://www.uuidgenerator.net/）取得 UUID 碼，也可以在網路上找到 JavaScript 和 Python 等程式語言編寫的範例來產生 UUID 碼，像這個 JavaScript 自訂函式（出處：https://gist.github.com/jed/982883）：

```
function uuidv4() {
  return ([1e7]+-1e3+-4e3+-8e3+-1e11).replace(/[018]/g, c =>
    (c^crypto.getRandomValues(new Uint8Array(1))[0] & 15 >> c / 4)
      .toString(16)
  );
}


console.log(uuidv4());
```

在瀏覽器的控制台執行上面的程式，將產生類似這樣的 UUID 碼：

```
2c4e1fcf-06be-4e33-bcad-977913f0c41a
```

官方認可的 16 位元長度 UUID 編碼

除了自訂的服務和特徵，藍牙技術聯盟官方也有預設一些 BLE 服務、特徵和描述。官方認可的 UUID 碼長度為 16 位元，但其實 16 位元碼會和底下的「基底」碼合併，所以實際長度仍是 128 位元：

0x1800 ←藍牙官方認可的UUID（通用存取服務）

⬇

基底：**0000☐☐☐☐-0000-1000-8000-00805f9b34fb**

表 15-1 列舉 4 個官方認可的服務及其 UUID 碼，完整的列表請參閱藍牙組織官網的 GATT Services 頁面 (https://bit.ly/2xPz68C)：

表 15-1

服務	唯一識別碼
電池服務 (Battery Service)	0x180F
健身器材 (Fitness Machine)	0x1826
室內定位 (Indoor Positioning)	0x1821
體重計 (Weight Scale)	0x181D

表 15-2 列舉 4 個官方編列的特徵，完整列表請參閱 GATT Characteristics 頁面 (https://bit.ly/2V4eG3O)：

表 15-2

特徵	唯一識別碼
類比輸出 (Analog Output)	0x2A59
電量 (Battery Level)	0x2A19
日期時間 (Date Time)	0x2A08
數位輸出 (Digital Output)	0x2A57

表 15-3 列舉 4 個官方編列的描述，完整列表請參閱 GATT Descriptors 頁面 (https://bit.ly/2V0Wwju)：

表 15-3

描述	唯一識別碼
使用者自訂描述 (Characteristic User Description)	0x2901
用戶端特徵設置 (Client Characteristic Configuration)	0x2902
伺服器特徵設置 (Server Characteristic Configuration)	0x2903
特徵展示格式 (Characteristic Presentation Format)	0x2904

小結一下，BLE 藍牙裝置的各項屬性資料採用階層式架構分類存放在不同服務和特徵，而服務、特徵、屬性和描述都用 UUID 命名：

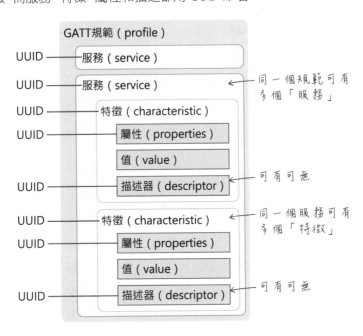

15-5 使用 nRF Connect 工具軟體 檢測 BLE 藍牙裝置

正式說明 BLE 藍牙程式設計之前，我們先使用 Nordic 半導體公司（總部位於挪威，主力產品為無線通訊 IC）開發的 **nRF Connect** 工具軟體檢測 BLE 藍牙裝置，藉以認識 BLE 藍牙的實際運作狀況。

nRF Connect 這款免費軟體有 Android, iOS 和個人電腦版,手機版的操作介面大致相同,底下以 Android 版本示範,在 Google Play 或者 Apple 的 App Store 搜尋關鍵字 "nrf connect" 即可找到它。

本單元的 BLE 藍牙實驗裝置當然是 ESP32 開發板,請先編譯並上傳本章的 BLE_UART.ino 檔,上傳之後,ESP32 將啟動 BLE 藍牙,提供 UART 序列通訊服務:

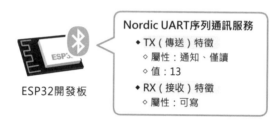

ESP32開發板

Nordic UART序列通訊服務
- ◆ TX(傳送)特徵
  - ◇ 屬性:通知、僅讀
  - ◇ 值:13
- ◆ RX(接收)特徵
  - ◇ 屬性:可寫

當手機或電腦透過 BLE 藍牙連結此 ESP32,即可接收到 ESP32 傳來的磁力計感測數據;手機或電腦也能傳送 "on" 或 "off" 字串給 ESP32,開、關開發板內建的 LED。

使用 nRF Connect 工具存取 BLE 藍牙裝置資料

ESP32 開發板通電後,開啟手機藍牙,然後打開 nRF Connect App,它將開始掃描可用的 BLE 藍牙裝置;如果沒有開始掃描,請自行按下 **SCAN(掃描)**,即可看到 **ESP32 藍牙 LED 開關**裝置。請按下 **CONNECT(連接)**:

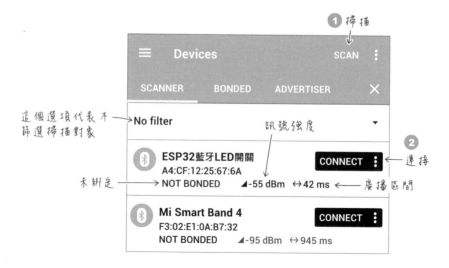

兩個藍牙裝置之間的連線,稱為**配對**(pairing)或**綁定**(bonding):這兩者的主要差別在於,連線雙方是否保存彼此的驗證方式(密鑰);配對不會保留,綁定則會,相關說明請參閱下文〈配對和綁定〉單元。測試藍牙裝置時,建議先不要綁定:

連線成功後,顯示在畫面上的階層式資料,稱為 **GATT 規範**,下圖顯示此藍牙裝置有 3 個服務:

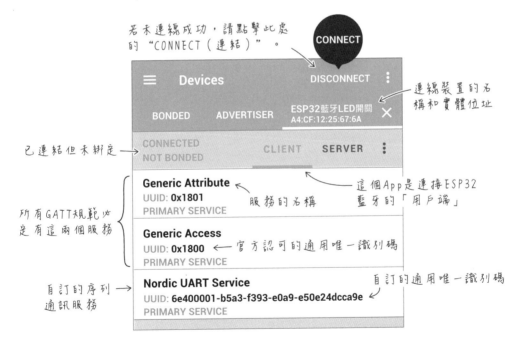

所有 GATT 規範都包含這兩個服務:

● Generic Access:直譯為「通用存取」,用於定義藍牙探索和連線的參數,以及藍牙裝置的名稱和外觀圖示。

● Generic Attribute：直譯為「通用特質」，通常包含一個 "Service Changed（服務已變更）" 特徵，用於通知已連線的用戶端某個服務發生變化（新增、移除或修改）。

nRF Connect App 內部有個 UUID 碼和名稱的對應表，當它讀到已知的 UUID 碼（如：0x1800），它就會顯示對應的名字（如："Generic Access"）；若遇到未知的 UUID，它將顯示 "Unknown Service（未知服務）"；在某些藍牙 App 上，未知服務則是顯示 "Custom Service（自訂服務）"。

點擊服務名稱可查看相關資料。例如，點擊 **Generic Access（通用存取）**，可看到其中包含的**特徵（characteristic）**及其**屬性（properties）**和**值（value）**。點擊 **Device Name（裝置名稱）**特徵右邊的**讀取**鈕，可看到此裝置的名稱：

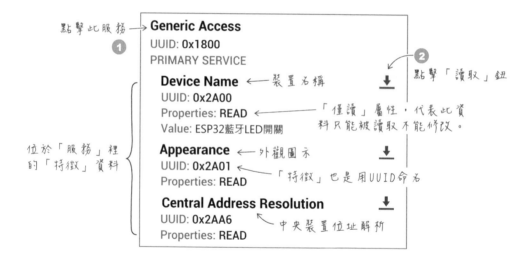

透過 BLE 藍牙 UART 接收與傳送資料

點擊 Nordic UART Service（Nordic 公司的 UART 服務）可看到它包含 TX 和 RX 兩個特徵，分別用於傳送和接收資料。按下**啟用通知（Notification）**鈕，將能收到持續更新的 ESP32 磁力感測值：

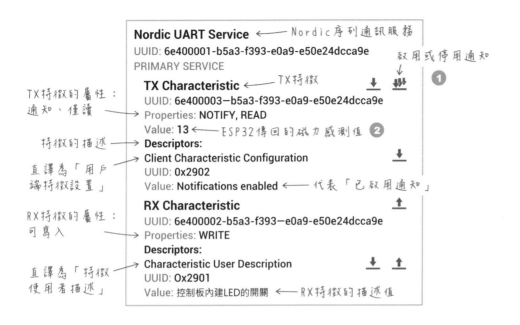

RX 特徵用於傳遞資料給 ESP32，底下的操作步驟將傳遞 "on" 或 "off" 字串，藉以點亮或關閉控制板內建的 LED。先按下**寫入/上傳**鈕：

畫面將出現底下的彈出式面板，請輸入 "on" 或 "off" 再按下 **SEND**（送出）：

Nordic UART Service（序列通訊服務）是自訂的 UUID 碼，因為本文採用的 nRF Connect App 正是 Nordic 公司開發的，所以它認得自家定義的 UUID：

若改用其他 App，例如 Android 平台上的 BLE Scanner，同一組自訂 UUID 將顯示成 "CUSTOM SERVICE（自訂服務）" 及 "CUSTOM CHARACTERISTIC（自訂特徵）"：

15-6 製作 ESP32 BLE 藍牙序列通訊裝置

ESP32 的 Arduino 開發工具內建 Neil Kolban 先生編寫的 BLE 程式庫，本單元將説明如何運用此程式庫編寫 UART 序列通訊程式。建立 BLE 藍牙裝置的流程和相關指令如下，由於 ESP32 是「提供服務」以及「被連線」的對象，所以它的角色是「伺服器」：

建立 BLE 伺服器的 createServer() 方法位在 **BLEDevice 類別**,所以指令寫成 BLEDevice::createServer()。

> Arduino 官方出品的某些控制板有內建 BLE 藍牙通訊功能,例如,採用 Nordic nRF52840 微控器的 Arduino Nano 33 BLE 控制板,所以 Arduino 官方也有提供 BLE 藍牙程式庫(https://bit.ly/3b3m3iJ),這個官方程式庫不支援 ESP32 微控器。

本範例的服務和特徵,使用三組 128 位元長度的自訂 UUID 與兩組官方認可的 16 位元長度的 UUID。如上文所述,自訂的 UUID 可使用我們自行產生的代碼,本單元使用的是 Nordic 公司自訂的 UART 服務 UUID 碼,以便讓該公司的 nRF Connect App 識別:

本單元先實作推送資料的「TX 特徵」，接收資料的「RX 特徵」留待下個單元再補上。完整的程式碼如下，其中的 BLE2902.h 程式庫用於建立 0x2902 的描述：

```
#include <BLEDevice.h>  // 建立及初始化 BLE 裝置
#include <BLEServer.h>  // 建立 BLE 伺服器
#include <BLEUtils.h>   // 包含轉換資料類型的工具函式
#include <BLE2902.h>    // 推送通知的描述 (UUID：0x2902)

// 定義三個 128 位元的自訂 UUID：
#define SERVICE_UUID "6E400001-B5A3-F393-E0A9-E50E24DCCA9E"
#define CHARACTERISTIC_UUID_RX \
  "6E400002-B5A3-F393-E0A9-E50E24DCCA9E"
#define CHARACTERISTIC_UUID_TX \
  "6E400003-B5A3-F393-E0A9-E50E24DCCA9E"

const int LED = LED_BUILTIN; // 定義 LED 接腳，設成板子內建的 LED
bool bleConnected = false;   // 定義「已連線」變數，預設「否」
// 宣告 TX 特徵物件，必須是「指標」類型
BLECharacteristic *pCharact_TX;

// 伺服器回呼類別，在用戶端連線或斷線時
// 自動執行其 onConnect() 及 onDisconnect() 方法
class ServerCallbacks:public BLEServerCallbacks {
  void onConnect(BLEServer* pServer) {     // 連線回呼
    bleConnected = true;                   // 「已連線」設成真
  };

  void onDisconnect(BLEServer* pServer) {  // 斷線回呼
    bleConnected = false;                  // 「已連線」設成偽
    Serial.println("連線中斷");
    BLEDevice::startAdvertising();         // 重新發出廣告
  }
};

void setup() {
  Serial.begin(115200);
  pinMode(LED, OUTPUT);
```

```
  BLEDevice::init("ESP32 藍牙 LED 開關");      // 建立 BLE 裝置
  // 建立 BLE 伺服器
  BLEServer *pServer = BLEDevice::createServer();
  // 設定 BLE 伺服器的回呼
  pServer->setCallbacks(new ServerCallbacks());
  // 建立 BLE 服務
  BLEService *pService = pServer->createService(SERVICE_UUID);
  // 定義 TX 特徵物件的內容
  pCharact_TX = pService->createCharacteristic(
                CHARACTERISTIC_UUID_TX,      // TX 特徵的 UUID
                BLECharacteristic::PROPERTY_NOTIFY |
                BLECharacteristic::PROPERTY_READ   // 屬性值
              );
  pCharact_TX->addDescriptor(new BLE2902());      // 新增描述

  pService->start();                              // 啟動服務
  pServer->getAdvertising() ->start();            // 開始廣播
  Serial.println("等待用戶端連線...");
}

void loop() {
  if (bleConnected) {              // 若已和用戶端連線...
    int hallVal = hallRead();      // 讀取霍爾感測器值
    char buffer[5];                // 宣告 5 個元素的字元陣列
    itoa(hallVal, buffer, 10);     // 把霍爾感測數字值轉成字元...
    pCharact_TX->setValue(buffer); // ...設定給 TX 特徵物件

    pCharact_TX->notify();         // 從 TX 特徵物件發出通知
    Serial.printf("送出通知：%d\n", hallVal);
  }
  delay(500);
}
```

伺服器物件、服務物件和特徵物件，都必須是「指標」類型，所以此程式的這些
物件（變數）名稱刻意用代表指標（pointer）的 p 開頭，變數名稱前面要加上
星號（*）。

處理用戶端連線以及定義特徵

處理用戶端連線與斷線事件的程式，必須是 BLEServerCallbacks 的子類別物件，語法格式如下，筆者將此子類別命名為 ServerCallbacks（伺服器回呼）；執行 BLE 伺服器物件的 setCallbacks() 方法時，必須傳入這個類別物件：

制定回呼程式格式的父類別（基底類別）

```
class 自訂類別: public BLEServerCallbacks {
  void onConnect(BLEServer* pServer) {  // 處理用戶端連線...  };
  void onDisconnect(BLEServer* pServer) {  // 處理用戶端斷線...  };
};
```

```
class ServerCallbacks: public BLEServerCallbacks {
  void onConnect(BLEServer* pServer) {
    bleConnected = true;   // 「已連線」設成真
  };

  void onDisconnect(BLEServer* pServer) {
    bleConnected = false;   // 「已連線」設成偽
    Serial.println("連線中斷");
    BLEDevice::startAdvertising(); // 重新發出廣告
  }
};
```

中斷連線之後，執行 BLEDevice 的 startAdvertising() 函式，讓它再次發出廣告，週邊裝置才能感知它的存在。

定義特徵物件的語法如下，這個敘述建立了一個「TX 特徵」並賦予「通知」屬性：

特徵物件 = 服務物件->createCharacteristic(特徵的UUID，屬性)

```
pCharact_TX = pService->createCharacteristic(
              CHARACTERISTIC_UUID_TX,                // TX特徵的UUID
              BLECharacteristic::PROPERTY_NOTIFY    // 「通知」屬性
              );
```

BLECharacteristic.h 檔案裡面定義了表 15-4 的屬性常數名稱，取用這些常數時，名稱前面必須加上 BLECharacteristic:: 標示它的出處。

表 15-4

屬性常數名稱	說明
PROPERTY_READ	僅讀,允許用戶端讀取此特徵值
PROPERTY_WRITE	可寫,允許用戶端寫入此特徵並接收回應
PROPERTY_NOTIFY	通知,允許伺服器通知此特徵值已更新,但用戶端無須回應此通知
PROPERTY_BROADCAST	廣播,允許此特徵值置入廣告封包
PROPERTY_INDICATE	指示,允許伺服器指示此特徵值已更新,用戶端必須回應已收到指示
PROPERTY_WRITE_NR	可寫但不接收回應,允許用戶端寫入此特徵但是不接收回應

一個特徵可擁有多重屬性,屬性值用**位元或** (|) 運算子合併;底下的敘述賦予 TX 特徵「通知」和「僅讀」屬性:

```
pCharact_TX = pService->createCharacteristic(        「位元或」運算子
            CHARACTERISTIC_UUID_TX,                      ↓
            BLECharacteristic::PROPERTY_NOTIFY |
            BLECharacteristic::PROPERTY_READ         // 「僅讀」屬性
        );
```

測試接收藍牙裝置的 TX 特徵值

上傳程式碼到 ESP32 控制板之前,先開啟**序列埠監控視窗**。編譯並上傳上一節的程式碼,**序列埠監控視窗**將顯示 "等待用戶端連線..."。一旦手機的 nRF Connect (用戶端) 連上此 ESP32 控制板,控制板將開始傳送磁力計感測值,直到用戶端斷線:

有用戶端連線了 ⋯
開始傳送磁力計感測值

點擊 nRF Connect 畫面上的**啟用或停用通知**鈕，將能收到自動更新的感測器
數據：

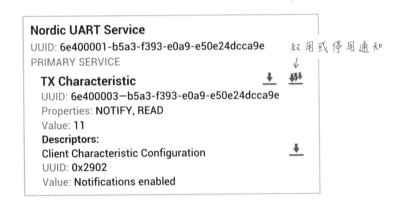

如果上一節 BLE 藍牙程式中的 TX 特徵沒有 UUID 為 0x2902 的描述，例如，
把底下這一行當作註解再重新編譯上傳，前端程式將無法自動接收更新值：

```
pCharact_TX = pService->createCharacteristic( // 定義TX特徵物件的內容
            CHARACTERISTIC_UUID_TX,           // TX特徵的UUID
            BLECharacteristic::PROPERTY_NOTIFY |
            BLECharacteristic::PROPERTY_READ  // 屬性值
        );
// pCharact_TX->addDescriptor(new BLE2902());  // 新增描述
pService->start();                            // 啟動服務
```

把這一行當成註解

回到 nRF Connect 程式，再次連接 ESP32 控制板，你將發現 TX 特徵不會自動
更新了：

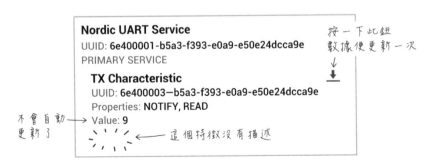

15-7 特徵回呼虛擬類別

在定義 BLE 特徵物件的 BLECharacteristic.h 原始碼之中，可以看到如下的 **BLE 特徵回呼**類別宣告，其中的函式（方法）宣告前面都有 virtual 字樣：

```
class BLECharacteristicCallbacks {
public:
  typedef enum {
    SUCCESS_INDICATE,
    SUCCESS_NOTIFY,
    ERROR_INDICATE_DISABLED,
    ERROR_NOTIFY_DISABLED,
    ERROR_GATT,
    ERROR_NO_CLIENT,
    ERROR_INDICATE_TIMEOUT,
    ERROR_INDICATE_FAILURE
  }Status;  // 自訂 Status（狀態）類型

  virtual ~BLECharacteristicCallbacks(); // 處理刪除物件的解構式
  // 處理讀取
  virtual void onRead(BLECharacteristic* pCharacteristic);
  // 處理寫入
  virtual void onWrite(BLECharacteristic* pCharacteristic);
  // 處理通知
  virtual void onNotify(BLECharacteristic* pCharacteristic);
  // 處理狀態更新
  virtual void onStatus(BLECharacteristic* pCharacteristic,
                        Status s, uint32_t code);
};
```

我們的 BLE 藍牙程式中，處理「序列資料接收」的 RX 特徵，必須自訂一個繼承 BLECharacteristicCallbacks（BLE 特徵回呼）的類別，而子類別不必實作其中的所有方法（因為它們不是**純虛擬函式**）。例如，RX 特徵的自訂回呼類別程式，只需要實作讀取寫入資料的 onWrite() 方法。每當用戶端傳入資料時，onWrite() 就會觸發執行，程式可透過特徵物件的 getValue() 方法取得傳入值：

```
class 自訂回呼類別: public BLECharacteristicCallbacks {
    void onWrite(BLECharacteristic *特徵物件) { 處理寫入資料 }
}
```

```
class RXCallbacks: public BLECharacteristicCallbacks {
    void onWrite(BLECharacteristic *pCharact) {
        std::string rxVal = pCharact->getValue();    // 取得寫入值
        Serial.printf( "收到輸入值:%s\n", rxVal.c_str() );
                                                        ↑ 取得C風格字串
        if ( rxVal == "on" ) {
            Serial.println("開燈!");
            digitalWrite(LED, LOW);    ← 比較字串，無須用C風格字串比較。
        } else if ( rxVal == "off" ) {
            Serial.println("關燈!");
            digitalWrite(LED, HIGH);
        }
    }
};
```

加入接收序列值的 RX 特徵

建立 RX 特徵的程式碼和 TX 特徵類似，只是屬性改成「可寫」，並且要設定回呼物件：

```
BLECharacteristic *pCharact_RX = pService->createCharacteristic(
                                  CHARACTERISTIC_UUID_RX,
                                  BLECharacteristic::PROPERTY_WRITE
                                  );
                                                        ↑
                              ↑                     「可寫」屬性
                    處理序列輸入的特徵物件

pCharact_RX->setCallbacks( new RXCallbacks() ); // 設定回呼物件
                           處理回呼的類別物件
```

我們也能選擇性地替 RX 特徵加上描述，這個描述只是用文字說明此特徵的用途，沒有其他作用：

必須是指標　　數字值要明確轉型成uint16_t或uint32_t

```
BLEDescriptor *pDesc = new BLEDescriptor( (uint16_t)0x2901 );
pDesc->setValue("控制板內建LED的開關");
pCharact_RX->addDescriptor(pDesc);      // 新增描述
```

比較一下之前建立 TX 特徵描述的敘述，addDescriptor() 的參數是 BLE2902
物件：

```
pCharact_TX->addDescriptor( new BLE2902() );      // 新增描述
```
物件

那是因為 ESP32 的藍牙程式庫有定義 BLE2902.h 標頭檔和類別，但是藍牙程
式庫並沒有定義 BLE2901 類別，程式只需要傳入 16 位元的官方 UUID 碼自行
建立 BLEDescriptor 物件。

再次上傳程式到 ESP32 控制板，然後透過手機的 nRD Connect 連接它，就能
看到 TX 和 RX 兩個特徵。

15-8 提供 BLE 藍牙剩餘電量資訊服務

BLE 藍牙裝置的 App 多半都有提供檢視裝置電量的功能，本單元將替上文製
作的序列通訊程式加入電池服務 (Battery Service)，回報裝置的剩餘電量。使
用 nRF Connect App 連接本單元藍牙裝置的畫面：

表 15-1 提到藍牙官方規劃電池服務，唯一識別碼是 0x180F，筆者將它命名成
BATT_UUID：

```
#define UART_SERVICE_UUID "6E400001-B5A3-F393-E0A9-E50E24DCCA9E"
#define CHARACTERISTIC_UUID_RX "6E400002-B5A3-F393-E0A9-E50E24DCCA9E"
#define CHARACTERISTIC_UUID_TX "6E400003-B5A3-F393-E0A9-E50E24DCCA9E"
#define BATT_UUID  (uint16_t)0x180F // 電量服務的唯一識別碼
```

可明確定義成BLEUUID資料類型 ↘

```
BLEUUID( (uint16_t)0x180F )
```

定義儲存電量百分比值的全域變數 battLevel，以及回報剩餘電量的電池特徵
物件 pCharactBatt：

```
uint8_t battLevel = 100;  // 電量百分比，資料類型為 8 位元無號整數
const int LED = 22;
   :
BLECharacteristic* pCharactBatt;  // 電池特徵物件
```

在 setup() 函式當中加入建立電池服務、特徵和描述的相關敘述：

```
void setup() {
    :
  pDesc->setValue("控制板內建LED的開關");
  pCharactRX->addDescriptor(pDesc);
  // 建立電池BLE服務
  BLEService *pBattService = pServer->createService(BATT_UUID);
  // 建立電量特徵
  pCharactBatt = pBattService->createCharacteristic((uint16_t)0x2A19,
                              BLECharacteristic::PROPERTY_READ |
                              BLECharacteristic::PROPERTY_NOTIFY);
  BLEDescriptor *pBattDesc = new BLEDescriptor((uint16_t)0x2901);
  pBattDesc->setValue("電量0~100%");
  pCharactBatt->addDescriptor(pBattDesc);
  pCharactBatt->addDescriptor(new BLE2902());

  pUARTService->start();  // 啟用UART服務
  pBattService->start();  // 啟用電池服務
    :
}
```

電池服務的 唯一識別碼

電量特徵的 唯一識別碼

← 自訂描述

推送通知

在 loop() 函式當中，加入模擬每隔 1 秒，電量下降 1%的敘述（底下動手做單元將實際偵測使用電池運作的剩餘電量）：

```
void loop() {
  if (deviceConnected) {          // 若已和用戶端連線...
     : 略
    Serial.printf("送出:%d\n", hallVal);

    // 設定 8 位元整數特徵值
    pCharactBatt->setValue(&battLevel, 1);
    pCharactBatt->notify();       // 通知用戶端
    delay(1000);
    battLevel--;
    // 讓電量值在 0~100 之間循環
    if (battLevel == 0) battLevel = 100;
  }
}
```

其中，設定特徵值的 setValue() 方法是個**多載函式**（參閱下文），可以接收一個字串類型參數，或者兩個參數（其原型定義請參閱 BLEDescriptor.h 檔）。本單元的 battLevel 的類型是 uint8_t（無號 8 位元整數，因為這個值不會超過 100，不用採 int 類型），不是字串值，所以用底下的語法來設定特徵值：

setValue(&變數, 位元組數)

pCharactBatt->setValue(&battLevel, 1);

編譯並上傳程式碼，使用 nRF App 連結到 ESP32 開發板，即可看見每隔一秒降低 1% 的模擬電量值。

📐 函式簽名與多載

函式定義敘述裡的名稱和參數部份（不含傳回值），稱為**函式簽名**（**signature**）。C/C++ 語言允許程式定義多個同名的函式（或者類別方法），只要簽名不同即可，這種特性稱為**函式多載**（**function overloading**）：

參數數量或類型不同

int area(int n)
函式簽名

int area(int w, int h)
函式簽名

例如，底下程式定義了兩個同名、但參數不同的 area() 函式，也就是函式簽名不一樣，所以合法：

```
int area( int n ) {
  return n * n;
}
                        函式多載
int area( int w, int h ) {
  return w * h;
}

void setup() {
  printf( "正方形面積:%u\n", area(5) );
  printf( "長方形面積:%u\n", area(5, 8) );
}

void loop() { }
```

COM5   — □ ✕

[   ] 傳送

正方形面積：25
長方形面積：40

程式會執行符合簽名的函式

使用類比輸入埠檢測電池電壓

為了順利進行底下單元的實驗,請使用具備連接 3.7V 鋰電池插座的 ESP32 開發板,像本書採用的 LOLIN32 開發板,或者下圖這一款 3.7V 鋰電池充電與 5V 升壓輸出的擴展板 (商品搜尋關鍵字:"WEMOS D1 鋰電池專用充電板"),搭配 WEMOS D1 Mini ESP32 開發板使用:

電池的電壓會隨著剩餘電量的減少而降低,所以檢測電池電壓便能推測它的剩餘電量。每個廠牌型號的電池特性不盡相同,底下是某一款 3.7V 鋰電池的放電電壓和容量比例,從這張圖可看出,3.7V 鋰電池充飽時的電壓約 4.2V,而電池的工作電壓也會因輸出電流量而不同:

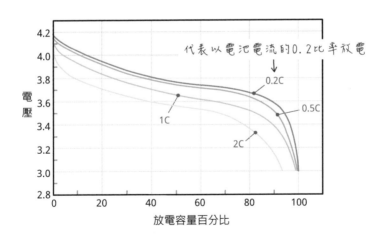

理論上,電池正極接 ESP32 的任一類比輸入腳,即可測量它的電壓,但鋰電池充飽電時的電壓是 4.2V,而 ESP32 的類比輸入腳位僅接受 3.3V (上限 3.6V) 輸入,所以要經過**電阻分壓電路**把電池電壓降低到 3.3V:

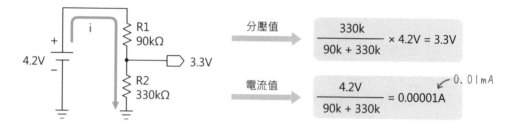

為了降低流入電阻分壓電路的電流量（也就是避免消耗電力），請選用大一點的電阻值，像上圖的 90k 和 330k 的組合，電流值為 0.01mA；若改用 3K 和 11K 的組合，電流值將是 0.3mA。

假設 ESP32 類比輸入腳的解析度為 10 位元，它的輸入值將介於 0~1023，那麼，倘若類比腳的輸入值是 888，則電池的電壓是多少呢？要解決這個問題，首先得計算感測輸入的 3.3V 單位電壓，再乘上 4.2V 和 3.3V 的比值。從底下的算式可知，4.2V 的單位電壓大約是 0.00409；若類比感測值為 888，電池電壓大約是 3.6V：

3.3V的單位電壓

$$\frac{3.3V}{1024} \fallingdotseq 0.00322$$

電壓的比值

$$\frac{4.2V}{3.3V} \fallingdotseq 1.2727$$

4.2V的單位電壓

$$0.00322 \times 1.2727 \fallingdotseq 0.00409$$

ADC的感測值　電壓值

$$888 \times 0.00409 \fallingdotseq 3.6$$

動手做 15-4　BLE 藍牙通知電量

實驗說明：在使用電池供電的 ESP32 開發板，透過 BLE 藍牙傳遞電池的電量百分比。

實驗電路：在任一類比腳連接電阻分壓電路，此例接 A7（腳 35）：

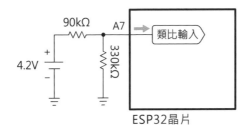

90KΩ 電阻的一端與電池插座的正極焊接在一起；為了避免電阻的金屬腳碰觸到開發板的元件造成短路，建議套上塑膠外皮（可從導線剝下塑膠外皮給電阻）：

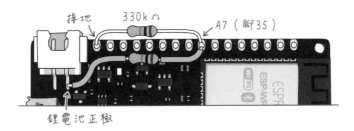

實驗程式：從電池廠商提供的圖表可知，電池的電壓和放電容量比例不是線性變化；當電壓低到 3.0V，代表電池沒電了：

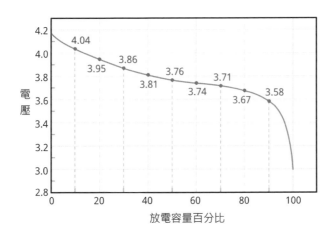

筆者把這些電壓值存入自訂陣列變數 voltData，連同類比輸入埠的參數設定，加入之前的 BLE 藍牙序列傳輸程式：

```
      :略
#define BATT_UUID (uint16_t)0x180F // 電池服務UUID
#define BITS 10
#define BATT_SENSOR_PIN A7        // 偵測電量的類比輸入腳

const uint16_t ADC_RES = 1023; // 10位元解析度

float voltData[21] = {
```
元素0 ——→ `3.0`, 3.5, 3.58, 3.64, 3.67,
```
  3.7, 3.71, 3.72, 3.74, 3.75,
  3.76, 3.78, 3.81, 3.84, 3.86,
  3.91, 3.95, 3.98, 4.04, 4.1,
```
`4.2` ←—— 元素20
```
};
```

新增一個 checkBatt() 自訂函式，依據類比輸入值計算出電池電壓，然後跟 voltData 陣列元素逐一比較，最後傳回電量百分比值：

```
uint8_t checkBatt() {
  uint16_t adc = analogRead(BATT_SENSOR_PIN);
  float volt = adc * 0.00409; // 把類比輸入值轉換成電壓
  uint8_t battLevel = 0;        // 電量百分比，預設為 0

  // 3V 的 ADC 值約 729，所以大於 700 以上才需要比對電壓值
  if (adc > 700) {
    // 從最後一個元素 (高電壓) 往前比對...
    for (int8_t i = 20; i >= 0; i--) {
      // 若類比輸入電壓 >= 陣列元素值...
      if (volt >= voltData[i]) {
        battLevel = i * 5;   // 電量百分比 = 陣列元素索引 × 5
        break;                // 退出迴圈
      }
    }
  }

  return battLevel;            // 傳回電量百分比
}
```

最後修改主程式，讓它在用戶端連線時每隔一秒通知電量百分比值；藍牙晶片在發射電波時的耗電量最大，所以不建議頻繁地發出通知：

```
void setup() {
  Serial.begin(115200);
  pinMode(LED, OUTPUT);
  analogSetAttenuation(ADC_11db);        // 設定類比輸入埠
  analogSetWidth(BITS);
    : 略
}

void loop() {
  if (deviceConnected) {
    uint8_t battLevel = checkBatt();       // 檢查電量
     : 略
    pCharactBatt->setValue(&battLevel, 1); // 設定電量值
    pCharactBatt->notify();                // 發出通知
    delay(1000);
  }
}
```

實驗結果：編譯並上傳程式到 ESP32 開發板，然後接鋰電池供電給開發板。用手機 nRF Connect App 連線到此開發板，將能在 Battery Service 服務中看到電量百分比值。

15-9 偵測負載的電流量

提到耗電量，在注重省電節能的場合，像智慧家庭和綠色住宅，你可能想要偵測 3C 用品的消耗電力，也就是裝置運作時的電流量。偵測電流除可得知裝置的耗電程度，還可判斷裝置的運作狀態。以馬達為例，假設它的正常工作電流是 500mA，啟動後的電流為 0，代表故障、斷線；飆升到 1.2A，代表轉軸可能被卡住而發生堵轉：

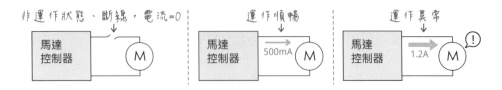

根據歐姆定律，電流值可透過計算電壓和電阻的比例得知，以底下的 LED 電路為例，假設在電阻兩端測得的電位差是 3V，換算之後可知電流為 0.01A（即 10mA）：

電流 = ?　300Ω
5V
3.0
電阻兩端的電位差

$$I = \frac{V}{R} \rightarrow \frac{3V}{300\Omega} = 0.01A$$

如此，只要在欲測量消耗電流的負載之前，接上一個電阻，就能用相同的技巧得知電流值；為了測量電流額外加上的電阻，統稱**分流（shunt）電阻**。然而，電阻會降低電壓，為了測量電流而加入的分流電阻可能會導致裝置無法正常運作：

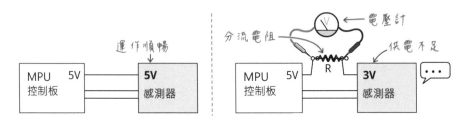

所以，分流電阻值應該盡可能地微小，像 0.1Ω 所造成的 0.001V 電壓降，不會影響負載用電；萬用電錶裡的電流計，也是用這種方式測量電流：

300Ω
5V
電流 = ?　0.1Ω
0.001
分流電阻
微小的電位差，不影響負載運作。

$$I = \frac{V}{R} \rightarrow \frac{0.001V}{0.1\Omega} = 0.01A$$

INA219 電流測量模組

本單元採用 INA219 模組測量電流。INA219 是德州儀器 (TI) 開發的電流偵測 IC，最大可測量±3.2A 電流，採用 I²C 介面輸出感測值。底下是常見的 INA219 模組，原始設計出自美商 Adafruit 公司，該公司設計的軟硬體模組都採開源形式公開電路圖、PCB 佈線圖和程式庫，差別在於 Adafruit 原廠的模組上面有該公司標誌。

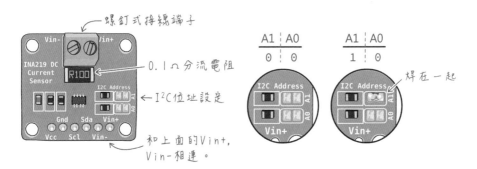

此模組的 I²C 位址由 A0 和 A1 焊接點設定：

- 0x40：A0 和 A1 都不焊接，此為預設值。

- 0x41：A0 兩點焊在一起、A1 不焊接。

- 0x44：A0 不焊接、A1 兩點焊在一起，如右上圖所示。

- 0x45：A0 和 A1 都各自焊接。

此模組有兩個連接負載的電源的 Vin＋ 和 Vin- 接腳，「螺釘式接線端子」提供了一種不用焊接的固定接線方式：

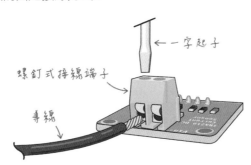

INA219 模組可接在負載（如：馬達）之前，監測負載的運作和消耗功率（如左下圖），也可以接在電源輸入端，監控整個裝置的耗電量（如右下圖）。請注意，**INA219 模組的 Vin+ 腳，要接在正電源**：

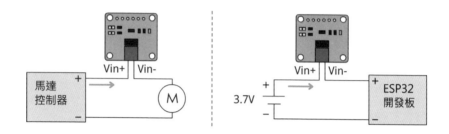

這個模組的電路圖如下，INA219 透過測量模組上的 **0.1Ω 分流電阻**的電位差（**分流電壓**）換算成電流值。由於分流電阻很小，電位差也很微小，所以 IC 內部有個放大器放大電位（倍率可透過程式調整），再經由 12 位元解析度的 ADC 轉換成數位訊號，最後透過 I²C 傳出感測值：

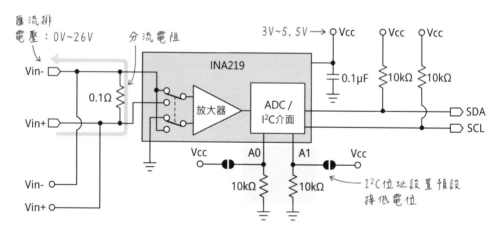

其中的**匯流排（bus）電壓**代表提供給負載的電壓，也就是**電源電壓**減去**分流電壓**，上限為 26V：

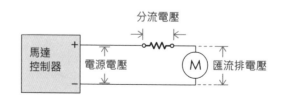

雖然匯流排電壓的上限是 26V，但 INA219 的電壓檢測範圍可設置成 16V 或 32V 兩種尺度。下文介紹的 Adafruit IN219 程式庫預設採最大量測範圍（32V, 2A）；若負載的電壓和電流小於 16V/400mA，可把電壓檢測範圍設成 16V 400mA，以獲得最高的量測解析度。

Adafruit INA219 程式庫

本文使用 Adafruit 公司編寫的程式庫連接 INA219 模組。請選擇 Arduino IDE 主功能表的『**草稿碼/匯入程式庫/管理程式庫**』指令，搜尋關鍵字 "ina219"，下載 Adafruit INA219 程式庫：

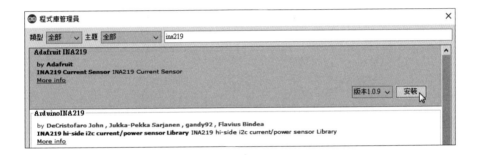

此程式庫提供的範例檔使用到另一個 NeoPixel（全彩 LED）程式庫，所以它會詢問你否要一併安裝這個程式庫？本書不會用到這種全彩 LED，請按下 **Install all**（全部安裝）或 **Install 'Adafriut IN219' only**（僅安裝 Adafriut IN219）：

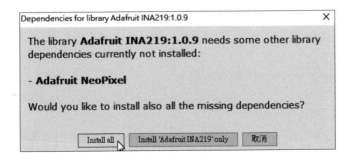

Adafruit INA219 程式庫具有下列方法：

● Adafruit_INA219()：建立並初始化 INA219 物件，預設 I²C 位址為 0×40。

● begin()：開始跟 INA219 模組建立連線。

● setCalibration_32V_1A()：量測範圍設成 32V/1A。

● setCalibration_16V_400mA()：量測範圍設成 16V/400mA。

● getCurrent_mA()：傳回偵測到的**電流毫安**值（10^{-3}A）。

● getShuntVoltage_mV()：傳回毫伏（10^{-3}V）單位的**分流電壓**值；Shunt voltage 代表「分流電壓」，也就是分流電阻兩端的電位差。

● getBusVoltage_V()：傳回**匯流排（bus）電壓**值。

● getPower_mW()：傳回毫瓦（10^{-3}W）單位的**消耗功率**值，根據公式「功率=電流×電壓」，此值等同「電流毫安值」乘上「匯流排電壓值」。

動手做 15-5　測量負載的消耗電流

實驗說明：使用 INA219 模組測量負載的消耗電流，本例以 MQ2 模組當作負載，讀者可自行替換成其他 5V 電源以內的負載。

實驗材料：

INA219 模組	一片
MQ2 模組	一個

實驗電路：麵包板接線示範如下，因為此實驗只是為了檢測消耗電流，MQ2 模組的類比輸出訊號線不用接：

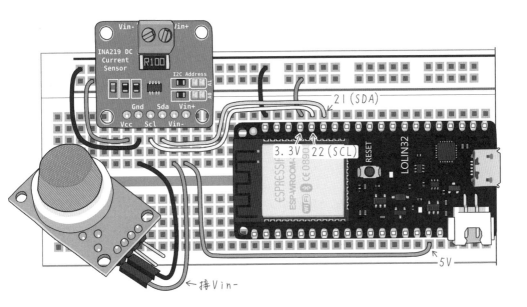

實驗程式：底下程式改自 Adafruit 提供的範例，程式一開始先建立 ina219 物件，並指定模組的 I²C 位址（預設為 0x40），然後每隔 2 秒輸出分流電壓、電流…等資料。

```
#include <Wire.h>                // 建立 I²C 通訊的程式庫
#include <Adafruit_INA219.h>     // 引用 INA219 程式庫

// 建立 INA219 物件，0x40 位址可省略不填
Adafruit_INA219 ina219(0x40);

void setup() {
  Serial.begin(115200);

  if (! ina219.begin()) {        // 若無法與 INA219 建立連線
    Serial.printf("找不到 INA219 晶片～\n");
    while (1) delay(10);         // 取消程式執行
  }

  Serial.println("開始用 INA219 測量電壓和電流...\n");
}
```

```
void loop() {
  // 讀取分流電壓
  float shuntvoltage = ina219.getShuntVoltage_mV();
  float busvoltage = ina219.getBusVoltage_V();    // 匯流排電壓
  float current_mA = ina219.getCurrent_mA();      // 電流
  float power_mW = ina219.getPower_mW();          // 消耗功率
  // 計算電源電壓，因分流電壓單位是 mV，所以要除以 1000
  float loadvoltage = busvoltage + (shuntvoltage / 1000);

  // 所有浮點數值都取到小數點後 2 位，輸出到序列埠
  Serial.printf("匯流排電壓:%.2f V\n", busvoltage);
  Serial.printf("分流電壓:%.2f mV\n", shuntvoltage);
  Serial.printf("電源電壓:%.2f V\n", loadvoltage);
  Serial.printf("電流:%.2f mA\n", current_mA);
  Serial.printf("功耗:%.2f mW\n", power_mW);
  Serial.println("==========================");

  delay(2000);
}
```

實驗結果：編譯並上傳程式，**序列埠監控視窗**將每隔 2 秒顯示以下內容：

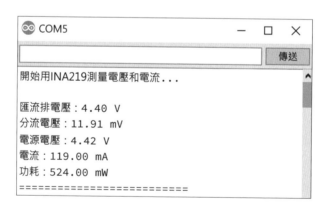

16

BLE 藍牙人機輸入
裝置應用實作

人機介面裝置（Human Interface Devices，簡稱 HID）泛指讓人類操控電腦的裝置，如鍵盤和滑鼠。HID 規範是 USB 介面發明的產物，微軟從 Windows 95 系統開始支援並沿用至今，藍牙也將它承襲下來。人機介面裝置由兩種角色構成：

● HID 主機（Host）：被使用者操控的對象，如：電腦、手機、電視…等等。

● HID 裝置（Device）：跟 HID 主機互動的裝置，如：鍵盤、滑鼠、遊戲控制器、遙控器…等等。

凡符合 HID 規範的週邊，都能被主機辨識並溝通，除非廠商採用了自行定義的功能代碼，才需要配合專屬「驅動程式」來處理。鍵盤、滑鼠是電腦標配，但某些場合需要客製化的輸入設備提升效率、減少失誤，例如：

● 超商的收銀機就是一台配備數字鍵和交易用的功能鍵的電腦。

● 華爾街的證券交易系統的電腦配有「買入」、「賣出」功能鍵的鍵盤。

● 影音剪輯專用鍵盤有預先配置好的快速鍵，有些具有捲動時間軸的旋鈕。

● 3D 設計、工程繪圖也有專屬鍵盤提供快速切換視角和瀏覽功能。

本章將製作三個 BLE 藍牙人機輸入裝置：

● 多媒體旋鈕：控制音量、播放、暫停或者其他自訂功能，在智慧型手機上也可當作無線快門：

● 整合無線鍵盤和滑鼠的多媒體控制器。

● 電腦桌面自動切換器，讓你的工作、娛樂無縫接軌、恣意穿梭。

底下先介紹多媒體旋鈕的核心介面元件及其接線。

16-1 旋轉編碼器

生活周遭常會看到許多旋轉式介面,例如:音響的音量調整鈕、收音機選台鈕、滑鼠滾輪、微波爐和烤箱的火力設定鈕...等等,這類型控制介面的最佳選擇是**旋轉編碼器**。典型的旋轉編碼器是由一個圓盤狀的銅片以及三個簧片構成,有三個接腳:

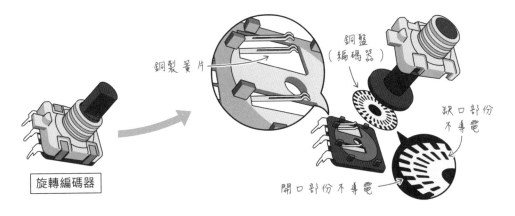

有些旋轉編碼器的旋鈕附帶**按壓**開關功能,連同按壓開關,旋轉編碼器模組相當於 3 個開關。下圖左是常見的旋轉編碼器模組,其中已預先接好如下圖右電路裡的(上拉)電阻:

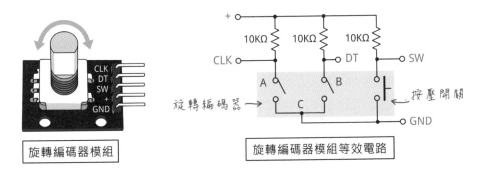

每當編碼器被轉動時,內部外側的 **CLK** 和 **DT** 兩個接點,將分別和另一個**共接點(GND)** 短路(相連)和斷路,相當於開關被按下和放開:

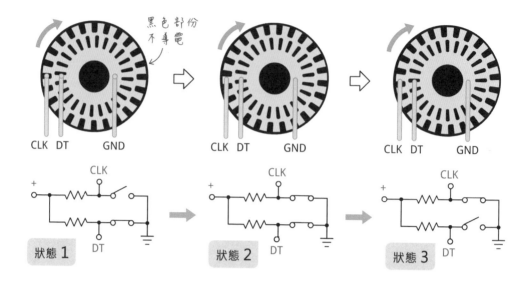

因此，如果像上圖一樣，替兩組「開關」加上電源，CLK 和 DT 接腳將依序出現高、低電位變化：

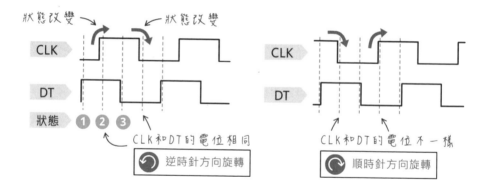

從上圖可以看出，**若 CLK 電位轉變之後，和 DT 電位相同，代表是「逆時針方向」旋轉**，否則是「順時針方向」旋轉。補充說明，以上圓盤編碼分析是「反面」觀看的旋轉角度，跟「正面」觀看的方向相反：

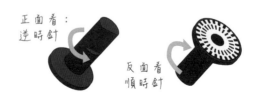

動手做 16-1　連接旋轉編碼器

實驗說明：設定一個儲存計數值的 counter 變數，依旋轉編碼器的轉向與轉動值，如果是順時針轉，則增加計數值；若是逆時針轉則減少計數值。

實驗材料：

旋轉編碼器	1 個

實驗電路：旋轉編碼的本質是「開關」，可以接在任何數位腳，電源接 3.3V。本例將旋轉編碼器的 CLK 腳連接開發板的腳 19、DT 接腳 21：

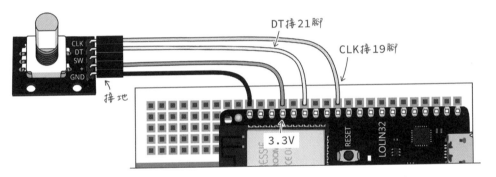

實驗程式：定義一個紀錄轉動值的 counter 變數，連接旋轉編碼器開關的接腳要設定成輸入（**INPUT**）模式：

```
const byte CLK_PIN = 19;           // CLK 接腳
const byte DT_PIN = 21;            // DT 接腳
int counter = 0;                   // 計數值
bool now = 0;                      // 暫存 CLK 腳的目前值
bool prev = 0;                     // 暫存 CLK 腳的前次值

void setup() {
  Serial.begin(115200);
  pinMode(CLK_PIN, INPUT);
  pinMode(DT_PIN, INPUT);

  prev = digitalRead(CLK_PIN);    // 讀取 CLK 腳的值
}
```

在主程式迴圈中不停地讀取 CLK 的輸入值，若使用者轉動旋鈕，則 CLK 值將會變化，程式可進一步比對 CLK 和 DT 值，藉此增加或減少轉動值：

```
void loop() {
  now = digitalRead(CLK_PIN);

  if (now != prev) {
    if (digitalRead(DT_PIN) != now) {
      counter ++;
    } else {
      counter --;
    }
    Serial.printf("計數：%d\n", counter);
  }
  prev = now;
}
```

上傳程式碼之後轉動旋鈕，將能看見 counter 值的變化：

動手做 16-2　結合 Switch 類別的旋轉編碼器程式

實驗說明：整合第 3 章 Switch（開關）類別和上個單元的旋轉編碼器程式，編寫一個具備可檢測轉動方向（右旋或左旋）以及開關狀態（按一下、長按）的**自訂旋轉開關**類別。

實驗材料和電路：實驗材料跟動手做 16-1 相同，把旋轉編碼器的 SW（開關）腳接到 ESP32 開發板的腳 22：

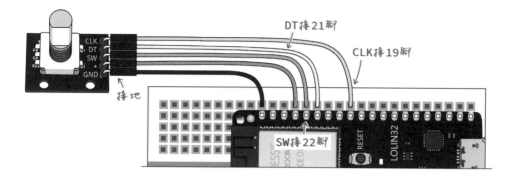

實驗程式：Switch 類別包含 enum 定義的事件名稱常數，旋轉開關類別要沿用這些名稱，並且增加兩個：

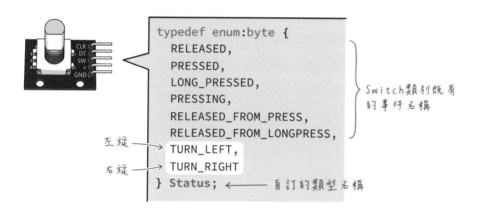

```
typedef enum:byte {
  RELEASED,
  PRESSED,
  LONG_PRESSED,
  PRESSING,
  RELEASED_FROM_PRESS,
  RELEASED_FROM_LONGPRESS,
  TURN_LEFT,
  TURN_RIGHT
} Status;
```

旋轉編碼開關模組就是包含一個**開關**的**旋轉編碼器**，所以旋轉開關類別就是包含 Switch 類別的自訂類別。其實類別相當於**資料類型**，可被引用在任何程式碼。

筆者把旋轉開關類別命名成 RotarySwitch，程式架構如下。建立 Switch（開關）類別時，必須傳入**接腳**、**導通時的電位**和**是否有上拉電阻**參數，但是在宣告此物件變數時，程式尚無法取得這些參數，所以 **Switch 物件變數要宣告成指標**，代表「**參照到尚未定義的 Switch 類型物件**」：

```
#include <switch.h>  ←—— 引用自訂的按鍵程式庫

class RotarySwitch {
  private:
    : 略
    Switch* pSW;  ←—— 新增指向Switch物件的變數

  public:
    typedef enum:byte {  ←—— 自訂的事件名稱
      : 略
    } Status;
```

RotarySwitch（旋轉開關）類別的建構式接收 3 個參數，並在其中透過 new 建立 Switch（開關）物件。**對於透過指標參照的物件，執行該物件方法時，必須透過 "->" 而非 "."**。開關物件的 check() 方法的傳回值原本是 Switch 類別中定義的 Status 類型，在這裡要轉型成 RotarySwitch 類別的 Status 類型，後者多了右旋（TURN_RIGHT）和左旋（TURN_LEFT）的定義，其餘數值完全相容：

```
RotarySwitch（CLK接腳, DT接腳, SW接腳）
       ↓
RotarySwitch(byte _clk, byte _dt, byte _sw) {  ←—— 建構式
    : 略
    pSW = new Switch( _sw, LOW, true);  ←—— 建立「開關」物件
}
       Switch（接腳, 導通時的電位, 是否有上拉電阻）

Status check() {
    Status swState = (Status) pSW->check();  ←—— 透過「指標」
      : 略                                         執行物件方法

                                    ——— 傳回值要轉換成這個類別
                                        定義的Status類型
    if (swState != RELEASED) {
      status = swState;
    }
    return status;                  ——— 如果開關不是「放開」
}                                       狀態，代表被按下了，
};                                      要傳回開關狀態。
```

RotarySwitch 定義的完整程式碼如下：

```
#include <switch.h>

class RotarySwitch {
  private:
    byte clkPin;            // CLK 接腳
    byte dtPin;             // DT 接腳
    bool prev = LOW;        // 前次旋轉狀態
    bool now = LOW;         // 這次旋轉狀態

  public:
    typedef enum:byte {     // 定義事件名稱常數，類型為 byte
      :略
    } Status;
    Status status = RELEASED;

    // 建構式，接收 3 個參數：CLK 腳, DT 腳和 SW 腳
    RotarySwitch(byte _clk, byte _dt, byte _sw) {
      clkPin = _clk;
      dtPin = _dt;
      pSW = new Switch(_sw, LOW, true);  // 建立開關物件
      pinMode(clkPin, INPUT);
      pinMode(dtPin, INPUT);
      prev = digitalRead(clkPin);        // 先讀取目前的旋轉狀態
    }

    Status check() {
      Status swState = (Status) pSW->check();  // 檢查開關狀態
      now = digitalRead(clkPin);               // 檢查旋轉狀態

      if (now != prev) {            // 若前後旋轉狀態不同...
        // 若 DT 腳的狀態與 CLK 不同...
        if (digitalRead(dtPin) != now) {
          status = TURN_RIGHT;    // 右旋
        } else {
          status = TURN_LEFT;     // 左旋
        }
      } else {
```

```
        status = RELEASED;
      }
    prev = now;                    // 存成「上次」旋轉狀態

    if (swState != RELEASED) {  // 若開關不是在放開狀態
      status = swState;            // 紀錄開關狀態
    }
    return status;                 // 傳回旋鈕與按鍵狀態
  }
};
```

筆者把這個程式命名為 rotary_switch.h，存入主程式檔的相同資料夾備用：

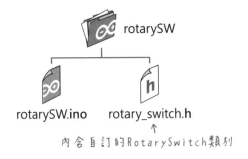

運用 RotarySwitch 自訂旋轉開關類別的 Arduino 主程式碼如下：

```
#include "rotary_switch.h" // 引用程式庫

// 建立「旋轉開關」物件 (CLK 腳，DT 腳，SW 腳)
RotarySwitch rsw(19, 21, 22);

void setup() {
  Serial.begin(115200);
}

void loop() {
  switch (rsw.check()) {    // 檢查「旋轉開關」的狀態
    case RotarySwitch::RELEASED_FROM_PRESS:
      Serial.println("按一下");
      break;
    case RotarySwitch::PRESSING:
```

```
      Serial.println("按著...");
      break;
    case RotarySwitch::LONG_PRESSED:
      Serial.println("長按");
      break;
    case RotarySwitch::TURN_RIGHT:
      Serial.println("往上捲動");
      break;
    case RotarySwitch::TURN_LEFT:
      Serial.println("往下捲動");
      break;
  }
}
```

TURN_RIGHT 和 TURN_LEFT 等事件常數,都位於 RotarySwitch 內部,所以取用這些常數時,名稱前面都要冠上**名稱空間** RotarySwitch::。

實驗結果:編譯並上傳程式碼之後轉動或按下旋轉開關,**序列埠監控視窗**將出現對應的訊息:

16-2 整合 BLE 藍牙鍵盤與滑鼠的程式庫

本單元將整合旋轉編碼器和 BLE 藍牙程式庫,製作藍牙多媒體旋鈕。暱稱 T-vK 的程式設計師開發了兩個程式庫,可以把 ESP32 開發板變成符合**藍牙低功耗 HID 規範**的鍵盤或者滑鼠設備:

● ESP32-BLE-Keyboard:含多媒體控制鍵(如:播放和停止)的藍牙鍵盤,專案網址:http://bit.ly/3mtx1mF。

● ESP32-BLE-Mouse：具有 5 個按鍵（左、中、右和兩個翻頁鍵）及滾輪功能的藍牙滑鼠，專案網址：http://bit.ly/37iaqoG。

筆者把它們合併成一個叫做 ESP32-BLE-Keyboard-Mouse（以下稱為**鍵盤滑鼠組**）的程式庫，讓 ESP32 控制器可同時擔任藍牙多媒體鍵盤和滑鼠，相當於附帶觸控板的無線鍵盤：

請先把本單元範例檔案中的 ESP32-BLE-Keyboard-Mouse 資料夾複製到本機電腦的 "文件\Arduino\libraries" 路徑：

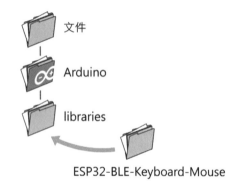

Dean Blackketter 也編寫了整合上面兩個程式庫的鍵盤滑鼠組程式庫，叫做 ESP32 BLE Combo，專案網址：http://bit.ly/37qiLqv。

T-vK 還開發了一個藍牙遊戲控制器 ESP32-BLE-Gamepad（網址：http://bit.ly/37kCgRb），支援 Windows, macOS, Linux 和 Android 系統。

ESP32 也能當作藍牙主控端，連接藍牙週邊裝置，底下兩個 Arduino 程式庫能讓 ESP32 連接電玩控制器（搖桿）：

● Wiimote Bluetooth Connection Library：透過 ESP32 藍牙連接任天堂 Wii 無線控制器的程式庫，專案網址：http://bit.ly/3paNGgs

- **PS4-esp32**：無線連接 Sony PlayStation 4 無線控制器，專案網址：http://bit.ly/3mCul0i

另有個叫做 BlueRetro（原意為「藍牙復古」）的專案，使用 ESP32 製作最多可同時連接七種遊戲機控制器的轉接器，但它採用 ESP-IDF 開發，專案網址：http://bit.ly/2WyXULj。

鍵盤滑鼠程式庫的方法和常數

ESP32-BLE-Keyboard（BLE 鍵盤）和本文使用的鍵盤滑鼠組程式庫具有下列方法，這些方法名稱與格式跟 Arduino 官方的 USB Keyboard 物件方法相同（網址：http://bit.ly/3nEGKb2）：

- begin()：啟用藍牙裝置。

- end()：結束藍牙裝置。

- isConnected()：是否跟主機連線了，傳回 true 代表已連線。

- press()：**按著**某個鍵，常用於組合鍵，如：按著 `Ctrl` 和 `C` 鍵。

- release()：**放開**某個鍵。

- releaseAll：放開全部鍵。

- write()：輸出一個字元，等同按下一個鍵。

- print()：輸出字串，等同接連按下數個鍵。

鍵盤和滑鼠程式庫都有設定電量和讀取電量的方法和屬性：

- setBatteryLevel()：設定電量準位。

- batteryLevel：電量準位屬性。

鍵盤上的 Shift, Caps Lock （大小寫鎖定）, Ctrl, Alt （Mac 的 option）, ⊞ Mac 的 ⌘ ）等按鍵，統稱**修飾鍵**（modifier），每個按鍵都有一個代碼（參閱下文），相同按鍵（如：Shift 鍵）、左右兩邊的代碼不同，所以電腦可以區分是哪一邊的按鍵被按下或放開。此外，⊞ / ⌘ 鍵叫做 **GUI 鍵**，也有人稱它為 meta 或 super 鍵（用於 Linux 系統）：

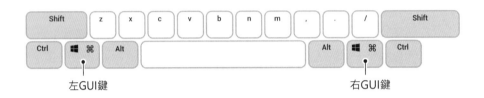

左GUI鍵　　　　　　　　　　　　　　右GUI鍵

表 16-1 列舉一些按鍵的常數名稱，完整的按鍵列表，請參閱 BleKeyboardMouse.h 原始碼裡的中文註解。

表 16-1

常數名稱	代表按鍵	常數名稱	代表按鍵
KEY_LEFT_CTRL	左 Ctrl	KEY_LEFT_SHIFT	左 Shift
KEY_LEFT_ALT	左 Alt	KEY_LEFT_GUI	左 GUI
KEY_RETURN	Return / Enter	KEY_CAPS_LOCK	大寫鎖定
KEY_UP_ARROW	↑ 上方向鍵	KEY_F1	F1 功能鍵
KEY_LEFT_ARROW	← 左方向鍵	KEY_MEDIA_PLAY_PAUSE	播放/暫停
KEY_DOWN_ARROW	↓ 下方向鍵	KEY_MEDIA_VOLUME_UP	調高音量
KEY_RIGHT_ARROW	→ 右方向鍵	KEY_MEDIA_VOLUME_DOWN	降低音量
KEY_ESC	Esc 鍵	KEY_MEDIA_NEXT_TRACK	下一首
KEY_DELETE	Delete 刪除鍵	KEY_MEDIA_PREVIOUS_TRACK	上一首
KEY_BACKSPACE	←Backspace 退格鍵	KEY_MEDIA_MUTE	靜音

16

動手做 16-3 BLE 藍牙多媒體控制器旋鈕

實驗說明：整合旋轉編碼器和 BLE 藍牙程式庫，製作藍牙多媒體旋鈕，本單元的實驗材料和電路跟動手做 16-2 相同。

實驗程式：

```
#include <BleKeyboardMouse.h>
#include "rotary_switch.h"

// 建立藍牙鍵盤滑鼠物件，傳入自訂的裝置名稱參數
BleKeyboardMouse bleKB("媒體控制旋鈕");

// 建立旋轉開關物件 (CLK 腳, DT 腳, SW 腳)
RotarySwitch rsw(19, 21, 22);

void setup() {
  Serial.begin(115200);
  bleKB.begin();   // 啟動藍牙鍵盤滑鼠物件
}

void loop() {
  if (bleKB.isConnected()) {   // 若連上某設備 (如：手機)...
    switch (rsw.check()) {     // 檢查「旋轉開關」的狀態...
      case RotarySwitch::RELEASED_FROM_PRESS: // 開關被按一下
        // 送出「播放/暫停」訊息
        bleKB.write(KEY_MEDIA_PLAY_PAUSE);
        break;
      case RotarySwitch::TURN_RIGHT:         // 旋鈕右轉
        // 送出「調高音量」訊息
        bleKB.write(KEY_MEDIA_VOLUME_UP);
        break;
      case RotarySwitch::TURN_LEFT:          // 旋鈕左轉
        // 送出「調低音量」訊息
        bleKB.write(KEY_MEDIA_VOLUME_DOWN);
        break;
    }
  }
}
```

實驗結果：編譯並上傳程式到 ESP32 開發板，然後開啟手機藍牙連線到「媒體控制旋鈕」，就能用 ESP32 旋鈕控制手機音量。開啟手機的媒體播放器，按一下旋鈕按鍵，將能控制播放或暫停；開啟相機軟體，轉動旋鈕將能控制快門進行拍攝：

筆者在頻繁測試 BLE 藍牙裝置的過程中，曾在 Android 手機發生「無法配對」、「需要安裝應用程式」之類的錯誤：

我先換一個開發板燒錄同樣的程式測試無誤，把已配對的藍牙取消配對之後再換回之前的開發板重新燒錄程式，就沒問題了。

16-3 BLE 藍牙多媒體鍵盤

底下單元將使用現成的鍵盤模組製作一個具備多媒體控制按鍵的小鍵盤。下圖左是一款常見的薄膜按鍵模組（hex keypad），有 4×4 或 3×4（少了最右邊一行的 A，B，C，D 鍵），它的內部電路如同下圖右，由 16 個按鍵（開關）交織而成。有些按鍵模組直接使用按鍵（微觸）開關組裝，連接電路與程式都和本文相同：

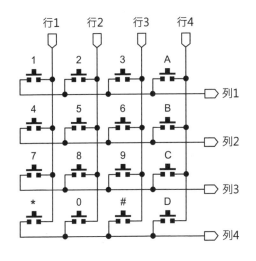

行1　行2　行3　行4

列1

列2

列3

列4

腳1　　腳8

腳1～4　　腳5～8
列1~列4　　行1~行4

動手做 16-4 連接 ESP32 與按鍵模組

實驗說明：連接 4×4 按鍵模組，並在**序列埠監控視窗**顯示使用者按下的按鍵。

實驗材料：

4×4 薄膜按鍵模組	1 個

實驗電路：4×4 按鍵模組有 8 個接腳，分成列、行兩組，可以接在任意數位輸入接腳，底下是筆者的接法，動手做 16-1 的旋轉編碼器不用拆，下文將會用到它：

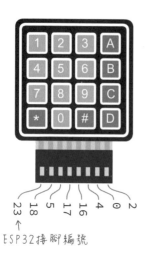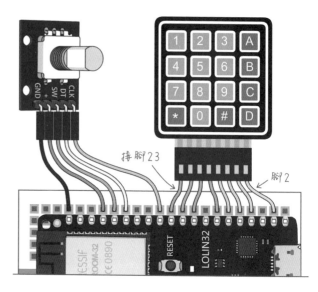

ESP32接腳編號

選擇 Arduino IDE 主功能表『**草稿碼/匯入程式庫/管理程式庫**』，在**程式庫管理員**中搜尋關鍵字 "keypad"，安裝 Mark Stanley 和 Alexander Brevig 編寫的程式庫：

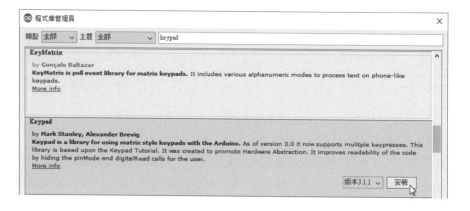

有關這個程式庫以及如何檢測哪個按鍵被按下的說明，請參閱筆者網站的〈Arduino 4×4 薄膜鍵盤模組實驗（一）：按鍵掃描程式原理説明〉貼文，網址：https://swf.com.tw/?p=917。

實驗程式；底下的程式，修改自 Keypad 程式庫的 HelloKeypad 範例，使用此程式庫，我們的程式碼需要定義按鍵模組的**行（col）**、**列（row）**數、連接開發板的腳位以及按鍵所代表的字元：

```
#include <Keypad.h>      // 引用 Keypad 程式庫
#define KEY_ROWS 4        // 按鍵模組的列數
#define KEY_COLS 4        // 按鍵模組的行數

// 依照行、列排列的按鍵字元（二維陣列）
char keymap[KEY_ROWS][KEY_COLS] = {
  {'1', '2', '3', 'A'},
  {'4', '5', '6', 'B'},
  {'7', '8', '9', 'C'},
  {'*', '0', '#', 'D'}
};

byte colPins[KEY_COLS] = {16, 4, 0, 2};    // 按鍵模組，行 1~4 接腳
byte rowPins[KEY_ROWS] = {23, 18, 5, 17};  // 按鍵模組，列 1~4 接腳
```

Keypad(**makeKeymap**(按鍵的二維陣列)， 列接腳， 行接腳， 列數， 行數)

初始化Keypad物件 ⬇

```
Keypad myKeypad = Keypad(makeKeymap(keymap), rowPins, colPins,
                         KEY_ROWS, KEY_COLS);

void setup() {
  Serial.begin(115200);
}

void loop() {
  // 透過 Keypad 物件的 getKey() 方法讀取按鍵的字元
  char key = myKeypad.getKey();

  if (key){              // 若有按鍵被按下...
    Serial.println(key); // 顯示按鍵的字元
  }
}
```

C/C++ 程式不允許使用變數定義陣列的範圍，若把程式開頭的 KEY_ROWS 和 KEY_COLS 定義改成變數，在編譯過程將會出現錯誤：

```
byte KEY_ROWS = 4; // 按鍵模組的列數
byte KEY_COLS = 4; // 按鍵模組的行數
```

改用常數就行了：

```
const byte KEY_ROWS = 4;
const byte KEY_COLS = 4;
```

實驗結果：編譯並上傳程式碼，按下薄膜鍵盤的按鍵，**序列埠監控視窗**將顯示該按鍵的代表字元。

若想要減少 4×4 薄膜按鍵模組佔用的開發板接腳，可透過 PCF8574 IC 把並列介面轉換成 I²C 序列介面：

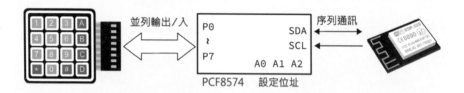

PCF8574 有現成的模組，在 Arduino IDE 的程式庫管理員中搜尋 I2CKeyPad，即可安裝 Rob Tillaart 編寫的程式庫：

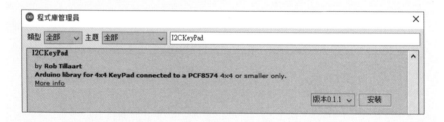

ESP32 開發板接線和範例程式請參閱 I2CKeyPad 專案原始碼網頁：http://bit.ly/3hdTMde。

鍵盤滑鼠程式庫的滑鼠功能

筆者整合的鍵盤滑鼠組程式庫具有下列滑鼠功能，其中兩個跟程式原創者編寫的 ESP32-BLE- Mouse（BLE 滑鼠）的方法名稱不同：

- click()：按一下滑鼠鍵，預設為左鍵。

- move()：移動游標或滾輪。

- mousePress()：按下滑鼠鍵，預設為左鍵，等同 BLE 滑鼠程式庫的 press()。

- mouseRelease()：放開滑鼠鍵，預設為左鍵，等同 BLE 滑鼠程式庫的 release ()。

- isPressed()：滑鼠鍵是否被按下，預設為左鍵。

游標和滾輪的移動量都是**相對於目前位置的正、負值**（介於 -127~127），游標的實際移動距離或者滾輪捲動的行數，取決於電腦**控制台**的設定：

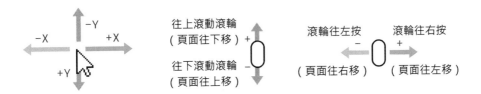

move() 方法可接收 4 個參數，指令格式如下：

```
鍵盤滑鼠組物件.move(X 值, Y 值, 垂直滾輪, 水平滾輪)
```

假設鍵盤滑鼠組物件叫做 bleKB，移動游標及轉動滾輪的程式敘述範例：

```
bleKB.move(0, -3);        // 游標垂直往上移動 3 個單位
bleKB.move(5, 0);         // 游標水平往右移動 5 個單位
bleKB.move(-2, 3);        // 游標往左下移動
bleKB.move(0, 0, -1);     // 往下滾動滾輪
bleKB.move(0, 0, 0, 1);   // 滾動往右按
```

滑鼠的 click（按一下）、press（按下）和 release（放開）方法，可以透過下列常數指定按鍵：

MOUSE_LEFT	MOUSE_RIGHT	MOUSE_MIDDLE	MOUSE_BACK	MOUSE_FORWARD
左鍵	右鍵	中間鍵	回上一頁	到下一頁

以 click() 方法為例：

```
bleKB.click();              // 按一下左鍵
bleKB.click(MOUSE_RIGHT);   // 按一下右鍵
```

動手做 16-5　整合滑鼠與多媒體鍵盤

實驗說明：有些影音剪輯軟體的時間軸和參數欄位，都可以用滑鼠滾輪調整數值，而 3D 軟體也透過滾輪縮放畫面，本單元將製作具備滑鼠滾輪功能的多媒體小鍵盤，讓使用者透過旋鈕操作應用程式。本實驗的材料和電路跟動手做 16-4 相同。

筆者設定的鍵盤滑鼠功能如下：

- `1` 鍵：敲入 "love DIY!"
- `C` 鍵：按下 `Ctrl` + `C`
- `D` 鍵：按下 `Ctrl` + `V`
- `*` 鍵：降低音量
- `#` 鍵：調高音量
- 旋鈕開關：點擊滑鼠
- 旋鈕右轉：往上滑動滾輪
- 旋鈕左轉：往下滑動滾輪

實驗程式：整合滑鼠與多媒體鍵盤的範例程式：

```
#include <BleKeyboardMouse.h>
#include <Keypad.h>
#include "rotary_switch.h"
```

```
BleKeyboardMouse bleKB("媒體控制按鍵");
// 建立「旋轉開關」物件 (CLK 腳, DT 腳, SW 腳)
RotarySwitch rsw(19, 21, 22);

const byte ROWS = 4; // 4 列
const byte COLS = 4; // 4 行
char keys[ROWS][COLS] = {
  {'1', '2', '3', 'A'},
  {'4', '5', '6', 'B'},
  {'7', '8', '9', 'C'},
  {'*', '0', '#', 'D'}
};

byte rowPins[ROWS] = {23, 18, 5, 17};
byte colPins[COLS] = {16, 4, 0, 2};

Keypad keypad = Keypad( makeKeymap(keys), rowPins, colPins,
                        ROWS, COLS );

void setup() {
  Serial.begin(115200);
  bleKB.begin();                          // 啟動藍牙鍵盤滑鼠
}

void loop() {
  if (bleKB.isConnected()) {              // 若與主機連線...
    char key = keypad.getKey();           // 讀取按鍵鍵碼

    switch (key) {
      case '1':
        bleKB.print("love DIY!");         // 在鍵盤上敲擊按鍵
        bleKB.write(KEY_RETURN);          // 按下 Enter / Return 鍵
        break;
      case 'C':
        bleKB.press(KEY_LEFT_CTRL);       // 按著左 Ctrl 鍵
        bleKB.press('c');                 // 按著小寫 C 鍵
        delay(100);
        bleKB.releaseAll();               // 0.1 秒之後放開所有按鍵
        break;
```

```
      case 'D':
        bleKB.press(KEY_LEFT_CTRL); // 按著左 Ctrl 鍵
        bleKB.press('v');              // 按著小寫 V 鍵
        delay(100);
        bleKB.releaseAll();            // 0.1 秒之後放開所有按鍵
        break;
      case '*':
        bleKB.write(KEY_MEDIA_VOLUME_DOWN); // 降低音量
        break;
      case '#':
        bleKB.write(KEY_MEDIA_VOLUME_UP);   // 提高音量
        break;
    }

    switch (rsw.check()) {                // 檢查「旋轉開關」的狀態...
      case RotarySwitch::RELEASED_FROM_PRESS:// 開關被按一下
        bleKB.click();                    // 點擊滑鼠左鍵
        break;
      case RotarySwitch::TURN_RIGHT: // 旋鈕右轉
        bleKB.move(0, 0, 1);              // 往上滑動滾輪
        break;
      case RotarySwitch::TURN_LEFT:  // 旋鈕左轉
        bleKB.move(0, 0, -1);             // 往下滑動滾輪
        break;
    }
  }
}
```

送出組合鍵時，請使用小寫字母。如果**把 bleKB.press('c') 改成大寫 'C'，等同於按下 Shift 和 C 鍵**，所以預計按下 Ctrl + C 鍵，實際是按下 Ctrl + Shift + C 鍵。

實驗結果：上傳程式到 ESP32 開發板，即可透過旋鈕和小鍵盤操控已連線的電腦。bleKB.print("love DIY!") 等同依序按下 l , O , V , ... 等按鍵，不是輸出這些字元給電腦。為了正確顯示 "love DIY!"，電腦的輸入法必須是「英文」，若是在「注音」輸入法模式，它將鍵入 'ㄠ', 'ㄟ', 'ㄒ', ...。

16-4 電腦桌面自動切換器

主流電腦作業系統（Windows 10, macOS 和 Linux）都支援虛擬桌面，你可以在目前的桌面開啟工作的應用軟體，然後新增一個虛擬桌面，開啟遊戲軟體。在 Windows 10 上，按 ⊞ + Ctrl 和 ← → 方向鍵即可切換不同的桌面；每個作業系統新增和切換桌面的操作方式都不一樣，請自行上網搜尋操作方式：

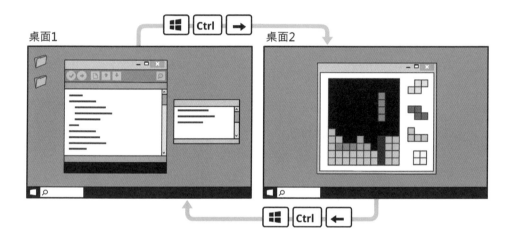

底下的實驗單元將結合藍牙無線鍵盤和距離感測器，當偵測到 40 公分範圍內有物體移動時，就發出切換桌面的組合鍵。假設目前顯示的是桌面 2，每當有人靠近時，這個裝置會自動切換到桌面 1。由於藍牙有數公尺的傳輸距離，所以這個裝置不一定要安裝在電腦旁邊。製作完整的實驗作品之前，先完成距離偵測的實驗。

動手做 16-6 使用 VL53L0X 飛時測距模組測量距離

實驗說明：偵測距離通常使用超音波或者紅外線感測器，這兩種感測器在 ESP32 Arduino 的程式寫法和 Uno 板一樣。

本單元採用的感測器型號是意法半導體 (STMicroelectronics) 開發的 VL53L0X 晶片，內部整合雷射光發射元件以及紅外線矩陣接收器，透過計算接收到的雷射光束折射時間求得距離。這種光學測距技術統稱**飛時測距（Time of Flight，簡稱 ToF）**，比超音波和紅外線距離感測器精確、快速而且體積迷你。下圖是 VL53L0X 模組的外觀：

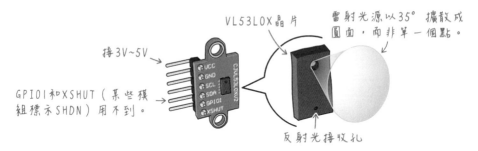

VL53L0X 模組的基本參數：

- 工作電壓：3V~5V

- 測量範圍：3cm~200cm（建議用於 100cm 以內的場合）

- 精確度：±3%~±12%

- 介面：I²C，預設位址：0x29（可透過程式修改），通訊速率上限 400KHz。

VL53L0X 晶片出廠時有貼保護膜，使用前請將它撕下，以免影響測量的精確度，但請避免碰觸正面的兩個小圓孔。VL53L0X 感測器模組的硬體介紹和電路圖，請參閱筆者網站的〈VL53L0X 飛時測距 (ToF) 感應器模組〉這篇貼文，網址：https://swf.com.tw/?p=1347。

實驗材料：

VL53L0X 飛時測距模組	1 個

實驗電路：VL53L0X 飛時測距模組通常有 6 隻接腳，只需要接電源和 I²C 腳：

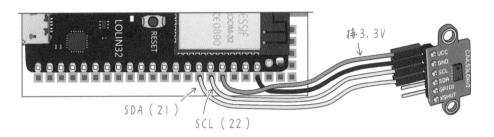

實驗程式：選擇 Arduino IDE 主功能表的『**草稿碼/匯入程式庫/程式庫管理員**』，在「**程式庫管理員**」中搜尋 "VL53L0X" 關鍵字，即可找到相關程式庫，常見的兩個程式庫分別是 Adafruit 和 Pololu 公司開發的版本，這兩家公司都是美國的電子零組件供應商。本文採用 Pololu 的 VL53L0X 程式庫 ，因為它佔用的快閃記憶體以及主記憶體比較少：

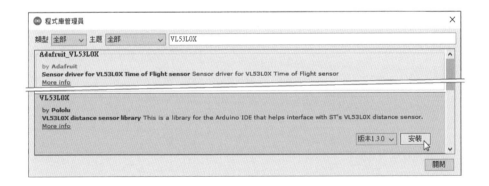

本文的程式碼使用到此程式庫提供的下列方法，更多指令名稱和說明，請參閱筆者網站的〈Arduino 與 MicroPython 測距程式〉貼文，網址：https://swf.com.tw/?p=1349。

● bool init(IO 電壓是否 2.8V)：初始化並設置感測器，選擇性參數 io_2v8 預設為 true，代表將感測器設成 2V8 模式（輸出入埠設成 2.8V），傳回值是 bool 類型，指出初始化是否成功。

- void setTimeout(uint16_t 逾時):設置逾時時間(以毫秒為單位),如果感測器未就緒,則讀取操作將在此時間後中止;設定成 0 將停用逾時。

- uint16_t readRangeSingleMillimeters():執行單次測距並傳回公釐(mm)單位值。

- bool timeoutOccurred():指出自上次呼叫 timeoutOccurred() 以來是否發生讀取逾時。

完整的實驗程式如下:

```
#include <Wire.h>
#include <VL53L0X.h>

VL53L0X sensor;                 // 宣告 VL53L0X 類型物件

void setup() {
  Serial.begin(115200);
  Wire.begin();                 // 啟動 I²C 通訊

  sensor.setTimeout(500);    // 設定感測器逾時時間
  // 若無法初始化感測器(如:硬體沒有接好),則顯示錯誤訊息
  if (!sensor.init()) {
    Serial.println("無法初始化 VL53L0X 感測器～");
    while (1) delay(10);
  }
}

void loop() {
  // 在序列埠監控視窗顯示測距值
  Serial.printf("%umm\n", sensor.readRangeSingleMillimeters());
  // 若發生逾時(感測器沒有回應),則顯示 "TIMEOUT"
  if (sensor.timeoutOccurred()) {
    Serial.println("逾時未回應～");
  }
}
```

實驗結果：編譯並上傳程式，將能在
序列埠監控視窗顯示偵測距離：

動手做 16-7 電腦桌面自動切換器

實驗說明：把 ESP32 板變成藍牙鍵盤，搭配 VL53L0X 感測器，若偵測到有物
體靠近到 40 公分內，送出切換桌面的組合按鍵訊息（即：⊞ ＋ Ctrl ＋ ←
方向鍵）。本單元的實驗材料和電路跟動手做 16-6 一樣。

實驗程式：為了避免 ESP32 持續重複送出切換桌面的組合鍵訊息，程式設定
一個 10 秒間隔時間，若此時間內再次偵測到物體，則不送出訊息。loop() 函式
的執行流程如下：

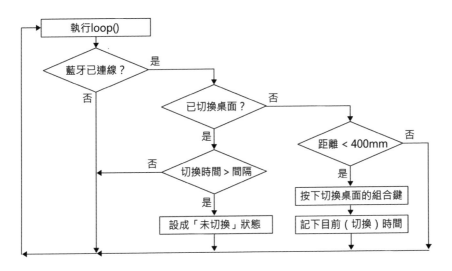

完整的程式碼：

```
#include <BleKeyboardMouse.h>    // 引用藍牙鍵盤滑鼠程式庫
#include <Wire.h>
#include <VL53L0X.h>
```

```
unsigned long previousMillis = 0; // 紀錄前次送出組合鍵的時間
const long interval = 10 * 1000;  // 10 秒
bool switched = false;            // 紀錄是否已送出切換桌面訊息

BleKeyboardMouse bleKB("媒體控制按鍵");   // 建立鍵盤滑鼠物件
VL53L0X sensor;                           // 宣告 VL53L0X 類型物件

void setup() {
  Serial.begin(115200);
  Wire.begin();                   // 啟動 I²C 通訊

  sensor.setTimeout(500);         // 設定感測器逾時時間
  if (!sensor.init()) {
    Serial.println("無法初始化 VL53L0X 感測器～");
    while (1) delay(10);
  }
  bleKB.begin();                  // 啟動藍牙鍵盤滑鼠
}

void loop() {
  if (bleKB.isConnected()) {  // 若藍牙已連線...
    if (!switched) {          // 若尚未送出切換桌面訊息...
      int mm = sensor.readRangeSingleMillimeters();

      if (mm < 400) {
        bleKB.keyPress(KEY_LEFT_GUI);    // 按下組合鍵
        bleKB.keyPress(KEY_LEFT_CTRL);
        bleKB.keyPress(KEY_LEFT_ARROW);
        delay(100);
        bleKB.keyReleaseAll();
        switched = true;                 // 設成已切換桌面
        previousMillis = millis();       // 紀錄切換桌面的時間
        Serial.println("切換到上一個桌面！");
      }
    } else {
      // 若超過間隔時間...
      if (millis() - previousMillis > interval) {
        switched = false;                // 設成尚未切換桌面
        Serial.println("開始偵測～");
      }
    }
  }
}
```

實驗結果：編譯並上傳程式到 ESP32 開發板，在電腦上新增桌面並切換到第 2 個桌面。在距離感測器前揮手，桌面將被轉到第 1 個。

16-5 人機介面裝置（HID）程式庫的原理說明

這個單元將說明藍牙鍵盤滑鼠程式庫當中的一些核心概念，有助於讀者了解 HID 裝置的運作。

為了廣泛支援包括尚未面世的人機介面設備（如：早期不存在的觸控螢幕或體感控制器），HID 規範讓裝置採用「自我描述」的方式，在每次連線時跟主機說明它的功能以及傳送的資料格式：

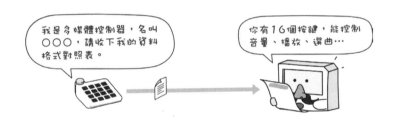

認識「HID 報告描述器（HID Report Descriptor）」

HID 設備廠商可以自行定義資料格式，以多媒體控制器為例，底下是鍵盤滑鼠組程式庫自訂的資料格式說明書/對照表，它說明了一個按鍵的代碼由兩個位元組構成，以及每一個位元所對應的按鍵：

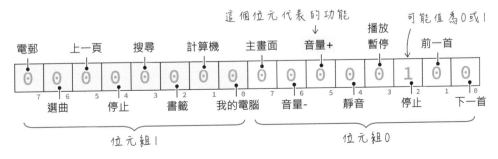

假設使用者分別按下了 [播放] / [暫停] 鍵以及 [調降音量] 鍵,此裝置將分別傳送底下兩筆資料給主機:

主機收到訊息後,比對上面的資料格式對照表,就能得知使用者要求「播放/暫停」以及降低媒體播放器的音量。

USB 協會制定了 HID 設備的資料格式對照表的寫作規範以及各項功能的代碼。以多媒體鍵盤為例,USB 協會規定用代碼 0xEA 表示降低音量、0xE9 代表調高音量,所以這個多媒體鍵盤的資料格式對照表要寫成這樣:

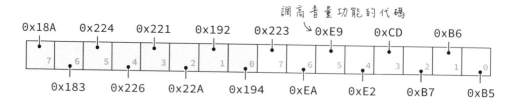

當然囉,和電腦溝通不是用圖表,而是用文字描述。HID 週邊和主機之間的溝通訊息叫做**報告(Report)**,描述資料格式的對照表叫做 **HID 報告描述器(HID Report Descriptor)**。這個報告必須按照規定的層次結構來寫,相當於用文件夾來歸納不同的敘述部份:

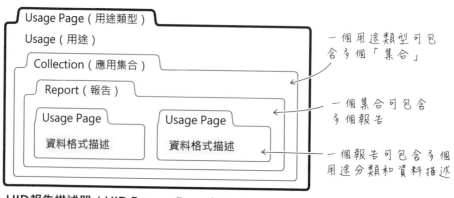

HID報告描述器(HID Report Descriptor)

HID 報告描述器的開頭說明了這個裝置的用途類型。USB 協會用代碼表示不同的人機介面裝置,例如,鍵盤和滑鼠屬於代碼 0x01 的**通用桌上型**(Generic Desktop)**控制器**、多媒體控制器屬於代碼 0x0C 的**消費性電子**(Consumer)類型。

用途類型的原文是 `usage page`,每一種用途類型又分成不同的**用途**(**usage**),同樣用代碼表示,例如,通用桌上型控制器類型包含鍵盤、滑鼠、搖桿…等等:

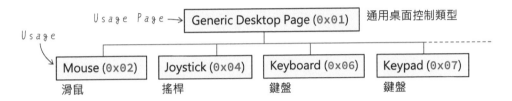

消費性電子類型之下則劃分了數字鍵盤、麥克風…等裝置:

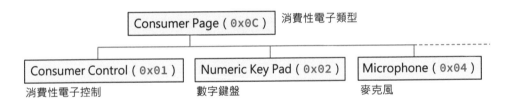

用途類型和用途列表與代碼可以在 USB 組織官網的 HID Usage Tables(HID 用途表)查到(https://bit.ly/2y17gqs),例如,消費性電子類型的說明在該 PDF 文件第 75 頁:

15 Consumer Page (0x0C)

All controls on the Consumer page are application-specific. That is, they affect a specific device, not the system as a whole.

Table 17: Consumer Usage Page

Usage ID	Usage Name	Usage Type	Section
00	Unassigned		
01	**Consumer Control**	CA	15.1
02	**Numeric Key Pad**	NAry	15.2
03	**Programmable Buttons**	NAry	15.14

多媒體控制器的 HID 報告描述器程式碼

底下將列舉多媒體控制器的 HID 報告描述器的寫作格式,每個資料元素用逗號隔開。整個報告可以寫成一行,但為了方便閱讀,通常分開寫成數行。如果裝置有多種用途類型,例如,鍵盤滑鼠組包含鍵盤、多媒體控制器和滑鼠三種用途,每個用途都要有一份報告,因為它們的訊息資料格式(如:按下按鍵和移動滑鼠)都不一樣。

如果報告不只一則,就得用 REPORT_ID 替報告設定唯一編號(編號數字從 1 開始),因為多媒體控制器在程式庫(BleKeyboardMouse.cpp 原始碼)中是第 2 個報告,所以編號設定為 2:

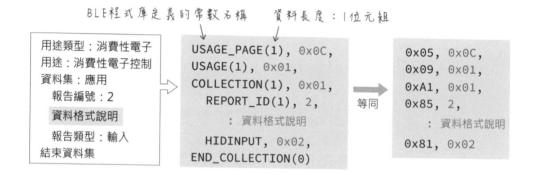

其中的 USAGE_PAGE, USAGE, COLLECTION, ...等,都是 ESP32 開發環境內建的 BLE 程式庫定義的常數名稱(位於 HIDTypes.h 檔),這些常數的實際值是 0x05, 0x09, 0xA1, ...等 16 進位碼。

報告類型代表從主機的角度來看,訊息是輸出或輸入,共有 3 種。例如,多媒體控制器的訊息是從裝置傳給主機,對主機來說,此控制器的報告類型要設定成輸入:

● INPUT:**輸入**,代表主機接收來自裝置的輸入訊息,BLE 程式庫將此類型命名成 **HIDINPUT**。

● OUTPUT:**輸出**,代表從主機輸出訊息給裝置,BLE 程式庫將此類型命名成 **HIDOUTPUT**。

16

● FEATURE：**雙向**，訊息可以從主機輸入或輸出給裝置，BLE 程式庫將此類型命名成 **FEATURE**。

資料格式說明的敘述如下，首先描述數值的範圍，1 個按鍵用 1 個位元表示，每個按鍵只有 1 和 0 兩個狀態（按下和放開），共有 16 個按鍵，所以報告的數據大小是 16 位元：

```
LOGICAL_MINIMUM(1), 0x00, // 狀態最小值：0        代表有0和1
LOGICAL_MAXIMUM(1), 0x01, // 狀態最大值：1        兩種可能值

REPORT_SIZE(1), 0x01,     // 單位數據大小：1位元   每個值佔1位元，
REPORT_COUNT(1), 0x10,    // 數據數：16           共16位元。
```

此為10進制的16

接著從最低位元開始，依序說明每個位元的用途；用途的代碼依照 USB 官方規定，例如，0xB5 代表〔下一首〕：

這個用途說明佔1個位元組　參閱「HID用途表」第75頁

```
USAGE(1), 0xB5,          // 用途（下一首）
USAGE(1), 0xB6,          // 用途（上一首）
USAGE(1), 0xB7,          // 用途（停止）
USAGE(1), 0xCD,          // 用途（播放/暫停）
                ⋮
USAGE(2), 0x23, 0x02,    // 用途（WWW首頁）
USAGE(2), 0x94, 0x01,    // 用途（我的電腦）
                ⋮        194
USAGE(2), 0x8A, 0x01,    // 用途（電郵）
```

用途說明佔
2個位元組

參閱「HID用
途表」第80頁

完整的多媒體控制器 HID 報告描述器內容如下：

```
USAGE_PAGE(1), 0x0C,          // 用途類型（消費性電子）
  USAGE(1), 0x01,             // 用途（消費性電子控制）
  COLLECTION(1), 0x01,        // 集合（應用）
  REPORT_ID(1), 2,            // 報告編號（2）
  LOGICAL_MINIMUM(1), 0x00,   // 狀態最小值：0
  LOGICAL_MAXIMUM(1), 0x01,   // 狀態最大值：1
  REPORT_SIZE(1), 0x01,       // 單位數據大小：1
```

```
    REPORT_COUNT(1), 0x10,        // 數據量：16
    USAGE(1), 0xB5,               // 用途（下一首）
    USAGE(1), 0xB6,               // 用途（上一首）
    USAGE(1), 0xB7,               // 用途（停止）
    USAGE(1), 0xCD,               // 用途（播放/暫停）
    USAGE(1), 0xE2,               // 用途（靜音）
    USAGE(1), 0xE9,               // 用途（音量調高）
    USAGE(1), 0xEA,               // 用途（音量降低）
    USAGE(2), 0x23, 0x02,         // 用途（主頁）
    USAGE(2), 0x94, 0x01,         // 用途（我的電腦）
    USAGE(2), 0x92, 0x01,         // 用途（計算機）
    USAGE(2), 0x2A, 0x02,         // 用途（WWW 書籤）
    USAGE(2), 0x21, 0x02,         // 用途（WWW 搜尋）
    USAGE(2), 0x26, 0x02,         // 用途（WWW 停止）
    USAGE(2), 0x24, 0x02,         // 用途（WWW 上一頁）

    USAGE(2), 0x83, 0x01,         // 用途（選曲）
    USAGE(2), 0x8A, 0x01,         // 用途（電郵）
    HIDINPUT(1), 0x02,            // 輸入，可變絕對值 (Data, Var, Abs)
 END_COLLECTION(0),               // 結束集合
```

倒數第 2 行 HIDINPUT 的 0x02 值，代表 Data, Var, Abs，意思是此「輸入報告」的資料是**可變的絕對值**；Var 是 Variable（可變）的縮寫、Abs 則是 Absolute（絕對）的縮寫。根據上面的**狀態最小值（LOGICAL_MINIMUM）**和**狀態最大值（LOGICAL_MAXIMUM）**的定義，其值可以是 0 或 1。

以**滑鼠滾輪（wheel）**的輸入報告值 0x06 來說，代表 Data, Var, Rel，意思是**可變的相對值**；Rel 是 Relative（相對）的縮寫。底下的滑鼠滾輪 **HID 報告描述器**擷取自 BleKeyboardMouse.cpp 檔，「AC 平移」的 AC 代表 Application Control（應用程式控制）：

```
USAGE_PAGE(1), 0x0C,          // 用途分類（消費性電子）
USAGE(2), 0x38, 0x02,         // 用途（AC 平移）
LOGICAL_MINIMUM(1), 0x81,     // 狀態最小值：-127
LOGICAL_MAXIMUM(1), 0x7F,     // 狀態最大值：127
REPORT_SIZE(1), 0x08,         // 單位數據大小：8 位元
REPORT_COUNT(1), 0x01,        // 數據量：1
HIDINPUT(1), 0x06,            // 輸入，可變相對值 (Data, Var, Rel)
```

從此描述可知，每當轉動滑鼠滾輪，它就會傳送 -127~127 之間的 8 位元資料，代表距離上次位置的**相對滾動**距離。

鍵盤裝置的報告說明

BleKeyboardMouse.cpp 原始碼裡面的 **HID 報告描述器**，把鍵盤的報告分成三組：兩組 keypad（小鍵盤）輸入、一組 LED 輸出；根據 USB 和藍牙對於 Boot Keyboard（在電腦開機階段就能被辨識並連接的鍵盤）的定義，鍵盤至少要有 103 鍵，不符合這個要求的鍵盤則屬於 Keypad（這個定義寫在官方文件第 28 頁的〈Application Usages〉單元）；習慣上，Keypad 通常代表外接數字鍵盤；為了區別，下圖把 Keypad 譯作**小鍵盤**：

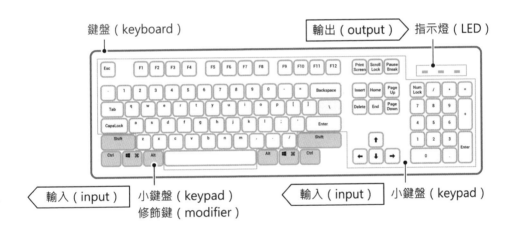

LED 輸出報告用於開、關鍵盤指示燈，例如，當主機收到按下 Caps Lock（大寫鎖定）鍵的訊息之後，將送出訊息給鍵盤，令它點亮鎖定大寫指示燈。所以鍵盤的 **HID 報告描述器**的結構像這樣：

```
0x06代表              USAGE_PAGE: 0x01     // 用途類型：通用桌上型
"keyboard" ────→    USAGE: 0x06          // 用途：鍵盤
                    COLLECTION: 0x01     // 集合：應用
                       REPORT_ID: 1      // 報告ID：1
   輸入 (input)        USAGE_PAGE: 0x07  // 用途類型：鍵盤（修飾鍵）
                        : 資料格式說明
   輸出 (output)       USAGE_PAGE: 0x08  // 用途類型：LED指示燈
                        : 資料格式說明
   輸入 (input)        USAGE_PAGE: 0x07  // 用途類型：鍵盤（101鍵）
                        : 資料格式說明 ← 代表"keypad"
                    END_COLLECTION(0)
```

底下是英文字母和修飾鍵的 16 進位鍵碼 (Usage ID)，**鍵碼是按鍵的唯一識別字，不同於 ASCII 碼，鍵碼不分大小寫**，左右兩邊的修飾鍵碼也不一樣。完整的鍵碼列表請參閱 USB 官方 HID Usage Tables 文件的〈Keyboard/Keypad Page〉單元 (PDF 格式文件網址：https://bit.ly/2WEOAFz)：

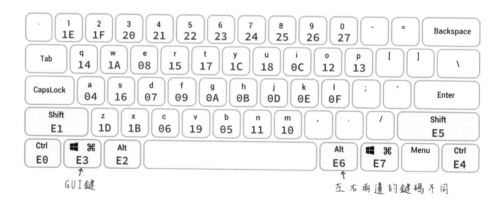

修飾鍵的報告

USB HID 規格書定義單一鍵盤報告可紀錄 6 個鍵碼（不包括修飾鍵），也就是使用者最多可同時按下 6 個按鍵。每當使用者按下鍵盤上的按鍵，都會送出 8 個位元組長度的資料：

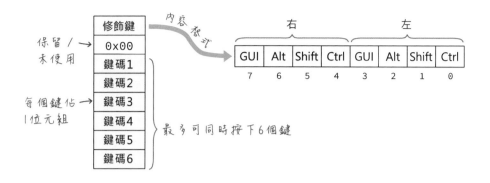

按鍵報告的第一個位元組紀錄了每個修飾鍵的狀態，底下是修飾鍵的資料格式說明敘述：

```
USAGE_PAGE(1), 0x07,        // 用途類型：keypad 鍵盤
USAGE_MINIMUM(1), 0xE0,     // 內容最小值：0xE0
USAGE_MAXIMUM(1), 0xE7,     // 內容最大值：0xE7
LOGICAL_MINIMUM(1), 0x00,   // 狀態最小值：0（放開）
LOGICAL_MAXIMUM(1), 0x01,   // 狀態最大值：1（按下）
REPORT_SIZE(1), 0x01,       // 單位數據大小：1 位元
REPORT_COUNT(1), 0x08,      // 數據量：8
HIDINPUT(1), 0x02,          // 輸入，絕對值
```

緊接在修飾鍵定義之後的是一個未使用（留給廠商自行運用）的空白位元組，我們無需定義狀態（LOGICAL）和內容（USAGE）的數值上限：

```
REPORT_COUNT(1), 0x01,      // 數據量：1
REPORT_SIZE(1), 0x08,       // 數據單位大小：8 位元
HIDINPUT(1), 0x01,          // 輸入，定義保留的位元組
```

最後是紀錄鍵碼的 6 個位元組，每個鍵碼值可介於 0~0x65：

> 關於遊戲控制器（手把）的 HID 報告補充說明，請參閱筆者網站的《自製 Switch Pro 相容遊戲控制器》貼文，網址：https://swf.com.tw/?p=1530。

```
REPORT_COUNT(1), 0x06,        // 數據量：6
REPORT_SIZE(1), 0x08,         // 數據單位大小：8 位元
LOGICAL_MINIMUM(1), 0x00,     // 狀態最小值：0
LOGICAL_MAXIMUM(1), 0x65,     // 狀態最大值：0x65（101 鍵）
USAGE_PAGE(1), 0x07,          // 用途類型：keypad 鍵盤
USAGE_MINIMUM(1), 0x00,       // 內容最小值：0
USAGE_MAXIMUM(1), 0x65,       // 內容最大值：0x65
HIDINPUT(1), 0x00,            // 輸入，資料陣列絕對值
```

電腦輸出給鍵盤的 LED 燈號報告

USB HID 官方文件定義了 104 個 LED 燈號（參閱 HID Usage Tables 文件的
LED Page 單元），一般電腦鍵盤通常只有 3 個 LED 燈，但 [HID] 鍵盤的報告
通常會定義 5 個 LED 燈，每個 LED 燈號佔 1 個位元（為了湊成一個位元組，
最高位元補上 3 個空白位元）：

填入3個空白位元			日文假名	組合鍵	捲動鎖定	大寫鎖定	數字鎖定
			0x05 Kana	0x04 Compose	0x03 Scroll Lock	0x02 Caps Lock	0x01 Num Lock
7	6	5	4	3	2	1	0

底下是 LED 燈號的資料格式說明敘述，燈號的訊息是從主機傳給 HID 裝置，
因此這個報告為輸出類型：

```
REPORT_COUNT(1), 0x05,        // 數據量：5
REPORT_SIZE(1), 0x01,         // 數據單位大小：1 位元
USAGE_PAGE(1), 0x08,          // 用途類型：LED 燈號
USAGE_MINIMUM(1), 0x01,       // 內容最小值：0x01，代表數字鎖定
USAGE_MAXIMUM(1), 0x05,       // 內容最大值：0x05，代表日文假名切換
HIDOUTPUT(1), 0x02,           // 輸出，絕對值
```

接著補上 3 個空白位元：

```
REPORT_COUNT(1), 0x01,        // 數據單位大小：1 位元
REPORT_SIZE(1), 0x03,         // 數據量：3
HIDOUTPUT(1), 0x01,           // 輸出，定義保留的位元組
```

10001

17

FreeRTOS 即時系統
核心入門

本章將介紹 FreeRTOS 程式的基本架構，並使用它建立簡單的、同時執行多任務的程式。閱讀本章之後，讀者將能理解：

● FreeRTOS 分時多工的程式架構，以及對比典型 Arduino 分時多工的程式寫法。

● 什麼叫做任務，如何安排執行各個任務，又如何讓出資源給其他任務。

● 如何決定該分配多少記憶體空間給任務。

● FreeRTOS 識別字的命名規則以及 FreeRTOS 的基本資料類型。

● FreeRTOS 的時間單位，以及 vTaskDelay() 和 delay() 的不同。

● 看門狗的作用以及如何避免引發看門狗計時器錯誤。

17-1 認識 FreeRTOS 以及任務排程

第 1 章提到 FreeRTOS 最主要的功能是協調處理器同時執行多個任務，而構成 FreeRTOS 基礎的核心檔案只有 4 個，外加一個設置 FreeRTOS 參數的 FreeRTOSConfig.h 標頭檔，十分精簡：

17

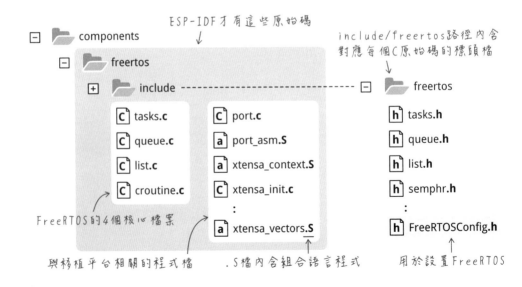

在 Arduino 的 ESP332 開發環境中，只能看到 include/freertos 路徑的標頭檔，FreeRTOS 原始檔已經預先被編譯成 libfreertos.a 靜態程式庫。如果想要查看原始碼，除了安裝 ESP-IDF 開發工具，也可以瀏覽 ESP32 Arduino 的 GitHub 專案網頁，例如，決定雙核心編號的敘述定義在 soc.h 標頭檔，原始碼位於這個網頁：http://bit.ly/3sNM3rA：

```
#define PRO_CPU_NUM (0)    // 「協議」在核心 0
#define APP_CPU_NUM (1)    // 「應用程式」在核心 1
```

FreeRTOS 程式的基本架構

FreeRTOS 應用程式由一個或多個**任務（task）**組成，每個任務相當於電腦應用程式的 **thread（執行緒）**。典型的 Arduino 程式，主要程式都在 loop() 這個超級迴圈中循序執行，FreeRTOS 則是依照任務劃分程式，各自同時執行：

Arduino程式

```
void taskA()  {
    : 任務A程式
}

void taskB()  {
    : 任務B程式
}

void setup() {
    : 初始化設置
}

void loop() {
    taskA(); // 任務A
    taskB(); // 任務B
}
```
↑
超級迴圈！

ESP32 Arduino FreeRTOS程式

```
void taskA(void *pt)  {
  while (1) {
      : 任務A程式
  }
}

void taskB(void *pt)  {
  while (1) {
      : 任務B程式
  }
}

void setup() {
  : 初始化設置
  xTaskCreate(taskA, "taskA");
  xTaskCreate(taskB, "taskB");
}

void loop() { }
```

所以典型的 Arduino 程式，同一時間只能執行一個任務：

而 FreeRTOS 程式則允許多項任務同時執行：

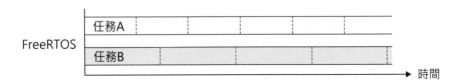

但就如第 4 章提到的，FreeRTOS 是用分時的技巧，指揮微控器每隔每 1 毫秒切換處理不同任務來達成多工效果。在背後指揮調度任務的東東，叫做 **scheduler**（譯作**任務調度器**或**排程器**）。

安排執行不同任務的方式有很多種，**輪流**（**round-robin**）和**優先權**（**priority**）是兩種常見的手法。**輪流**代表每個任務都分配到相同的執行時間，時間到就換另一個任務，也就是每個任務的優先權是平等的：

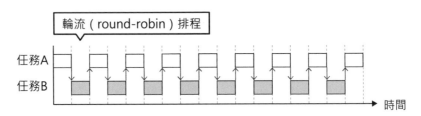

優先權則是賦予任務佔用處理器資源的權限，就像道路上的汽車，救護車的權限大於普通車，當它出現時，道路就要讓出來給它。任務調度器會讓優先權高的任務先執行，有空再執行優先權低的任務：

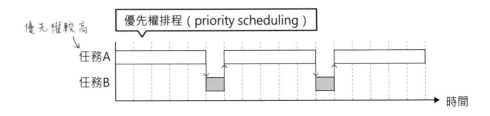

建立任務、加入排程

FreeRTOS 的任務是個可接收一個**任意類型的指標**參數、具有**無限迴圈**、沒有傳回值的自訂函式,它的基本架構如下圖左;一個任務函式相當於一個 Arduino 程式:

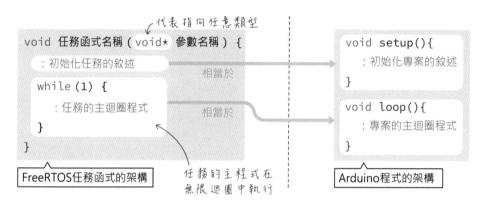

例如,底下是一個名叫 taskA,每隔 250ms 閃爍一次 LED 的任務 (假設 LED 接在腳 21),任務裡的延時指令不用 delay() 而是 vTaskDelay(),原因請參閱下文〈典型的 Arduino delay() 函式會持續佔用資源〉單元:

```
void taskA( void* pvParam ) {
    byte LED = 21;
    pinMode( LED, OUTPUT );    // 腳21設成輸出          ← 初始化LED接腳

    while (1) {                                        ← 閃爍LED的迴圈
        digitalWrite( LED, !digitalRead(LED) );
        vTaskDelay( 250 );
    }                                ← 相當於:
}                                       delay(250)
```

它可用 for 迴圈
for (;;)

把任務加入排程器,準備執行的函式指令叫做 **xTaskCreate** (直譯為「建立任務」),它將設定任務的優先順序並且配置專屬的記憶體空間,在任務中宣告的變數和函式都將存在這個記憶體空間中。這個敘述將把上面的 taskA 加入排程器:

```
xTaskCreate(
  taskA,           // 指向任務的函式的指標，可以直接填入函式名稱
  "blink task A",  // 任務的說明文字（除錯用）
  1000,            // 配給此任務的記憶體大小（單位是位元組）
  NULL,            // 傳給任務函式的參數（此例為：無）
  1,               // 任務的優先權
  NULL             // 任務的參照（此例為：無）
);
```

xTaskCreate() 函式有 6 個參數，它們的意義如下：

● 任務函式指標：這可以直接填入任務函式的名字，C/C++ 會將之取代成指向該函式的指標，如：taskA。

● 任務名稱：自訂的任務描述文字（字串），主要用於除錯時顯示任務的名字，其最大長度由 FreeRTOSConfig.h 裡的 configMAX_TASK_NAME_LEN 常數決定，預設為 16（含字串結尾），過長的字串將被截斷。

● 配置給任務的記憶體大小：在 ESP32 上，此記憶體大小的單位是「位元組」，通常設成 1000 位元組。

在其他 FreeRTOS 平台，此記憶體大小單位是**字組（word）**，在 8 位元處理器上（如：Uno 板的 AVR 微控器），一個字組等於 2 位元組；在 32 位元處理器上，一個字組等於 4 位元組。假設此參數值為 100，在 Arduino Uno 板就代表 200 位元組。

● 參數：傳給任務函式的參數值（指標格式）。

● 優先權：整數值，數字越小，優先等級越低。最低值是 0，最大值是 FreeRTOSConfig.h 裡面定義的 configMAX_PRIORITIES 常數值減 1，例如，configMAX_PRIORITIES 定義為 25，最高優先權值就是 24。

● 任務的參照：存放任務參照的位址，透過此參照，可以讓其他程式控制此任務，例如：調整任務記憶體大小或者刪除此任務。

17

若任務建立成功，**xTaskCreate()** 將傳回 1（常數名稱叫做 pdPASS），否則傳回負值，例如，-1 代表無法分配足夠的記憶體給任務，任務建立失敗。

FreeRTOS 定義了一些代表成功、失敗以及其他錯誤訊息的常數，例如：

- pdTRUE：真，其值為 1，等同 true。

- pdFALSE：偽，其值為 0，等同 false。

- pdPASS：過關，其值為 pdTRUE，等同 true。

- pdFAIL：失敗，其值為 pdFALSE，等同 false。

- errCOULD_NOT_ALLOCATE_REQUIRED_MEMORY：無法配置所需的記憶體（記憶體不足），其值為 -1。

動手做 17-1　第一個 FreeRTOS 程式

實驗說明：建立兩個 FreeRTOS 任務，分別命名成 taskA 和 taskB。taskA 每隔 250ms 閃爍腳 21 的 LED，taskB 每隔 500ms 閃爍腳 22 的 LED。

實驗材料：

LED（顏色不拘）	2 個
220Ω 電阻	2 個

實驗電路：麵包板示範接線：

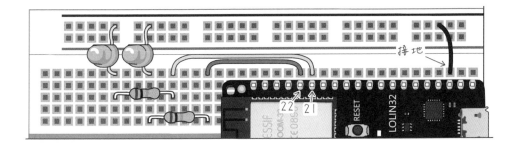

實驗程式：

```
#define LED1 21                                        // 定義 LED 接腳
#define LED2 22

void taskA(void *pvParam) {                            // 宣告任務 A
  pinMode(LED1, OUTPUT);                               // LED 接腳設成輸出
  while (1) {
    digitalWrite(LED1, !digitalRead(LED1));           // 切換接腳的電位
    vTaskDelay( pdMS_TO_TICKS(250));                  // 延遲 250ms
  }
}

void taskB(void *pvParam) {                            // 宣告任務 B
  pinMode(LED2, OUTPUT);
  while (1) {
    digitalWrite(LED2, !digitalRead(LED2));
    vTaskDelay(500 / portTICK_PERIOD_MS);             // 延遲 500ms
  }
}

void setup() {
  xTaskCreate( taskA, "taskA", 1000, NULL, 1 , NULL);
  xTaskCreate( taskB, "taskB", 1000, NULL, 1 , NULL);
}

void loop() {}
```

實驗結果：taskA 和 taskB 任務的優先權都一樣，所以兩個任務將輪流執行，
兩個 LED 將分別每隔 250ms 和 500ms 閃爍。上面的 vTaskDelay() 延時函
式採用不同的方式設定延遲時間，請參閱下文〈延時函式：vTaskDelay() 和
delay()〉說明。

對比一下，這是單純使用 Arduino 語法的閃爍兩個 LED 的程式，透過**比較時間
差**來完成，執行結果相同：

```
#define LED1 21                    // 定義 LED 接腳
#define LED2 22
unsigned long prevTime1 = 0;       // 紀錄前次時間
unsigned long prevTime2 = 0;

void setup() {
  pinMode(LED1, OUTPUT);
  pinMode(LED2, OUTPUT);
}

void loop() {
  unsigned long now = millis();    // 取得目前時間

  if (now - prevTime1 >= 250) {
    prevTime1 = now;
    digitalWrite(LED1, !digitalRead(LED1));
  }

  if (now - prevTime2 >= 500) {
    prevTime2 = now;
    digitalWrite(LED2, !digitalRead(LED2));
  }
}
```

延時函式：vTaskDelay() 和 delay()

vTaskDelay() 是 FreeRTOS 提供的延時函式，它接收一個 tick（時鐘滴答）數字，
FreeRTOS 內建兩個巨集能把微秒值轉換成時鐘滴答：

● pdMS_TO_TICKS(微秒)：傳回時鐘滴答數字

```
vTaskDelay( pdMS_TO_TICKS(500));    // 延遲 500ms
```

● portTICK_PERIOD_MS：代表 1 個時鐘滴答的週期時間。在 ESP32 Arduino
  開發環境中，此巨集等於 1，所以底下兩個敘述都代表延遲 500ms：

微秒值 ↘   ↙ 1 滴答週期 = 1ms   滴答值 ↘
`vTaskDelay( 500/ portTICK_PERIOD_MS );`   `vTaskDelay( 500);`
          ～～～～
         微秒轉成滴答值

portTICK_PERIOD_MS 巨集定義在 portmacro.h 檔，如下：

```
#define portTICK_PERIOD_MS  ( (TickType_t) 1000 / configTICK_RATE_HZ )
```
「滴答」時間類型　　　　　　「滴答」頻率值

其中的 configTICK_RATE_HZ（頻率值）也是 FreeRTOS 定義的常數，預設為
1000，所以 portTICK_PERIOD_MS 也是 1。但 configTICK_RATE_HZ 可能隨不同
編譯環境而改變，假如 configTICK_RATE_HZ 值為 100，portTICK_PERIOD_MS
將是 10，延遲 500ms 的敘述就一定要寫成：

接收tick（滴答）單位時間值　　　微秒值　　　1滴答週期=10ms
```
vTaskDelay( 500/ portTICK_PERIOD_MS );
```
50滴答的延遲時間

50 x 10 = 500ms

1滴答=10ms

定義巨集 (macro)

使用 #define 定義**常數**，正式的説法是**定義巨集 (macro)**，例如，這個敘述
定義一個其值為 21 的 LED1 巨集：

```
#define LED1 21
```

#define 也可以定義巨集
函式，右圖的 VAL() 巨
集將接收一個值，並傳
回浮點類型運算值：

巨集名稱　接收參數
```
#define VAL(x) ( (float) 1024 / x)
  ：略
Serial.println( VAL(3) );
  ：略          傳回341.33
```

ESP32 Arduino 的 delay() 函式，其實只是重新包裝 vTaskDelay() 敘述，
它的原始碼如下（定義在 esp32-hal-misc.c 檔，專案原始碼網址：http://
bit.ly/3mUrjKG）：

```
void delay(uint32_t ms) {    // 接收一個無號長整數類型的微秒值
  vTaskDelay(ms / portTICK_PERIOD_MS);
}
```

因此，在 ESP32 Arduino 開發環境的 FreeRTOS 程式，可以用 delay() 取代 vTaskDelay()。例如，動手做 17-1 的 taskA 任務函式可改寫成：

```
void taskA(void *pvParam) {                       // 宣告任務 A
  pinMode(LED1, OUTPUT);                          // LED 接腳設成輸出
  while (1) {
    digitalWrite(LED1, !digitalRead(LED1));   // 切換接腳的電位
    delay(250 );                              // 延遲 250ms
  }
}
```

執行結果相同。但是，**不建議在 FreeRTOS 程式中使用 delay()**，因為這是 **ESP32 開發板的特例**。delay() 不是 FreeRTOS 的標準函式，在其他 Arduino 開發板 (如：Uno) 的 FreeRTOS 系統上，delay() 會妨礙其他任務運作。

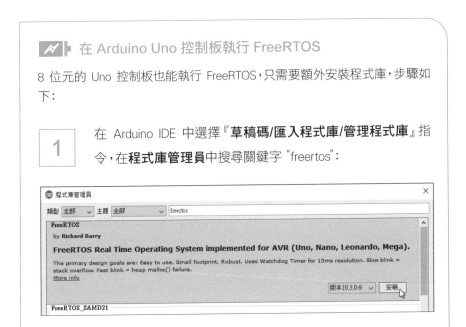

在 Arduino Uno 控制板執行 FreeRTOS

8 位元的 Uno 控制板也能執行 FreeRTOS，只需要額外安裝程式庫，步驟如下：

1　在 Arduino IDE 中選擇『草稿碼/匯入程式庫/管理程式庫』指令，在**程式庫管理員**中搜尋關鍵字 "freertos"：

2	點擊安裝 Richard Barry 製作的 FreeRTOS 程式庫。

假設要編寫一個分別閃爍腳 8 和 13 的 LED 的 FreeRTOS 程式，電路接線如下：

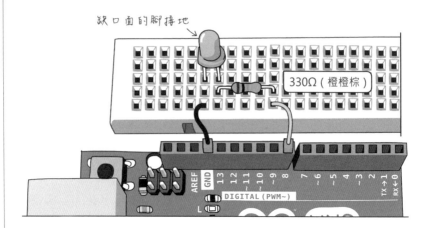

這是 Arduino Uno 板的 FreeRTOS 程式：

```
#include <Arduino_FreeRTOS.h>

void taskA(void *pvParam) {
  pinMode(8, OUTPUT);
  while (1) {
    digitalWrite(8, !digitalRead(8));
    vTaskDelay( 250 / portTICK_PERIOD_MS );
  }
}

void taskB(void *pvParam) {
  pinMode(13, OUTPUT);
  while (1) {
    digitalWrite(13, !digitalRead(13));
    vTaskDelay( 500 / portTICK_PERIOD_MS );
  }
}
```

```
void setup() {
  xTaskCreate( taskA, "task A", 100, NULL, 1 , NULL);
  xTaskCreate( taskB, "task B", 100, NULL, 1 , NULL);

  vTaskStartScheduler();   // 啟動任務調度器
}

void loop() {}
```

跟 ESP32 的 FreeRTOS 程式的不同點：

- 程式開頭要引用 Arduino_FreeRTOS.h 程式庫。

- ATmega328 微控器的主記憶體僅 2KB，所以配置給任務的記憶體通常
  不超過 128 個字組，此處設置成 100，代表 200 位元組。

- portTICK_PERIOD_MS（時鐘滴答週期時間）值為 16，所以延遲時間敘述
  必須寫成：vTaskDelay(微秒值 / portTICK_PERIOD_MS)。或者改用 pdMS_
  TO_TICKS() 轉換時間。

- 建立任務之後，必須執行 vTaskStartScheduler() 啟動任務調度器。ESP32
  Arduino 程式的底層就是 FreeRTOS，會自動執行這個函式；假如在
  ESP32 程式再加入這一行敘述，反而會造成編譯錯誤。

17-2 FreeRTOS 資料類型

為了在不同處理器提供一致的資料類型（也就是定義變數佔用的記憶體空
間大小），FreeRTOS 重新定義了一組類型，位於 portmacro.h 檔，最常見的是
BaseType_t 和 UBaseType_t 類型：

- BaseType_t：直譯為「基底類型」，在 8 位元處理器上，此值為 8 位元整數
  （int8_t）；在 32 位元處理器，則是 32 位元整數（int32_t）。

- UBaseType_t：直譯為「不帶號的基底類型」，也就是 unsigned BaseType_t。

- StackType_t：直譯為「堆疊類型」，用於定義堆疊儲存元素的資料類型，在 8 位元處理器，等同於 uint8_t；在 32 位元處理器，則是 uint32_t。這個類型用於 FreeRTOS 內部程式。

- TickType_t：用於儲存系統的累進 tick 時間值，在 32 位元處理器上，此類型等同 uint32_t。

FreeRTOS 變數、常數和函式命名規則

FreeRTOS 程式裡的變數名稱前面會加上代表資料類型的縮寫，所以從名字就能看出該變數的類型：

- c：代表 char（字元）。

- s：代表 short（短）整數，在 ESP32 上佔 16 位元。

- l：代表 long（長）整數，在 ESP32 上佔 32 位元。

- u：代表 unsigned（無正負號）。

- p：代表 point（指標）。

- e：代表 enum。

- x：代表上述之外的其他類型（如：struct，結構）或者 portBASE_TYPE 類型，這種類型用於任務建立、控制和訊息傳遞等的相關函式的傳回值，等同 int（整數）。

例如：

「無正負號長整數」類型 → ulDummy

「字元」類型 → cCharToTx

FreeRTOS 內建的函式名稱由三個部份組成：傳回值類型、函式所在的檔名以函式的功能，讓我們得以一眼得知函式作用和出處，私有函數則會加上 prv (代表 private) 字首。以底下兩個函式為例：

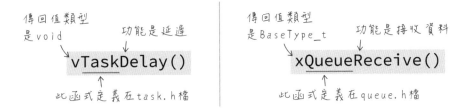

FreeRTOS 的常數和巨集名稱通常都是全部大寫，有些會加上代表檔案出處的小寫字首，如表 17-1 所示：

表 17-1

字首	所在檔案	名稱範例
port	portable.h	portTICK_PERIOD_MS
task	task.h	taskENTER_CRITICAL()
pd	projdefs.h	pdTRUE
config	FreeRTOSConfig.h	configTICK_RATE_HZ
err	projdef.h	errQUEUE_FULL

另外，FreeRTOS 有不同的版本，有些識別字的名稱會隨著版本更迭而改變，如表 17-2 所示。

表 17-2

舊式命名	新式命名	說明
xTaskHandle	TaskHandle_t	任務的參照
xQueueHandle	QueueHandle_t	佇列的參照
xSemaphoreHandle	SemaphoreHandle_t	2 進制、計數、保護...等類型旗號的參照
xTimerHandle	TimerHandle_t	軟體計時器的參照
portTickType	TickType_t	tick 資料類型，在 ESP32 等同 uint32_t
portBASE_TYPE	BaseType_t	帶正負號的資料類型，在 ESP32 等同 int32_t
unsigned portBASE_TYPE	UBaseType_t	不帶正負號的資料類型，在 ESP32 等同 uint32_t
xQueueSetHandle	QueueSetHandle_t	佇列集合的參照

17-3 FreeRTOS 任務的一生

任務從建立到刪除，可歷經下列幾個狀態：

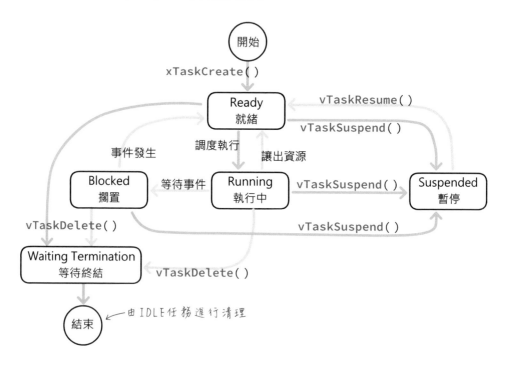

- 就緒（Ready）：任務被建立後，會依照優先順序排隊等待被執行。若所有任務的優先權都一樣，則分給每個任務相同的時間輪流執行。

- 執行中（Running）：被調度器選中的任務將能進入執行狀態，使用處理器和其他資源。CPU 的每個核心同一時間只能執行一個任務。

- 擱置（Blocked）：在執行中，需要等待一段時間或某個事件發生才能繼續運作的任務，會變成**擱置**。像之前的 LED 閃爍例子，當任務執行到 vTaskDelay()，該任務就被系統設置成「擱置」，直到延遲時間到，再讓該任務變成「就緒」狀態。

● 暫停 (Suspended)：暫停指定任務，除非脫離暫停狀態，都不會被調度執行。不同於「擱置」狀態是由系統自動安排，從「擱置」到「就緒」也是由事件自動觸發，**進入和脫離「暫停」狀態，則是透過 vTaskSuspend() 和 vTaskResume() 指令設定。**

● 等待終結 (Waiting Termination)：對於不再需要的任務，可執行 vTaskDelete() 將它刪除，以免佔用記憶體。

IDLE 任務

除了我們自訂的任務，**FreeRTOS 會自動產生一個 IDLE 任務，** idle 代表**空閒時刻**，以執行兩個閃爍 LED 的任務為例，實際上有 3 個任務在同時進行。當所有自訂任務都進入擱置狀態或者不再運作，IDLE 任務就會開始執行：

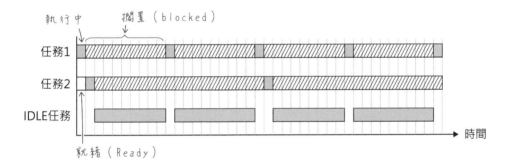

IDLE 任務主要執行清理、回收記憶體的工作，例如，清除進入等待終結狀態的任務。

17-4 任務的優先權與看門狗

簡單的多工處理程式，用 Arduino 比較時間差的方式來處理，其實也不難，但加上優先權考量，程式就逐漸變得複雜了。

底下程式建立兩個任務，分別在序列埠輸出不同字串，taskA 的優先權 (2) 高於 taskB (1)：

```
void taskA(void *pvParam) {  // 宣告任務 A
  while (1) {
    printf("任務 A 進行中\n");
  }
}

void taskB(void *pvParam) {  // 宣告任務 B
  while (1) {
    printf("終於輪到任務 B 上場啦～\n");
  }
}

void setup() {
  // 高優先權
  xTaskCreate( taskA, "my task A", 1000, NULL, 2 , NULL);
  xTaskCreate( taskB, "my task B", 1000, NULL, 1 , NULL);
}

void loop() {}
```

由於高優先權的無限迴圈沒有延遲，也沒有釋出執行權，所以在每次執行到迴圈結尾，調度器仍把處理器的使用權交給高優先權的 taskA。**序列埠監視器視窗**始終顯示 "任務 A 進行中"：

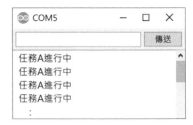

taskA, taskB 和 IDLE 任務的運作狀態如右圖，兩個任務始終處於 ready (就緒) 狀態：

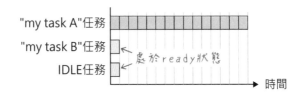

看門狗（watchdog）錯誤

由於上一節的 taskA 任務遲遲未讓出處理器資源，經過 5 秒之後，處理器的**看門狗**察覺不對勁，就引發錯誤，進而導致處理器重新啟動，所以**序列埠監控視窗**每隔 5 秒就會出現底下的錯誤訊息：

```
                    引發錯誤的任務（看門狗）
                         ↓
E (10177) task_wdt: Task watchdog got triggered....略...
E (10177) task_wdt:  - IDLE0 (CPU 0)  ←———— 錯誤來源
E (10177) task_wdt: Tasks currently running:
E (10177) task_wdt: CPU 0: my task A  ←———— 核心 0 執行的任務
E (10177) task_wdt: CPU 1: loopTask  ←———— 核心 1 執行的任務
E (10177) task_wdt: Aborting.
abort() was called at PC 0x400d200b on core 0
```

上面的訊息指出錯誤來源是運作於核心 0 的 IDLE0 任務，因為它沒有機會執行整理資源以及重設看門狗計數器的工作，而此時核心 0 執行中的任務是 "my task A"。

看門狗是微控器內部的**當機**監控器，若微控器當掉了，它會自動重置微控器。看門狗其實是個**計時器**（Watchdog Timer，**簡稱 WDT**），處理器必須每隔一段時間，向看門狗發出一個訊號，重設計時器值。若看門狗遲遲沒有收到處理器的訊號，計時器仍繼續倒數直到變成零，它就會認定處理器已經當掉了，進而重置微控器：

看門狗計時器

避免任務迴圈引發看門狗錯誤

避免看門狗引發錯誤的辦法有下列幾種：

1. 在任務的無限迴圈中執行 **yield()** 函式或 **taskYIELD()** 巨集，yield 直譯為 **退讓**，代表讓出處理器資源給其他需要的任務；taskYIELD() 則是請任務調度器再次評估優先權，把資源讓給需要的任務，這兩者的執行結果相同。

2. 執行 **vTaskDelay(1)**，短暫地讓目前的任務進入擱置狀態，其他任務就有機會進入運行狀態：

```
void taskA( void *pvParam )  {
  while (1) {
    printf("任務A進行中\n");
    yield();
  }           ← 讓出資源，可改用：
}                taskYIELD();
```

```
void taskA( void *pvParam )  {
  while (1) {
    printf("任務A進行中\n");
    vTaskDelay(1);
  }           延遲 1 個滴答時間
}
```

3. 執行 ESP32 開發工具內建的 **esp_task_wdt_reset() 函式**，重置看門狗的計數器。另有一個 esp_task_wdt_feed() 函式 ("feed" 代表「餵食」，也就是餵時間給看門狗)，能達到相同功能，但已不建議使用：

```
#include <esp_task_wdt.h>   ← 包含偵聽、解除偵聽以及重置看門狗的函式
  : 略
void taskA( void *pvParam )  {
  while (1) {
    printf("任務A進行中\n");
    esp_task_wdt_reset();   // 重置看門狗
  }
}
```

4. 取消看門狗。disableCore0WDT() 和 disableCore1WDT() 函式可分別取消核心 0 和核心 1 的看門狗，如此一來，即便任務的無限迴圈裡面沒有包含上述的函式，也不會產生錯誤。但此舉也等同拔除「偵測到程式當機時，自動重新啟動」的看門狗機制，不建議採用：

```
void setup() {   ← 僅僅取消執行自訂任務的核心的看門狗
  disableCore0WDT();   // 取消核心0的看門狗
  xTaskCreate( taskA, "my task A", 1000, NULL, 2 , NULL );
  xTaskCreate( taskB, "my task B", 1000, NULL, 1 , NULL );
}
```

除了取消看門狗的方案，修改程式之後的
任務 B 都有機會變成運行狀態，因而在
序列埠監控視窗留下訊息：

若採用**取消看門狗**的方案，任務 B 將永遠不被執行。

📓 **典型的 Arduino delay() 函式會持續佔用資源**

若是在 Arduino Uno 開發板上執行 FreeRTOS，把 taskA() 函式裡的
vTaskDelay() 敘述改成 delay()，像這樣：

```
void taskA(void *pvParam) {
  pinMode(8, OUTPUT);
  while (1) {
    digitalWrite(8, !digitalRead(8));
    delay( 250 );   // 延遲 250 毫秒
  }
}
```

taskA 的優先權也設得比 task2 高：

```
xTaskCreate(taskA, "task A", 100, NULL, 2, NULL); // 高優先權
xTaskCreate(taskB, "task B", 100, NULL, 1, NULL);
```

執行的結果將是只有高優先權的 taskA 在執行，**因為典型的 Arduino 開發
環境中的 delay() 會讓處理器停擺，形同「持續佔用處理器」**。經過指定延
遲時間過後，taskA 任務結束，調度器將再度啟動具有高優先權的 taskA，
所以**低優先權的 taskB 永不被執行**：

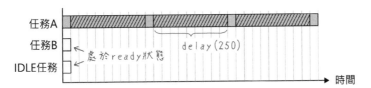

典型的 Arduino FreeRTOS 執行環境，不會因某個任務持續佔據處理器資源
而引發看門狗錯誤。

17-5 動態調整任務優先權與刪除任務

任務的優先權可動態調整，我們得先替任務設定一個**參照**（handle，**直譯為**「把手」，代表一個操作入口），好讓程式操作任務。宣告任務參照有兩個步驟：

1 宣告一個 TaskHandle_t 類型的變數（任務參照）

2 在建立任務的 xTaskCreate() 函式的最後一個參數，填入要儲存任務參照的位址。

底下程式片段裡的 handleB 將存放 taskB 任務的參照：

專門儲存任務參照的資料類型

```
TaskHandle_t handleB;   // 宣告儲存任務參照的變數
    :
xTaskCreate( taskB, "task B", 1000, NULL, 1 , &handleB );
```

傳遞位址

有了任務參照，即可透過下列函式調整優先權，以及刪除和暫停任務；

- uxTaskPriorityGet()：取得任務的優先權值

- vTaskPrioritySet()：設定任務的優先權

- vTaskDelete()：刪除任務

- vTaskSuspend()：暫停任務

- vTaskResume()：重啟任務

底下的敘述將把 taskB 任務的優先權調升成 3：

vTaskPrioritySet(任務參照，優先權) ⇒ vTaskPrioritySet(&handleB, 3)

底下範例程式中的 taskA 預設優先權較高，當任務函式裡的 counter 變數累加到 8 時，taskB 任務的優先權將調高到 3；當 counter 累加到 16 時，刪除 taskB 任務：

```
TaskHandle_t handleB;              // 任務 2 的參照
long counter = 0;                  // 計數器

void taskA(void *pvParam) {        // 宣告任務 A
  while (1) {
    printf("任務 A 進行中\n");
    counter ++;
    if (counter == 8) {
      vTaskPrioritySet( handleB, 3);   // 調高優先權
    }
    yield();                       // 讓出資源
  }
}

void taskB(void *pvParam) {        // 宣告任務 B
  while (1) {
    printf("終於輪到任務 B 上場啦～\n");
    if (counter == 16) {
      vTaskDelete( handleB);       // 刪除 taskB 任務
    }
    yield();                       // 讓出資源
  }
}

void setup() {
  // 高優先權
  xTaskCreate(taskA, "my task A", 1000, NULL, 2, NULL);
  xTaskCreate(taskB, "my task B", 1000, NULL, 1, &handleB);
}

void loop() {}
```

編譯並上傳到控制板之後的執行結果：

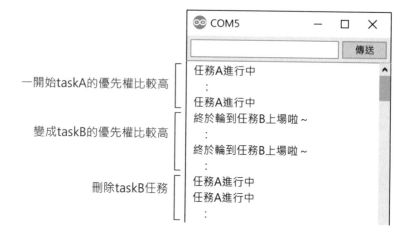

設定優先權的程式部份可以改成「先讀取任務的優先權，然後累加優先權」，像底下這樣，執行結果跟上面的程式相同：

```
if (counter == 8) {
  // 讀取優先權值
  UBaseType_t tskPriority = uxTaskPriorityGet(handleB);
  vTaskPrioritySet( handleB, tskPriority+2);  // 設定優先權加 2
}
```

補充說明，FreeRTOS 的 task.h 檔定義了一個代表系統 IDLE 任務的優先權常數 tskIDLE_PRIORITY，其值為 0。因此，優先權能以 tskIDLE_PRIORITY 為基準來設定，例如，底下的優先權等於設成 2：

```
void setup() {
  xTaskCreate( taskA, "taskA", 1000, NULL, tskIDLE_PRIORITY+2, NULL);
  xTaskCreate( taskB, "taskB", 1000, NULL, tskIDLE_PRIORITY+2, NULL);
}
```

17-6 ESP32 的可用記憶體容量以及任務的記憶體用量

當程式執行 xTaskCreate() 建立任務時，FreeRTOS 會在主記憶體的 heap（堆積）區，劃分一塊 xTaskCreate() 指定的大小給該任務：

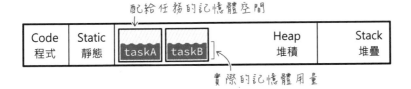

堆積區的容量可透過 ESP32 開發環境內建的兩個函式取得：

● **ESP.getHeapSize()**：傳回堆積區的整個容量大小（位元組）

● **ESP.getFreeHeap()**：傳回堆積區的剩餘可用大小（位元組）

上文的程式替每個任務分配 1000 位元組的記憶體空間，但實際需要的記憶體用量可能不那麼多。我們可透過 FreeRTOS 的這個函式，取得某任務的剩餘記憶體空間：

● **uxTaskGetStackHighWaterMark(任務參照)**：直譯為「取得任務記憶體最高水位」，在 ESP32 上，任務的記憶體單位是「位元組」而非「字組」。

把任務的記憶體大小扣除剩餘容量，即可得知它的記憶體用量：

任務的記憶體大小（1000位元組）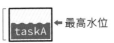 ← 最高水位

```
UBaseType_t m = 1000 - uxTaskGetStackHighWaterMark( handleA );
```
任務的記憶體用量　　　任務的最高水位　　　任務的參照

底下程式將在一開始執行時，在**序列埠監控視窗**顯示堆積區的記憶體大小，然後每隔 1 秒顯示任務 A 的記憶體用量：

```
#define LED1 21                    // 定義 LED 接腳
#define LED2 22

TaskHandle_t handleA;             // 任務 A 的參照
uint16_t stackSize = 1000;        // 分配給任務的記憶體大小

void taskA(void *pvParam) {  // 宣告任務 A
  :閃爍 LED
}

void taskB(void *pvParam) {  // 宣告任務 B
  :閃爍 LED
}

void setup() {
  Serial.begin(115200);
  Serial.printf("堆積區大小：%u 位元組\n", ESP.getHeapSize());
  Serial.printf("建立任務前的堆積：%u 位元組\n", ESP.getFreeHeap());
  xTaskCreate( taskA, "task A", stackSize, NULL, 1 , &handleA);
  xTaskCreate( taskB, "task B", stackSize, NULL, 1 , NULL);
  Serial.printf("建立任務後的堆積：%u 位元組\n",
    ESP.getFreeHeap());
}

void loop() {
  UBaseType_t m =
    stackSize - uxTaskGetStackHighWaterMark(handleA);
  Serial.printf("任務 A 佔用 %u 位元組\n", m);
  vTaskDelay(1000);
}
```

程式執行結果如下，任務 A 使用了 1000 位元組當中的 388 位元組：

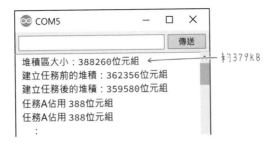

如果把分配給兩個任務的記憶體大小從 1000 改成 500：

```
uint16_t stackSize = 500;
```

重新編譯執行後，可看出堆疊區的剩餘容量提昇了：

調整任務的記憶體需要留點餘裕，如果把任務的記憶體大小調降過低，將產生**記憶體不足的 stack overflow（堆疊溢位）錯誤**，導致 ESP32 不停地重新啟動。

此外，測試任務記憶體用量的程式可以挪到任務函式裡面，像這樣：

```
uint16_t stackSize = 1000; ←── 改回1000

void taskA(void *pvParam)  {  // 宣告任務A
  pinMode(LED1, OUTPUT);       // LED接腳設成「輸出」
  while (1) {
    digitalWrite(LED1, !digitalRead(LED1));   // 切換接腳的電位
    vTaskDelay( pdMS_TO_TICKS(1000) );        // 延遲1000ms
    UBaseType_t m = stackSize - uxTaskGetStackHighWaterMark(NULL);
    Serial.printf("任務A佔用 %u位元組\n", m);
  }                                    NULL代表目前的任務，也可以
}                                      填入任務參照 handleA。
```

loop() 函式就可以清空了：

```
void loop() {}
```

再度編譯程式上傳到 ESP32 執行，你將發現任務 A 的記憶體用量變多了，因為 Serial.printf() 敘述也需要記憶體才能執行，所以測試任務記憶體的敘述應該要放在 loop() 函式裡面：

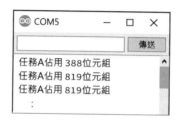

> FreeRTOSConfig.h（內含 FreeRTOS 各種設置參數的標頭檔）有個 configMINIMAL_STACK_SIZE 常數，直譯為「最小堆疊空間大小」，用於決定系統 IDLE 任務的最小記憶體用量，我們自訂的任務不受此限。

17-7 傳遞參數給任務函式

動手做 17-1 的閃爍兩個 LED 的程式宣告的兩個任務，程式碼幾乎一樣，只是接腳和延遲時間參數不同，因此可以只宣告一個任務函式，透過傳遞參數來決定任務的行為。

傳遞基本型參數

假設要傳遞 LED 接腳編號給任務函式 taskBlink，首先宣告兩個變數：

```
byte LED1 = 21;
byte LED2 = 22;
```

任務函式的參數必須是**任意資料類型指標（void *）**，建立傳遞 LED1 給 taskBlink 任務的敘述如下：

此函式語法規定這個參數必須是指標，且要轉型成void。
↓

```
xTaskCreate( taskBlink, "task1", 100, (void *) &LED1, 1 , NULL );
```

傳遞此變數的位址給任務函式

taskBlink 任務函式若要使用傳入的參數值，必須**先將參數轉換回原本的資料類型**，再透過指標存取參數內容：

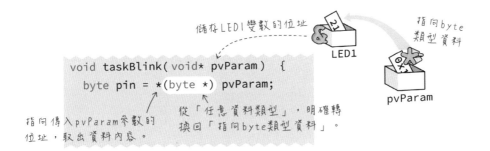

儲存LED1變數的位址
LED1

指向byte
類型資料

```
void taskBlink( void* pvParam)  {
    byte pin = *(byte *) pvParam;
```

pvParam

指向傳入pvParam參數的
位址，取出資料內容。

從「任意資料類型」，明確轉
換回「指向byte類型資料」。

所以，讀取 LED 接腳參數的任務函式可以寫成：

```
void taskBlink(void* pvParam) {
  byte pin = *(byte *) pvParam;  // 取得 byte 類型的資料
  pinMode(pin, OUTPUT);

  while (1) {
    digitalWrite(pin, !digitalRead(pin));
    vTaskDelay(pdMS_TO_TICKS(500));
  }
}
```

完整的閃爍 LED 程式碼如下：

```
byte LED1 = 21;
byte LED2 = 22;

void taskBlink(void* pvParam) {
  byte pin = *(byte *) pvParam;        // 將參數值轉型成位元組

  pinMode(pin, OUTPUT);
  while (1) {
    digitalWrite(pin, !digitalRead(pin));
    vTaskDelay(pdMS_TO_TICKS(500));  // 延遲 500ms
  }
}

void setup() {
  xTaskCreate(taskBlink, "task1", 1000, (void *) &LED1, 1 , NULL);
  xTaskCreate(taskBlink, "task2", 1000, (void *) &LED2, 1 , NULL);
}
void loop() {}
```

編譯並上傳控制板,兩個 LED 將同步每隔 500ms 閃爍一次。

傳遞複雜型參數:以結構變數為例

本單元程式將把包含接腳和延遲時間資料的結構當作參數傳給任務函式,首先定義結構和兩個變數:

```
typedef struct data {
  byte pin;              // 接腳
  int ms;                // 延遲時間
} LED;

LED led1={21, 250};   // 定義 led1 變數,21 腳延遲 250ms
LED led2={22, 500};   // 22 腳延遲 500ms
```

建立任務敘述如下，傳遞結構參數時，記得**在結構名稱前面加上 &**：

取得結構體的位址
↓

```
xTaskCreate( taskBlink, "task1", 100, (void *) &led1 , 1 , NULL );
```

任務函式的主體，則需要把參數的資料類型還原成「指向 LED 類型」的指標，
再透過此指標變數取得結構的成員：

```
void taskBlink(void *pvParam) {
  LED *led = (LED *) pvParam;
  byte pin = led->pin;
  int ms = led->ms;

  pinMode(pin, OUTPUT);
  while (1) {
    digitalWrite(pin, !digitalRead(pin));
    vTaskDelay(pdMS_TO_TICKS(ms));
  }
}
```

指向LED型資料

led2

byte類型

pin

8

500

ms

int類型

led

指標變數

完整的程式碼：

```
typedef struct data {
  byte pin;                          // 接腳
  int ms;                            // 延遲時間
} LED;

void taskBlink(void *pvParam) {
  LED *led = (LED *) pvParam;   // 把參數還原成指向 LED 結構的類型
  byte pin = led->pin;          // 取得接腳值
  int ms = led->ms;             // 取得延遲時間值

  pinMode(pin, OUTPUT);
  while (1) {
    digitalWrite(pin, !digitalRead(pin));
    vTaskDelay(pdMS_TO_TICKS(ms));
  }
```

```
}

void setup() {
  LED led1={21, 250};          // 定義結構變數
  LED led2={22, 500};

  xTaskCreate(taskBlink, "task1", 1000, (void *) &led1, 1, NULL);
  xTaskCreate(taskBlink, "task2", 1000, (void *) &led2, 1, NULL);
}

void loop() {}
```

編譯並上傳程式碼，兩個 LED 將分別以 500ms 和 250ms 的間隔閃爍。

17

18

FreeRTOS 即時系統核心應用

Arduino IDE 工具本身最初僅支援 Atmel 系列微控器，像 Arduino Uno 板的 Atmega328，透過加入 ESP-IDF 這個「外掛」，才使得 Arduino IDE 支援開發 ESP32。也就是說，Arduino IDE 提供給 ESP32 的，主要是 Arduino 語法以及程式編輯器，編譯和上傳程式的工作，則是交給外掛的 ESP-IDF。

在 Arduino IDE 編寫的 ESP32 程式，實際上會被整合成如下結構的 C++ 檔，所以在 ESP32 上執行的 Arduino 程式，其實是 FreeRTOS 的一個任務程式：

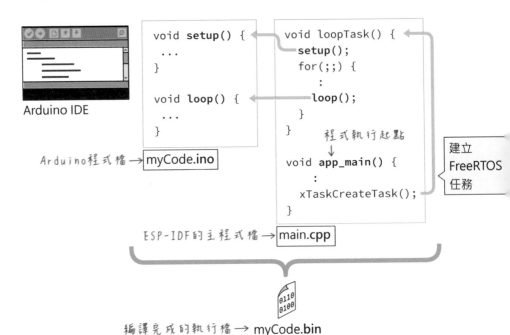

本章將繼續探討 FreeRTOS，介紹下列主題：

● 瞭解 ESP32 Arduino 程式的結構

● 讓 FreeRTOS 任務在指定的處理器核心運作

● 使用佇列 (queue) 在任務之間傳遞訊息

● 使用熱敏電阻檢測溫度

● 在佇列中傳遞結構類型資料

● 使用旗號 (Semaphore) 來確保任務或資源能完成工作

- 從中斷處理常式觸發執行 FreeRTOS 任務

- 搭配中斷處理常式排除開關彈跳雜訊

18-1 ESP32 Arduino 程式的起始點：app_main()

Arduino 程式語言是簡化版的 C/C++ 語言，更精確的說，Arduino 是把一些原本複雜的操作敘述，用自訂的函式包裝起來。以設定接腳模式來說，不同微控器的設置指令和流程都不太一樣，而 Arduino 語言提供了 pinMode() 函式，統一並簡化了設置接腳的指令。

ESP-IDF 工具支援的程式語言是 C 和 C++，但是 C/C++ 語言並沒有定義 setup() 和 loop()，那麼 ESP-IDF 怎麼知道一開始要先執行 setup()，接著反覆執行 loop()？答案就在 ESP32 的主程式 main.cpp 裡面（原始檔網址：http://bit.ly/2WXUWjz），這是程式檔的開頭部份：

```
// 內含 FreeRTOS 相關的常數和函式宣告
#include "freertos/FreeRTOS.h"
#include "freertos/task.h" // 建立和執行 FreeRTOS 任務的相關函式
#include "esp_task_wdt.h"  // 內含處理看門狗的函式宣告
#include "Arduino.h"        // Arduino 語言的常數和函式宣告

#ifndef CONFIG_ARDUINO_LOOP_STACK_SIZE
// 定義 8KB 記憶體空間
#define CONFIG_ARDUINO_LOOP_STACK_SIZE 8192
#endif
```

接下來是關鍵部份，程式宣告兩個全域變數：

```
TaskHandle_t loopTaskHandle = NULL;  // 任務的參照
bool loopTaskWDTEnabled;                // 是否在 loop() 中重設看門狗
```

接著定義任務函式 loopTask()，這個任務將執行一次 Arduino 程式裡的 setup()，然後不停地執行 loop()：

```
void loopTask( void *pvParameters ) {
    setup();

    for(;;) {
        if ( loopTaskWDTEnabled ) {
            esp_task_wdt_reset();
        }
        loop();
        if ( serialEventRun ) serialEventRun();
    }
}
```

執行我們的 setup() 函式 → setup();

任務的無限迴圈 → for(;;) {

此值預設為false

這段程式不會被執行

反覆執行loop() → loop();

處理序列埠資料輸入（例如：接收新上傳的程式檔）

最後定義 ESP32 程式碼的執行起點：app_main() 函式。這個函式將**配置 8KB 記憶體給 loopTask() 任務，並交付核心 1 執行**：

```
extern "C" void app_main() {          // ESP32 程式的執行起點
    loopTaskWDTEnabled = false;        // 不在 loop() 中重設看門狗
    initArduino();                     // 確認 Arduino 程式檔所在的分區
    xTaskCreateUniversal(              // 建立任務
        loopTask,                      // 任務函式
        "loopTask",                    // 任務的說明文字
        CONFIG_ARDUINO_LOOP_STACK_SIZE, // 記憶體大小（8KB）
        NULL,                          // 沒有傳入參數
        1,                             // 優先權
        &loopTaskHandle,               // 任務的參照
        CONFIG_ARDUINO_RUNNING_CORE    // 執行任務的核心（1）
    );
}
```

extern "C" 指令的作用是讓 C++ 程式得以執行 C 語言編寫的函式，也就是讓 C 程式和 C++ 程式相容。

initArduino() 函式定義在 esp32-hal-misc.c 檔，它的用途是確認要從快閃記憶體的哪個 OTA 分區載入程式檔，並且確認 OTA 程式檔是有效的，若上傳的程式有問題，則改以舊版程式啟動。

xTaskCreateUniversal() 函式同樣定義在 esp32-hal-misc.c 檔,它會判斷 ESP32 是否為雙核心,如果是的話,就執行 xTaskCreatePinnedToCore() 函式(參閱下文),把任務新建在核心 1,否則執行 xTaskCreate() 建立任務。這個函式的最後一個參數 CONFIG_ARDUINO_RUNNING_CORE,是 ESP-IDF 設置的常數名稱,用於識別執行任務的核心編號。

動手做 18-1　OLED 顯示器任務

實驗說明:建立一個在 OLED 顯示器呈現 "Counter:" 和計數數字的 FreeRTOS 任務。

實驗電路:在 ESP32 的預設 I²C 介面連接 OLED 顯示器:

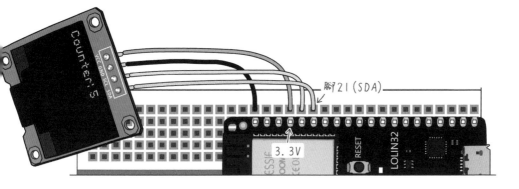

實驗程式:在 OLED 顯示計數文字的完整程式如下。請注意,從初始化 U8g2 顯示器物件、設定字體到顯示畫面的程式,都放在 taskOLED 任務函式裡面。經過測試,taskOLED 任務大約佔用 1400 位元組記憶體,所以這個程式分配它 1500 位元組空間:

```
#include <U8g2lib.h>
U8G2_SSD1306_128X64_NONAME_1_HW_I2C u8g2(U8G2_R0,
                                         U8X8_PIN_NONE);

void taskOLED( void * pvParam ) {
  u8g2.begin();                              // 初始化顯示器物件
```

```
    u8g2.setFont(u8g2_font_ncenB08_tr);        // 設定字體
    int num = 0;                               // 計數值
    String txt;                                // OLED 顯示文字

    while (1) {
      txt = "Counter:" + String(num++);        // 計數文字
      u8g2.firstPage();
      do {
        // 在 (0, 15) 座標顯示文字
        u8g2.drawStr(0, 15, txt.c_str());
      } while ( u8g2.nextPage());
      vTaskDelay( 1000 / portTICK_PERIOD_MS); // 延遲 1 秒
    }
}

void setup() {
    // 建立任務
    xTaskCreate(taskOLED, "task OLED", 1500, NULL, 1, NULL);
}

void loop() {}
```

實驗結果：編譯並上傳程式到 ESP32，OLED 顯示器將顯示 "Counter:" 和每隔 1 秒累增的數字。

指定運作任務的處理器核心

上文提到，ESP32 的主程式 (setup() 和 loop()) 運行在**核心 1**，但透過 xTaskCreate() 建立的任務都是運行在**核心 0**，兩者並行運作。如果把動手做 18-1 的初始化 OLED 敘述改放在 setup() 函式，像這樣：

位於核心1的主程式	位於核心0的任務

```void setup() {```
 ``` u8g2.begin();```
 ```   : 略```
 ```}```
 	
 初始化顯示器物件 →
	```void taskOLED(void * pvParam) {```
	 ``` u8g2.setFont(u8g2_font_ncenB08_tr);```
	 ``` int num = 0; // 計數值```
	 ``` String txt; // OLED顯示文字```
	 ``` : 略```
	 ```}```

再次編譯執行程式，你將發現顯示器畫面錯亂了：

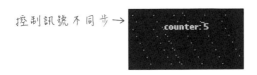

控制訊號不同步→

除了把初始化顯示器物件的敘述挪回任務函式，也可以把控制顯示畫面的 taskOLED 任務放到和主程式相同的**核心 1** 運作。設定**新任務執行核心的函式是 xTaskCreatePinnedToCore()**，它的功能和 xTaskCreate() 一樣，只是多了一個設定核心編號的參數：

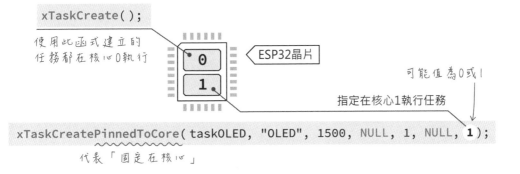

修改新建 taskOLED 任務的敘述，令它在**核心 1** 執行：

```
void taskOLED( void * pvParam ) {
  // u8g2.begin();                       // 這一行改放在 setup()
  u8g2.setFont(u8g2_font_ncenB08_tr); // 設定字體
    :略
}

void setup() {
  u8g2.begin();  // 在主程式（核心 1）初始化顯示器物件
  xTaskCreatePinnedToCore(
    taskOLED, "task OLED", 1500, NULL,  1, NULL, 1);
}
void loop() {}
```

重新編譯上傳程式到 ESP32，OLED 顯示畫面就正常了。

確認執行任務的核心

xPortGetCoreID() 函式可傳回目前運作的處理器核心編號。為了驗證任務和主程式運作在不同的核心，請再次修改 OLED 任務的程式，在任務迴圈及 loop() 之中加入顯示核心編號的敘述：

```
void taskOLED( void * pvParam ) {
  u8g2.begin();   // 在任務中初始化顯示器物件
    :略
  while (1) {
      :略
    Serial.printf("顯示器任務在核心%u\n", xPortGetCoreID());
    vTaskDelay( 1000 / portTICK_PERIOD_MS);
  }
}

void loop() {
  Serial.printf("主程式在核心%u\n", xPortGetCoreID());
  vTaskDelay(1000);
}
```

編譯並上傳到 ESP32 開發板，可驗證自訂的任務確實運作於核心 0：

18-2 透過佇列傳遞任務資料

若任務之間需要交換資料（訊息），可透過**佇列**（queue，也代表「排隊」）物件來儲存與管理資料。全域變數和陣列也可以用來轉存任務資料，若把全域陣列比喻成暫存物品的貨物架，佇列就相當於自動倉儲系統。

若使用全域變數或陣列儲存資料,任務函式得自行管理貨架還要記得把變數上鎖,以免內容被其他程式不小心修改了。若使用佇列,只要把資料給它,或者向它要資料,不用煩惱如何管理資料:

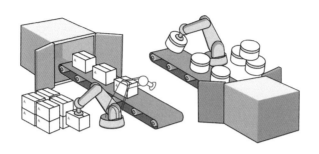

本文的範例將建立兩個任務,分別負責讀取類比輸入(光敏電阻的分壓)值以及顯示類比輸入值,兩者之間透過**佇列**傳遞資料:

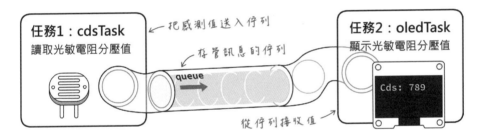

佇列是一種**先進先出**(First In, First Out, 簡稱 FIFO)型容器,就像排隊一樣,先進入隊列的資料將先被處理。建立佇列物件的指令是 xQueueCreate(),呼叫此指令時要指定其元素數量以及元素的大小(位元組)。若佇列建立成功,它將傳回 QueueHandle_t 類型的控制代碼,傳回 NULL 代表沒有足夠的記憶體來建立佇列。

底下敘述將建立一個名叫 queue 的佇列物件,最多可儲存 5 個整數值(每個元素佔 4 位元組):

```
QueueHandle_t queue = xQueueCreate(5, 4);
```

將資料推入佇列的方法是採用底下傳遞指標的寫法，實際上就會依照建立佇列時指定的元素長度，從該位址複製資料到佇列中：

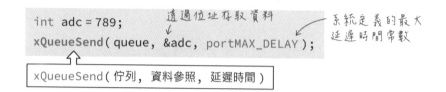

寫入資料到佇列的指令是 xQueueSend()，底下的敘述代表在 queue 佇列中存入整數值 789：

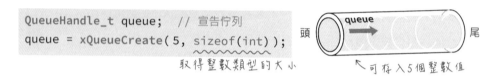

xQueueSend() 函式的參數與傳回值說明：

● 佇列：要被寫入資料的佇列，也就是 xQueueCreate() 建立的佇列。

● 資料參照：要傳送到佇列的資料的指標變數。

● 延遲時間：在佇列已滿的情況下，等待有儲存空間的最長時間。若此參數為 0，代表放棄寫入。在等待期間，寫入資料的任務將處於擱置（block）狀態，設成 portMAX_DELAY 代表「無限期等待」佇列有空間。

● 傳回值：若成功寫入佇列，傳回 **pdPASS（等同於 1）**，否則傳回 errQUEUE_ FULL（代表佇列已滿、無法寫入）。傳回值的類型為 BaseType_t。

每次執行 xQueueSend()，資料都會自動往尾端（出口）排列：

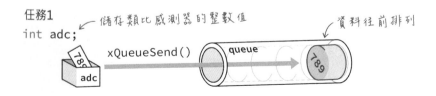

新增的資料會被排在前一筆資料後面：

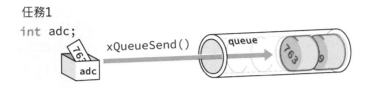

從佇列取出值的指令是 xQueueReceive()，其參數格式和傳回值都和傳遞資料的 xQueueSend() 一樣：

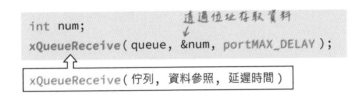

以上程式宣告一個接收佇列整數值的 num 變數，執行指令時，num 將存入佇列最前面的資料並傳回代表成功的 **pdPASS**；從佇列取得一個元素時，該元素也將從佇列中刪除：

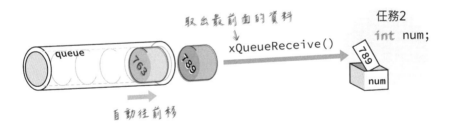

若佇列是空的，xQueueReceive() 將在**延遲時間**內，進入**擱置（block）**狀態（讓出資源），直到佇列有資料。

動手做 18-2 讀取類比值並顯示在 OLED 螢幕

實驗說明：建立兩個任務，一個把光敏電阻感測資料存入佇列，一個從佇列中取出資料顯示在 OLED 螢幕。

實驗材料：

光敏電阻	1 個
電阻 10KΩ	1 個
0.96 吋 OLED	1 個

實驗電路：麵包板示範接線如下：

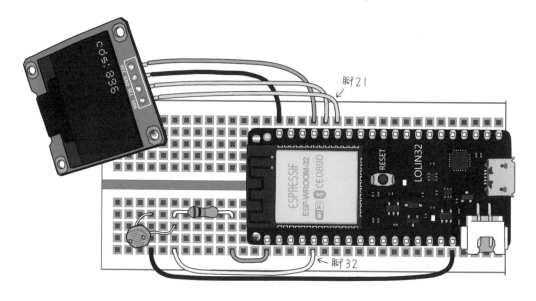

實驗程式：

```
#include <U8g2lib.h>
#define BITS 10
#define ADC_PIN  A4                    // 類比輸入腳
```

```
U8G2_SSD1306_128X64_NONAME_1_HW_I2C u8g2(U8G2_R0, U8X8_PIN_NONE);
QueueHandle_t queue;                            // 宣告佇列

void taskOLED(void * pvParam) {
  u8g2.begin();                                 // 初始化顯示器物件
  u8g2.setFont(u8g2_font_ncenB08_tr);           // 設定字體
  int num = 0;                                   // 接收佇列整數值
  String txt = "Cds Value:";                     // 顯示在 OLED 的字串

  while (1) {
    // 從佇列取出資料，顯示在 OLED 螢幕
    if (xQueueReceive(queue, &num, portMAX_DELAY) == pdPASS) {
      u8g2.firstPage();
      do {
        u8g2.drawStr(0, 10, (txt + num).c_str());
      } while ( u8g2.nextPage());

      Serial.printf("收到類比值:%d\n", num);
    } else {
      Serial.println("\n 佇列是空的～");
    }
  }
}

void taskCds(void * pvParam) {
  int adc = 0;
  while (1) {
    adc = analogRead(ADC_PIN);                   // 把 adc 值寫入佇列
    if (xQueueSend(queue, &adc, portMAX_DELAY) == pdPASS) {
      Serial.printf("寫入佇列:%d\n", adc);
    }
    vTaskDelay(500 / portTICK_PERIOD_MS);        // 延遲 500 毫秒
  }
}

void setup() {
  Serial.begin(115200);
  analogSetAttenuation(ADC_11db);
  analogSetWidth(BITS);
  queue = xQueueCreate(5, sizeof(int));
```

```
  if (queue == NULL) {
    Serial.println("無法建立佇列～");
    return;
  }

  xTaskCreate(taskCds, "Cds task", 1500, NULL, 1, NULL );
  xTaskCreate(taskOLED, "display task", 1500, NULL, 1, NULL);
}
void loop() {}
```

實驗結果：上傳程式碼之後，即可在**序列埠監控視窗**和 OLED 螢幕看到感測值：

調整存取佇列的任務的延遲時間

taskCds 任務每次完成寫入佇列之後，都會延遲 500 毫秒。顯示資料的任務 taskOLED 沒有延遲指令，所以它會快速地嘗試從佇列提取資料，但因為接收佇列值的延遲時間參數設定成 portMAX_DELAY（無限期），所以在收不到資料時，它會自動進入擱置狀態，讓調度器執行其他任務：

> 如果佇列是空的，延時設定會讓
> 此任務進入「擱置」狀態。

```
if ( xQueueReceive( queue, &num, portMAX_DELAY ) == pdPASS ) {
  u8g2.firstPage();
  do {
    u8g2.drawStr(0, 10, (txt + num).c_str());
  } while (u8g2.nextPage());
}
```

> 若進入擱置狀態，底下程式將不被執行。

因此，OLED 顯示器將每隔 500ms 更新一次畫面：

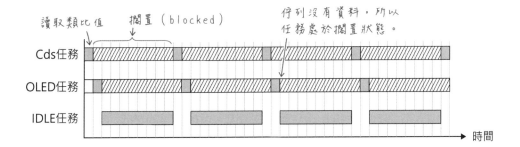

如果縮短 OLED 顯示器任務的等待時間，例如，從無限期改成 250ms，而 Cds 任務仍維持每隔 500ms 寫入佇列。那麼，底下的 OLED 任務將會每隔一次顯示 "佇列是空的～" 訊息：

250/portTICK_PERIOD_MS
⬆ 等同

```
if ( xQueueReceive( queue, &num, pdMS_TO_TICKS(250) ) == pdPASS ) {
  u8g2.firstPage();
  do {
    u8g2.drawStr(0, 10, (txt + num).c_str());
  } while ( u8g2.nextPage() );

  Serial.printf("收到類比值：%d\n", num);    ← 新增這段程式碼
} else {
  Serial.println("\n佇列是空的～");
}
```

等待250ms

編譯並上傳到控制板之後的執行結果如下：

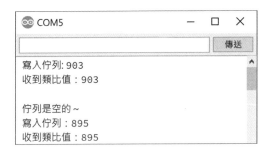

18-3 熱敏電阻

下個動手做單元將使用**熱敏電阻**檢測溫度,所以本文先介紹它。**熱敏電阻**是一種阻值會隨著溫度變化而顯著改變的元件(普通的電阻元件的阻值也會隨環境變化,但是阻抗的變化微小到難以測量,也就是相對穩定、不受環境影響)。熱融解積層(FDM)型 3D 印表機的噴嘴和熱床的溫度感測器,就是熱敏電阻。下圖左是常見的幾款熱敏電阻的外觀:

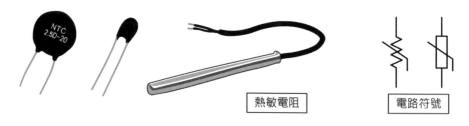

熱敏電阻的優點包括:

● 價格低廉、防水防塵且不易故障。

● 可連接任何工作電壓的微控制板。

● 誤差 1% 的熱敏電阻,溫度量測準確度達 ±0.25 ℃。

市售的熱敏電阻絕大多數都屬於**負溫度係數型**(Negative Temperature Coefficient,**NTC**),代表**溫度升高,電阻值會降低**,例如:25℃ 時阻值 10KΩ、100℃ 時阻值變成 697Ω。**正溫度係數型**(Positive Temperature Coefficient,**PTC**)則代表阻值隨溫度正向變化,普遍用於過電流保護器(可重設型保險絲)。底下是 NTC 熱敏電阻的溫度和阻抗變化曲線圖:

18

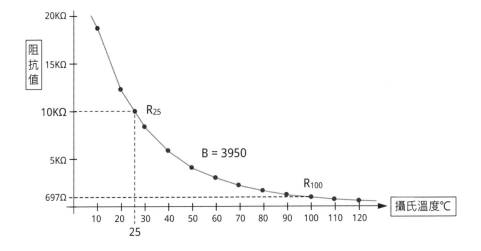

購買熱敏電阻時，請留意兩個規格：

- 額定零功率電阻：環境溫度 25℃ 條件下測得的電阻值，通常標示成 R25，常見的有 10KΩ 和 100KΩ。

- 溫度係數：也叫做熱敏指數，通常稱 B 值或 β 值，指溫度每升高 1 度，電阻值的變化率，一般介於 3000~4000 之間，例如 3950 或 3455。B 值越大，代表反應越靈敏。

如果沒有上面兩個數據，就無法從熱敏電阻的感測值換算成實際溫度值。除此之外，還有兩個常見規格：

- 誤差：代表測量的精確度，常見的誤差率為 1% 和 5%。以 25℃ 時阻值 10KΩ ±1% 為例，代表精確度為 ±0.25℃。

- 測量溫度範圍：通常介於 -55℃ 到 125℃ 之間。

把熱敏電阻值換算成攝氏溫度

熱敏電阻的阻抗和溫度並非線性變化，需要透過底下的公式換算。此公式取自維基百科的「熱敏電阻」條目，公式裡的溫度單位是**絕對溫度**（Kelvin，克耳文，寫作 K）：

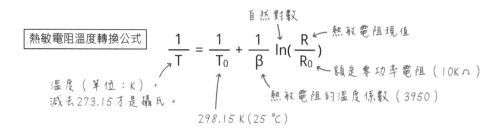

實際連接電路之前，先用三用電錶的「歐姆」檔位測量看看熱敏電阻的阻值。
筆者在室內測量的結果約 8.83K：

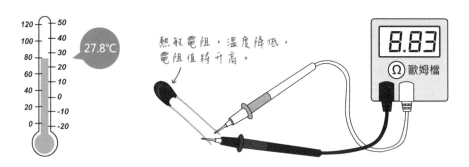

根據廠商提供的資料，我手邊的熱敏電阻的 B 值是 3950，套入上面的公式用
計算機求得的溫度是 27.82 度：

$$\frac{1}{298.15} + \frac{1}{3950} \times \ln(\frac{8830}{10000}) = 0.0033225151$$

$$\frac{1}{0.0033225151} \approx 300.98 \quad \Longrightarrow \quad 轉換成攝氏 \quad 300.97 - 273.15 = 27.82$$

除了按計算機來換算溫度值，當然也能用程式求值，底下是在瀏覽器的
Console（控制台）執行 JavaScript 計算溫度轉換公式的畫面：

18

底下則是用 Python 計算溫度轉換公式的敘述：

```
import math
temp = 1/(1/298.15 + 1/3950 * math.log( 8830/10000 )) - 273.15
print(f"攝氏:{temp:.2f}度")          計算自然對數
```

⇩

"攝氏:27.83度"

把類比輸入值轉換成電壓值

熱敏電阻感測溫度的電路和光敏電阻一樣，都透過電阻分壓電路取得感測電
壓。請注意，熱敏電阻公式裡的 R 值是**熱敏電阻的阻抗值**，但微控器類比輸入
介面接收到的是「類比轉數位訊號值」，也就是 0~1023 之間的數字。我們需
要預先將此數值換算成阻抗值，換算過程如下：

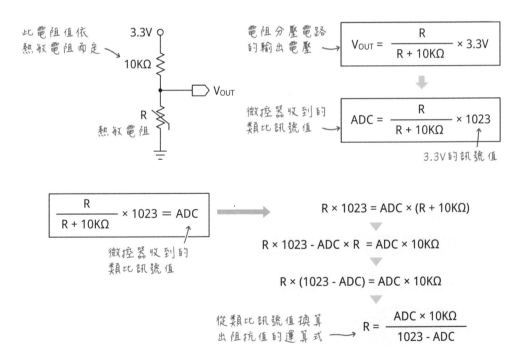

筆者把從類比輸入值換算成攝氏溫度的程式寫成 temperature() 函式：

```
float temperature( uint16_t adc,          ← 輸入類比電壓值
                   float    T0=25.0,       ← 常溫攝氏
                   uint16_t R0=10000,      ← 分壓電阻（10K）
                   float    beta=3950.0 )  ← 熱敏係數
{
  T0 += 273.15;
  float r = ( adc * R0 )/( ADC_RES - adc );  ← 把類比值轉換成阻抗
  return 1 / ( 1 / T0 + 1 / beta * log( r / R0 )) - 273.15;
}
```

數學式子裡的 ln() 和 log() 函數，在程式語言 (C, JavaScript 和 Python) 的寫法不一樣：

	數學函數寫法	程式語言的數學函式
自然對數	$\ln(x)$ 或 $\log_e(x)$	$\log(x)$
以10為底的對數	$\log(x)$	$\log10(x)$

動手做 18-3　在佇列中傳遞結構資料

實驗說明：使用佇列傳遞亮度和溫度兩筆資料給 OLED 顯示器：

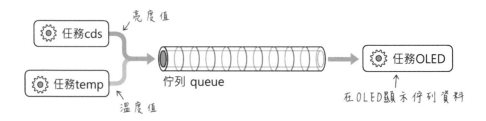

由於兩種感測器資料都是數字，OLED 任務無法分辨它們：

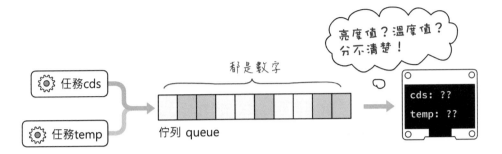

所以我們要替資料加上額外的註記欄位，筆者用感測器的接腳編號來區分，你也可以用字串說明或者另一個編號數字來代表。筆者把要傳遞的資料包裝成如下的自訂 Sensor_t 類型結構：

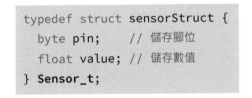

```
typedef struct sensorStruct {
  byte pin;    // 儲存腳位
  float value; // 儲存數值
} Sensor_t;
```

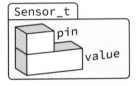

實驗材料：

光敏電阻	1 個
熱敏電阻	1 個
電阻 10KΩ	2 個
0.96 吋 OLED	1 個

實驗電路：

麵包板示範接線：

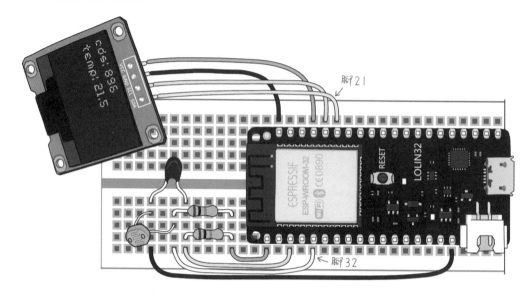

實驗程式：

```
#include <U8g2lib.h>
#define BITS 10
#define ADC_RES 1023

const byte thermalPin = A0;      // 熱敏電阻接腳
const byte cdsPin = A4;          // 光敏電阻接腳

U8G2_SSD1306_128X64_NONAME_1_HW_I2C u8g2(U8G2_R0,
                                U8X8_PIN_NONE);

typedef struct sensorStruct {    // 儲存感測資料的結構
  byte pin;
  float value;
} Sensor_t;

QueueHandle_t queue;             // 宣告佇列

// 把熱敏電阻分壓值轉成攝氏溫度
float temperature( uint16_t adc, float T0=25.0,
                uint16_t R0=10000, float beta=3950.0 ) {
  T0 += 273.15;
```

```
    float r = (adc * R0)/(ADC_RES - adc);
    return 1 / (1 / T0 + 1 / beta * log(r / R0)) - 273.15;
}


void taskOLED(void * pvParam) {            // 顯示器任務
    u8g2.begin();                          // 初始化顯示器物件
    u8g2.setFont(u8g2_font_ncenB08_tr);    // 設定字體
    Sensor_t data;                         // 建立自訂結構類型變數
    float cdsVal, tempVal = 0;

    while (1) {
        xQueueReceive(queue, &data, portMAX_DELAY);
        // 依結構的 pin 成員來辨別資料
        switch (data.pin) {
            case cdsPin:                   // 若是 cds 接腳
                cdsVal = (int) data.value; // 儲存亮度
                break;
            case thermalPin:               // 若是熱敏電阻接腳
                tempVal = data.value;      // 儲存溫度
                break;
        }

        u8g2.firstPage();
        do {
            // 在座標(0, 10)顯示亮度，把浮點資料轉成整數
            u8g2.drawStr(0, 10,
                (String("cds:") + int() cdsVal).c_str());
            // 在座標(0, 25)顯示溫度，浮點數字取到小數點後兩位
            u8g2.drawStr(0, 25,
                ("temp:" + String(tempVal, 2)).c_str());
        } while ( u8g2.nextPage());
    }
}


void taskCds(void * pvParam) {
    int adc = 0;
    Sensor_t cds;
    cds.pin = cdsPin;

    while (1) {
        adc = analogRead(cdsPin);
        cds.value = (float) adc;               // 轉換成浮點類型
```

```
      xQueueSend(queue, &cds, portMAX_DELAY);
      vTaskDelay(pdMS_TO_TICKS(250)); // 延遲 250ms
  }
}

void taskTemp(void *pvParam) {  // 熱敏感測任務
  uint16_t adc = 0;                    // 儲存感測值
  Sensor_t thermal;                    // 建立自訂的感測結構類型資料
  thermal.pin = thermalPin;            // 在結構中存入熱敏感測器的接腳

  while (1) {
    adc = analogRead(thermalPin);         // 取得熱敏感測值
    thermal.value = temperature(adc);   // 把熱敏感測值轉成攝氏溫度

    // 嘗試把資料存入佇列
    xQueueSend(queue, &thermal, portMAX_DELAY);
    vTaskDelay(pdMS_TO_TICKS(250));        // 延遲 250ms
  }
}

void setup() {
  Serial.begin(115200);
  analogSetAttenuation(ADC_11db);
  analogSetWidth(BITS);

  queue = xQueueCreate(10, sizeof(Sensor_t));  // 建立佇列
  if (queue == NULL) {
    Serial.println("無法建立佇列～");
    return;
  }

  xTaskCreate(taskCds, "Cds task", 1500, NULL, 1, NULL );
  xTaskCreate(taskTemp, "thermal task", 1500, NULL, 1, NULL );
  xTaskCreate(taskOLED, "display task", 1500, NULL, 1, NULL);
}

void loop() {}
```

實驗結果：編譯並上傳程式到 ESP32，OLED 螢幕將呈現 Cds 感測值和溫度
值。

18-4 使用旗號（Semaphore）鎖定資源

任務多工的本質是讓不同任務**輪流**使用共同資源（如：處理器或序列埠），但有些時候，我們希望等到某個任務用完某個資源之後，再讓給其他任務。請先看底下的程式碼，我們預期 task1（任務 1）和 task2（任務 2）會各自在**序列埠監控視窗**輸出一行文字：

```
void task1(void *pvParam) {
  while (1) {
    Serial.println("+++++++++++++++++");
    vTaskDelay(1);
  }
}

void task2(void *pvParam) {
  while (1) {
    Serial.println("------------------");
    vTaskDelay(1);
  }
}

void setup() {
  Serial.begin(115200);
  xTaskCreate(task1, "Task 1", 1500, NULL, 1, NULL);
  xTaskCreate(task2, "Task 2", 1500, NULL, 1, NULL);
}

void loop() {}
```

實際執行結果是這樣：

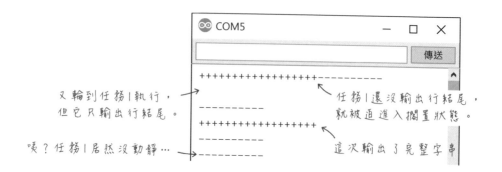

又輪到任務1執行，
但它只輸出行結尾。

喂？任務1居然沒動靜...

任務1還沒輸出行結尾，
就被迫進入擱置狀態。

這次輸出了完整字串

這兩個任務宛如廚師在同一塊鐵板上輪流煎肉排和麵包，肉排還沒煎熟就換煎麵包，然後回頭處理上一個未煎熟的肉排...：

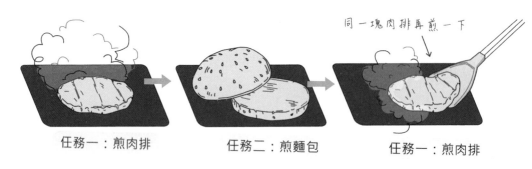

任務一：煎肉排　　　　任務二：煎麵包　　　　任務一：煎肉排

同一塊肉排再煎一下

解決這種亂象有兩個方式：

● Binary Semaphore：直譯為「二元旗號」，讓任務執行告一段落之後，再允許下一個任務執行；semaphore 這個詞源自早期鐵路系統的旗號機，在交叉鐵路前通知火車駕駛是否可以通行。用接力賽跑來比喻「二元旗號」，唯有取得棒子（旗號）的任務方可執行，不管他跑得快或慢，其他任務都要等他跑完：

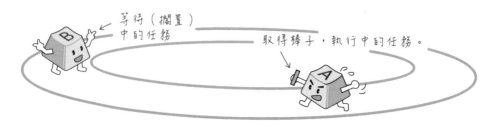

等待（擱置）
中的任務

取得棒子，執行中的任務。

- Mutex Semaphore：**Mutex** 代表 **Mutual Exclusion** （互斥），相當於同一時間只允許一個程式擁有執行權，也相當於「上鎖」或「解鎖」資源。用十字路口來比喻，兩方的車子都想通過，但唯有綠燈的那一方允許通行；紅燈和綠燈相當於「上鎖」與「解鎖」旗號。

認識「旗號」

我們可以替執行中的任務設定一個「佔用中」的**旗號**，取得此旗號的任務可持續執行，直到任務結束再釋出旗號。任務調度器會依優先順序把旗號交給下一個任務。

同一時間只能有一個任務取得「旗號」，也就是説，旗號只有**取得（take）**和**出讓（give）**兩個狀態，所以這種旗號稱為**二元旗號**（Binary Semaphore），相關函式如下：

- xSemaphoreCreateBinary()：建立**二元旗號**，它將傳回 SemaphoreHandle_t 類型的參照。
- xSemaphoreTake(旗號參照, 等待時間)：取得旗號。
- xSemaphoreGive(旗號參照)：釋出旗號。
- xSemaphoreGiveFromISR(旗號參照, 是否喚醒更高執行權的任務)：在中斷服務常式中釋出旗號。

修改上一節的程式，加入二元旗號：

```
// 建立二元旗號
SemaphoreHandle_t xSem = xSemaphoreCreateBinary();

void task1(void *pvParam) {
  while (1) {
    xSemaphoreTake(xSem, portMAX_DELAY);  // 無限期等待取得旗號
    // 取得旗號才會執行這一行
    Serial.println("+++++++++++++++++");
    xSemaphoreGive(xSem);                 // 任務執行完畢，釋出旗號
    vTaskDelay(1);
  }
}
```

```
void task2(void *pvParam) {
  while (1) {
    xSemaphoreTake(xSem, portMAX_DELAY);     // 無限期等待取得旗號
    Serial.println("------------------");    // 取得旗號才會執行這一行
    xSemaphoreGive(xSem);                     // 任務執行完畢，釋出旗號
    vTaskDelay(1);
  }
}

void setup() {
  Serial.begin(115200);
  xTaskCreate(task1, "task 1", 1500, NULL, 1, NULL);
  xTaskCreate(task2, "task 2", 1500, NULL, 1, NULL);
  // 釋出旗號，由任務調度器決定把旗號交給哪個任務
  xSemaphoreGive(xSem);
}

void loop() {}
```

請注意 setup() 函式最後一行的 xSemaphoreGive(sem) 敘述，要先釋放旗號，才能有任務取得旗號。編譯並上傳執行的結果，每個任務都能完成自己的工作，再交棒給下一個任務：

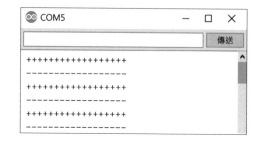

互斥（Mutex）旗號

建立與操作互斥旗號物件的語法類似二元旗號，只是建立互斥旗號物件要採用 xSemaphoreCreateMutex ()。

底下的程式片段定義一個名叫 xMutex 的互斥旗號，然後定義一個在序列埠輸出文字的 printJob() 函式，向序列埠輸出資料之前，先將它鎖定，確保目前使用序列埠的任務可以持續使用到結束，再解除鎖定：

```
// 建立互斥旗號物件
SemaphoreHandle_t xMutex = xSemaphoreCreateMutex();

void printJob(char *pcStr) {    // 接收一個字元指標（字串）參數
  xSemaphoreTake(xMutex, portMAX_DELAY);    // 無限期鎖定
  Serial.println(pcStr);                    // 執行工作
  xSemaphoreGive(xMutex);                   // 解鎖
}
```

讓兩個任務輪流使用序列埠的完整程式碼如下，這兩個任務將執行同一個任
務函式 myTask，只是傳入的字串參數不同：

```
// 建立互斥旗號物件
SemaphoreHandle_t xMutex = xSemaphoreCreateMutex();

void printJob(char *pcStr) {         // 接收一個字元指標（字串）參數
  // 無限期鎖定（取得旗號）
  xSemaphoreTake(xMutex, portMAX_DELAY);
  Serial.println(pcStr);             // 執行工作
  xSemaphoreGive(xMutex);            // 解鎖（釋放旗號）
}

void myTask(void *pvParam) {
  char *pcStr = (char *)pvParam;  // 把 void 類型參數轉回 char

  while (1) {
    printJob(pcStr);                 // 在序列埠輸出參數內容
    vTaskDelay(1);
  }
}

void setup() {
  Serial.begin(115200);

  xTaskCreate(myTask, "task 1", 1500,
    (void *) "+++++++++++++++++", 1, NULL);
  xTaskCreate(myTask, "task 2", 1500,
    (void *) "-----------------", 1, NULL);
}

void loop() {}
```

編譯與上傳程式之後的執行結果與上一節的二元旗號相同：

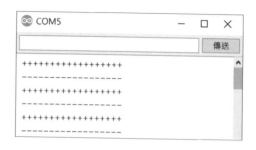

本單元將模擬投籃機程式，同時執行三項任務。在硬體方面，這個投籃機包含 3 個元件：

● 微觸開關：感測進球，你可以改用紅外線、ToF 飛時測距或其它感測器，程式的主要處理方式都一樣。

● LED：在平時持續低速閃爍來吸引玩家，進球時則奮亢地高速閃爍；你可以改成燈條裝飾機台，但要加裝第 2 章介紹的 MOSFET 大電流驅動模組。

● OLED 顯示器：用佔滿整個畫面的數字呈現兩位數字成績。

本文的重點在程式，這個程式包含 3 個任務，分別處理計分、更新顯示畫面和閃爍 LED：

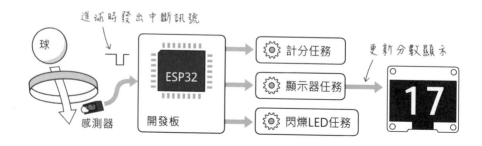

實驗材料：

微觸開關	1 個
0.96 吋 OLED 顯示器	1 個

實驗電路：微觸開關接腳 33，LED 使用開發板內建的 LED，麵包板示範接線：

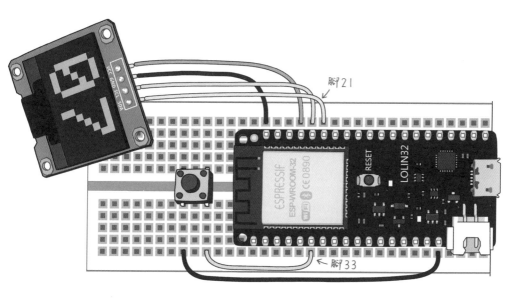

實驗程式：閃爍 LED 和顯示器任務程式跟之前的程式類似，處理計分的任務留待下一節說明，首先宣告一些變數和中斷處理常式：

```
#include <U8g2lib.h>
#define LED 5            // LED 接腳
#define ISR_PIN 33       // 中斷輸入腳

U8G2_SSD1306_128X64_NONAME_1_HW_I2C u8g2(U8G2_R0, U8X8_PIN_NONE);
uint8_t score = 0;       // 紀錄成績
volatile bool flashLight = false;  // 是否快閃 LED，預設為否

void IRAM_ATTR ISR() {   // 中斷處理常式
  flashLight = true;     // 快閃 LED 設為「真」
}
```

顯示器任務函式的程式碼負責在 OLED 顯示全域變數 score 的值，顯示字體選用 63 像素高的數字字體 u8g2_font_inb63_mn，可以佔滿整個 0.96 吋 OLED 畫面：

```
void taskOLED( void * pvParam ) {
  u8g2.begin();
  u8g2.setFont(u8g2_font_inb63_mn);   // 63像素高字體
  String txt;   // OLED顯示文字

  while (1) {

    if ( score < 10 ) {
      txt = "0" + String( score );
    } else {
      txt = String( score );
    }

    u8g2.firstPage();
    do {
      u8g2.drawStr(12, 63, txt.c_str());
    } while ( u8g2.nextPage() );

    vTaskDelay( pdMS_TO_TICKS(100) );   // 延遲0.1秒
  }
}
```

若是個位數，則在前面補0

03

在中間位置顯示數字

除了計分任務之外的其餘程式碼如下：

```
void taskBlink(void * pvParam) {
  uint8_t counter = 0;        // 閃爍 LED 的計數器
  pinMode(LED, OUTPUT);

  while (1) {
    digitalWrite(LED, !digitalRead(LED));

    if (!flashLight) {
      vTaskDelay(pdMS_TO_TICKS(500));
    } else {
      if (++counter == 10) {
        counter = 0;
        flashLight = false;
```

```
    }
    vTaskDelay(pdMS_TO_TICKS(100));
  }
}

void setup() {
  Serial.begin(115200);
  pinMode(ISR_PIN, INPUT_PULLUP);          // 中斷腳設成上拉電阻模式
  attachInterrupt(ISR_PIN, ISR, RISING); // 附加中斷腳與處理函式

  xTaskCreate(taskScore, "score task", 1000, NULL, 1, NULL);
  xTaskCreate(taskOLED, "OLED task", 1500, NULL, 1, NULL);
}

void loop() {}
```

實驗結果：編譯並上傳程式到 ESP32 開發板，LED 將每隔 0.5 秒閃爍一次；若按一下微觸開關，LED 將快速閃爍 10 次。閃爍 LED、顯示器任務與 IDLE 任務的運作情況大致如下：

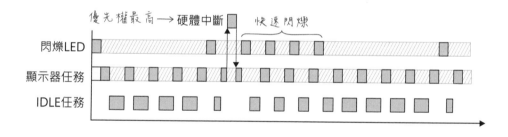

FreeRTOS 程式的優先權：硬體中斷 > 軟體中斷 > 自訂任務 > IDLE 任務。

透過中斷取得二元旗號

上文〈使用旗號（Semaphore）鎖定資源〉單元的二元旗號範例程式，一開始就在 setup() 函式釋出旗號，本範例則是在**觸發中斷**時才釋出旗號。延續動手做 18-4 的程式，加入 xSem（旗號參照）全域變數，以及在中斷服務常式中新增釋出旗號的敘述：

旗號參照的資料類型

```
SemaphoreHandle_t xSem;   // 宣告旗號參照

void IRAM_ATTR ISR() {
  flashLight = true;            從中斷處理常式釋出旗號
  xSemaphoreGiveFromISR( xSem, NULL );
}
                              代表「忽略此參數」
```

xSemaphoreGiveFromISR（釋出旗號）的第 2 個參數，用於判斷在處理中斷之後，是否會喚醒並執行具有更高優先權的任務，這個參數（布林類型）通常命名為 xHigherPriorityTaskWoken：

代表「是否有更高執行權的任務被喚醒」

```
void IRAM_ATTR ISR() {                                    等同false
  BaseType_t xHigherPriorityTaskWoken = pdFALSE;
  flashLight = true;
  xSemaphoreGiveFromISR( xSem, &xHigherPriorityTaskWoken );
  if ( xHigherPriorityTaskWoken == pdTRUE ) {
    portYIELD_FROM_ISR();                              會自動被設定
  }                                                    true或false
}                            若有更高執行權的任務…
```

從中斷服務常式讓出資源給該任務

但不管採用上面哪一種寫法，在處理完中斷之後，都會先執行高優先權的任務。底下是負責計分的 taskScore 任務函式，取得旗號之前，此任務將一直處於擱置狀態：

```
void taskScore( void * pvParam ) {
  while (1) {                          無限期等待取得旗號
    if ( xSemaphoreTake( xSem, portMAX_DELAY ) == pdPASS ) {
      if ( ++score == 100 ) score = 0;
    }         先加1再跟100比較
  }                              若積分到達100，則歸0。
}
```

最後修改 setup()，加入建立二元旗號和計分任務的敘述，筆者把計分任務的優先權設成 2（高於其他任務），讓它成為中斷之後時，第 1 個被執行的任務。

```
void setup() {
  Serial.begin(115200);
  pinMode(ISR_PIN, INPUT_PULLUP);        // 中斷腳設成上拉電阻模式
  attachInterrupt(ISR_PIN, ISR, RISING); // 附加中斷腳與處理函式

  xSem = xSemaphoreCreateBinary();        // 建立二元旗號物件
  if (xSem == NULL) {
    Serial.println("無法建立「二元旗號」物件～");
  }

  // 計分任務
  xTaskCreate(taskScore, "score task", 1000, NULL, 2, NULL);
  xTaskCreate(taskBlink, "blink task", 1000, NULL, 1, NULL);
  xTaskCreate(taskOLED, "OLED task", 1500, NULL, 1, NULL);
}
```

編譯並上傳程式，每當微觸開關被按一下，計分任務就被喚醒執行計分（累加全域變數 score 的值），顯示器也將顯示更新後的積分：

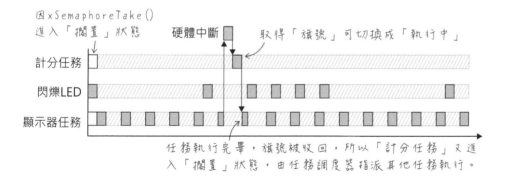

硬體中斷的消除開關彈跳方案

上一節的程式沒有消除開關的彈跳雜訊，所以有時候按一下開關，成績甚至會多加幾十分！**典型的 Arduino 程式使用 millis() 取得「從開機到現在所經的毫秒數」，在 FreeRTOS 程式的對應函式叫做 xTaskGetTickCount()**，它將傳回「從開機到現在所經的滴答數」，以底下的程式為例：

```
void setup() {}

void loop() {
  uint32_t preMs = xTaskGetTickCount();
  vTaskDelay(1000);
  uint32_t now = xTaskGetTickCount();
  int diff = now - preMs;
  printf("時間差：%u 滴答\n", diff);
}
```

在 ESP32 開發板編譯執行，**序列埠監控視窗**將每隔 1000 滴答（等於 1 秒）顯示時間差：

在**中斷服務的常式中可使用的版本是 xTaskGetTickCountFromISR()，時間單位也是 tick（滴答）**。透過這個函式，程式就能紀錄觸發中斷（開關被按下）的時間（筆者將它存入 preMs 變數），然後以比較時間差的方式忽略彈跳雜訊：

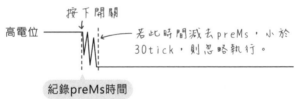

加入消除彈跳的計分任務程式如下，筆者把消除彈跳的時間差設成 1000 tick，如此，不管開關在一秒之內被按下多少次，分數都只會累加一次：

```
void taskScore( void * pvParam ) {
  uint32_t preMs = 0;   // 紀錄觸發時間

  while (1) {
    if (xSemaphoreTake(sem, portMAX_DELAY) == pdPASS) {
      if (xTaskGetTickCountFromISR() - preMs < 1000)
        continue;
                                    單行條件式可省略大括號
      if (++score == 100) score = 0;

      preMs = xTaskGetTickCountFromISR();   // 紀錄時間
    }
  }
}
```

若觸發時間間隔小於1000tick，則不往下執行。

完整的程式碼：

```cpp
#include <U8g2lib.h>
#define LED 5                             // LED 接腳
#define ISR_PIN 33                        // 中斷輸入腳

U8G2_SSD1306_128X64_NONAME_1_HW_I2C u8g2(U8G2_R0, U8X8_PIN_
NONE);
uint8_t score = 0;                        // 紀錄成績
volatile bool flashLight = false;         // 是否快閃 LED，預設為否
SemaphoreHandle_t xSem;                   // 二元旗號參照

void IRAM_ATTR ISR() {
  flashLight = true;
  xSemaphoreGiveFromISR(xSem, NULL);
}

void taskOLED(void * pvParam) {
  u8g2.begin();
  u8g2.setFont(u8g2_font_inb63_mn);   // 63 像素高的數字字體
  String txt;                          // OLED 顯示文字

  while (1) {
    if (score < 10) {                       // 若數字不是雙位數，則前補 0
      txt = "0" + String(score);
    } else {
      txt = String(score);
    }

    u8g2.firstPage();
    do {
      u8g2.drawStr(12, 63, txt.c_str());
    } while ( u8g2.nextPage());

    vTaskDelay(pdMS_TO_TICKS(100));
  }
}

void taskScore(void * pvParam) {
  uint32_t preMs = 0;   // 紀錄觸發時間

  while (1) {
    if (xSemaphoreTake(xSem, portMAX_DELAY) == pdPASS) {
      // 跟前次時間比對，若小於 1000 tick 則不執行
```

```
                  if (xTaskGetTickCountFromISR()  - preMs < 1000)
                    continue;

                  if (++score == 100) score = 0;
                  preMs = xTaskGetTickCountFromISR();   // 紀錄時間
            }
        }
    }

    void taskBlink(void * pvParam) {
      uint8_t counter = 0;                          // 閃爍 LED 的計數器
      pinMode(LED, OUTPUT);

      while (1) {
        digitalWrite(LED, !digitalRead(LED));

        if (!flashLight) {
          vTaskDelay(pdMS_TO_TICKS(500));
        } else {
          if (++counter == 10) {
            counter = 0;
            flashLight = false;
          }
          vTaskDelay(pdMS_TO_TICKS(100));
        }
      }
    }

    void setup() {
      Serial.begin(115200);
      pinMode(ISR_PIN, INPUT_PULLUP);         // 中斷腳設成上拉電阻模式
      attachInterrupt(ISR_PIN, ISR, RISING); // 附加中斷腳與處理函式

      xSem = xSemaphoreCreateBinary();         // 建立二元旗號物件
      if (xSem == NULL) {
        Serial.println("無法建立「二元旗號」物件～");
      }

      xTaskCreate(taskScore, "score task", 1000, NULL, 2, NULL);
      xTaskCreate(taskBlink, "blink task", 1000, NULL, 1, NULL);
      xTaskCreate(taskOLED, "OLED task",  1500, NULL, 1, NULL);
    }

    void loop() {}
```

10011

19

採用 HTTPS 加密連線的
前端與 Web 伺服器

存取 Web 伺服器資料的通訊協定有 HTTP 和 HTTPS 兩種，也就是在網址前面的 "http://" 和 "https://"。HTTP 使用明文（plain text，代表原本、未加工的易讀文字）通訊，它主要有兩個缺點：

● 訊息可能在傳輸過程中遭到監聽或者竄改

● 無法判定通訊對象的身份

舉例來說，假設你打算登入某個網站並購買軟體。你在瀏覽器中輸入的個人資料和信用卡號碼若是用明文傳送，就可能在傳送過程中被攔截取得。或者，你所登入的網站可能是山寨版，輸入的資料馬上就被竊走：

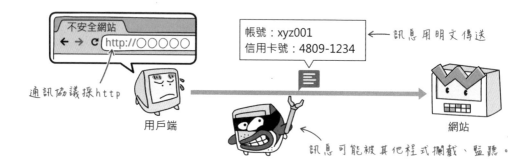

本章將介紹安全加密通訊的原理以及下列主題：

● 認識具備保密、確保訊息完整以及驗證身份功能的傳輸協定

● 認識對稱式加密與非對稱式加密，以及常見的演算法。

● 匯出與自建安全加密通訊所需的數位憑證

● 從 ESP32 以 HTTPS 加密連線存取伺服器資料

● 在 ESP32 上建立 HTTPS 加密連線的伺服器

19-1 認識 HTTPS 加密連線

為了提供安全的網路通訊環境，Netscape（網景，早期最知名的 Web 瀏覽器開發商）在 1995 年研發了 **SSL（Secure Sockets Layer，安全通訊協定）**，並提倡 HTTPS 通訊協定，也就是用 SSL 加密傳輸 HTTP 內容。

加密代表通訊雙方約定使用一種方法，把明文的訊息攪亂成無法閱讀，例如，調換文字的排列順序或用暗號取代關鍵內容。攪亂後的訊息稱作「密文」，只有知道規則的人才有辦法解讀。因此，即便資料在傳輸過程中被監聽，監聽者也只能看到一堆亂碼。缺點是，訊息加密和解密運算都會耗用處理器和記憶體資源，訊息量也會增加：

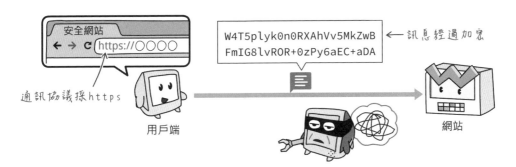

SSL 不只用在 Web 通訊軟體，也廣泛用在不同通訊協定，例如：

- HTTP（超文本傳輸協定）+ SSL = HTTPS

- SMTP（簡單郵件傳輸協定）+ SSL = SMTPS

- FTP（檔案傳輸協定）+ SSL = FTPS

SSL 加密通訊具有下列特點：

- 驗證（authentication）：能夠確認通訊對象的身份

- 保密（confidentiality）：避免通訊內容遭第三者竊取

- 完整（integrity）：確保通訊內容沒有被第三者修改

後來，推動各種網際網路標準的非營利組織 IETF（Internet Engineering Task Force，網際網路工程任務組）將 SSL 標準化，推出 **TLS（Transport Layer Security，傳輸層安全性協定）**。下圖顯示 SSL 和 TSL 協定的演進歷程：

SSL 3.0 因被發現設計缺陷，陸續被各家瀏覽器禁用，但習慣上仍稱 HTTPS 安全加密連線採用 SSL/TLS 加密。新版的 TLS 協定加入更高安全性以及快速的加密演算機制；各大瀏覽器於 2020 年終止支援 TLS 1.0 及 1.1 版。

ESP32 的 SSL/TLS 加密通訊功能，是採用 Mbed 即時作業系統（用於 ARM 處理器）現成的 mbedTLS 程式庫，因為它是用 C++ 語言寫成的開放原始碼，程式設計師沒有必要自己重頭開發功能相同的程式。從 ESP-IDF 的 menuconfig 設置工具裡的 mbedTLS 選項，可看出這個程式庫最高支援到 TLS 1.2 協議：

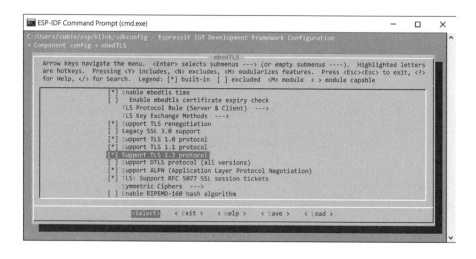

樂鑫的 ESP32 官方文件的 ESP-TLS 單元（http://bit.ly/39eU7J2）提到，執行 mbedTLS 程式庫將佔用約 37 Kb 以及 3.6 Kb 的堆積（heap）和堆疊（stack）記憶體。

以下各節將分別說明 SSL/TSL 如何做到保密、完整和驗證的要求。

對稱式加密與非對稱式加密

把英文字母的排列順序移動幾個位置製成替換表，傳遞文字之前，先依此替換表改變字母，就形成簡單的密文（這種手法叫做「簡易替換加密」）；以下圖為例，加密與解密的關鍵是「右移 3 位」，這個關鍵在此稱為**密鑰（key）**：

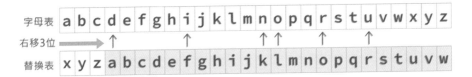

> 嚴格來說，上面的密文應該稱為「編碼」。編碼與加密的差異，主要在於同樣的一段原始文字，不論其前後文，編碼後都會一樣。例如下文將提到的 base64編碼。這裡的移位也是一樣。

假設小明和小華雙方講好用這種加密方式通訊，收到密文的一方，可依此替換表反向移動字母位置解密。這種「事先約定好解譯方式」的主要缺失為：**密鑰要用口頭或書信告知**，這過程可能被第三者知道，進而破解密文：

20 世紀 70 年代，惠特菲爾德‧迪菲（Bailey Whitfield Diffie）和馬丁‧赫爾曼（Martin Edward Hellman）想出一種**讓初次見面的陌生人，在不事先約定密鑰的情況下，也能以密文溝通**的方式。因為這個簡稱 D-H 的演算法（Diffie-Hellman key exchange，迪菲-赫爾曼密鑰交換），他們兩人於 2015 年獲頒相當於電腦科學界奧斯卡獎的圖靈獎（Turing Award）。

D-H 演算法的大致運作方式像這樣：假設小華和小明想要競標某個商品，小華要告訴小明她設想的價格，但不想讓在場的老王知道：

小明和小華各自在心中設想一個數字，這個數字只有自己知道，在此稱為**私鑰**
（private key）。接著，其中一人告訴對方一個數字，這個隨機數字是公開的，
其他人也都聽得到，在此稱為**公鑰**（public key）：

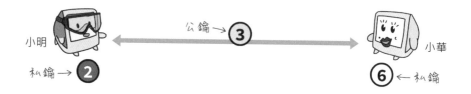

小明和小華把公鑰和私鑰相加，各自得到一個數字，然後把這個數字公開告
訴對方：

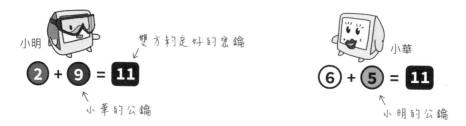

最後這兩個人再把對方的公鑰和自己的私鑰相加，就會得到相同數字的密鑰，
就這樣，小明和小華在公開場合約定了密鑰：

像這種通訊雙方透過往來交換訊息以取得一致協議（密鑰）的過程，稱為**非對
稱式加密**；一來一往的通訊過程，則稱為**交握**（handshaking）。有了「約定好
的密鑰」，便能進行**對稱式加密**通訊，也就是加密和解密都用同一個密鑰，不
必再經過繁複的交握過程，可直接用密文溝通了：

HTTPS 通訊雙方在開始連線的「交握」階段,也是採用**非對稱式**加密,在雙方協調好密鑰之後,將依此進行**對稱式**加密通訊。當然,實際的密鑰值及產生過程不是那麼簡單,而是透過一連串數學演算產生出來的,底下是著名的**對稱式加密演算法**:

● DES (Data Encryption Standard,資料加密標準),密鑰長度:56 位元。

● 3DES:改良式的 DES,密鑰長度:64 位元。

● AES (Advanced Encryption Standard,進階加密標準),密鑰長度:128, 196 或 256 位元。

DES 和 3DES 因容易被破解,已不建議使用。密鑰的位元數越大安全性也越高,但加密過程也需耗用較多處理器資源和記憶體,前後端的通訊(交握)時間也會變長。底下是著名的**非對稱式加密演算法**:

● RSA:1977 年發明,目前廣泛使用的演算法,這個名字是由三位發明者的名字首字母組成,分別是 Rivest, Shamir 和 Adleman。建議最小密鑰長度為 2048 位元。

● ECC (Elliptic Curve Cryptography,橢圓曲線密碼學):1985 年發明,相較於 RSA,ECC 能以較小長度的密鑰達到相同安全等級,建議最小密鑰長度為 224 位元。

當今的瀏覽器和網站伺服器程式都支援上述演算法,而 **ESP32 晶片硬體具備 AES, RSA 和 ECC 運算功能**,比用軟體計算快上許多。

確認訊息的完整性

加密技術只能保護訊息內容，但是無法確認訊息內容沒有被變造（惡意或受雜訊干擾）或者缺漏。就像 UART 序列埠通訊可在訊息後面加上**同位檢查**位元，收到訊息的一方可藉此驗證資料是否正確。

網路上的訊息採用**雜湊（hash）演算法**來確認資料的完整性，雜湊是個固定長度的字串。以常見的 **SHA256 演算法**（Secure Hash Algorithm，安全雜湊演算法，簡稱 SHA）為例，它能把輸入的資料輸出成 256 位元長度的字串（此字串也稱作「訊息摘要」）；ESP32 晶片也有提供 SHA 雜湊運算功能：

雜湊的特色是相同輸入值的運算結果都一樣、不可逆（無法從結果推導回原始值）、輸出值的長度固定，還有即使資料只有些微的不同，例如，100 和 101，經雜湊運算之後的差異很大，因此不易變造。以 MD5 演算法為例：

雜湊常被用來驗證下載檔案的完整性，像 Raspberry Pi（樹莓派）微電腦的官方系統檔案下載網頁有列舉檔案 integrity hash（完整性雜湊）值：

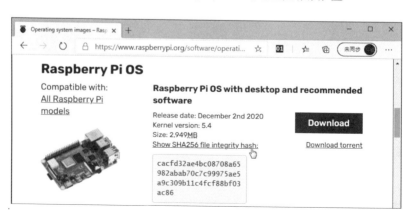

為了確認下載的系統檔案是完整、沒有被修改（植入木馬），我們可以執行下列命令計算檔案的 SHA256 雜湊值：

● Windows 命令提示字元：CertUtil -hashfile 檔案路徑 SHA256

● Mac 終端機：shasum -a 256 檔案路徑

● Linux 終端機：sha256sum 檔案路徑

以查驗下載的樹莓派系統檔案為例，結果與官網刊載的數值一致：

```
命令提示字元                                              _ □ x

D:\下載>CertUtil -hashfile raspios.zip SHA256
SHA256 的 D:\下載\raspios.zip 雜湊:
cacfd32ae4bc08708a65982abab70c7c99975ae5a9c309b11c4fcf88bf03ac86
CertUtil: -hashfile 命令成功完成。
```

回到傳送加密訊息的例子，加密訊息附上雜湊值傳給用戶端，用戶端收到訊息再比對雜湊值，即可確認訊息沒有被變造：

在網頁內引用外部網站的 JavaScript 程式檔案時，提供程式檔的一方可透過 integrity 屬性提供檔案的雜湊值給瀏覽器比對。以載入 jQuery 程式庫為例：

```
<script
  src="http://code.jquery.com/jquery-3.5.1.min.js"
  integrity="sha256-9/aliU8dGd2tb60SsuzixeV4y/faTqgFtohetphbbj0="
  crossorigin="anonymous"></script>
```

"integrity" 代表「完整」，另一個 crossorigin 屬性，代表「跨網域」，也就是從不同的網站伺服器載入內容。通常 A 網站的資源都會放在 A 伺服器，而上面的 jQuery 則是 A 網站的網頁嘗試載入 B 伺服器的檔案，有安全疑慮（如：載入病毒程式碼），crossorigin= "anonymous" 告訴瀏覽器放心去存取內容，"anonymous" 代表「匿名」，也就是不會把目前網頁的使用者資訊傳給外部伺服器。

透過數位憑證確認身份

為了確認通訊對象（如：銀行網站）的身份，通訊軟體（如：瀏覽器）透過伺服器傳來的**數位憑證**驗明身份。數位憑證類似食品的「履歷認證」，由第三方機構（也就是生產者和販售者以外的機構）證明該食品是由某某公司或農民生產，各項檢驗安全無虞之類，而核發憑證的單位也必須是具有公信力的機構：

數位憑證不是一張貼紙，而是記載身份資料的檔案，由**憑證授權機構**（Certificate Authority，簡稱 CA）核發，通常分成三種等級：

● 網域驗證（Domain Validation，簡稱 DV）：僅提供 SSL/TSL 加密功能，主要用於個人網站和非營利組織。

● 組織驗證（Organization Validation，簡稱 OV）：相當於「實名制」憑證，能證明該網站確實為某公司或機構所有。

● 延伸驗證（Extended Validation，簡稱 EV）：「實名＋徵信」憑證，具核實持有憑證單位的地址、電話和執行業務等功能。

憑證的年費視種類和需求,介於數十美金至數千美金。有些網站可核發免費的「網域驗證」憑證,例如 Let's Encrypt (https://letsencrypt.org) 和 SSL For Free (https://www.sslforfree.com):

收到憑證後,瀏覽器或作業系統可確認憑證的有效性。

小明　　　　　　　　憑證內含用於加密訊息的公鑰　　　　　　　　小華

申請憑證的首要條件是:你**必須註冊並擁有域名**,像筆者的網域名稱是 swf.com.tw。然而,家庭、公司區域網路的設備或者實驗中的產品,通常都不會有域名,這些情況就不必向 CA 申請憑證,而是自己建立**自簽憑證**,相關說明請參閱下文〈使用 OpenSSL 工具產生自簽的 SSL/TLS 憑證〉。

> 筆者網站的憑證授權機構是 Let's Encrypt,每次申請到的憑證的有效期限為 180 天。網站寄存空間 (web hosting) 提供的後台管理介面有個 SSL/TLS Manager (SSL/TLS 管理員),其中一個功能叫做 SSL Certificate Signing Request (SSL 憑證簽署申請),你只要填入網域、城市、地區、公司名稱...等資料,它就會產生私鑰和公鑰,並且把你的申請資料和公鑰提交 Let's Encrypt。
>
> 後續的作業,例如在伺服器設置收到的憑證,還有在憑證到期日之前自動再度提出申請,後台程式會自動完成。這種自動化安裝與管理網站憑證的工具,有各種程式語言版本,有興趣請參閱 Let's Encrypt 官網的這篇中文介紹:http://bit.ly/3pYlmhK。

憑證授權機構就像大型企業,有從上到下的組織階層,居最高位的是根 CA (相當於總公司,全世界多家根 CA),它可以核發/簽署憑證給自己,也可以核發憑證給轄下的中介 CA (相當於分公司),中介 CA 可以再核發給旗下的中介 CA,也能核發憑證給終端使用者。像這樣的階層組織結構叫做**公開金鑰基礎建設** (Public Key Infrastructure,簡稱 PKI),而此階層結構的上、下信任關係,則構成**憑證信任鏈 (Chain of Trust)**:

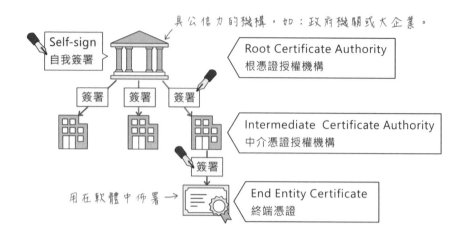

19-2 檢視與匯出網站的憑證

瀏覽器和電腦作業系統都有儲存全部根 CA 的憑證,在軟體更新時也會一併更新憑證,以 Linux 系統為例,憑證存放在 /etc/ssl/certs 路徑。每當以 HTTPS 加密瀏覽網站時,伺服器會在通訊「交握」階段,傳遞包含中介 CA 和根 CA 在內的信任鏈憑證給瀏覽器,瀏覽器跟自己儲存的根 CA 比對,若出現未知 CA、過期或者採用低安全等級的加密演算法等的憑證,將會出現像這樣的警告:

你的連線不是私人連線

攻擊者可能會試圖從 **192.168.0.118** 竊取你的資訊 (例如密碼、郵件或信用卡資料)。瞭解詳情

NET::ERR_CERT_AUTHORITY_INVALID

若憑證有效,以 ThingSpeak 網站 (https://thingspeak.com) 為例,網址欄位旁邊將顯示鎖頭圖示;點擊鎖頭圖示,即可看到該網站的憑證資訊:

點擊**憑證（有效）**，畫面將出現具有 3 個分頁的**憑證**面板：

● **一般**分頁包含該證書的簡介，包括簽署的 CA 機構、此憑證持有者的域名和有效期限。

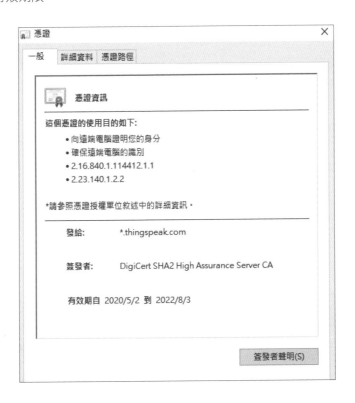

● **詳細資料**分頁顯示此憑證的內容，像憑證的簽發單位、簽章的演算法、有效日期、公鑰...等。

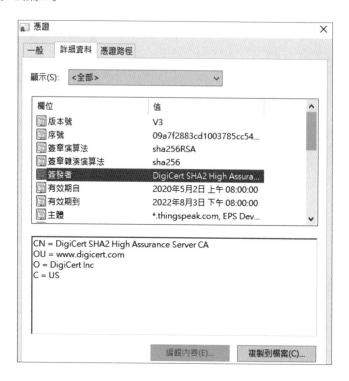

● **憑證路徑**呈現了簽署此憑證的根 CA 和中介 CA，也就是「憑證信任鏈」。

網站憑證的主要目的是確認公鑰持有者的身份，其內容格式，採用**國際電信聯盟電信標準化部門**（簡稱 ITU）制定的 **X.509 公鑰憑證格式標準**，目前通行的版本是 V3 版，從「憑證」面板可看到，它大致包含下列內容；關於 X.509 格式的介紹，請參閱維基百科的 X.509 條目（http://bit.ly/38L4MvU）。

● 憑證擁有者的資訊：所在地、公司名稱、網址...等。

● 憑證發行者的資訊：根 CA 以及中介 CA 的名稱、所在地、網址...等。

● 憑證的有效期限。

● 數位簽章（digital signature）：憑證授權單位（CA）使用私鑰加密的資訊，可以透過 CA 的公鑰解開，確認憑證真偽。「自簽憑證」則是憑證擁有者用自己的私鑰加密，接收憑證的一方則用憑證擁有者的公鑰解密。

● 數位簽章採用的演算法：讓接收者知道如何驗證簽章。

● 公鑰的資訊：憑證擁有者的公鑰及其採用的演算法。

● 延伸資訊（extension）：列舉此憑證適用的網域，所以 A 網站的憑證無法用在 B 網站。

● 數字指紋（fingerprint）：憑證的雜湊，用於確認憑證資料的完整性。

儲存網站的根 CA 憑證

底下單元將在 ESP32 使用 HTTPS 加密連線到 thingspeak 網站，但 ESP32 開發板不像瀏覽器或電腦作業系統預存了所有根 CA 憑證，所以 ESP32 程式要自己準備連線對象的憑證。

我們可以從瀏覽器獲取連線目標網站的憑證。這個憑證可以是網站憑證信任鏈當中的中介 CA 憑證或者根 CA 憑證，通常採用根 CA，因為中介 CA 憑證的有效日期比較短，若憑證到期，我們得手動更新 ESP32 裡的憑證。根 CA 憑證的有效日期長達數年，而且可以用在其他採用相同根 CA 的網站。

用 Chrome 或 Edge 瀏覽器儲存憑證的步驟（延續上一節的 ThingSpeak 網站**憑證**面板畫面）：

1　點選**憑證**面板裡的**根 CA**，再按下**檢視憑證**。

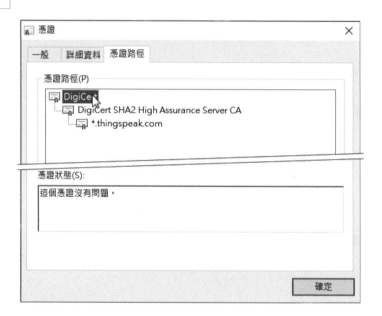

2　按下**詳細資料**分頁裡的**複製到檔案**：

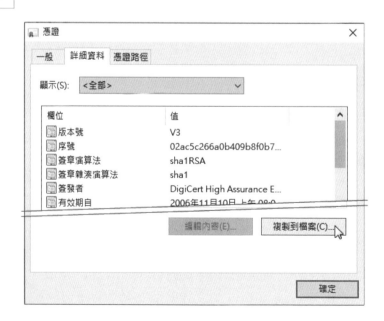

畫面上將出現**憑證匯出精靈**，請跟著其中的說明操作：

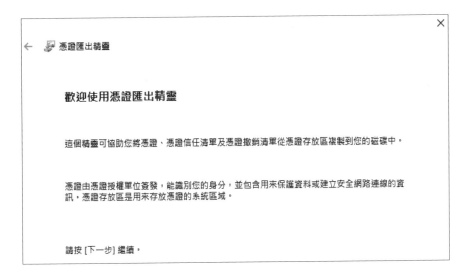

3   在底下的畫面中，選擇 **Base-64 編碼 X.509(.CER)**，然後按**下一步**：

4 按一下**瀏覽**，把檔案命名成 "thingspeak.cer"，存放在桌面：

5 最後，按下**完成**，ThingSpeak 網站的根 CA 憑證檔就存放在電腦桌面了：

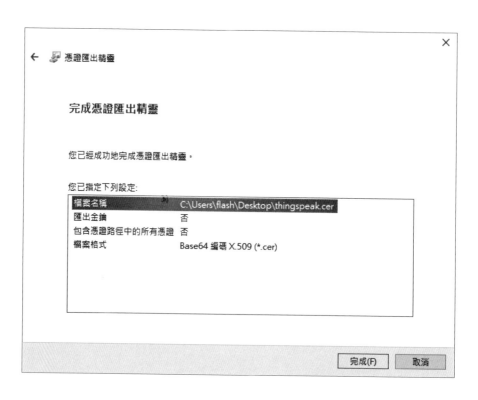

憑證的 .cer 檔是個採用 Base64 編碼的純文字檔，可以用記事本開啟，這是
thingspeak.cer 的內容，我們將把這整個內容當作一個字串常數資料，保存在
Arduino 程式中：

Base64 編碼的作用是把 2 進位檔轉變成純文字，以便能用文字格式傳遞或
者嵌入程式碼。Base64 會把 2 進位檔的每 3 個位元組轉換成下列字元組
成的 4 個字元：0~9, a~z, A~Z, \和＋，所以編碼之後的檔案比較大。

以嵌入網頁圖檔為例，透過連結引用圖像的語法如下（圖檔大小：
1.86KB）：

```
<img src="img/logo.png" width="71" height="65">
```
外部影像檔來源

把同一張圖轉換成 Base64 編碼（線上轉檔服務：https://www.base64-
image.de/），直接嵌入網頁 HTML 的敘述如下（編碼後的圖檔大小：
2.48KB，完整 HTML 碼請參閱範例 base64.html 檔）：

```
<img src="data:image/png;base64,iVBORw0KGgoAAAAN...QmCC"
     width="71" height="65">
```
logo.png圖檔的Base64編碼值

如果把 Base64 編碼的憑證貼入解碼網站（如：https://decoder.link/result），將能看到憑證檔儲存的內容，包括憑證的持有者、核發機構、有效期限、公鑰...等，跟我們在瀏覽器的「憑證」面板看到的內容一樣：

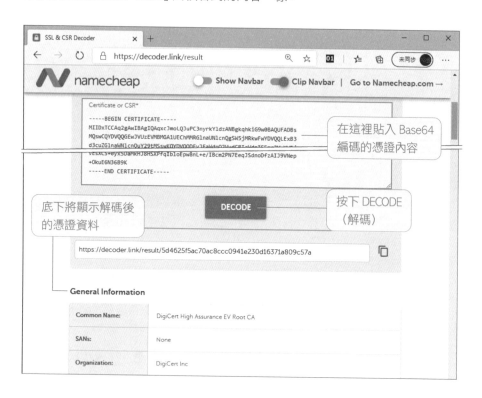

使用 Python 編輯 cer 憑證檔

把 Base64 編碼的憑證內容複製到 Arduino 程式，存入 root_ca 自訂常數的程式敘述如下。這個敘述把整個憑證編碼當成一個字串，所以每行的開頭要加上雙引號、結尾要加上換行 (\n) 和續行字元 ('\')：

雙引號開頭　　自訂常數

```
const char* root_ca = \          ←續行字元
"-----BEGIN CERTIFICATE-----\n"\     ←雙引號和續行字元
"MIIDxTCCAq2gAwIBAgIQAqxcJmo...略...ANBgkqhkiG9w0BAQUFADBs\n"\
"MQswCQYDVQQGEwJVUzEVMBMGA1U...略...QgSW5jMRkwFwYDVQQLExB3\n"\
              ⋮
"+OkuE6N36B9K\n"\
"-----END CERTIFICATE-----\n";   ←最後一行插入雙引號結尾和分號
```

在 Arduino IDE 中，我們得手動編輯每一行。許多程式編輯器具備同時插入數行文字的功能，以微軟 Visual Studio Code 為例（簡稱 VS Code，參閱第 20 章），按著 `Ctrl` + `Alt` + `↓`（在 Mac 上按 `option` + `⌘` + `↓`），即可往下跨行延伸文字插入游標，或者，按住 `Alt` 鍵再點擊滑鼠，文字插入游標將新增在每次點擊的位置。如此，你就能同時在不同地方輸入（或刪除）文字。編輯完成後，按一下 `Esc` 鍵，即可恢復成單一文字插入游標。

VS Code 編輯器的**尋找/取代**功能支援**規則表達式**（Regular Expression，參閱《超圖解 Python 程式設計入門》第 11 章），可方便快速地在每行的開頭加上雙引號、結尾加上換行 (\n) 和續行字元 ('\')。

在 VS Code 編輯器中開啟憑證檔，然後按下 `Ctrl` + `H` 鍵，打開**尋找/取代**面板並啟用**規則表達式**語法：

尋找欄位輸入 `^(.*)$`，**取代**欄位輸入 `"$1\n"\\`，再按下**全部取代**：

使用 Python 程式編輯文字檔

如果要編輯許多相同格式的文字檔，用程式來解決比較方便。底下的 Python 程式將讀取同一個資料夾裡的 thingspeak.cer 檔，然後在終端機視窗顯示如上圖的 C 語言常數定義敘述：

```python
filename = 'thingspeak.cer'      # 檔名
with open(filename, 'r') as f:        ← 讀入每一行
    lines = f.readlines()             ← 代表插入一個 '\'
print('const char* root_ca = \\')
for line in lines[:-1]:               ← 取到列表的倒數第 2 個元素
    print(f'"{ line.strip() }\\n"\\')    ← 在結尾插入 '\n"\'
print(f'"{ lines[-1].strip() }\\n";')    ← 在最後元素的結尾插入 '\n";'
```

在開頭插入 '"'　　　最後一個元素　　　去除前後空白

筆者也寫了一個叫做 esp32cer.py 的小工具程式，它接收一個憑證檔路徑參數：

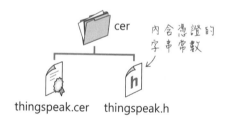

```
C:\ 命令提示字元
D:\code> python esp32cer.py d:\cer\thingspeak.cer
D:\code>                                    憑證檔的路徑
```

執行之後，憑證檔的所在位置，將新增一個內含 C 語言字串定義的 .h 檔：

cer　　　內含憑證的
　　　　　字串常數

thingspeak.cer　　thingspeak.h

esp23cer.py 程式的原始碼如下：

```
1.  import argparse
2.  import os
3.  import sys
4.
5.  parser = argparse.ArgumentParser()
6.  parser.add_argument("src", help=".cer 檔案來源")
```

```
7.    args = parser.parse_args()                    # 解析命令參數
8.
9.    dirname, filename = os.path.split(args.src)   # 取出路徑和檔名
10.   file_ext = filename.split('.')[-1]            # 取得副檔名
11.
12.   if file_ext != 'cer':        # 若副檔名不是 .cer 則退出
13.       print('請輸入 .cer 檔')
14.       sys.exit(2)
15.
16.   with open(args.src, 'r') as f:
17.       lines = f.readlines()                     # 讀入每一行
18.
19.   for index, item in enumerate(lines[:-1]):
20.       lines[index] = f'"{item.strip()}\\n" \\\n'  # 取代每一行
21.
22.   lines[-1] = f'"{lines[-1].strip()}\\n";\n'   # 取代最後一行
23.   lines = ['const char* root_ca = \\\n'] + lines # 新增起頭行
24.
25.   outfile = filename.split('.')[0] + '.h'   # 寫入檔名以 .h 結尾
26.   with open(os.path.join(dirname, outfile), 'w') as f:
27.       f.writelines(lines)
```

- 第 19 行透過 enumerate() 函式產生累加 1 的值當作列表索引。

- 第 20 行把目前迴圈取得的一行文字前後各加上 "" 和 '\\n"\n'，再寫回列表。

- 第 25 行從 filename 變數取得檔名（如：'thingspeak.cer' 中的 'thingspeak'），後面加上 '.h'。

- 第 26 行合併檔案路徑和檔名，準備寫入檔案。

- 第 27 行把 lines 列表內容全部寫入檔案。

19-3 以 HTTPS 加密連線取得 ThingSpeak 資料

底下的動手做單元將令 ESP32 加密連線到 thingspeak.com 讀取我們之前上傳的資料;讀取資料也需要密碼(API Key)驗證。請先登入 ThingSpeak 網站,點擊你之前建立的任何一個 Channel(頻道),然後點擊 API Keys,即可看到 Read API Key:

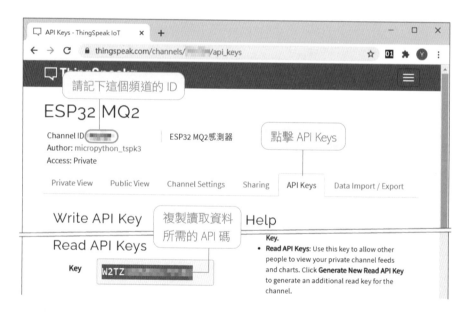

執行 ThingSpeak 的 Read API 讀取指定頻道的資料的連線請求格式如下:

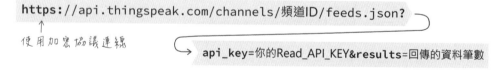

假設你的頻道 ID 是 123,Read API Key 是 456,取得 1 筆資料的連線請求是:

```
https://api.thingspeak.com/channels/123/feeds.json?api_
key=456&results=1
```

請先在瀏覽器中測試，如果連線請求格式正確，將能收到 JSON 格式資料：

```
ThingSpeak  +
← → C  https://api.thingspeak.com/channels/123/feeds.json?api_k
```

{"channel":{"id":"ABCD","name":"ESP32 MQ2","description":"ESP32 MQ2感測器
","latitude":"0.0","longitude":"0.0","field1":"MQ2 5V","field2":"MQ2 3.3V","created_at":"2020-10-
31T02:32:53Z","updated_at":"2020-10-14T08:08:03Z","last_entry_id":234},"feeds":[{"created_at":"2020-
10-14T07:15:39Z","entry_id":234,"field1":"21","field2":"188"}]}

動手做 19-1　從 ESP32 以 HTTPS 加密連線 ThingSpeak

實驗說明：以 HTTPS 連線執行 ThingSpeak 網站的讀取 API（Read API），取得之前上傳到雲端的數據。本實驗單元只需使用一個 ESP32 開發板。

實驗程式：HTTPS 加密前端連線程式的寫法和第 7 章介紹的前端連線程式類似，主要差異是程式庫換成 ESP32 開發環境內建的 **WiFiClientSecure.h** 並且加入憑證，還有，**HTTPS 加密通訊的埠號是 443**，不是 80：

```
#include <WiFiClientSecure.h>        // 引用加密前端程式庫
#define CHANNEL_ID "你的頻道 ID"       // ThingSpeak 頻道 ID
#define API_KEY "頻道的 Read API 碼"  // ThingSpeak READ API 碼

const char* ssid = "Wi-Fi 網路的名稱";
const char* password = "Wi-Fi 密碼";
const char* SERVER = "api.thingspeak.com";   // 伺服器網域

WiFiClientSecure client;                      // 宣告 HTTPS 前端物件

const char* root_ca = \
  "-----BEGIN CERTIFICATE-----\n" \
  "MIIDxTCCAq2gAwIBAgIQAqxcJmoLQJu...ANBgkqhkiG9w0BAQUFADBs\n" \
    :略
  "+OkuE6N36B9K\n" \
  "-----END CERTIFICATE-----\n"; // 儲存 thingspeak.com 的根 CA 憑證
```

```
void setup() {
  Serial.begin(115200);
  WiFi.begin(ssid, password);
  while (WiFi.status() != WL_CONNECTED) {
    Serial.print(".");
    delay(500);
  }

  client.setCACert(root_ca);                  // 設定 CA 憑證

  Serial.println("\n 開始連接伺服器...");
  if (!client.connect(SERVER, 443)) {    // 連接伺服器的 443 埠
    Serial.println("連線失敗～");
  } else {
    Serial.println("連線成功！");
    // 設定 HTTP GET 連線請求的標頭
    String https_get = "GET https://" + String(SERVER) +\
      "/channels/" + CHANNEL_ID +\
      "/feeds.json?api_key=" + API_KEY +\
      "&results=1 HTTP/1.1\n" \
      "Host:" + String(SERVER) + "\n" +\
      "Connection:close\n\n";

    client.print(https_get);              // 開始連線
    while (client.connected()) {
      String line = client.readStringUntil('\n');
      if (line == "\r") {
        Serial.println("收到 HTTPS 回應:");
        break;
      }
    }
    // 接收並顯示伺服器的回應
    while (client.available()) {
      char c = client.read();
      Serial.write(c);
    }
    client.stop();
  }
}

void loop() {}
```

實驗結果：編譯並上傳程式到 ESP32 開發板，**序列埠監控視窗**將顯示 ThingSpeak 傳回的 JSON 資料：

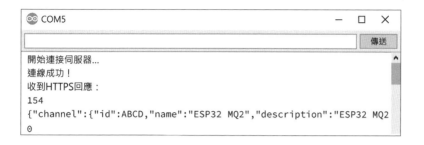

```
COM5                                              —    □    ×
                                                      傳送
開始連接伺服器...
連線成功！
收到HTTPS回應：
154
{"channel":{"id":"ABCD","name":"ESP32 MQ2","description":"ESP32 MQ2
0
```

動手做 19-2　在 SPIFFS 中存放 CA 憑證檔

實驗說明：把從瀏覽器匯出的根 CA 憑證（.cer 檔）存入 ESP32 的 SPIFFS 記憶體，省去轉換成字串的步驟，將來更新憑證，只要重新上傳 .cer 檔，不用修改程式原始碼。本單元的實驗材料只需要一塊 ESP32 開發板。

實驗程式：請在 Arduino 程式資料夾新增 data 資料夾，然後把 thingspeak.cer 檔複製進去：

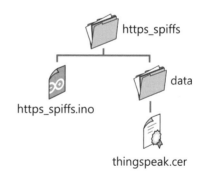

選擇 Arduino IDE 主功能表『**工具/ESP32 Sketch Data Upload**』指令，上傳 data 資料夾內容到 SPIFFS 記憶體分區。

本單元程式定義了一個讀取文字檔的自訂函式 readFile()，它接收一個檔名路徑參數，並將讀入的檔案文字內容存入全域變數 root_ca，其餘程式跟動手做 19-1 相似。

```
#include <SPIFFS.h>                          // 引用操作 SPIFFS 的程式庫
#include <WiFiClientSecure.h>
#define CA_FILE "/thingspeak.cer"      // 憑證檔名
#define CHANNEL_ID "你的頻道 ID"        // ThingSpeak 頻道 ID
#define API_KEY "頻道的 Read API 碼"    // ThingSpeak READ API 碼

const char* ssid = "Wi-Fi 網路的名稱";
const char* password = "Wi-Fi 密碼";
const char* SERVER = "api.thingspeak.com";   // 伺服器網域
WiFiClientSecure client;                      // 宣告 HTTPS 前端物件
String root_ca;                               // 儲存 CA 憑證的變數

bool readFile(String path) {                  // 讀取檔案
  File file = SPIFFS.open(path, "r");    // 以「唯讀模式」開啟
  if (!file) {
    Serial.println("無法開啟檔案～");
    return 0;
  }

  root_ca = file.readString();
  file.close();
  return 1;
}

void setup() {
  Serial.begin(115200);
  WiFi.begin(ssid, password);
  while (WiFi.status()  != WL_CONNECTED) {
    Serial.print(".");
    delay(500);
  }

  if (!SPIFFS.begin(true)) {
    Serial.println("無法掛載 SPIFFS 檔案系統～");
    while(1) delay(10);                         // 程式將停在這裡...
  }

  if (readFile(CA_FILE)) {  // 讀取憑證檔，若讀取成功...
    client.setCACert(root_ca.c_str());    // 設定憑證
  } else {                                 // 否則...
    while(1) delay(10);                    // 程式將停在這裡...
  }
```

```
    Serial.println("\n 開始連接伺服器...");
    : // 後面的程式碼跟動手做 19-1 一樣,故略...
}

void loop() {}
```

實驗結果:編譯並上傳程式,**序列埠監控視窗**將呈現從 ThingSpeak 傳回的一
筆 JSON 數據。

19-4 使用 OpenSSL 工具產生自簽 的 SSL/TLS 憑證

底下單元將在 ESP32 建立 HTTPS 加密通訊連線的網站伺服器,此伺服器程
式採用的是自簽憑證。下圖左是在瀏覽器用 https 連線到 ESP32 的 jarvis.local
網站的畫面,下圖右則是該網站伺服器的憑證資料畫面,從中能看到筆者設定
的 Taiwan, Taichung, ... 等資料:

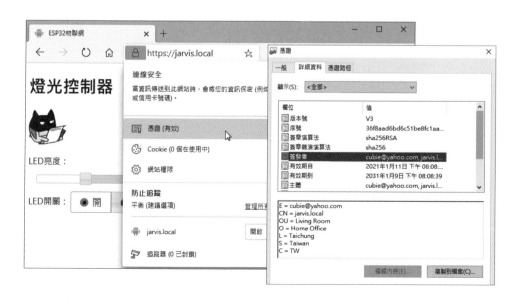

安裝 OpenSSL 工具

OpenSSL 是開放原始碼的免費加密工具,本單元將使用它產生網站伺服器所需的自簽憑證和密鑰。OpenSSL 有各種系統版本,Windows 版要自行安裝:

● Windows 版:可在 openssl.org 的這個網址下載:http://bit.ly/3iepjvU。

● Mac 版:macOS 有內建 openssl 命令工具,如果你的系統版本沒有,可透過 Homebrew 工具安裝,請在**終端機**執行以下命令:

```
brew update
brew install openssl
echo 'export PATH="/usr/local/opt/openssl/bin:$PATH"' >>
~/.bash_profile
source ~/.bash_profile
```

● Ubuntu 或 Debian 等 Linux 系統:有內建 openssl,或者在**終端機**執行 apt 命令進行安裝:

```
sudo apt install openssl
```

《超圖解 Python 程式設計入門》第 10 章介紹的 Git 工具,其 Windows 版有內建 OpenSSL。如果你的電腦有安裝 Git,可按一下 ![win] 鍵,輸入 Git Bash,按滑鼠右鍵以系統管理員身分執行它,你就能在開啟的 Git Bash 終端機裡面執行 openssl 命令:

此外，Windows 10 系統已包含 Linux 子系統，只要在 Microsoft Store（微軟市集）下載 Ubuntu 或其他 Linux 系統，即可在 Windows 10 中執行 Linux 軟體。底下是 Windows Terminal（微軟推出的開放原始碼終端機，http://bit.ly/2LXePow）的執行畫面，它能讓使用者快速操作已安裝的 Linux 系統：

產生自簽憑證和私鑰

產生憑證的命令是 openssl req，它預設會採問答方式，要求我們填寫國家、地區、網域...等資料，我們可以先把這些設置資料寫在一個文字檔裡面（通常命名為 req.conf），再交給 openssl 命令讀取。底下是筆者設定的憑證設置檔的內容：

```
[req]
prompt = no            ← 不顯示命令提示
distinguished_name = req_dn      ← 自訂名稱
x509_extensions = v3_req      代表"延伸資料"

[req_dn]
C = TW         ← 自訂名稱要一致
ST = Taiwan
L = Taichung
O = Home Office
OU = Living Room
CN = jarvis.local
emailAddress = cubie@yahoo.com

[v3_req]
subjectAltName = @alt_names

[alt_names]
DNS.1 = jarvis.local
```

代表"專有名稱" → distinguished_name = req_dn
代表"延伸資料" → x509_extensions = v3_req

國家 → C = TW
州/省 → ST = Taiwan
地區 → L = Taichung
組織 → O = Home Office
組織單位 → OU = Living Room
完整網域名稱 → CN = jarvis.local

主旨替代名稱 → subjectAltName = @alt_names

網域名稱 → DNS.1 = jarvis.local

req.conf檔

設置檔的 distinguished_name（專有名稱）單元要包含這些欄位內容：

欄位名稱	說明
C	Country（國家）的兩個字母縮寫，例如：TW
ST	State/Province（州或省），例如：Taiwan
L	Locality（地區），例如：城市名稱
O	Organization（組織），例如：公司的合法註冊名稱
OU	Organizational Unit（組織單位），例如：公司的部門名稱
CN	Common Name（通用名稱），請填寫網站的完整網域名稱（Fully Qualified Domain Name，簡稱 FQDN），也就是包含主機和網域，例如：www.swf.com.tw。區域網路內的裝置可填寫 localhost 或〇〇〇.local
emailAddress	選填你的 e-mail

一個 SSL 憑證原則上只用於一個網域；subjectAltName 欄位（Subject Alternative Name，主旨替代名稱）是 X.509 規範的擴展，允許同一個證書涵蓋不同主機和網域，這類型的憑證也稱為「多重網域憑證」（multi-domain certificates）。

[alt_names] 單元裡的網域名稱可以設置多個，也可以指定 IP 位址；網址可以依照主機劃分給不同用途，例如：

```
[alt_names]
DNS.1=*.swf.com.tw        # 代表 swf.com.tw 網域的任何主機
DNS.2=ftp.swf.com.tw      # 代表檔案伺服器
IP.1= 172.217.160.110     # 指定 IP 位址
```

同樣地，本地主機設置檔的 [alt_names] 單元也能設定多個網域：

```
[alt_names]
DNS.1=jarvis.local
DNS.2=localhost           # 代表「本機」
IP.1= 192.168.0.113       # 指定 IP 位址
IP.2= 127.0. 0.1
```

透過 openssl 產生憑證的完整命令如下，筆者事先把編輯好的 req.conf 檔存在家目錄（也就是 "c:\users\使用者名稱" 路徑），然後在此路徑中執行：

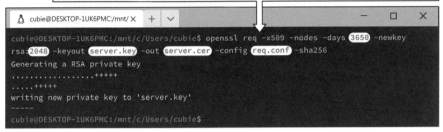

其中的 -x509 代表產生 X.509 標準格式的自簽憑證。上面的命令將產生 server.key（私鑰）和 server.cer（憑證，內含公鑰）兩個檔案。

這個憑證的密鑰指定採用 RSA 演算法加密，RSA 的位元長度可選擇 1024, 2048, 3072 或 4096，在兼具安全與效能的考量下，通常選用 2048。

命令最後的 -sha256 參數，代表用 256 位元的 SHA 演算法產生雜湊，驗證資料的完整性。

替 Python Flask 伺服器加上 SSL/TLS 加密功能

執行網站伺服器時引用 server.key（私鑰）和 server.cer（憑證），即可啟用加密連線。以 Python 程式的 Flask 伺服器程式為例（參閱《超圖解 Python 程式設計入門》第 9 章），請在 app.run() 裡面加上 ssl_context 參數設定憑證和私鑰檔（假設這兩個檔案存放在 Python 程式目錄裡的 cer 路徑）：

```
from flask import Flask
app = Flask(__name__)

@app.route("/")
def hello() :
    return "Hello World!"
```

```
if __name__ == "__main__":
    app.run(host="0.0.0.0", port="443", ssl_context=(
    'cer/server.cer', 'cer/server.key'))
```

執行此 Python 程式，然後就能用 https://localhost/ 加密連線本機伺服器。

openssl req 命令的意思是「產生憑證請求 (request) 文件」。手動替公開網站 (也就是有正式域名的網站，如：swf.com.tw) 建立憑證時，首先要透過底下的 openssl 命令產生**「憑證簽署請求 (Certificate Signing Request，簡稱 CSR)」**文件，跟上文產生自簽憑證的命令的差別在於少了 -x509 和 -days (天數) 參數，輸出檔的副檔名是 .csr：

```
openssl req -nodes -newkey rsa:2048 -keyout server.key -out
server.csr
```

接著，把這個 .csr 文件傳給 CA (認證授權機構)，核准之後，CA 將傳回 .pem 或 .cer 格式的憑證檔以及記載憑證信任鏈的檔案，有些還會包含網站伺服器設置檔：

將 CA 傳回的憑證檔，連同之前產生的私鑰安裝到網站伺服器，這個網站就可以進行加密傳輸了。附帶說明，在 Heroku 之類的應用程式伺服器佈署網站 (參閱《超圖解 Python 程式設計入門》第 10 章)，Heroku 已經設置好憑證 (因為寄存空間是 Heroku 的)，並且把我們的網站程式 (如：Flask) 對應到 HTTP 通訊的 80 埠，以及 HTTPS 加密通訊的 443 埠，所以我們無須自行指定憑證和通訊埠。

產生 2 進位的憑證檔案以及 .pfx 檔

上一節的 openssl req 命令產生的 .cer 憑證檔,是以 Base64 編碼的純文字格式。但我們稍後要使用的 HTTPS 伺服器程式庫採用的是轉換成 **C 語言字元陣列格式**的憑證和私鑰,像這樣:

```
unsigned char example_crt_DER[] = { 0x30, 0x82, 0x02, 0x18,
0x30, 0x82, 0x01, 0x81, 0x02, 0x01, 0x02, 0x30, 0x0d, 0x06,
0x09, 0x2a, 0x86, 0x48, 0x86, 0xf7, 0x0d, 0x01, 0x01, 0x0b, :
略 0x78, 0x27, 0xb9, 0x99, 0xd2, 0xa4, 0xd1, 0x37, 0xc2, 0xc1,
0x90, 0x7a };
```

為了得到這個字元陣列,需要經過下列步驟:

1 把之前建立的自簽憑證和私鑰檔轉成 2 進位格式,檔案的副檔名通常是 .der 或 .pem。

2 將 2 進位格式內容轉成 C 語言字元陣列。

透過 openssl 把憑證檔轉換成 2 進位格式的命令如下:

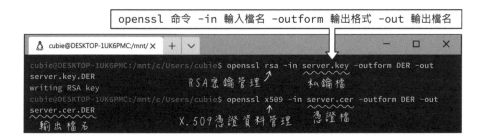

將 2 進位檔案轉成 C 語言 .h 標頭檔,可以使用第 14 章介紹的 HxD Editor。筆者用 Python 寫了一個名叫 esp32der.py 的工具程式,執行語法如下,Python 原始碼的說明請參閱下文:

```
🖳 命令提示字元
D:\code>python esp32der.py d:\cer\server.cer.DER
D:\code>                        憑證檔的路徑
```

若 2 進位 .der 的檔名包含 '.key.'，這個 Python 程式將把輸出檔命名成 'private_key.h'，否則命名成 'cer.h'：

最後，我們還需要準備一個安裝到瀏覽器的 **PKCS（Public Key Cryptography Standards，公鑰加密標準）格式**的 2 進位憑證檔，讓瀏覽器認可我們的自簽憑證（參閱下文「在瀏覽器中匯入自簽憑證」說明）。PKCS 可在一個檔案中儲存多個憑證（如：根憑證和中間憑證）和密鑰，副檔名為 .pfx。把 .cer 憑證檔匯出成 .pfx 格式的命令如下，它將要求你替此檔案設定一個密碼：

小結一下憑證檔的副檔名及其用途：

- .cer 和 .crt 檔：Base64 編碼的憑證檔，用在 ESP32 的 HTTPS 前端程式。

- .csr 檔：用於向 CA 申請正式憑證

- .der 檔：2 進位格式的憑證檔，用在 ESP32 的 HTTPS 伺服器程式。

- .pem 檔：Base64 編碼或 2 進位格式的憑證檔，用在 ESP32 的 HTTPS 伺服器程式。

- .pfx 檔：用在瀏覽器或 Windows 系統安裝憑證。

19-5 在 ESP32 建立 HTTPS 加密連線的 Web 伺服器

本單元將修改第 6 章動手做 6-6 的燈光亮度和開關控制範例，改用 HTTPS 加密通訊和 ESP32 伺服器連線。

本文使用的程式庫是 Frank Hessel 編寫的 ESP32 HTTPS Server，請在 Arduino IDE 的主功能表選擇『**草稿碼/匯入程式庫/管理程式庫**』，在**程式庫管理員**中搜尋關鍵字 "ESP32 HTTPS Server" 並安裝它：

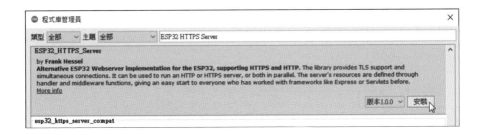

這個程式庫附帶許多範例，包括：

● Static-Page：建立 HTTPS 伺服器提供靜態網頁服務

● Websocket-Chat：採用 Websocket 通訊的聊天室

● Parameters：讀取 URL 參數

● HTTPS-and-HTTP：建立支援 HTTP 和 HTTPS 通訊的網站伺服器

● HTML-Forms：解析表單資料並將上傳檔案存入 SPIFFS 記憶體

● Async-Server：使用 FreeRTOS 任務建立 HTTPS 非同步網站伺服器

ESP32_HTTPS_Server 程式庫資料夾裡面除了原始碼（位於 src 路徑）和範例
檔，還有這兩個資料夾：

● doc：程式庫的說明文件

● extras：包含產生自簽憑證的 Linux Shell Script（亦即，在 Linux 終端機中產
  生憑證的程式碼）。筆者使用 Python 語言改寫成功能相同的程式。

建立憑證物件以及 HTTPS 伺服器物件

ESP32_HTTPS_Server（以下簡稱 HTTPS 程式庫）建立伺服器程式的指令，和
前面章節採用的程式庫不一樣，但是整體處理流程很相似。底下幾個小節將分
別說明 HTTPS 伺服器程式的各個組成部份，這個程式原始碼資料夾包含這些
檔案：

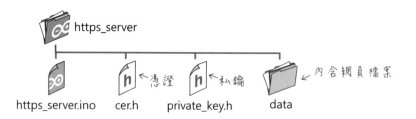

請先選擇 Arduino IDE 主功能表的『**工具/ESP32 Sketch Data Upload**』指令，
把 data 資料夾裡的網頁檔案上傳到 ESP32 開發板。

底下是此 HTTPS 伺服器的程式碼，首先引用程式庫並且定義一些變數：

```
#if CONFIG_FREERTOS_UNICORE    // 確認是否為雙核心 ESP32
#define ARDUINO_RUNNING_CORE 0
#else
#define ARDUINO_RUNNING_CORE 1
#endif

#include <WiFi.h>
#include <HTTPSServer.hpp>      // HTTPS 伺服器程式庫
#include <SSLCert.hpp>          // 處理 SSL/TLS 憑證
#include <HTTPRequest.hpp>      // 處理 HTTP 請求
```

19

```
#include <HTTPResponse.hpp>     // 處理 HTTP 回應
#include <SPIFFS.h>             // 處理 SPIFFS 檔案系統
#include "cer.h"                // 憑證檔
#include "private_key.h"        // 私鑰檔
#define BITS 10                 // PWM 輸出解析度（10 位元）
#define PWM_PIN 15              // PWM 輸出接腳

const char* ssid = "Wi-Fi 網路名稱";
const char* password = "Wi-Fi 密碼";

using namespace httpsserver;   // 使用命名空間

SSLCert cert = SSLCert(        // 建立憑證物件
  // 定義在 cert.h 裡的變數名稱
  example_crt_DER, example_crt_DER_len,
  example_key_DER, example_key_DER_len
);

// 建立 HTTPS 伺服器物件，並傳入憑證物件
HTTPSServer secureServer = HTTPSServer(&cert);
```

建立憑證物件的 SSLCert 以及建立 HTTPS 伺服器物件的 HTTPSServer 都定義在 httpsserver 命名空間，如果不加上這一行：

```
using namespace httpsserver;   // 使用命名空間
```

建立 HTTPS 伺服器的敘述就得寫成：

```
httpsserver::HTTPSServer secureServer =
  httpsserver::HTTPSServer(&cert);
```

使用 MIME 識別檔案類型

本單元的範例網頁包含一張影像，當網站伺服器傳送網頁檔案（包含 HTML 文件、JPEG 影像檔...等所有內容）給用戶端時，必須在回應訊息中標示檔案的類型。

瀏覽器支援的點陣圖檔格式為 JPEG, GIF 和 PNG，還有 SVG 向量圖。假設用戶端發出了請求圖檔的 HTTP 訊息：

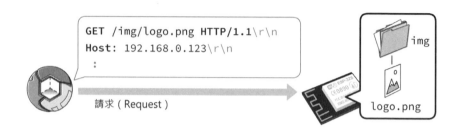

底下是回應 PNG 圖檔的 HTTP 訊息範例，有別於電腦作業系統透過「副檔名」來辨別檔案類型，**瀏覽器透過 HTTP 標頭訊息中的 Content-Type（內容類型）獲取檔案類型資訊**：

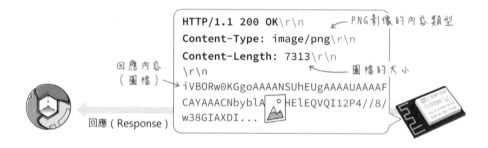

HTTP 訊息的內容類型又稱為 **MIME 類型**。底下是定義 MIME 類型的陣列（全域變數），每個副檔名對應一個 MIME 類型：

```
const char contentTypes[][2][32] = {    // MIME 類型
  {".txt", "text/plain"},
  {".html", "text/html"},
  {".css", "text/css"},
  {".js", "application/javascript"},
  {".json", "application/json"},
  {".png", "image/png"},
  {".jpg", "image/jpg"},
  {".ico", "image/x-icon"},
  {"", " "}
};
```

處理 REST 風格請求的 FreeRTOS 任務

HTTPS 網站伺服器透過 FreeRTOS 任務來處理連線請求，達成非同步多工效果，也就是說，HTTPS 伺服器的核心程式都寫在這個任務函式裡面，它的內容大致像這樣：

FreeRTOS任務函式都要接收一個參數
↓

```
void 任務函式名稱(void *params) {
  ResourceNode* 資源節點物件1;        ← 每個資源（如：首頁）對應
  ResourceNode* 資源節點物件2;           一個「資源節點」物件
    :
  伺服器物件.registerNode(資源節點物件1);    // 處理指定資源的請求
  伺服器物件.setDefaultNode(資源節點物件2);   // 處理其他資源的請求
    :
  伺服器物件.start();   // 啟動伺服器
  if (伺服器物件.isRunning()) {
    while (true) {                      若伺服器在運作中，則持續
      伺服器物件.loop();  ←              等待並處理用戶端的連線。
      vTaskDelay(1); // 讓出時間給其他程式
    }
  }
}
```

先說明一下，本單元的網頁 JavaScript 程式將發出 /pwm 以及 /sw 連結請求：

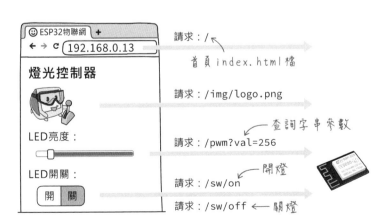

請求：/ ←
首頁 index.html 檔

請求：/img/logo.png

查詢字串參數
請求：/pwm?val=256

開燈
請求：/sw/on

請求：/sw/off ← 關燈

不同於第 6 章，這個網頁的燈光開關不是用查詢字串傳遞開關狀態，而是透過所謂的 **REST 風格**，也就是用「資源路徑」來傳遞資料：

查詢字串 ⟹ /sw?led=ON　　　REST風格 ⟹ /sw/on
　　　　　　附加參數和值　　　　　　　　用「路徑」代表值

資源路徑可依照程式需求劃分多個階層，例如，假設要傳遞 "第 15 腳輸出值 256" 訊息，可寫成如右下的自訂路徑；處理此路徑請求的伺服器路由程式，知道這個不是檔案路徑，而是資料值：

查詢字串 ⟹ /pin?num=15&pwm=256　　　REST風格 ⟹ /pin/15/256

用 HTTPS 程式庫建立的網站裡的每一項資源，都要對應一個 ResourceNode（直譯為「資源節點」）物件，它負責把資源位址、HTTP 方法和處理程式串連在一起。以處理首頁的資源為例，其路徑是 /，假設處理此路徑的路由函式叫做 handleRoot，定義此資源節點的語法和敘述如下：

```
ResourceNode* 資源節點物件 = new ResourceNode( "路徑", "方法", 路由函式 )

ResourceNode* nodeRoot = new ResourceNode("/", "GET", handleRoot);
        指標
```

handleRoot 路由函式的程式碼留待下一節說明。底下是處理 REST 風格請求的範例，除了開頭的路徑名稱（相當於資料的識別名稱），它後面代表資料值的路徑都寫成 "*"：

```
ResourceNode* nodeSW = new ResourceNode( "/sw/*", "GET", handleSW);
                                              代表任意值
```

處理其他所有資源的範例：

```
ResourceNode* nodeFile = new ResourceNode( "", "GET", handleFile);
                                            空字串
```

除了預設（default）之外的所有資源節點物件都要透過 registerNode（直譯為「註冊節點」）方法附加給伺服器物件，例如，附加處理首頁請求的 nodeRoot：

```
secureServer.registerNode(nodeRoot);
```

完整的伺服器任務程式碼如下：

```
void serverTask(void *params) {
  ResourceNode * nodeRoot =
    new ResourceNode("/", "GET", handleRoot);
  ResourceNode * nodePWM =
    new ResourceNode("/pwm", "GET", handlePWM);
  ResourceNode * nodeSW =
    new ResourceNode("/sw/*", "GET", handleSW);
  ResourceNode * nodeFile =
    new ResourceNode("", "GET", handleFile);
  // 註冊節點
  secureServer.registerNode(nodeRoot);// 處理首頁請求
  secureServer.registerNode(nodePWM); // 處理 /pwm（亮度調整）請求
  secureServer.registerNode(nodeSW); // 處理 /sw/*（燈光開關）請求
  // 處理其他所有路徑請求的「預設」節點，無需註冊
  secureServer.setDefaultNode(nodeFile);

  secureServer.start();              // 啟動伺服器
  if (secureServer.isRunning()) {
    Serial.println("網站伺服器開工了～");

    while (true) {
      secureServer.loop();
      vTaskDelay(1);                 // 讓出時間給其他任務或程式
    }
  }
}
```

採用 HTTPS 加密連線的前端與 Web 伺服器

路由函式

路由函式負責處理來自前端的請求,它必須接收 HTTPRequest(請求物件)和 HTTPResponse(回應物件)兩個參數,並傳遞 HTTP 回應給前端:

回應物件包含操作傳給用戶端資料的方法,本文用到的方法如下:

- setStatusCode():設定 HTTP 回應狀態碼,預設為 200。

- setStatusText():設定 HTTP 回應狀態短文,預設為 "ok"。

- setHeader():設定 HTTP 標頭欄位。

- println():送出回應內容字串(含新行字元)給前端。

- write():送出回應內容字碼給前端。

請求物件的方法:

- getParams():取得查詢字串(URL)的參數。

- discardRequestBody():清除請求本體(如:透過 POST 方法夾帶的資料)。

處理首頁請求的路由函式的程式碼如下:

```
void handleRoot(HTTPRequest * req, HTTPResponse * res) {
  File homePage = SPIFFS.open("/index.html", "r");  // 讀取首頁檔案
  if (homePage) {                                    // 若讀取成功...
    // 設定網頁文件的 MIME 類型和編碼
    res->setHeader("Content-Type", "text/html; charset=UTF-8");
    res->println(homePage.readString());  // 讀取檔案並傳給用戶端
    homePage.close();                      // 關閉檔案
```

```
  } else {                              // 讀不到檔案...
    req->discardRequestBody();           // 清除請求本體
    // 設定 HTTP 回應狀態碼（內部伺服器錯誤）
    res->setStatusCode(500);
    res->setStatusText("Internal Server Error");
    res->setHeader("Content-Type", "text/html; charset=UTF-8");
    res->println("<!DOCTYPE html>");
    res->println("<html>");
    res->println("<head><title>伺服器錯誤</title></head>");
    res->println("<body><h1>伺服器出錯啦！"
      "</h1><p>網頁被狗狗吃掉了～</p></body>");
    res->println("</html>");
  }
}
```

處理首頁以及其他請求的路由函式，請放在全域變數宣告之後，整個 HTTPS
伺服器程式的結構像這樣：

處理查詢字串的路由函式

調整燈光亮度的請求帶有參數名稱為 val 的查詢字串，像這樣：/pwm?val=256。
透過請求物件的 getParams() 方法，可取得查詢字串的全部參數。getParams() 將
傳回 ResourceParameters（直譯為「資源參數」）類型物件，本文使用到這個物件
的兩個方法：

● getQueryParameter(參數, 值)：取得指定「參數」，存入「值」，若成功則傳回 true。

● getPathParameter(路徑編號, 值)：取得指定編號路徑（參閱下一節），存入「值」，若成功則傳回 true。

底下是處理 /pwm 請求的路由函式：

```
void handlePWM(HTTPRequest * req, HTTPResponse * res) {
  std::string paramName = "val";    // 查詢字串的參數名稱
  std::string paramVal;              // 參數值
  uint16_t pwmVal = 0;               // 調光值

  ResourceParameters* params = req->getParams();
  // 嘗試取得 URL 裡的 'val' 參數值
  if (params->getQueryParameter(paramName, paramVal)) {
    // URL 參數值是字串格式，所以要透過 atoi() 轉成整數
    pwmVal = atoi(paramVal.c_str());
    Serial.printf("收到 PWM 值：%u\n", pwmVal);
    ledcWrite(0, pwmVal);            // 設定 PWM 輸出
  }

  res->setHeader("Content-Type", "text/plain"); // 回應用戶端 "ok"
  res->println("ok");
}
```

處理 REST 請求的路由函式

前端的燈光開關介面以 REST 風格（URL 路徑）傳遞資料，本單元採用的 HTTPS 程式庫透過路徑所在位置編號來讀取資料，例如：

底下是燈光開關的路由函式，透過請求物件的 getParams() 方法取得 URL 的全部參數，再執行 getPathParameter() 取出特定參數：

```
void handleSW(HTTPRequest * req, HTTPResponse * res) {
  ResourceParameters * params = req->getParams();// 取得 URL 參數
  std::string swVal;
  if (params->getPathParameter(0, swVal)) {  // 取得第 0 個參數
    Serial.printf("收到 led 值：%s\n", swVal.c_str());
    if (swVal == "on") {          // 若路徑參數為 "on"...
      digitalWrite(LED_BUILTIN, LOW);
    } else if (swVal == "off") {  // 若路徑參數為 "off"...
      digitalWrite(LED_BUILTIN, HIGH);
    }
  }

  res->setHeader("Content-Type", "text/plain");// 回應用戶端 "ok"
  res->println("ok");
}
```

HTTPS 伺服器的主程式

底下是 HTTPS 伺服器的 setup() 和 loop() 函式定義，跟前面幾章的程式雷同，差別在於 HTTPS 程式庫建議至少分配 6KB 記憶體（6144 位元組）給執行 HTTPS 的任務：

```
void setup() {
  Serial.begin(115200);
  pinMode(LED_BUILTIN, OUTPUT);     // 內建的 LED 腳
  digitalWrite(LED_BUILTIN, HIGH);
  pinMode(PWM_PIN, OUTPUT);         // 設定 PWM 輸出腳
  analogSetAttenuation(ADC_11db);   // 設定類比輸入電壓上限 3.6V
  analogSetWidth(BITS);             // 取樣設成 10 位元
  ledcSetup(0, 5000, BITS);     // 設定 PWM，通道 0、5KHz、10 位元
  ledcAttachPin(PWM_PIN, 0);    // 指定內建的 LED 接腳成 PWM 輸出

  WiFi.begin(ssid, password);  // 連接 Wi-Fi 網路
  while (WiFi.status() != WL_CONNECTED) {
    Serial.print(".");
```

```
    delay(500);
  }
  Serial.print("\nIP 位址:");
  Serial.println(WiFi.localIP());  // 顯示 IP 位址

  if (!SPIFFS.begin(true)) {       // 啟用 SPIFFS 檔案系統
    Serial.println("無法掛載 SPIFFS 檔案系統～");
    while (1) delay(10);
  }
  // 在雙核心的核心 1 建立伺服器任務，配給 6KB 記憶體
  xTaskCreatePinnedToCore(serverTask, "https443", 6144,
    NULL, 1, NULL, ARDUINO_RUNNING_CORE);
}

void loop() {}
```

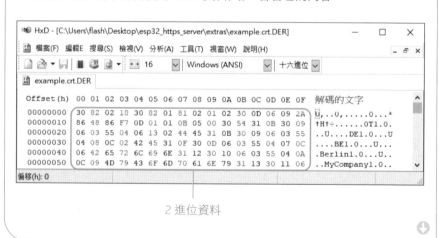

使用 Python 把 2 進位憑證檔轉換成 .h 程式檔

匯入 HTTPS 伺服器程式使用的 2 進位憑證檔，必須先轉換成 C 語言的陣列格式。我們先使用 HxD 工具開啟 HTTPS 程式庫提供的 example.crt.DER（此檔案位於書本範例檔的 extra 資料夾），看看它的內容：

2 進位資料

把這個檔案轉換成 C 語言陣列的結果（cer.h 檔）：

```
#ifndef CERT_H_
#define CERT_H_                    ↙自訂的陣列名稱              .DER檔的16進制內容
unsigned char example_crt_DER[] = {                              ↓
  0x30, 0x82, 0x02, 0x18, 0x30, 0x82, 0x01, 0x81, 0x02, 0x01, 0x02, 0x30,
  0x0d, 0x06, 0x09, 0x2a, 0x86, 0x48, 0x86, 0xf7, 0x0d, 0x01, 0x01, 0x0b,
     : 略
  0x78, 0x27, 0xb9, 0x99, 0xd2, 0xa4, 0xd1, 0x37, 0xc2, 0xc1, 0x90, 0x7a
};
unsigned int example_crt_DER_len = 540;
#endif                            ↖ 儲存陣列長度的變數
```

筆者使用 Python 轉換檔案。從 Python 3.5 版開始，file（檔案）物件提供
了 hex() 方法，能把字串裡的數字轉換成 16 進位。以讀取 example.crt.DER
為例：

```
                          ↙以2進制格式讀入
with open('example.crt.DER', 'rb') as f:
    hexdata = f.read().hex()  ← 轉成16進制數字字串
        ⇓
'3082021830820181020102300d06092a864886f70d01010b05003054
310b3009060355040613024445310b300906035504080c024245310f3
... 略 ... c2c1907a'
```

上面程式的 hexdata 變數儲存的一連串 16 進位數字（字串），需要以兩個
一組，前面加上 0x，後面用逗號分隔，組成如下原始碼當中的陣列資料：

```
#ifndef CERT_H_
#define CERT_H_                                    用0x開頭
unsigned char example_crt_DER[] = {                   ↓
  0x30, 0x82, 0x02, 0x18, 0x30, 0x82, 0x01, 0x81, 0x02, 0x01, 0x02, 0x30,
  0x0d, 0x06, 0x09, 0x2a, 0x86, 0x48, 0x86, 0xf7, 0x0d, 0x01, 0x01, 0x0b,

  ↑縮排2格              ↑排成12行
```

最後一個陣列元素後面沒有逗號：

```
     : 略
  0x78, 0x27, 0xb9, 0x99, 0xd2, 0xa4, 0xd1, 0x37, 0xc2, 0xc1, 0x90, 0x7a
};                                                          ↖結尾沒有逗號
unsigned int example_crt_DER_len = 540;
#endif                                    ← 陣列長度
```

把一連串 16 進位數字切割成 12 行的迴圈程式如下，因為數字是兩個一組，所以迴圈索引 (i) 計數到 24，才是 12 行：

```
arr = '  '     ← 兩個空格起頭              步長，每次跳2個。
for i in range(0, len(hexdata), 2):
    arr = arr + '0x' + hexdata[i:i+2] + ', '
    if (i+2) % 24 == 0:                      ← 從目前位置，取2個字。
        arr = arr + '\n  '
                                ← 下一行用兩個空格起頭
每24個字一數
```

把輸入的 .DER（或 .PEM）2 進位檔案匯出成 .h 檔的完整 Python 程式碼如下：

```python
import argparse
import os
import sys

parser = argparse.ArgumentParser()
parser.add_argument("src", help=".der 檔案來源")
args = parser.parse_args()                    # 解析命令參數

dirname, filename = os.path.split(args.src)   # 分離路徑和檔名
file_ext = filename.split('.')[-1]            # 取得副檔名

exts = ['der', 'pem']                         # 本程式接受的副檔名

if file_ext.lower() not in exts:              # 若副檔名不符...
    print('請輸入.der 檔或.pem 檔')
    sys.exit(2)

with open(args.src, 'rb') as f:
    hexdata = f.read().hex()

arr = '  '                                    # 兩個空格
for i in range(0, len(hexdata), 2):
    arr = arr + '0x' + hexdata[i:i+2] + ', '
    if (i+2) % 24 == 0:
        arr = arr + '\n  '                    # 下一行用兩個空格起頭
```

```python
if arr[-2] == ', ':      # 去掉 16 進位碼最後一列後面的逗號
    arr = arr[:-2]
else:
    arr = arr[:-5]

if filename.find('.key.') == -1: # 若檔名不包含 '.key.' ...
  header = '#ifndef CERT_H_\n'\    # 程式檔開頭
           '#define CERT_H_\n'\
           'unsigned char example_crt_DER[] = {\n'
  footer = '\n};\n' \
           'unsigned int example_crt_DER_len = ' \
           + str(len(hexdata)//2) + ';\n' \
           '#endif'                  # 程式檔結尾
  outfile = 'cer.h'                  # 輸出檔名
else:
  header = '#ifndef PRIVATE_KEY_H_\n' \
           '#define PRIVATE_KEY_H_\n' \
           'unsigned char example_key_DER[] = {\n'
  footer = '\n};\n' \
           'unsigned int example_key_DER_len = ' \
           + str(len(hexdata)//2) + ';\n' \
           '#endif'
  outfile = 'private_key.h'    # 輸出檔名

with open(os.path.join(dirname, outfile), 'w') as f:
  f.write(header + arr + footer)# 寫入檔案
```

需要補充說明的是計算陣列元素的敘述：

'// ' 代表「整數」除法

```python
'unsigned int example_key_DER_len = '+str(len(hexdata)//2)+';\n'\
```

程式讀入的原始字串是像這樣的相連字元："308202..."，存入陣列時則是兩兩一組："0x30, 0x82, 0x02..."，陣列元素的長度是原始字串的 1/2，所以上面的敘述把 hexdata 除以 2。

此外，關於刪除陣列資料末尾的逗號部份，若資料結尾正好排在第 12 行，那麼，逗號將位於倒數第 2 個字元，程式需要刪除末尾 2 個字元：

```
 0x78, 0x27, 0xb9, 0x99, 0xd2, 0xa4, 0xd1, 0x37, 0xc2, 0xc1, 0x90, 0x7a,
};
                                                                 ↑
                                                    逗號位於倒數第 2
```

若最末尾的資料不是排在第 12 行，逗號就不是在倒數第 2 位，所以需要刪除 5 個字元：

```
  0x6e, 0x86, 0x8d, 0x07, 0x83, 0x19, 0xe0, 0x76, \n
  };
                                               ↑
                                  行尾插入新行字元和2個空白
```

19-6 在瀏覽器中匯入自簽憑證

編譯並上傳 HTTPS 伺服器程式到 ESP32 開發板，然後開啟瀏覽器連線到 https://jarvis.local，瀏覽器將警告 ESP32 伺服器的憑證有問題。這是因為 ESP32 採用的是我們自簽的憑證，沒有公信力；請按下網頁左下角的**進階**，然後點擊底下的連結即可連線 (macOS 系統可能直接封鎖，不讓使用者連線)：

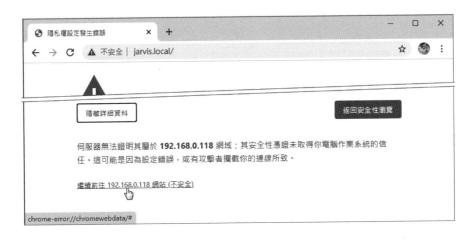

載入 jarvis.local 首頁的畫面如下，網址欄位將顯示**不安全、憑證（無效）**：

只要把自簽憑證匯入瀏覽器，就能避免瀏覽器每次連線 ESP32 時都顯示「你的連線不是私人連線」訊息。步驟如下：

1　在 Chrome 瀏覽器的網址欄位輸入：chrome://settings/security，即可進入瀏覽器的**隱私權和安全性**設定畫面，捲動到此頁面最底下，點擊**管理憑證**選項：

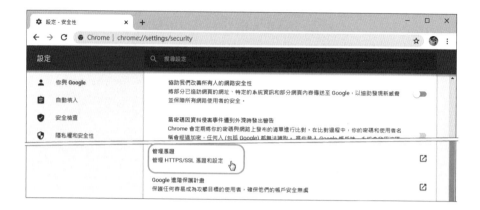

2 點擊**憑證**設定面板底下的**匯入鈕**：

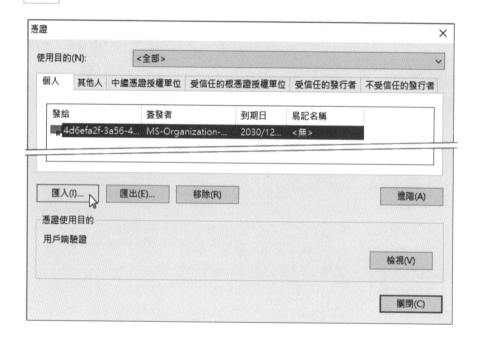

3 螢幕上將出現**憑證匯入精靈**面板，請依照畫面只是按**下一步**操作。
底下是其中一個步驟的畫面，請點擊**瀏覽**，或者自行輸入之前匯出
的 .pfx 憑證檔的路徑：

← 憑證匯入精靈

要匯入的檔案
指定您想要匯入的檔案。

檔案名稱(F):

C:\Users\cubie\OneDrive\文件\ESP32\server.pfx   瀏覽(R)...

注意: 您可以將數個憑證用以下的格式存放在同一個檔案中:

個人資訊交換- PKCS #12 (.PFX,.P12)

密碼編譯訊息語法標準- PKCS #7 憑證 (.P7B)

Microsoft 序列憑證存放區 (.SST)

---

4 按**下一步**,它將要求你輸入之前設定的密碼:

×

← 憑證匯入精靈

私密金鑰保護
為了維護安全性,私密金鑰受到密碼保護。

請輸入私密金鑰的密碼。

密碼(P):

●●●●●●●●●●

☐ 顯示密碼(D)

匯入選項(I):

☐ 啟用強式私密金鑰保護。如果您啟用這個選項,每次私密金鑰被應用程式使用,系統
便會通知您(E)

☐ 將這個金鑰設成可匯出。這樣您可以在以後備份或傳輸您的金鑰(M)

☑ 包含所有延伸內容。(A)

下一步(N)   取消

5 按**下一步**，選擇**憑證存放區**；此選項預設是存在**個人**區，請按下**瀏覽**，選擇**受信任的憑證授權單位**：

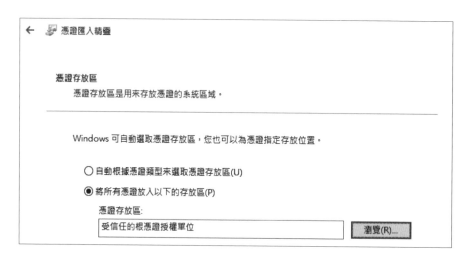

6 按**下一步**，螢幕上將出現底下的警告訊息，請按下**是**：

如此，這個自簽憑證將存入 Windows 系統。從此，於憑證有效期限內，在這台電腦上使用 Chrome 或 Edge 瀏覽器開啟 https://jarvis.local/，都不會出現「不安全」的警告訊息。

把自簽憑證匯入 macOS 系統

在 macOS 系統上，使用 Chrome 瀏覽器連接 ESP32 的 HTTPS 網站，然後點擊網址欄位左邊的**不安全**標示，再點擊**憑證**：

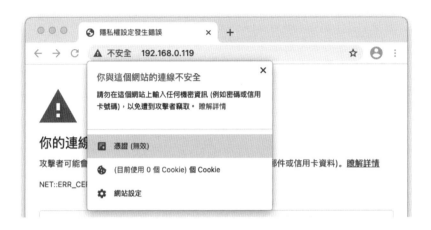

螢幕上將出現如下的面板。請將其中的自簽憑證圖示拖放到桌面，它將被存成 jarvis.local.cer 憑證檔：

雙按桌面上的 jarvis.local.cer 憑證檔：

螢幕將出現**加入憑證**面板。**鑰匙圈**選單請選擇**系統**：

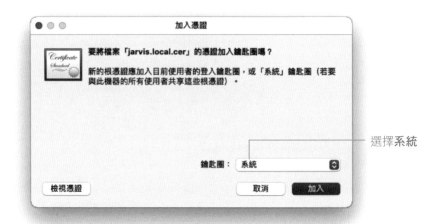

選擇系統

按下**加入**鈕之後，系統將要求你輸入管理員密碼。輸入密碼之後，憑證就被加入系統**鑰匙圈**，如此，你就能用瀏覽器順利存取 ESP32 HTTPS 網站：

點擊系統

剛剛加入的自簽憑證

01100

20

使用 JavaScript 操控
ESP32 BLE 藍牙裝置

《超圖解 Arduino 互動設計入門》的〈用 Android 手機藍牙遙控機器人〉動手做單元的 APP，採用典型藍牙 SPP 協定發送 'w', 'a', ...等字元，控制小車前進和轉彎等動作。本單元的範例改用低功耗藍牙以及 Nordic 半導體公司定義的 UART 服務，製作藍牙遙控小車，並透過電腦或手機的網頁瀏覽器來遙控小車：

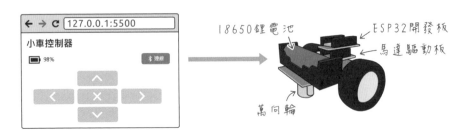

20-1 使用瀏覽器探索藍牙裝置

某些瀏覽器支援 **Web Bluetooth**（以下統稱「Web 藍牙」），允許網頁的 JavaScript 程式操控藍牙裝置。筆者在撰寫本文時，「Web 藍牙」標準還處於 W3 協會（負責制定 Web 相關標準協定的非營利組織）的草案階段，也就是尚未成為正式推薦使用的標準。要查看哪些瀏覽器有支援 Web 藍牙，請參閱查詢 Can I Use 網站（一個列舉與比較各大瀏覽器支援功能的網站）的藍牙單元：https://caniuse.com/web-bluetooth：

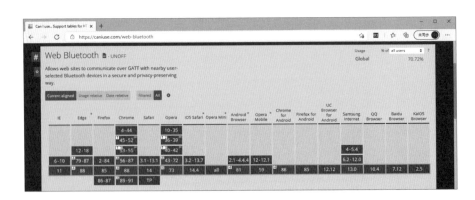

20

從上圖可知 Chrome（電腦和 Android 版）、Edge、Opera 和三星 Internet 瀏覽器都有支援 Web 藍牙。

在 Chrome 或 Edge 瀏覽器的網址列輸入 "chrome://bluetooth-internals"，可呈現本機電腦的藍牙介面資訊，如：位址、名字、是否可被探索...等。在**裝置**（**Devices**）頁面，則可探索週邊的藍牙裝置：

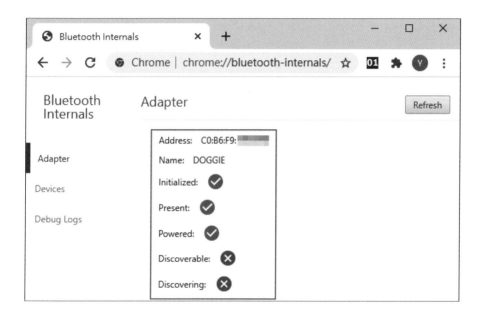

在檢視藍牙裝置的頁面可看到無線電訊號強度 (RSSI) 和服務的 UUID：

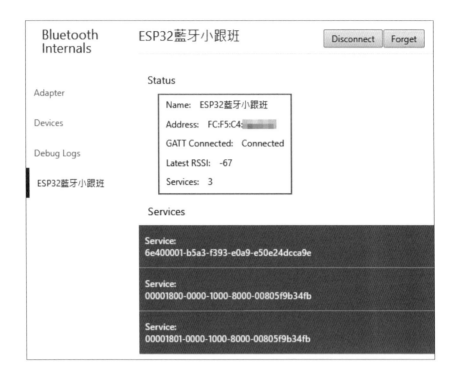

20-2 JavaScript 非同步程式設計

程式的各個功能區塊在進行中，若有某個環節需要花費時間處理，後面的程序就等待它完成再接續處理，這樣的程式運作方式稱作**同步處理**。相對地，在等待一個程序完成作業時（如：擷取網站資料），先去執行其他任務；收到網站資料後，再通知（啟動）對應的處理程序，這樣的運作方式稱作**非同步處理**：

本章的 Web 藍牙程式採用非同步處理方式運作，在編寫藍牙之前，先來認識 JavaScript 的三種非同步處理程式的風格 (寫作方式)：

● 回呼函式風格

● Promise 風格

● async/await 風格

底下透過 JavaScript 的 setTimeout (定時執行) 函式來模擬耗時的任務，當 fetch() 被執行時，其中的 setTimeout() 將在 1 秒過後觸發它的匿名函式，傳回 data 值，我們會藉由此簡單的範例說明上述三種非同步處理程式的方式。JavaScript 的匿名函式定義可寫成 function() { … } 或者 () =>{ … }：

```
function fetch() {
  let data;  // 宣告區域變數

  setTimeout( function() {
    data = 123;
    return data;
  }, 1000 );
}
console.log('收到資料：', fetch());
```

模擬耗時的任務；1000 毫秒之後觸發執行。

可用箭頭函式改寫

```
setTimeout( () => {
  data = 123;
  return data;
}, 1000);
```

延遲時間

按 F12 功能鍵開啟 Chrome 瀏覽器的 **Console** 面板 (以下統稱「控制台」) 輸入 (或從範例檔複製並貼入執行) 上面的程式碼，它收到的資料將是 "undefined" (未定義)，這是因為 fetch() 沒有傳回值，所以是「未定義」：

```
> function fetch() {
    let data;  // 宣告區域變數
    setTimeout(function() {
      data = 123;
      return data;
    }, 1000);
  }
  console.log('收到資料：', fetch());
  收到資料： undefined                    VM39:8
< undefined
```

在控制台輸入變數或者函式定義敘述，它都會顯示 undefined，代表沒有傳回
值，請忽略它。

使用回呼函式進行非同步處理

等待某個程序完成，再呼叫另一個程序處理的辦法之一，是透過回呼
（callback）函式。像底下的 fetch() 函式將接收一個函式值（下方的匿名函式），
其中的 setTimeout() 在 1 秒鐘之後，將呼叫執行傳入的函式：

```
定義函式
function fetch(result) {
  let data;                    ← 接收回呼函式

  setTimeout(function() {
    data = 123;
    result(data);             ← 執行回呼函式
  }, 1000);
}
                               若只有一個參數，則小括號可省略。
執行函式
fetch((data) => {             ← 回呼函式
  console.log('收到資料:', data);
});
```

在 Chrome 瀏覽器的控制台執行上面程式碼的結果如下，它將在 1 秒鐘之後
執行回呼函式，因而正確顯示收到的資料：

```
>  function fetch(result) {
     let data;
     setTimeout(function() {
       data = 123;
       result(data);
     }, 1000);
   }
   fetch((data)=>{
     console.log('收到資料:', data);
   });
<  undefined
   收到資料: 123                                    VM2076:9
>
```

使用 Promise 進行非同步處理

回呼函式風格是把**事後要執行**的函式傳遞給任務函式。Promise 風格則是用 **then()** 和 **catch()** 串連回應函式。"Promise" 這個單字有「承諾」之意，then 代表「然後...」，而 catch 則用於「捕捉」錯誤：

Promise 風格的語法如下，首先用 **new 關鍵字**建立 Promise 物件，並在其中執行任務函式。若任務執行成功 (如：從網站取得資料)，則觸發執行 then() 方法，否則執行 catch() 方法。定義 Promise 物件時要設定一個任務函式，並且傳入兩個參數，習慣上它們被命名為 **resolve** (原意為**解決**) 和 **reject** (代表**拒絕**)：

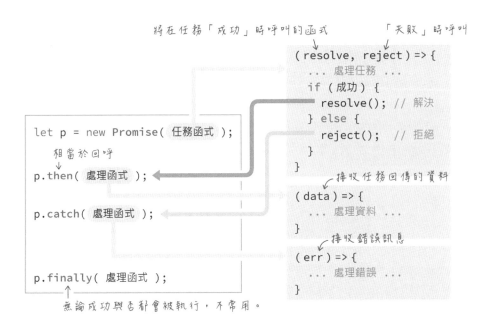

使用 Promise 語法改寫上面的 fetch() 自訂函式的程式片段；setTimeout() 裡的條件式為 true，所以 1 秒過後它將觸發執行 resolve()：

```
let p = new Promise( ( resolve, reject ) => {

  setTimeout( () => {
    if (true) {                    ← 預設成 true
      let data = 123;
      resolve(data);   ← 執行「成功」
    } else {
      let err = "今日公休";
      reject(err);    ← 執行「失敗」
    }
  }, 1000 );

});
```

這個名叫成 p 的 Promise 物件將在 1 秒後執行內部的自訂函式 resolve()，並因此而觸發外部的 then() 或 catch() 方法：

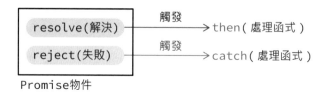

底下是等待 Promise 物件自動觸發執行的程式敘述，物件的方法可用點 (.) 串接在一起。接收「失敗」事件的 catch() 方法的自訂函式參數，習慣上命名成 error 或 err：

```
                Promise 物件        自訂的函式參數名稱
                    ↓                    ↓
              p.then( data => {
用點 (.) 串接       console.log( '收到資料：' + data );    } 成功時執行
處理函式
              }).catch( err => {
                   console.log( '出錯了~' +  err );    } 失敗時執行
              });
```

在瀏覽器的控制台輸入（或貼入）程式的執行結果：

```
┌─┐ ┌─┐   Elements   Console   Sources   Network   »   ⚙ ⋮ ✕
┌▶┐ ⊘ | top              ▼ | ◉ | Filter      Default levels ▼   ⚙
> let p = new Promise((resolve, reject)=>{
    setTimeout(()=>{
      if (true) {
        let data = 123;

    console.log('收到資料：' + data);
  }).catch(err=>{
    console.log('出錯了～' + err);
  });
‹› ▶ Promise {<pending>}
   收到資料：123                                    VM877:14
```

如果把 Promise 物件定義敘述當中的 if 條件式改成 false，則 p 物件的 catch()
方法將被觸發，因而顯示 "出錯了～今日公休"。

使用 async/await 語法處理 Promise 物件

JavaScript 語言的 2017 年版本規範提出簡化處理 Promise 物件的 async/await
語法。原本使用 then() 來處理 Promise 成功的回應，async/await 語法則是在
Promise 物件前面加上 await，代表**等待 Promise 回應再往下執行**：

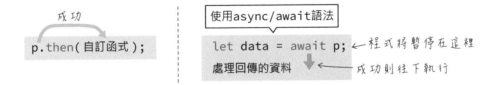

處理 Promise 錯誤的回應，async/await 語法要搭配 try...catch 敘述。try 代表**嘗
試**、catch 用於捕捉錯誤：

失敗

p.catch(自訂函式);

使用try...catch捕捉錯誤

```
try {
    let data = await p;
    處理回傳的資料
} catch ( err ) {
    處理錯誤情況
}
```

此參數通常命名
成error或err

改用 async/await 語法處理上一節的 Promise 物件回應的程式片段如下:

接收資料 = await Promise物件

預期會執行成功的
敘述就在這個區塊

```
try {
    let data = await p;
    console.log( '收到資料:' + data );
} catch ( err ) {
    console.log( '出錯了~' + err );
}
```

若預期成功的敘述出錯,
這個區塊將被執行。

把程式輸入(或貼入)瀏覽器 console 面板的執行結果跟上一節相同:

```
Elements    Console    Sources    Network    »        ⚙ ⋮ ✕

▶  🚫  │ top              ▼  ⦿  │ Filter      Default levels ▼  │ 2 hidden  ⚙

> let p = new Promise((resolve, reject)=>{
    setTimeout(()=>{
      if (true) {
        let data = 123;
        resolve(data);
      } else {
        let err = "今日公休";
        reject(err);
      }
    }, 1000);
  });

  try {
    let data = await p;
    console.log('收到資料:' + data);
  } catch (err) {
    console.log('出錯了~' + err);
  }
  收到資料:123                                          VM197:15
< undefined
```

1 秒之後,這一行才會被觸發執行

20-3 替 VS Code 程式編輯器安裝 Live Server 伺服器

從瀏覽器控制藍牙裝置的網頁,必須建置在採用 HTTPS 加密連線的伺服器,否則瀏覽器不允許該網頁程式與藍牙裝置連線。為了讓底下的程式開發能順利進行,我們必須先在本機電腦設置一個 HTTPS 網站伺服器。

廣受歡迎的開源、免費、跨平台微軟 **Visual Studio Code** 程式編輯器 (以下簡稱 VS Code) 有個名叫 **Live Server** 的延伸模組 (外掛),提供了 VS Code 開發測試用的網站伺服器。如果你電腦未曾安裝 VS Code,請到官網 (code.visualstudio.com) 下載、安裝。

VS code 是個優異的程式編輯器,除了內建的編輯網頁 HTML, JavaScript 和 CSS 樣式表等功能之外,還可以透過延伸模組讓它支援編輯 Python 和其他程式語言的功能。

VS Code 安裝完畢後,預設介面是英文,請點擊**延伸模組**,搜尋關鍵字 "Chinese",即可安裝繁體中文語系介面。重新啟動編輯器,它的介面就變成中文了:

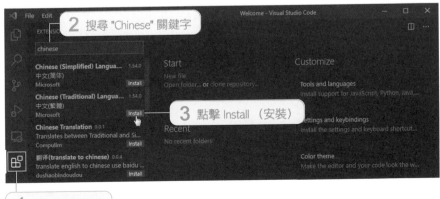

接著安裝 Live Server 延伸模組：

啟用 Live Server 的 HTTPS 加密通訊功能

為了在 Live Server 使用 HTTPS 通訊，我們需要準備網站的 SSL/TSL 憑證檔和密鑰檔，這個例子可使用第 19 章透過 OpenSSL 產生的憑證檔。憑證和密鑰可放在任何資料夾，但實作上通常不會和網頁資料放在同一個資料夾，以免被有心人士下載。筆者把本單元的網頁都放在 D 磁碟底下的 web 資料夾，憑證則放在另一個 cert 資料夾：

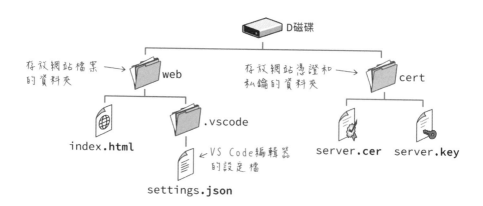

存放網頁的資料夾（此例中的 web）裡面要建立一個 .vscode（字首有個點）資料夾，儲存 VS Code 編輯器的設定檔 settings.json。設定檔指出網站憑證和私鑰的檔案路徑，內容如下：

```
{
  "liveServer.settings.https":{
    "enable":true,                      // 啟用 HTTPS 加密
    "cert":"D:\\cert\\server.cer",      // 憑證的路徑和檔名
    "key":"D:\\cert\\server.key",       // 私鑰的路徑和檔名
    "passphrase":"憑證的密碼"
  }
}
```

使用 VS Code 編輯網頁

VS Code 網站開發環境準備就緒後，請開啟儲存網頁內容的資料夾：

1 點擊檔案總管

這個頁面用不到了，可以關掉

2 點擊開啟資料夾

然後從**開啟資料夾**面板選擇 D 磁碟的 web 資料夾（或者你自訂的路徑）。接下來，你就可以在 VS code 的檔案總管中新增/刪除檔案或資料夾（當然，在作業系統的檔案總管操作也行）。請點擊**新增檔案**鈕：

新增檔案

把新檔命名成 index.html，右邊的編輯視窗也將呈現這個檔案的內容：

當你需要建立新的 HTML 網頁時，只要先新建一個副檔名為 .html 的檔案，然後在檔案裡面輸入英文的驚嘆號 (!)，再按一下 `Tab` 鍵，它就會幫你輸入完成基本網頁的 HTML 碼。實際的操作畫面如下：

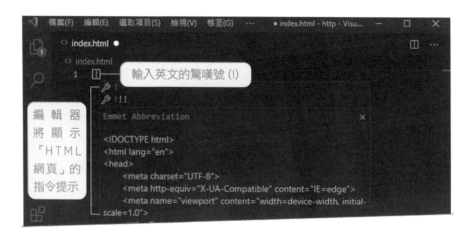

此時，按一下 `Tab` 鍵，編輯器就會自動填入空白網頁的 HTML，很方便吧！

從下一節開始，我們將在這個網頁建立連接藍牙的操作畫面和相關程式。往後只要點擊目前編輯中的網頁視窗右下角的 **Go Live**（啟動 Live 伺服器），VS Code 就會啟動網站伺服器，並且在預設的瀏覽器中開啟目前編輯的網頁：

20-4 透過 navigator.bluetooth 物件操控 ESP32 藍牙裝置

底下是本單元的網頁畫面以及本體的 HTML 碼：

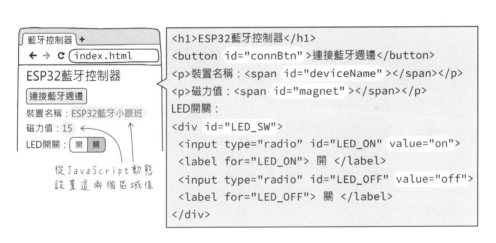

```
<h1>ESP32藍牙控制器</h1>
<button id="connBtn" >連接藍牙週邊</button>
<p>裝置名稱：<span id="deviceName" ></span></p>
<p>磁力值：<span id="magnet" ></span></p>
LED開關：
<div id="LED_SW">
 <input type="radio" id="LED_ON" value="on">
 <label for="LED_ON"> 開 </label>
 <input type="radio" id="LED_OFF" value="off">
 <label for="LED_OFF"> 關 </label>
</div>
```

因為安全考量，瀏覽器不允許程式在背地自動跟藍牙裝置連線，必須由使用者手動選取藍牙裝置。按下**連接藍牙週邊**鈕，瀏覽器將呈現探索到的藍牙裝置列表，讓使用者選擇：

點選其中的 ESP32 裝置並且配對，網頁將顯示連線裝置的名字以及裝置傳入的磁力值；按下 LED 開關可點亮或關閉燈光。

請求連接藍牙裝置

提供瀏覽器藍牙控制功能的物件，是位於 navigator（瀏覽器）底下的 bluetooth，寫成 navigator.bluetooth。處理**連接藍牙週邊**鈕（connBtn）被按一下（click）的事件處理程式如下，若使用者的瀏覽器不具備 navigator.bluetooth 物件，這個程式將傳回 false，否則執行 connectBLE() 自訂函式進行連線：

```
$("#connBtn").click(e => {  // 處理連接藍牙週邊鈕的「按一下」事件
    if (!navigator.bluetooth) { // 若瀏覽器沒有 bluetooth 物件...
      console.log('你的瀏覽器不支援 Web Bluetooth API，換一個吧～');
      return false;              // 退出此事件處理程式
    }

    connectBLE();               // 連結藍牙裝置的自訂函式
});
```

這個範例採用 jQuery 程式庫來簡化 JavaScript 程式碼，像上面的 $("#connBtn") 代表選定**連接藍牙週邊**鈕。若瀏覽器具備 bluetooth 物件，便可透過下列步驟連線與存取藍牙裝置資料：

| 1 | 掃描 BLE 週邊設備 |

| 2 | 跟選定的 BLE 裝置配對（連線） |

| 3 | 取得指定的服務 |

| 4 | 取得指定的特徵 |

| 5 | 讀取或寫入特徵值 |

掃描 BLE 週邊設備的方法指令是 requestDevice（直譯為「請求裝置」），它接收一個「連線參數」物件，然後傳回一個 Promise 類型物件。connectBLE() 自訂函式的內容如下：

```
function connectBLE() {
  let opt = {              ← 代表「接受所有裝置」
    acceptAllDevices: true
  }
                                    「請求裝置」方法
                                    將傳回 Promise 物件
  navigator.bluetooth.requestDevice( opt )
    .then( device => {              ← 輸入「連線參數」
      $("#deviceName").text( device.name );
    })                              ← 取得「裝置名稱」
    .catch( err => {
      console.log( '出錯啦~' + err );
    });
}
```

定義連線參數物件 →

連線成功

失敗

requestDevice() 傳回的 Promise 物件將存入 then() 裡的匿名函式的 device 自訂參數。這個 Promise 物件還包含與藍牙相關的額外屬性：

● name：藍牙裝置的名稱

● id：瀏覽器動態賦予連線裝置的唯一識別碼。

● gatt：配對裝置的 GATT 伺服器物件，透過此物件可進行下列操作：

- connect()：連線

- disconnect()：斷線

- getPrimaryService()：取得連線裝置的服務

或者取得配對裝置的屬性：

- connected：是否處於連線狀態

如果連線（配對）成功，網頁的 **deviceName** 區域將顯示藍牙裝置的名字；若連接失敗，或者「取消」配對，Console 面板將顯示 "NotFoundError"（未發現裝置）錯誤訊息：

開啟瀏覽器的控制台時，可能會出現如下的訊息。第一行的 "Live reload enabled." 是 Live Server 發出的訊息，代表當我們在 VS Code 編輯器修改這個網頁程式碼並且存檔，它會令瀏覽器重新載入最新修改的版本：

點擊此鈕可清除 Console 內容

第 2 行的錯誤訊息代表瀏覽器無法載入這個網站的 favicon.ico 檔。第 3 行的警告訊息代表瀏覽器的開發人員工具（DevTools）無法載入某個程式檔。請忽略這些錯誤和警告訊息。

 請求連接藍牙的參數物件設置

連線參數物件 (opt) 用於篩選連線對象以及安全選項設定。若不希望在探索
藍牙的時候出現一堆不相干的裝置，可透過連線參數物件的 **filters** 屬性陣
列，指名想要連線的裝置，像這樣：

```
let opt = {
    //acceptAllDevices: true
    filters: [
        { namePrefix: 'ESP32' }
    ]
}
```

若有指定「篩選條件」，就無法「接受所
有裝置」，這一行要刪除或設成註解。

代表「篩選」 ⟶

代表「名稱開頭」

修改程式碼之後，重新載入網頁，按下**連接藍牙週邊**鈕，瀏覽器的要求配對選
單裡面就只會出現 ESP32 開頭的藍牙裝置：

瀏覽器會紀錄已配對的裝置。點擊網址欄位前面的鎖頭圖示，可看到已配
對的裝置列表：

filters（篩選）屬性可透過下列選項篩選連線裝置並指定將會使用的服務：

● name：裝置的全名字串。

● namePrefix：名稱開頭字串。

● services：服務的 UUID 或官方定義的服務名稱字串，例如，「電量服務」可
  寫成 "0x180F" 或 "battery_service"。

本文的「ESP32 藍牙小跟班」範例將嘗試存取 ESP32 藍牙裝置的 UART 序列
通訊服務，所以**網頁程式必須在 filters（篩選）屬性裡面指出 UART 服務的
UUID**，否則會在讀寫序列資料過程中出現 SecurityError（安全錯誤）被禁止
存取，像這樣：

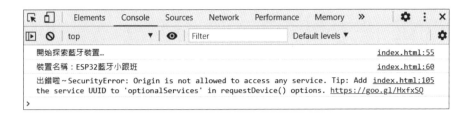

修改本範例的連線參數物件之前，先在程式開頭定義將要用到的服務和特徵的 UUID 全域常數；底下的程式需要暫存藍牙裝置物件以及藍牙服務物件，在此一併宣告兩個全域變數：

```
const UART_SERVICE = "6e400001-b5a3-f393-e0a9-e50e24dcca9e";
const RX_UUID = "6e400002-b5a3-f393-e0a9-e50e24dcca9e";
const TX_UUID = "6e400003-b5a3-f393-e0a9-e50e24dcca9e";
var BLEDevice = null;   // 儲存已連線的藍牙物件
var BLEService = null;  // 儲存藍牙服務物件
```

然後在 opt 變數中加入 services（服務）定義：

```
let opt = {
  filters: [{namePrefix: 'ESP32'}],
          {Services: [UART_SERVICE]}]
}
```
程式可能會存取多個服務，所以服務選項是陣列格式。

↑
UART序列服務的UUID

除了在 filters 裡面加入 services 參數指定要採用的服務，也可以透過 **optionalServices**（直譯為「額外附加的服務」）來指定。這兩種語法的功用相同，但 optionalServices 有「目前也許用不到或者裝置尚未支援，但未來可能會用到的服務」這樣的意涵。

底下的連線參數物件指名兩個可能會用到的服務，其中的「電量服務」是藍牙官方定義的標準，可以直接用名稱字串指定：

```
let opt = {
  filters: [{namePrefix: 'ESP32'}],
  optionalServices: ['battery_service', UART_SERVICE]
}
```
↑ 選擇性的服務　↑ 電量服務

20-5 讀取與寫入藍牙 UART 服務的 TX 和 RX 特徵值

與藍牙裝置配對之後，執行 requestDevice() 傳回的 Promise 物件的 gatt.connect() 方法，即可與該藍牙裝置建立連線。若連線成功，它將產生另一個 Promise 物件，我們通常將此物件命名成 server（代表裝置的 GATT Server）。

接著執行 server 物件的 getPrimaryService() 方法，取得指定的服務（如：UART）。這個方法也將產生一個 Promise 物件，我們通常將此物件命名成 service（代表「服務」）。執行 service 物件的 getCharacteristic() 方法，將能取得指定特徵的 Promise 物件（如：TX 特徵）。

取得 ESP32 藍牙裝置 TX 特徵值的程式片段如下，因為每個方法都將產生 Promise 物件，所以程式可用 .then() 串接在一起；若其中任一 Promise 物件發生錯誤，都會被最後的 catch() 捕捉：

```
navigator.bluetooth.requestDevice( opt )          掃描與配對裝置
.then( device => {                                成功
    BLEDevice = device;   // 儲存已連線的藍牙物件
    $( "#deviceName" ).text( device.name );
    return device.gatt.connect();                 連線成功（實現承諾）
} ).then( server => {
    return server.getPrimaryService( SERVICE_UUID );
} ).then( service => {                            取得服務
    BLEService = service;// 儲存藍牙服務物件
    return service.getCharacteristic( TX_UUID );  取得特徵
} ).then( characteristic => {
    return characteristic.readValue();            讀取特徵值
} ).then( value => {
    let str = new TextDecoder( 'utf-8' ).decode(value);
    console.log( '收到TX特徵值：' + str );          把DataView
} ).catch( err => {                               解碼成文字
    console.log( '出錯啦~' + err );
} );
```

自訂的來數名稱（device）

自訂的來數名稱（server）

取得特徵之後傳回的 Promise 將傳入 characteristic 參數，底下列舉這個
Promise 物件的幾個屬性和方法（完整列表請參閱 Mozilla 網站的這份文件：
http://mzl.la/3s15o7z）：

特徵物件的方法：

- getDescriptor()：取得描述器，傳回內含陣列格式資料的描述器 Promise
  物件。

- readValue()：讀取值，傳回內含 ArrayBuffer（2 進位資料，參閱下一節說
  明）的特徵 Promise 物件。

- writeValue()：寫入值，把 2 進位資料寫入 ArrayBuffer 並傳回 Promise 物
  件。

- startNotifications()：啟動通知。每當有新的資料，特徵 Promise 物件將收
  到 characteristicvaluechanged（直譯為「特徵值已改變」）事件。

- stopNotifications()：停止通知。

特徵物件屬性：

- service：傳回此特徵隸屬的服務

- uuid：傳回此特徵的 UUID 碼

- properties：傳回此特徵的屬性

- value：傳回前一次透過 readValue() 取得的 2 進位特徵資料值。

讀取特徵值的 readValue() 方法傳回的 2 進位資料值，需要經過解碼才能還原
成字串或 10 進位數字，相關說明請參閱下一節。

小結一下，讀取藍牙 TX 特徵值的網頁 HTML 碼和 JavaScript 程式內容如下：

```
<body>
  <h1>ESP32 藍牙控制器</h1>
    : HTML 碼 (略)
    <label for= "LED_OFF"> 關</label>
  </div>
  <script src= "https://code.jquery.com/jquery-3.5.1.min.js">
  </script>
  <script
    src="https://code.jquery.com/ui/1.12.1/jquery-ui.min.js">
  </script>
  <script>
    const UART_SERVICE = "6e400001-b5a3-f393-e0a9-e50e24dcca9e";
    const RX_UUID = "6e400002-b5a3-f393-e0a9-e50e24dcca9e";
    const TX_UUID = "6e400003-b5a3-f393-e0a9-e50e24dcca9e";

    function connectBLE() {
      let opt = {
        filters:[{namePrefix:'ESP32'}, {services:[UART_SERVICE]}]
      }

      console.log('開始探索藍牙裝置...')
      navigator.bluetooth.requestDevice(opt)
        .then(device => {
          $("#deviceName").text(device.name);  // 顯示裝置名稱
          return device.gatt.connect()          // 與裝置連線
        }).then(server => {                      // 取得 UART 服務
          : 略
        }).catch(err => {
          console.log('出錯啦~' + err);
        });
    }
    $("#connBtn").click(e => {  // 連接藍牙週邊的點擊事件處理程式
      if (!navigator.bluetooth) {
        console.log('你的瀏覽器不支援 Web Bluetooth API~');
        return false;
      }
      connectBLE();                    // 連接藍牙裝置
    });
  </script>
</body>
```

完整的程式碼請參閱範例 index.html 檔。在 VS Code 編輯器的 Live Server 執

行結果，將連線到「ESP32 藍牙小跟班」之後在瀏覽器的控制台顯示一筆磁力
值（TX 特徵值）：

20-6 ArrayBuffer（位元組陣列）與 DataView（資料視圖）

ArrayBuffer 是 JavaScript 當中，專門用來**儲存 2 進位資料的物件**，也稱為
byte array（位元組陣列）。底下的敘述將建立一個可儲存 16 位元組資料的
ArrayBuffer 物件，並且在瀏覽器的控制台顯示它的資料長度：

```
let buffer = new ArrayBuffer(16);
console.log(buffer.byteLength);
```

雖然 ArrayBuffer 名稱當中有「陣列」一詞，但它和普通的陣列差很大：

● 指定給 ArrayBuffer 的大小單位始終是位元組，像 ArrayBuffer(16)，就代表
總共佔用 16 位元組記憶體空間；普通陣列佔用的記憶體大小則依儲存元
素（如：字元或整數）而有所不同。

● ArrayBuffer 的儲存空間是固定的，無法擴增或減少。例如，普通的
JavaScript 陣列物件可透過 push() 和 pop() 方法新增或刪減元素，
ArrayBuffer 不行。

● 程式無法直接存取 ArrayBuffer 的值，像這樣的語法是錯的：buffer[0]。

顧名思義,「位元組陣列」主要用於儲存非文字類型的資料,例如,影像和聲音。瀏覽器的藍牙訊息也是用「位元組陣列」儲存,以上文接收到的 TX 特徵(磁力值)為例,其內容可能是這樣的 ArrayBuffer,我們的程式要自行解析資料:

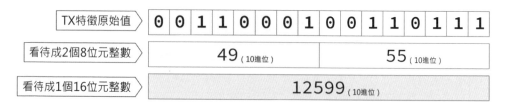

操作 ArrayBuffer,要透過名叫 **DataView**(直譯為「資料視圖」)的物件。以建立如上圖 16 位元內容的 ArrayBuffer 為例,程式碼如下,DataView() 建構式必須傳入一個 ArrayBuffer 類型物件:

```
const TX = new DataView( new ArrayBuffer(2) );

TX.setUint8( 0, 49 );   // 第0個位元組填入10進位值49
TX.setUint8( 1, 55 );   // 第1個位元組填入10進位值55
```

DataView 物件提供了讀取和設定位元陣列資料的方法,底下列舉其中一部分,完整列表請參閱 Mozilla 的這份文件:http://mzl.la/2ZszRz1:

setInt8()	設定有號 8 位元整數	getInt8()	讀取有號 8 位元整數
setUint8()	設定無號 8 位元整數	getUint8()	讀取無號 8 位元整數
setInt16()	設定有號 16 位元整數	getInt16()	讀取有號 16 位元整數
setUint16()	設定無號 16 位元整數	getUint16()	讀取無號 16 位元整數
setFloat32()	設定 32 位元浮點數	getFloat32()	讀取 32 位元浮點數

所以,設定 TX 位元組陣列值也可以寫成底下這樣,最終存入的 2 進位值都相同,就看你如何詮釋資料。

```
TX. setUint16(0, 12599);
```

底下是以位元組為單位，取出 TX 位元組陣列值的兩個值，你也可以把它看待成一個 16 位元整數，透過 TX. getUint16(0)取出：

```
let num1 = TX. getUint8(0);    // num1 的值為 49
let num2 = TX. getUint8(1);    // num2 的值為 55
```

藍牙 UART 的 TX 與 RX 特徵值應該被解譯成 UTF-8/ASCII 編碼的字串，每個字元佔 8 位元（數字和英文字元的 UTF-8 編碼跟 ASCII 相同）。在 JavaScript 中，把編碼數字還原成字元的方法是 String.fromCharCode()：

```
// num1 的值為字元 '1'
let num1 = String.fromCharCode(TX.getUint8(0));
// num2 的值為字元 '7'
let num2 = String.fromCharCode(TX.getUint8(1));
```

也就是說，這個 TX 特徵原始值代表字串 "17"。

使用 TextDecoder 和 TextEncoder 物件解碼和編碼文字

既然 TX 特徵的原始值是文字編碼數字，我們可以簡單地透過 JavaScript 內建的 **TextDecoder（文字解碼器）**物件對資料進行**解碼（decode）**，範例程式如下：

```
const TX = new DataView(new ArrayBuffer(2)); // 建立原始測試資料
TX.setUint8(0, 49);
TX.setUint8(1, 55);
// 建立文字解碼物件，指定用 utf-8 解碼，
// 這裡也可以指定用 ascii 解碼
let enc = new TextDecoder("utf-8");
let str = enc.decode(TX);              // 解碼 DataView 的操作內容
console.log("解碼結果：" + str);  // 在控制台輸出："解碼結果：17"
```

相對地，**TextEncoder**（**文字編碼器**）物件則用於把文字**編碼**（encode）成數字，底下的敘述將在 data 變數存入 "38" 的數字編碼，並且在瀏覽器的控制台顯示儲存編碼值的 data 陣列的長度（此例為 2）：

```
let enc = new TextEncoder("utf-8");
let data = enc.encode("38");
console.log(data.length);
```

傳回陣列的元素數量

底下的敘述將把 data 陣列寫入 TX 位元組陣列：

```
// 建立並存取空白位元組陣列
const TX = new DataView(new ArrayBuffer(2));
TX.setUint8(0, data[0]);  // 寫入資料
TX.setUint8(1, data[1]);
```

在瀏覽器的控制台執行上面的程式碼，可透過 DataView 的 **buffer 唯讀屬性**，查看位元組陣列的內容。從結果可知，確實寫入了 51 和 56 編碼數字：

查看 TX 物件操作的資料內容

從上面的實驗可知，底下的敘述將能解碼 TX 特徵值（value）值：

```
let str = new TextDecoder("utf-8").decode(value)
console.log('收到 TX 特徵值：' + str);
```

透過偵聽「特徵值已改變」事件取得更新資料

上文的程式只能讀取一筆 TX 特徵值，為了持續接收特徵值，必須在特徵 Promise 物件（characteristic 參數）執行：

- **startNotifications()**，啟用通知。

- 偵聽 **characteristicvaluechanged**（特徵值已改變」）事件。

替 JavaScript 物件新增事件處理程式的語法如下，addEventListener 代表**新增事件偵聽器**：

```
      物件.addEventListener( 事件名稱,  處理事件的函式 )

characteristic.addEventListener('characteristicvaluechanged',
  e => {                                「特徵值已改變」事件
     接收事件內容的匿名函式參數
});                                                事件處理函式
```

事件的資料將能透過 e.target.value 敘述（代表「事件目標值」）取得。修改之後，可偵聽 TX 特徵值改變、更新網頁的 magnet（磁力值）區域的程式片段如下：

```
navigator.bluetooth.requestDevice( opt )
  :
}).then( service => {
    return service.getCharacteristic( TX_UUID );          讀取特徵值
}).then( characteristic => {
  characteristic.addEventListener('characteristicvaluechanged',
    e => {                    事件目標值        「特徵值已改變」事件
      let val = e.target.value;
      let str = new TextDecoder("utf-8").decode(val);
      $('#magnet').text( str );
    });            改變此區域的內文                    事件處理函式
  characteristic.startNotifications();
}).catch( err => {              啟動通知
    console.log( '出錯啦~' + err );
});
```

寫入藍牙 UART 服務的 RX 特徵值

網頁上的 LED 開關是由兩個 radio（單選鈕）元素組成的，當它們的狀態改變時（如：從被點選變成取消），右下圖的事件處理程式將被觸發執行：

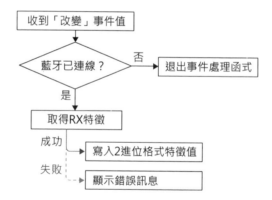

指定類別元素，用點開頭。   當按鈕狀態改變時觸發

```
$(".SW").change( e => {
    :                           事件目標值
    let state = e.target.value;
    let enc = new TextEncoder();
    :                           ↑
});                             能把字串轉成2進位格式
                                的文字編碼物件
```

LED開關：開 關

兩個按鈕元素組成的群組，類別名稱都叫做 " SW "。

按鈕事件處理程式將取得 "on" 和 "off" 字串，並透過 TextEncode 物件轉換成 2 進位資料，寫入（傳送給）藍牙裝置的 RX 特徵。整個寫入特徵值的流程如下：

```
      收到「改變」事件值
            │
            ▼
      藍牙已連線？ ──否──▶ 退出事件處理函式
            │
            是
            ▼
        取得RX特徵
       │
   成功 ├──▶ 寫入2進位格式特徵值
       │
   失敗 └──▶ 顯示錯誤訊息
```

藍牙是否已連線，可從藍牙裝置物件（存在 BLEDevice 變數）的 gatt.connected 屬性得知，取得特徵則要透過藍牙服務物件（存在 BLEService 變數）的 getCharacteristic() 方法。傳送 LED 開關值給藍牙裝置的事件處理程式碼如下：

```
$(".SW").change(e => {
  if (!BLEDevice) {  // 若 BLEDevice 變數未定義或者為 null...
    return;          // ...退出事件處理程式
  }
  let state = e.target.value;    // 取得按鈕值 ("on" 或 "off") ⬇
```

```
let enc = new TextEncoder();              // 定義文字編碼物件

if (BLEDevice.gatt.connected) {           // 若藍牙已連線...
  BLEService.getCharacteristic(RX_UUID)   // 嘗試取得 RX 特徵
  .then(characteristic => {               // 成功則寫入 2 進位值
    characteristic.writeValue(enc.encode(state));
  }). catch(err => {
    console.log('出錯啦～' + err);
  });
} else {
  return;                                 // 藍牙未連線，退出事件處理程式
}

});
```

20-7 使用 async/await 改寫藍牙網頁程式

本節列舉使用 async/await 改寫連接 "ESP32 藍牙小跟班" 的網頁程式，網頁 HTML 本體、程式功能與上文使用 Promise 的語法相同，所以底下僅列舉 JavaScript 程式碼。

藍牙連線按鈕的事件處理程式不變：

```
const UART_SERVICE = "6e400001-b5a3-f393-e0a9-e50e24dcca9e";
const RX_UUID = "6e400002-b5a3-f393-e0a9-e50e24dcca9e";
const TX_UUID = "6e400003-b5a3-f393-e0a9-e50e24dcca9e";
var BLEDevice = null;    // 用於儲存藍牙裝置物件
var UARTService = null;  // 儲存 UART 服務物件

$("#connBtn").click( e => {
  if (!navigator.bluetooth) {
    console.log('你的瀏覽器不支援 Web Bluetooth API，換一個吧～');
```

```
      return false;
    }
    connectBLE();
  })
```

補充說明，**若函式裡面包含 await 敘述，則該函式定義要用 async 起頭**，代表它是個「非同步」函式：

```
這個開頭不可少 → async function() {
                       :
需要耗時等待的部份 ——→ await 處理程式;
                   }
```

對照之前的寫法，改成 await 的敘述沒有傳回 (return) 物件，後面也沒有接 then()，而是用常數或變數儲存 Promise 物件。

```
async function connectBLE() {  // 函式前面要加上 async
  let opt = {                  // 定義連線參數物件
    filters:[
      { namePrefix:'ESP32'},
      { services:[UART_SERVICE] }
    ]
  }

  try {
    // 請求 BLE 裝置連線，結果存入 BLEDevice 變數
    BLEDevice = await navigator.bluetooth.requestDevice(opt);
    console.log('裝置名稱：' + BLEDevice.name);
    $("#deviceName").text(BLEDevice.name);
    // 嘗試連接 GATT 伺服器，結果存入 server 常數
    const server = await BLEDevice.gatt.connect();
    // 嘗試取得 UART 服務，結果存入 UARTService 變數
    UARTService = await server.getPrimaryService(UART_SERVICE);
    // 嘗試取得 TX 特徵，結果存入 txChar 常數。
    const txChar = await UARTService.getCharacteristic(TX_UUID);
    // 啟動 TX 特徵通知
    await txChar.startNotifications();
```

```
    // 在 TX 特徵上附加偵聽「特徵值已改變」事件
    txChar.addEventListener('characteristicvaluechanged',
      e => {
        let val = e.target.value;
        let str = new TextDecoder("utf-8").decode(val)
        $('#magnet').text(str)
      }
    );
  } catch (err) {   // 若上面任一環節出現錯誤，都將被這個敘述捕捉
    console.log('出錯啦～' + err);
  }
}
```

底下是處理 LED 開關鈕的事件處理程式碼：

```
// 把兩個開關鈕設成一個群組，在外觀上將會串接在一起
$("#LED_SW").buttonset();
// 開關鈕的「數值改變」事件處理程式，
// 函式中包含 await 敘述，所以事件處理函式前面也要加上 async
$(".SW").change(async (e) => {
  if (!BLEDevice) {
    return;
  }
  let state = e.target.value;
  let enc = new TextEncoder();
  if (BLEDevice.gatt.connected) {
    // 嘗試取得 RX 特徵
    const rxChar = await UARTService.getCharacteristic(RX_UUID);
    rxChar.writeValue(enc.encode(state));   // 傳送編碼後的值
  } else {
    return; // 若藍牙未連線，則退出
  }
});
```

完整的網頁程式碼請參閱範例檔裡的 index_async.html。

20-8 藍牙遙控車的雙馬達驅動與控制電路

下文將示範製作 ESP32 藍牙遙控車，本單元先介紹其中的馬達驅動電路。

ESP32 藍牙遙控車採用的雙馬達控制 IC 型號是 TB6612FNG，它和另一款常見的 L298N 一樣，包含兩組 H 橋式電路。這兩個馬達控制板的主要規格比較如下，TB6612FNG 控制板比較嬌小、不用散熱片，而且晶片的工作電壓有支援 3.3V，更適合搭配 ESP32，相關介紹參閱筆者網站的〈TB6612FNG 直流馬達驅動/控制板（一）〉貼文，網址：https://swf.com.tw/?p=1066：

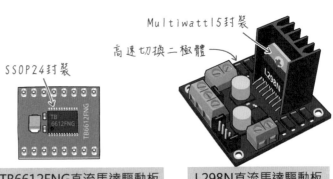

	TB6612FNG直流馬達驅動板	L298N直流馬達驅動板
馬達工作電壓	2.5V~13.5V	4.5V~46V
晶片工作電壓	2.7V~5.5V	4.5V~7V
單一通道輸出電流	1.2A（極限3.2A）	2A（極限3A）
H橋式電路元件	MOSFET	BJT電晶體
高速切換二極體	晶片內建	外接
高溫保護電路	有	有
效率	91.74%	39.06%

馬達供電6V情況下，輸出功率與輸入功率的比值。

底下是一款 TB6612FNG 直流馬達驅動模組:

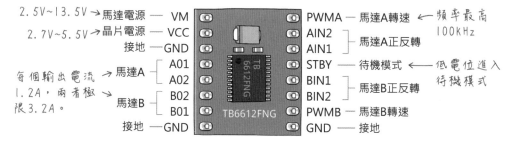

TB6612FNG 模組和 L298N 模組的連接和操控方式相同。一組馬達都有三個
控制接腳,用以控制轉速和正反轉。表 12-1 列舉控制馬達 A 的輸入和輸出關
係,1 代表高電位,0 代表低電位:

輸入			輸出		模式說明
AIN1	AIN2	PWMA	A01	A02	TB6612FNG模組
IN1	IN2	ENA	A+	A-	L298N模組
1	1	1	0	0	煞車 (brake)
0	1	1	0	1	逆時針方向旋轉
1	0	1	1	0	順時針方向旋轉
0	0	0	0	0	停止 (stop)

← 急停

在移動的狀態下,突然停
止供電,物體將維持移動
← 慣性,靠摩擦力停止。

ESP32 開發板連接 TB6612FNG 模組的接線示範如下。第 2 章提到 ESP32 的
腳 14 不建議接數位輸出,但筆者將它接在 TB6612FNG 模組的 PWMA。因為
即使 ESP32 在開機時會在腳 14 輸出一些 PWM 訊號,但連接馬達驅動板的
AIN1 和 AIN2 的腳 12 和 13 的預設輸出電位都一樣,所以馬達不會在開機時
兀自轉動:

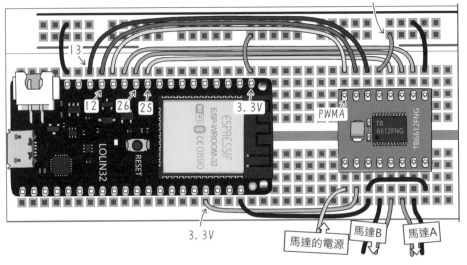

待機模式接高電位

13
12 26 25 3.3V
PWMA
3.3V
馬達的電源 馬達B 馬達A

動手做 20-1　編寫馬達驅動程式模組

實驗說明：編寫一個控制 TB6612FNG 和 L298N 模組的類別，取名為 Motor，達成下列功能：

● 設置接腳

● 建立一個 drive 方法，設定兩個馬達的轉速（預設為 0），以及前進、後退、左轉、右轉和停止等功能。

● 紀錄馬達目前的驅動狀態（如：前進中或者正在右轉）

馬達的正、反轉，由驅動板的 AIN1, AIN2, BIN1 和 BIN2 的輸入狀態決定；對照表 20-1，可以規劃出如下的馬達驅動流程：

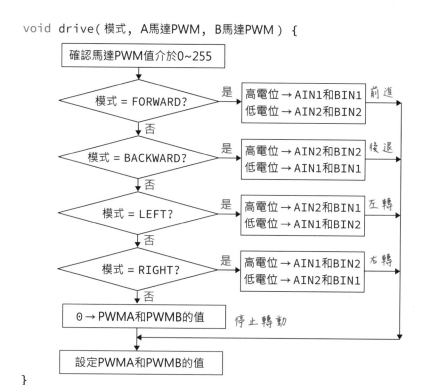

```
void drive( 模式, A馬達PWM, B馬達PWM ) {
```

其中的**模式**參數可以用數字值代表，例如：0 代表前進、1 代表後退...為了提高程式可讀性，筆者自訂一個內含馬達驅動模式（前進、後退...）常數的 Modes 類型：

```
typedef enum { 常數列表 } 自訂類型名稱;
```

```
typedef enum {
    FORWARD, BACKWARD, LEFT, RIGHT, STOP
} Modes;
```

如此，我們便可像這樣定義儲存運作狀態值的變數，例如：

```
Modes mode = STOP;
```
等同
```
uint8_t mode = 4;
```

馬達驅動板的 OOP 程式以及類別屬性

為了區分馬達驅動程式和主程式 (如：藍牙控制程式)，並且方便將它分享給其他專案使用，筆者把馬達驅動程式寫成一個類別，原始檔分別命名成 motor_esp32.h 和 motor_esp32.cpp，底下是標頭檔的原始碼：

```
#ifndef MOTOR_H   // 確認此模組只會被引用一次
#define MOTOR_H
#include <Arduino.h>

typedef enum {     // 定義馬達運作模式的全域常數
  FORWARD, BACKWARD, LEFT, RIGHT, STOP
} Modes;

class Motor {
  int8_t PWMA, PWMB, AIN1, AIN2, BIN1, BIN2;
  const int16_t PWM_FREQ = 2000;   // PWM 頻率 (2KHz)
  // 控制兩個馬達需要用到兩個 PWM 通道,此例採用通道 0 和 1
  const byte PWM_CHANNEL_1 = 0;
  const byte PWM_CHANNEL_2 = 1;
  const byte BITS = 8;             // 8 位元解析度
  byte dutyCycle = 0;              // 工作週期有效值：0~255
  Modes mode = STOP;               // 運作模式,預設為停止

public:
  // 建構式：設定控制板的接腳
  Motor(byte PWMA, byte PWMB, byte AIN1, byte AIN2,
    byte BIN1, byte BIN2);
  // 驅動馬達 (模式, A 馬達 PWM, B 馬達 PWM)
  void drive(Modes mode, int pwmA = 0, int pwmB = 0);
};
#endif                            // MOTOR_H
```

底下是 motor_esp32.cpp 程式原始碼，drive() 方法中加入一個判斷條件式，若輸入的模式參數值與目前的不同，則先暫停馬達 0.2 秒，再改變模式。此舉是為了避免頻繁地切換馬達正、反轉而影響馬達的壽命：

20

```
#include "motor_esp32.h"

Motor::Motor(byte PWMA, byte PWMB, byte AIN1, byte AIN2,
  byte BIN1, byte BIN2){
  this->PWMA = PWMA;
  this->PWMB = PWMB;
  this->AIN1 = AIN1;
  this->AIN2 = AIN2;
  this->BIN1 = BIN1;
  this->BIN2 = BIN2;

  pinMode(PWMA, OUTPUT);
  pinMode(PWMB, OUTPUT);
  pinMode(AIN1, OUTPUT);
  pinMode(AIN2, OUTPUT);
  pinMode(BIN1, OUTPUT);
  pinMode(BIN2, OUTPUT);

  ledcSetup(PWM_CHANNEL_1, PWM_FREQ, BITS);  // 設置 PWM 輸出
  ledcSetup(PWM_CHANNEL_2, PWM_FREQ, BITS);
  ledcAttachPin(PWMA, PWM_CHANNEL_1);
  ledcAttachPin(PWMB, PWM_CHANNEL_2);
  ledcWrite(PWM_CHANNEL_1, dutyCycle);
  ledcWrite(PWM_CHANNEL_2, dutyCycle);
}

void Motor::drive(Modes mode, int pwmA, int pwmB) {
  // 把 PWM 參數值限制在 0~255 範圍
  byte _pwmA = constrain(pwmA, 0, 255);
  byte _pwmB = constrain(pwmB, 0, 255);

  // 如果模式跟之前不同，先暫停馬達...
  if (this->mode != mode) {
    this->mode = mode;                  // 更新模式值
    ledcWrite(PWM_CHANNEL_1, 0);   // 停止馬達
    ledcWrite(PWM_CHANNEL_2, 0);
    delay(200);                         // 暫停 0.2 秒
  }
```

```
  switch (mode) {
  case FORWARD:                        // 前進
    digitalWrite(AIN1, HIGH);
    digitalWrite(AIN2, LOW);
    digitalWrite(BIN1, HIGH);
    digitalWrite(BIN2, LOW);
    break;
  case BACKWARD:                       // 倒退
    digitalWrite(AIN1, LOW);
    digitalWrite(AIN2, HIGH);
    digitalWrite(BIN1, LOW);
    digitalWrite(BIN2, HIGH);
    break;
  case LEFT:                           // 左轉
    digitalWrite(AIN1, LOW);
    digitalWrite(AIN2, HIGH);
    digitalWrite(BIN1, HIGH);
    digitalWrite(BIN2, LOW);
    break;
  case RIGHT:                          // 右轉
    digitalWrite(AIN1, HIGH);
    digitalWrite(AIN2, LOW);
    digitalWrite(BIN1, LOW);
    digitalWrite(BIN2, HIGH);
    break;
  case STOP:                           // 停止
  default:
    _pwmA = 0;
    _pwmB = 0;
    break;
  }

  ledcWrite(PWM_CHANNEL_1, _pwmA);  // 驅動馬達
  ledcWrite(PWM_CHANNEL_2, _pwmB);
}
```

筆者把驅動馬達的程式模組存入 Motor_ESP32 資料夾,方便分享給其他專案程式:

20

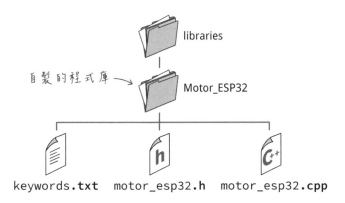

keywords.txt   motor_esp32.h   motor_esp32.cpp

動手做 20-2 | 網頁藍牙 ESP32 遙控車

實驗說明:製作網頁藍牙遙控車。當瀏覽器連上藍牙小車時,小車將持續傳來電量訊息;使用者透過網頁上的方向鈕控制小車,每個控制鈕分別可送出一個代表移動方向的字元:

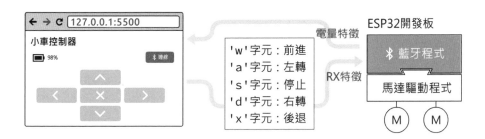

實驗材料:

採用兩個碳刷馬達的模型動力玩具或小車套件	1 台
馬達驅動模組 TB6612FNG 或 L298N	1 塊
可裝 4 個三號充電電池的電池盒或 5V 行動電源	1 個

藍牙遙控車的結構如右圖,ESP32 和馬達驅動板的接線請參閱上文〈藍牙遙控車的雙馬達驅動與控制電路〉:

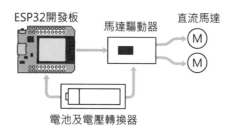

ESP32開發板　馬達驅動器　直流馬達

電池及電壓轉換器

筆者自製的遙控車是採用 PCB（印刷電路板）當作底盤，從行動電源拆下「充電與電壓轉換」模組，並使用 18650 鋰電池供電。控制板是 ESP32 Mini D1，馬達驅動 IC 是 TB6612FNG：

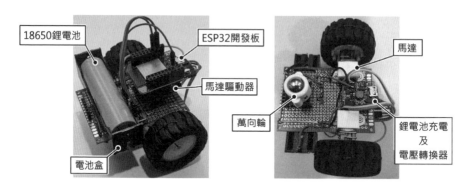

18650鋰電池　ESP32開發板

馬達驅動器

萬向輪

電池盒

馬達

鋰電池充電及電壓轉換器

實驗程式：完整的 ESP32 藍牙控制車的程式碼如下。這個小車的實驗電路並沒有偵測電量機制，所以送出的電量值其實是每秒遞減的數字。若需要真實的側量電量功能，請參閱第 15 章的電阻分壓電路和相關程式：

```
#include <motor_esp32.h>
#include <BLEDevice.h>
#include <BLEServer.h>
#include <BLEUtils.h>
#include <BLE2902.h>

#define UART_SERVICE "6e400001-b5a3-f393-e0a9-e50e24dcca9e"
#define RX_UUID "6e400002-b5a3-f393-e0a9-e50e24dcca9e"
#define BATT_SERVICE (uint16_t)0x180f      // 電池服務 UUID
#define BATT_UUID    (uint16_t)0x2a19      // 電量特徵 UUID
#define DESC_UUID    (uint16_t)0x2901
```

20

```
bool deviceConnected = false;      // 代表藍牙的連線狀態，預設為斷線
uint8_t battLevel = 100;            // 電量百分比
BLECharacteristic *pCharact_RX;  // TX 特徵
BLECharacteristic *pCharactBatt; // 電量特徵

// 建立馬達控制物件：(PWMA, PWMB, AIN1, AIN2, BIN1, BIN2)
Motor motor(14, 27, 13, 12, 25, 26);
// BLE 伺服器回呼的自訂類別，藍牙連線或斷線時會自動執行對應的方法
class ServerCallbacks:public BLEServerCallbacks {
  void onConnect(BLEServer* pServer) {     // 連線時被執行的方法
    deviceConnected = true;    // 把藍牙連線狀態設成已連線
  };

  void onDisconnect(BLEServer* pServer) { // 斷線時被執行的方法
    deviceConnected = false;  // 把藍牙連線狀態設成斷線
    motor.drive(STOP);    // 停止馬達
  }
};
// RX 回呼的自訂類別，每當收到 UART 資料就執行其中的 onWrite() 方法
class RXCallbacks:public BLECharacteristicCallbacks {
  // 接收 UART 資料的方法
  void onWrite(BLECharacteristic *pCharact) {
    std::string rxVal = pCharact->getValue();
    Serial.printf("收到輸入值：%s\n", rxVal.c_str());
    if (rxVal == "w") {          // 直行，雙馬達輸出 50
      motor.drive(FORWARD, 50, 50);
    } else if (rxVal == "a") { // 左轉：右馬達輸出 60、左馬達輸出 30
      motor.drive(LEFT, 60, 30);
    } else if (rxVal == "d") { // 右轉：右馬達輸出 30、左馬達輸出 60
      motor.drive(RIGHT, 30, 60);
    } else if (rxVal == "x") { // 後退
      motor.drive(BACKWARD, 50, 50);
    } else {                   // 停止
      motor.drive(STOP);
    }
  }
};
```

```cpp
void setup() {
  Serial.begin(115200);
  BLEDevice::init("ESP32 藍牙小車");  // 建立 BLE 裝置
  // 建立 BLE 伺服器
  BLEServer *pServer = BLEDevice::createServer();
  pServer->setCallbacks(new ServerCallbacks());
  // 建立 UART 服務
  BLEService *pService = pServer->createService(UART_SERVICE);
  // 建立 RX 特徵（接收藍牙資料輸入）
  BLECharacteristic *pCharact_RX = pService->createCharacteristic(
    RX_UUID,
    BLECharacteristic::PROPERTY_WRITE
  );
  // 設定 RX 特徵的回呼，每當收到資料時自動執行回呼物件。
  pCharact_RX->setCallbacks(new RXCallbacks());
  // 設定 RX 特徵的文字描述器
  BLEDescriptor *pDesc = new BLEDescriptor(DESC_UUID);
  pDesc->setValue("控制小車的馬達");
  pCharact_RX->addDescriptor(pDesc);

  // 建立電量服務
  BLEService* pBattService = pServer->createService(BATT_SERVICE);
  // 建立電量特徵
  pCharactBatt = pBattService->createCharacteristic(BATT_UUID,
                 BLECharacteristic::PROPERTY_READ |
                 BLECharacteristic::PROPERTY_NOTIFY);
  // 電量描述器
  BLEDescriptor* pBattDesc = new BLEDescriptor(DESC_UUID);
  pBattDesc->setValue("電量 0~100");
  pCharactBatt->addDescriptor(pBattDesc);
  pCharactBatt->addDescriptor(new BLE2902());

  pService->start();     // 啟動 UART 服務
  pBattService->start(); // 啟動電量服務

  pServer->getAdvertising() ->start();  // 開始廣告
  Serial.println("等待用戶端連線...");
}
```

```
void loop() {
  if (deviceConnected) {   // 若裝置已連線，則傳遞（虛構的）電量值
    pCharactBatt->setValue(&battLevel, 1);
    pCharactBatt->notify();
    delay(1000);
    Serial.printf("電量：%d%%\n", battLevel);

    battLevel--;
    if (int(battLevel) == 0) battLevel = 100;
  }
}
```

實驗結果：筆者已將控制藍牙小車的網頁上傳到這個網址：https://swf.com.tw/ble，請編譯與上傳藍牙小車的 Arduino 程式到 ESP32 開發版，再開啟控制小車的網頁測試（網站伺服器不會紀錄任何藍牙裝置的訊息，操控藍牙的程式碼都是在用戶端的瀏覽器進行，請放心使用）。

20-9 製作藍牙遙控車的互動網頁

藍牙遙控車的網頁把 HTML（網頁內容）、CSS（樣式表）和 JavaScript 程式分別儲存，檔案結構如下：

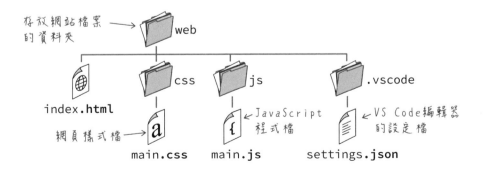

控制網頁的外觀如下，為了方便識別，每個按鈕元素的 id 名字我都用 Btn 結尾（代表 "button"，按鈕）；電量值的數字區域命名成 battLevel。這個頁面一開始只呈現 "電量 0%" 和藍牙連線鈕，唯有跟 ESP32 連線成功，**controller**（控制器）區的方向鍵才會顯示出來：

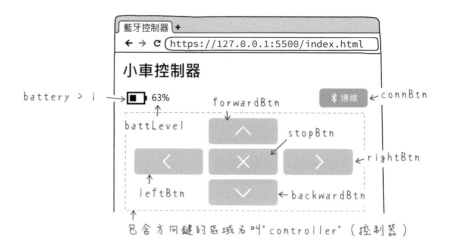

這個網頁上的電池、藍牙和折線（方向鍵）圖示，其實都是來自名叫 **line-awesome** 的免費字體（字體預覽及使用說明網址：https://icons8.com/line-awesome）。

我們可以先下載這個免費字體、存入網站資料夾，最後再嵌入網頁使用，或者在網頁的檔頭區（<head> 和 </head> 之間）加上兩個 CSS 連結，指揮瀏覽器到雲端下載字體和必要的樣式設定：

```
<link rel= "stylesheet" href= "https://maxst.icons8.com/
vue-static/landings/line-awesome/line-awesome/1.3.0/css/
line-awesome.min.css">
<link rel= "stylesheet" href= "https://maxst.icons8.com/
vue-static/landings/line-awesome/font-awesome-line-awesome/
css/all.min.css">
```

接著用 '<i class="字體樣式名稱"></i>' 標籤插入指定的圖示字元，以「空電量圖示」為例，寫成：'<i class="las la-battery-empty"></i>'。底下是顯示「電量」和「藍牙連線」部份的 HTML 碼：

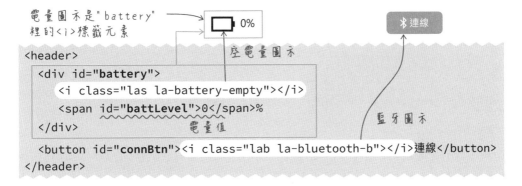

在 line-awesome 字體頁面點擊任一預覽圖示（字元），即可看到該圖示的 HTML 標籤，點擊標籤將能複製它：

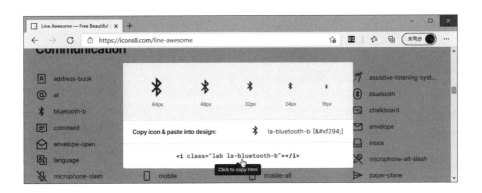

這是「上方向鍵」的 HTML 碼：

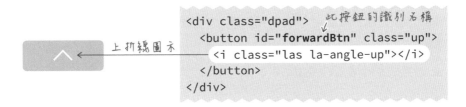

動態更改電量圖示

line-awesome 字體提供了 5 種電量圖示，外觀和名稱如下：

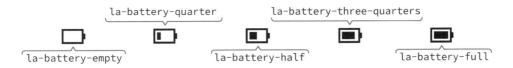

網頁上的電量圖示將要隨著電量值改變，底下使用 jQuery 語法選定包含電量圖示的 i 元素，再透過 **attr 方法**（代表 "attribute"，屬性）修改它的 class 屬性的值，把圖示換成滿格電量：

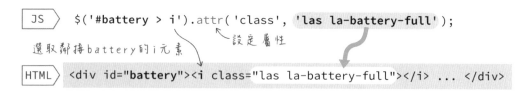

取消按鈕的作用以及顯示方向鍵控制區

當**連接藍牙**鈕被按下並配對成功之後，程式要做兩件事：

1. 取消**連接藍牙**鈕的作用，也就是不能再被點擊。

2. 顯示包含方向鍵的控制區 (controller)：

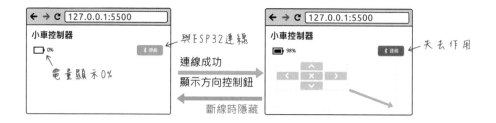

透過 jQuery 顯示或隱藏指定網頁元素的辦法是執行 **show**（顯示）或 **hide**（隱藏）方法。顯示或隱藏方向控制鈕區域 (controller) 的敘述如下，其中的 500 是過場動態效果的持續毫秒時間，這個時間不宜過長以免讓人感覺介面遲鈍：

```
$('#controller').show(500);   // 以 0.5 秒過場顯示控制區
$('#controller').hide(500);   // 以 0.5 秒過場隱藏控制區
```

讓 HTML 按鈕元素失去作用的辦法是替它加上代表「已無作用」的 "disabled" 屬性，此按鈕預設將呈現灰色背景、無法被點擊：

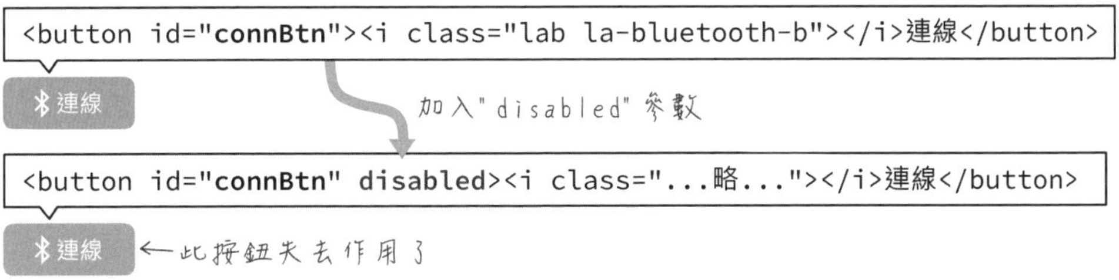

```
<button id="connBtn"><i class="lab la-bluetooth-b"></i>連線</button>
```

🟦 連線 ⟶ 加入"disabled"參數

```
<button id="connBtn" disabled><i class="...略..."></i>連線</button>
```

🟦 連線 ←此按鈕失去作用了

透過 jQuery 選定按鈕元素，再執行 **attr() 方法**即可加入 "disabled" 屬性：

```
$('#connBtn').attr('disabled', 'disabled');
```

id 名稱為 connBtn 鈕的 HTML 碼將變成底下這樣，跟上圖中設定單一 'disabled' 的作用相同：

```
<button id= "connBtn" disabled="disabled">...略...</button>
```

相反地，移除按鈕元素的 "disabled" 屬性即可讓它恢復作用，辦法是執行 jQuery 的 **removeAttr（移除指定屬性）**方法：

```
// 移除 connBtn 元素的 'disabled' 屬性
$('#connBtn').removeAttr('disabled');
```

連接與控制藍牙遙控車的主程式

連結藍牙遙控車的事件處理程式採用 async/await 語法編寫，處理邏輯跟上文的 LED 控制程式相似，首先是處理**連接藍牙**以及傳遞各個方向控制按鈕值的敘述：

```
$("#connBtn").click(e => {        // 藍牙連線鈕的事件處理程式
  if (!navigator.bluetooth) {
    console.log('你的瀏覽器不支援 Web Bluetooth API，換一個吧～');
    return false;
  }

  onConnBtnClick();
});
```

```
// 傳遞方向控制值 (寫入 RX 特徵) 的函式
async function sendMsg(msg) {
  if (!BLEDevice) {
    return;    // 若 BLEDevice 未定義或者為「空」...直接退出
  }

  if (BLEDevice.gatt.connected) {   // 若藍牙已連線...
    try {
      const uartChar =
        await UARTService.getCharacteristic(RX_UUID);
      let enc = new TextEncoder();
      uartChar.writeValue(
        enc.encode(msg)   // 寫入特徵的值要先編碼成 2 進位
      )
    } catch (err) {
      console.log('出錯啦～' + err);
    }
  } else {
    return;                  // 若藍牙尚未連線...直接退出
  }
}
// 底下是前進、左、右、後退和停止鈕的事件處理程式
$('#forwardBtn').click(e => {
  console.log('前進');
  sendMsg('w');   // 傳出 'w'
});

$('#leftBtn').click(e => {
  console.log('左轉');
  sendMsg('a');   // 傳出 'a'
});

$('#rightBtn').click(e => {
  console.log('右轉');
  sendMsg('d');   // 傳出 'd'
});

$('#backwardBtn').click(e => {
  console.log('後退');
  sendMsg('x');   // 傳出 'x'
});
```

20

```
$('#stopBtn').click(e => {
  console.log('停止');
  sendMsg('s');   // 傳出 's'
});
```

底下是處理藍牙連線並接收電量特徵值的程式片段：

```
async function onConnBtnClick() {
  let opt = {   // 連線選項
    filters:[{namePrefix:'ESP32'},
    { services:['battery_service', UART_SERVICE] }]
  };

  try {
    console.log('請求 BLE 裝置連線...');
    BLEDevice = await navigator.bluetooth.requestDevice(opt);
    // 取消藍牙連線鈕的功能
    $('#connBtn').attr('disabled', 'disabled');
    console.log('連接 GATT 伺服器...');
    const server = await BLEDevice.gatt.connect();
    // 加入處理斷線 (disconnect) 的事件處理函式
    BLEDevice.addEventListener('gattserverdisconnected',
      onDisconnected);
    console.log('取得電池服務...');
    const battService = await
      server.getPrimaryService('battery_service');
    console.log('取得電量特徵...');
    const battChar =
      await battService.getCharacteristic('battery_level');
    $('#controller').show(500);   // 500 毫秒過場顯示方向鍵區域

    await battChar.startNotifications();   // 啟用電量通知
    battChar.addEventListener('characteristicvaluechanged',
      e => {
        // 電量資料佔 1 位元組，將它轉成不帶號整數 (uint8)
        let val = e.target.value.getUint8(0);
        $('#battLevel').text(val);           // 顯示電量值
        // 依剩餘電量值顯示不同的電量圖示
        if (val > 90) {
```

```
              $('#battery > i').attr('class', 'las la-battery-full');
          } else if (val > 70) {
            $('#battery > i').attr(
              'class', 'las la-battery-three-quarters');
          } else if (val > 40) {
            $('#battery > i').attr('class', 'las la-battery-half');
          } else if (val > 10) {
            $('#battery > i').attr(
              'class', 'las la-battery-quarter');
          } else {
            $('#battery > i').attr('class', 'las la-battery-empty');
          }
        });
      console.log('取得 UART 服務...');
      UARTService = await server.getPrimaryService(UART_SERVICE);
  } catch (error) {   // 若上面任一環節出現錯誤...
      // 移除連線鈕的 "disabled" (無作用) 屬性,讓它可以被點擊
      $('#connBtn').removeAttr('disabled');
      if (BLEDevice != null) {
        if (BLEDevice.gatt.connected) {
          BLEDevice.gatt.disconnect();
          console.log('切斷連線');
        }
      }
      console.log('出錯啦~' + error);
  }
}
// 用於斷線時重設操作介面
function UIinit() {
  $('#connBtn').removeAttr("disabled");   // 啟用連線按鈕
  // 顯示空電量圖示
  $('#battery > i').attr('class', 'las la-battery-empty');

  $('#battLevel').text('0');                 // 電量值顯示 0
  $('#controller').hide(500);                // 隱藏方向鍵控制區
}
// 斷線的事件處理程式
function onDisconnected(e) {
  console.log('藍牙連線斷了~');
  UIinit();                                  // 重設操作介面
}
```

20

21

建立無線 Mesh
（網狀）通訊網路

本章將介紹能夠讓上百個 ESP32 裝置自組聯網的 Mesh（網狀）網路技術，並且運用它建立多節點感測裝置。

21-1 認識與建立 Mesh 網路

典型的 Wi-Fi 網路連線方式如下圖左，ESP32 設成 STA 模式連線到無線 IP 分享器。但 IP 分享器的無線電波的覆蓋範圍，以及允許同時連線裝置數目都有限，距離太遠或者設備過多都會導致某些設備無法連線：

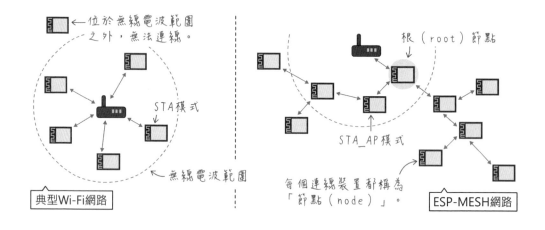

右上圖是改用 **Mesh（網狀）**方式連接，ESP-MESH 是樂鑫公司研發的技術，支援該公司的 ESP32 和 ESP8266 等無線網路系統晶片，每個燒錄 Mesh 網路韌體的晶片開機之後，將會自動搜尋並加入指定名稱的網路。下圖假設有 5 個 ESP32 開發板（A~E 節點），每個節點都連到相同的網路，它們會自動和附近網路訊號較強的節點相連，最後組成如下圖中的網路結構（拓樸）：

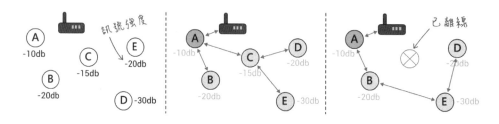

其中若有任何節點斷線（如右上圖的 C），節點 D 或 E 會再搜尋並連接其他節點，自動修復網路連線。倘若右上圖的節點 E 距離 B 太遠，它將只能和 D 連線成獨立的 Mesh 網路。

ESP-MESH 產生的 Mesh 網路比較像「樹狀」網路，最頂層有一個「根」節點，每個節點宛如開枝散葉般串連。比較嚴謹的 Mesh 網路是每個節點相互連接，構成網狀：

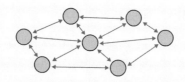

樂鑫公司的 ESP-MESH 簡體中文指南有詳細介紹 ESP-MESH 協定，網址：http://bit.ly/2MXYpxl。

Mesh 網路的根節點，預設是自動產生的，我們也可以手動指定。指定的根節點的兩個常見場合是：

● 連接 Mesh 網路與網際網路：假設我們使用 Mesh 網路連接所有佈署在果園裡的 ESP32 感測器模組，而且所有感測值都要上傳到雲端，那就需要讓「根」節點連接到無線 IP 分享器，也就是讓根節點扮演**橋接器（bridge）**的工作：

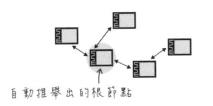

自動推舉出的根節點

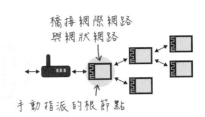

橋接網際網路
與網狀網路

手動指派的根節點

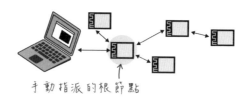

● 透過電腦的序列埠觀察 Mesh 網路的狀態：

手動指派的根節點

建立 Mesh 網路的基本程式架構

本文使用 **painlessMesh 程式庫**製作 Mesh 網路程式，這個程式庫支援 ESP32 和 ESP8266。請在 Arduino IDE 的**程式庫管理員**中搜尋關鍵字 "painless mesh"，即可找到並安裝它。用這個程式庫建立 Mesh 網路節點的基本程式碼架構如下：

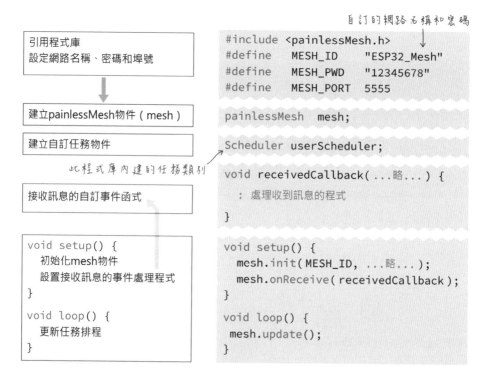

自訂的網路名稱和密碼

引用程式庫
設定網路名稱、密碼和埠號

```
#include <painlessMesh.h>
#define   MESH_ID    "ESP32_Mesh"
#define   MESH_PWD   "12345678"
#define   MESH_PORT  5555
```

建立painlessMesh物件（mesh）

```
painlessMesh  mesh;
```

建立自訂任務物件

此程式庫內建的任務類別

```
Scheduler userScheduler;
```

接收訊息的自訂事件函式

```
void receivedCallback(...略...) {
  : 處理收到訊息的程式
}
```

```
void setup() {
  初始化mesh物件
  設置接收訊息的事件處理程式
}
void loop() {
  更新任務排程
}
```

```
void setup() {
  mesh.init( MESH_ID, ...略...);
  mesh.onReceive( receivedCallback );
}
void loop() {
 mesh.update();
}
```

上圖展示的程式架構並未包含**傳送訊息**的程式，傳送訊息的工作由我們自訂的任務物件（userScheduler）執行，這部份涉及另一個程式庫，留待之後說明，底下先介紹上圖使用的 painlessMesh 程式庫的 3 個方法：

- init(網路名稱, 密碼, 埠號, 連線模式, 驗證模式, 頻道, 實體層模式, 最大發射功率, 隱藏, 連線數上限)：

  - 網路名稱：字串長度上限 32 字元（含結尾的 NULL）。

  - 密碼：長度至少 8 個字元。

  - 埠號：預設 5555，可自訂 1024~65535 之間的數字。

  - 連線模式：預設 STA_AP（基站與存取點），其他可能值：STA 或 AP。

  - 驗證模式：Wi-Fi 連線的驗證模式（authenticate mode），也就是無線傳播資料的加密方式，預設為 **AUTH_WPA2_PSK**，其他可用的模式包括：AUTH_WEP, AUTH_WPA2_PSK, AUTH_WPA_PSK, AUTH_WPA_WPA2_PSK…等。

  - 頻道：預設為 1，依各國的電信法規規定，可設置成 1~13。

  - 實體層模式（physical mode）：代表採用 Wi-Fi 802.11b/g/n 規範的哪一種模式，可能值為 PHY_MODE_11B, PHY_MODE_11G 或 PHY_MODE_11N，預設為 PHY_MODE_11G；ESP32 的無線資料傳輸率上限約 20Mbps。

  - 最大發射功率：ESP32 無線電波的發射功率單位是 0.25dBm，設定值範圍介於 8~84，對應發射功率：2dBm~21dBm，預設為 82（ESP32 的實際發射功率上限為 20dBm）。

  - 隱藏：是否隱藏裝置的網路名稱，預設為 0；設成 1 代表隱藏。。

  - 連線數上限：代表在 AP 模式下，允許被 STA 連接的數量。預設為 4，ESP32 的上限為 10，ESP8266 的上限為 4。

  init() 的參數，除了前面兩個，其餘都是選擇性的。**同一個 Mesh 網路中的所有 ESP32 或 ESP8266，它們的網路名稱、密碼、埠號、驗證模式和頻道必須相同，否則無法彼此連線。**連線模式雖然可設定成 AP 或 STA 模式，但建議採用預設的 STA_AP 模式，避免 Mesh 因某些節點失效而重組網路時，需要更多時間探尋可用的 AP 或 STA。

● update()：在背地裡更新與維護各種任務，必須在 loop() 中加入此方法。

● onReceive(回呼函式)：設定當此節點收到訊息時觸發的回呼函式。接收訊息的回呼函式結構如下：

```
void receivedCallback( uint32_t from, String &msg )
```

每當節點收到訊息，此回呼函式就會被執行。**from** 是發出訊息的裝置 ID（即：晶片的 MAC 位址），**msg** 則是訊息內容字串。

底下兩個方法與手動設置根節點相關，本文的範例程式都有用到：

● setRoot(是否為根節點)：傳入 true 代表將此節點設為「根」；同一個 Mesh 網路裡面只能有一個根節點。

● setContainsRoot(是否包含根節點)：若 Mesh 網路裡面包含手動設置的根節點，則所有節點的這個方法都要傳入 true。

這兩個方法用於傳送訊息：

● sendBroadcast(訊息字串)：廣播訊息給 mesh 網路裡的所有節點，若成功則傳回 true，否則傳回 false。

● sendSingle(uint32_t dest, String &msg)：傳送訊息給單一節點，**dest** 代表目標節點的 ID。若成功則傳回 true，否則傳回 false。

painlessMesh 程式庫的方法

本節列舉 painlessMesh 的一些方法，讀者可先大略瀏覽一遍。完整的說明文件請參閱：http://bit.ly/3aZebRA：

● getNodeId()：傳回此裝置的節點 ID（即：晶片的 MAC 位址）。

● **onNewConnection(回呼函式)**：每當有新的節點加入連線就觸發此事件，進而執行回呼函式。此回呼函式的結構如下，它將接收新連線裝置的 ID 值：

```
void newConnectionCallback( uint32_t nodeId )
```

● **onChangedConnections(回呼函式)**：每當 mesh 網路中的連線發生變化時（如：原本連到 B 的 C，改連到 A）觸發此事件。此回呼函式的結構如下，它不帶任何參數：

```
void onChangedConnections()
```

● **stop()**：停止節點，也就是讓此裝置中斷連線，停止收送其他節點的訊息。

● **isConnected(節點 ID)**：確認指定 ID 的裝置是否有連入 mesh 網路，傳回 true 代表有。

● **subConnectionJson()**：傳回 JSON 格式的節點連線結構（網路拓樸）。假設目前的 Mesh 網路有 4 個連線裝置並且以底下的結構組成網路，分別在節點 A 和 B 執行這個方法，它將傳回左下和右下的 JSON 格式字串：

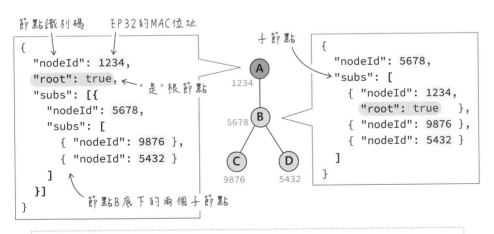

MAC 位址實際是 32 位元整數值，為了便於製圖說明，本文僅用 4 位數字代表。由於每個節點都有紀錄連線結構資料，所以整個 Mesh 網路的最大節點數量，部份因素受限於 ESP32 的可用 heap（堆積）記憶體。

這個方法可接收一個「是否易讀」的參數。假設這個 Mesh 網路有兩個節點構成連線，底下的敘述 (傳入參數值 false)：

```
mesh.subConnectionJson(false).c_str();
```

將傳回這樣的字串：

```
{"nodeId":1234, "root":true, "subs":[{"nodeId":5678}]}
```

若把參數改成 true，它將傳回結構化、易讀的字串：

```
{
  "nodeId":1234,
  "root":true,
  "subs":[
    {
      "nodeId":5678
    }
  ]
}
```

- getNodeList()：傳回所有已知節點的串列 (list) 結構資料，包括直接和間接與此裝置相連的節點。

- onNodeTimeAdjusted(回呼函式)：每當此晶片的時間調整成 Mesh 網路的時間時，觸發回呼函式。此回呼函式的結構如下，它將接收一個套用到此節點的時差偏移值 offset：

```
void onNodeTimeAdjusted(int32_t offset)
```

Mesh 網路的所有節點會在背地裡每隔一段時間自動校正彼此的時間，好讓所有節點的操作儘可能保持同步。以「無人機燈光秀」組成 Mesh 網路為例，每一台無人機都是一個節點，如果彼此的時間不一致，燈光效果就錯亂了。根據 painlessMesh 專案網站的 "mesh protocol" （網狀網路協議）說明文件 (http://bit.ly/3ej39J2) 指出，時間每 10 分鐘 (加上±35%的隨機延遲時間，以避免時間同步資料發生碰撞）同步一次，若某個節點的時間差超過 10ms，它也會進行時間同步作業。

● getNodeTime( )：取得 mesh 網路的毫秒時間值，這個時間值從第一個節點啟動開始，每 71 分鐘循環一次。

● bool painlessMesh::startDelayMeas(節點 ID)：向指定節點發送數據包以測量到該節點的網路延遲時間，若指定節點有連到 mesh 網路則傳回 true，否則傳回 false。執行這個方法之後，程式將會觸發底下的 onNodeDelayReceived 事件：

```
void onNodeDelayReceived(nodeDelayCallback_t onDelayReceived)
```

在節點發出請求訊息後，若收到「時間延遲測量」回應，則觸發此事件。此回呼函式的結構如下，第 1 個參數是發出回應的節點 ID，第 2 個參數是單向傳播的延遲毫秒值：

```
void onNodeDelayReceived(uint32_t nodeId, int32_t delay)
```

● stationManual(網路名稱, 密碼, 埠號, 遠端的 IP)：連接目前的 Mesh 網路之外的 AP，兩者的 Wi-Fi 頻道必須相同。

21-2 調配與執行多工任務的 Task Scheduler 程式庫

在 Mesh 網路運作過程中有許多任務在背地同時進行，像是檢查連線狀態、校正時間、偵測網路節點...等。painlessMesh 程式庫有內建自己的多功任務排程器，它會自動安排這些屬於「系統」層次的任務，而像「傳送訊息」這一類屬於使用者的自訂任務，需要我們手動加入排程器。

painlessMesh 程式庫引用了一個叫做 Task Scheduler（以下稱**任務排程器**）的程式庫來調配與執行多工任務。任務排程器支援多種 Arduino 相容開發板，它的開源專案網頁（http://bit.ly/3t4JalH）介紹它是一個類似 FreeRTOS、更容易使用的輕量級替代方案。

底下的 Task（任務）物件的建立和停用流程圖譯自任務排程器的 Task 說明文件（網址：http://bit.ly/2ZVQNxY）：

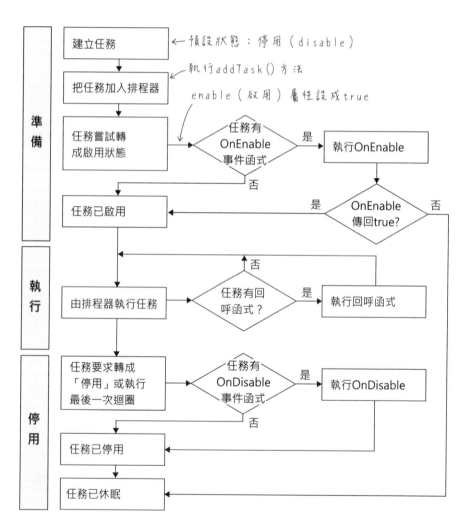

任務物件的 Task 類別建構式的格式如下：

```
Task(間隔時間, 重複次數, 回呼函式, 排程器, 是否啟用,
    OnEnable 回呼, OnDisable 回呼)
```

各項參數說明：

● 間隔時間：指定任務的觸發間隔時間，時間單位預設是「毫秒」，預設為 0，代表「立即執行」。

● 重複次數：指定任務的執行次數，預設為 -1，代表無限次。

● 回呼函式：指向不帶參數的 void 回呼函式，將在指定間隔時間到時觸發。

● 排程器：選擇性地將任務加入既有的排程器物件，預設為 NULL（無）。

● 是否啟用：選擇性地設定是否啟用此任務，預設為 false（否）。

● OnEnable 回呼：選擇性參數，指向傳回 bool 類型、不帶參數的回呼函式，若此回呼傳回 true，則啟用任務，否則停用任務。

● OnDisable 回呼：選擇性參數，指向不帶參數的 void 回呼函式。當任務被停用時，此回呼將被觸發。

任務物件的上述參數，都可透過程式庫提供的方法設定或修改，底下列舉其中一些方法，完整的方法列表和說明，請參閱 Task 說明文件（網址：http://bit.ly/2ZVQNxY）：

● void setInterval (間隔時間)：設定任務的執行間隔時間

● void setIterations (重複次數)：設定任務的執行次數

● void setCallback (回呼函式)：設定間隔時間到，被觸發執行的回呼。

● void setOnEnable (OnEnable 回呼)：設定 OnEnable 回呼。

● void setOnDisable (OnDisable 回呼)：設定 OnDisable 回呼。

● bool enable()：啟用任務並交付排程器執行，若啟用成功則傳回 true，並立即觸發 OnEnable 事件函式（如果有的話）。

● bool disable()：停用任務，排程器將不再執行此任務，但可再被設成「啟用」。若執行此方法之前，任務處於「啟用」狀態，則此方法將傳回 true，並且觸發 OnDisable 事件函式（如果有的話）。

● bool enableIfNot()：如果任務處於停用狀態，則啟用任務並交付排程器執行，若啟用成功則傳回 true。

● void delay()：把任務延到下一個間隔時間再執行，這個方法不會改變 enable（啟用）或 disable（停用）設定。

● void forceNextIteration()：強制接續重複執行，假設目前的任務每隔 10 秒執行，也就是在 10, 20, 30, ...等時間執行；若在 48 秒時執行這個方法，任務將改在 48, 58, 68, ...等時間執行。

● bool restart()：重新啟動任務。對於有限執行次數的任務，這個方法將再執行之前設置的次數。

任務排程器定義了下列時間相關常數：

● TASK_IMMEDIATE：立即執行，等同 0。

● TASK_SECOND：1 秒間隔（1000 毫秒）。

● TASK_MINUTE：1 分鐘間隔（60000 毫秒）。

● TASK_HOUR：1 小時間隔（3600000 毫秒）。

● TASK_FOREVER：無限次執行。

● TASK_ONCE：執行 1 次。

動手做 21-1 在 Mesh 網路中分享訊息

實驗說明：讓數個 ESP32 開發板自組 Mesh 網路，並每隔隨機數秒向其他節點廣播訊息。

實驗材料：請至少準備 2 個 ESP32 開發板，筆者使用 4 個。

實驗程式：Mesh 網路透過晶片的 MAC 位址來分辨彼此，但 MAC 位址是 32 位元整數值，不方便人類辨別，所以筆者額外宣告一個 nodeName 變數來儲存自訂的名稱。另外，筆者也手動將連接電腦序列埠的開發板設定成根節點，設定此開發板是否為根節點的常數取名為 IS_ROOT。底下是筆者設定的開發板名字，除了 '小 A'，其餘板子的 IS_ROOT 都設成 false：

```
nodeName="小A";
IS_ROOT=true;
```

```
nodeName="阿B";
IS_ROOT=false;
```

```
nodeName="笑CC";
IS_ROOT=false;
```

```
nodeName="迪D";
IS_ROOT=false;
```

一個網狀網路只能有一個根節點

底下程式修改自 painlessMesh 的 basic.ino 範例檔，這個程式將燒錄在擔任根節點的 '小 A'，首先引用程式庫並定義一些常數和變數：

```
#include   <painlessMesh.h>
#define    MESH_PREFIX "ESP32_Mesh"   // 自訂的 Mesh 網路名稱
#define    MESH_PASSWORD "12345678"   // 自訂的網路密碼
#define    MESH_PORT 5555             // 埠號

String nodeName = "小 A";             // 此節點的名字
const bool IS_ROOT = true;            // 只有一個節點是「根」
painlessMesh  mesh;                   // Mesh 網路物件
Scheduler userScheduler;             // 控制我們的自訂任務的排程器
void sendMsg();  // 宣告「傳送訊息」的任務函式，無傳回值、無參數
```

上面最後一行宣告了一個任務函式的原型，它將由我們自訂的任務排程器物件觸發執行，建立此排程器物件的敘述如下；根據這個敘述，它將每隔 1 秒執行一次 sendMsg 函式：

自訂的任務物件名稱　　　每隔1秒執行　　　重複無限次　　　傳送訊息

```
Task taskSendMsg( TASK_SECOND * 1, TASK_FOREVER, sendMsg );
```

sendMsg() 任務函式的程式碼如下，它將在廣播 "我是○○○. ID:○○○" 訊息之後，調整此任務的執行間隔時間：

節點名稱　　　網狀網路物件　　　取得晶片的識別碼

```
void sendMsg() {
  String msg = "我是" + nodeName + ". ID: " + mesh.getNodeId();
  mesh.sendBroadcast( msg );   ← 送出廣播訊息
  taskSendMsg.setInterval( random( TASK_SECOND * 1, TASK_SECOND * 5 ) );
}
```
任務物件　設置間隔時間　　　　產生隨機秒數（1~5秒）

這個根節點裝置的其餘程式碼如下：

```
// 收到訊息的回呼
void receivedCallback( uint32_t from, String &msg ) {
  Serial.printf("收到來自 %u 的訊息:%s\n", from, msg.c_str());
}


// 有新連線的回呼
void newConnectionCallback(uint32_t nodeId) {
  // 顯示 Mesh 網路的連線結構（拓樸）
  Serial.printf("新的連線，JSON 結構:\n%s\n",
                mesh.subConnectionJson(true).c_str());
}


// 連線改變的回呼（新加入連線或離線時都會觸發）
void changedConnectionCallback() {
  nodes = mesh.getNodeList();
  Serial.printf("連線變了，節點數:%d\n", nodes.size());
}
```

```
void setup() {
  Serial.begin(115200);
  mesh.init( MESH_PREFIX, MESH_PASSWORD,
             &userScheduler, MESH_PORT);
  mesh.onReceive(receivedCallback);
  mesh.onNewConnection(newConnectionCallback);
  mesh.setRoot(IS_ROOT);          // 是否將此節點設成「根」
  // 指出這個網路包含手動設定的「根」
  mesh.setContainsRoot(true);

  userScheduler.addTask(taskSendMessage);   // 加入任務
  taskSendMessage.enable();                 // 啟動任務
  Serial.printf("我是%s，ID：%u\n", nodeName, mesh.getNodeId());
}

void loop() {
  mesh.update(); // 更新 Mesh 網路狀態
}
```

實驗結果：編譯並上傳程式到 1 個 ESP32 開發板，然後修改開頭的這兩行：

```
String nodeName = "阿 B";     // 此節點的名字
const bool IS_ROOT = false;  // 只有一個節點是「根」
```

再編譯上傳到另一個開發板。如果你有其他開發板，請以此類推，將修改後的
程式上傳到其餘開發板。我把 '小 A' 接電腦，透過**序列埠監控視窗**觀察連線
狀況，其餘 3 個開發板接行動電源放置在不同地點。底下是小 A 顯示的
訊息：

```
我是小A，ID：3044○○○○○
新的連線，JSON結構：
{
  "nodeId": 32848○○○○○,
  "root": true,
  "subs": [
    {
      "nodeId": 3044○○○○○,
```

```
    "subs": [
      {
        "nodeId": 29355○○○○○,
        "subs": [
          {
            "nodeId": 32095○○○○○
          }
        ]
      }
    ]
  }
 ]
}
收到來自 29355○○○○○ 的訊息：我是阿B，ID: 29355○○○○○
收到來自 32095○○○○○ 的訊息：我是迪D，ID: 32095○○○○○
收到來自 3044○○○○○ 的訊息：我是笑CC，ID: 3044○○○○○
  :
```

你可以在實驗過程任意移動各個節點的位置，你將發現網路的連結狀態可能
會自動重組，但不會影響訊息的傳遞。

21-3 組建 Mesh 感測器網路

假設你要在一個廣大的腹地 (如：辦公大樓或農場) 佈署一堆感測器，並且把
感測資料傳到某個終端，使用 Mesh 網路連接這些感測節點是個好辦法。

筆者使用 4 個 ESP32 開發板，當作根節點的小 A 連接旋轉編碼器，轉動它
將令小 A 廣播「調光」訊息，調整其他 3 個開發板內建 LED 的亮度。阿 B 和
笑 CC 各自連接一個感測器並且每隔 5 秒，以一對一的方式，把感測值傳給
小 A。迪 D 開發板沒有接任何感測器，只是接收小 A 的調光訊息。左下圖
只是表明訊息的傳遞方向，實際的網路連線可能像右下圖般分成數層，但不
影響訊息傳遞：

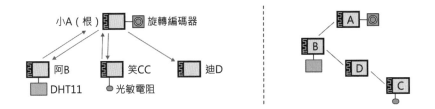

傳遞包含多筆資料的訊息時，最好把訊息編寫成 JSON 格式，例如：

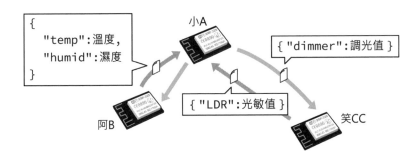

上面的自訂 JSON 訊息有個問題，當小 A 收到訊息時，可能要透過底下的
邏輯來解讀 JSON：

```
if (訊息來自阿 B) {
   取出 temp 和 humid 資料
}

if (訊息來自笑 CC) {
   取出 LDR 資料
}
```

但這不是好辦法，因為小 A 得事先紀錄阿 B 和笑 CC 的識別碼，而且若要
新增感測節點，或者網路中有數十個 DHT11 感測節點，那就麻煩了。底下是本
範例定義的 3 個訊息 JSON 格式：

```
{
   "name":"裝置名稱",
   "type":"dimmer",
   "val":調光值
}
```

```
{
   "name":"裝置名稱",
   "type":"DHT",
   "temp":溫度,
   "humid":濕度
}
```

```
{
   "name":"裝置名稱",
   "type":"LDR",
   "val":光敏感測值
}
```

收到訊息時，透過其中的 type 值來判斷處置方式，例如：

```
if (type== "DHT") {
  取出 temp 和 humid 資料
}


if (type== "LDR") {
  取出 val 資料
}
```

上面的 JSON 格式方便人類閱讀，但是如果網路的節點很多，訊息傳播佔用的頻寬以及延遲情況也會增加，你可以考慮像底下這樣精簡 JSON 的內容，降低資料傳輸量：

```
{
  "#":"裝置名稱",
  "_":"dimmer",
  "v":調光值
}
```

```
{
  "#":"裝置名稱",
  "_":"DHT",
  "t":溫度,
  "h":濕度
}
```

```
{
  "#":"裝置名稱",
  "_":"LDR",
  "v":光敏感測值
}
```

動手做 21-2 Mesh 感測器網路的根節點程式

實驗說明：本單元的實作至少需要 2 個 ESP32 開發板，也可以搭配 ESP8266，但是讀取類比輸入和輸出 PWM 訊號的敘述請自行改成典型 Arduino 的寫法，例如，用 analogWrite() 輸出 PWM。

我們在上一節把 JSON 訊息格式規劃好了，現在動手來寫程式吧！當作根節點的開發板要接旋轉編碼器，硬體接線與動手做 16-1 相同，程式則也要引用動手做 16-2 的 rotary_switch.h 檔（本文的根節點程式檔命名成 mesh_A.ino）：

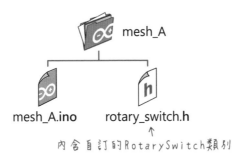

內含自訂的 RotarySwitch 類列

painlessMesh.h 程式庫內部已經引用 ArduinoJson.h 程式庫來處理 JSON 資料，所以我們的程式不需要再引用它。

根節點實驗程式：完整的 mesh_A.ino 檔的程式碼如下，其中的 nodes 串列物件，請參閱下文說明：

```
#include <painlessMesh.h>
#include "rotary_switch.h"          // 旋轉編碼器程式庫
#define    MESH_PREFIX "ESP32_Mesh"
#define    MESH_PASSWORD "12345678"
#define    MESH_PORT       5555
#define    IS_ROOT         true      // 此裝置是根節點
#define    DIM_STEP        10        // 調光值的跨度

String nodeName = "小 A";            // 節點名稱
uint16_t  dimVal = 0;               // 調光值
// 旋轉開關物件 (CLK 腳, DT 腳, SW 腳)
RotarySwitch rsw(19, 21, 22);
Scheduler userScheduler;            // 排程器物件
painlessMesh  mesh;                 // Mesh 網路物件
SimpleList<uint32_t> nodes;         // 節點結構串列，參閱下一節說明

void checkDial();                   // 檢查旋鈕值的自訂函式
// 建立有空就反覆執行的任務
Task taskDimmer(0 , TASK_FOREVER, checkDial);

void sendDimmer(uint16_t val) {    // 接收旋轉編碼器參數
  String json = "{\" type\ ":\" dimmer\ ", \" val\ ":" +
                String(val) + "}";

  mesh.sendBroadcast( json );       // 廣播調光器數值
  Serial.printf("送出訊息:%s\n", json.c_str());
}

void checkDial() {
```

```
  switch (rsw.check()) {          // 檢查「旋轉開關」的狀態
    case RotarySwitch::TURN_RIGHT:
      // 確認調光值不超過 1023
      if (dimVal+DIM_STEP <= 1023) dimVal += DIM_STEP;
      sendDimmer(dimVal);         // 旋鈕改變了，送出值
      break;
    case RotarySwitch::TURN_LEFT:
      // 確認調光值不低於 0
      if (dimVal-DIM_STEP >= 0) dimVal -= DIM_STEP;
      sendDimmer(dimVal);
      break;
  }
}


// 接收來自其他節點的訊息的事件回呼函式
void receivedCallback( uint32_t from, String &msg ) {
  DynamicJsonDocument doc(200);   // 預留記憶體解析 JSON
  DeserializationError err = deserializeJson(doc, msg.c_str());
  if (err) {
    Serial.printf("JSON 資料解析錯誤:%s\n", err.c_str());
    return;  // 若解析 JSON 時出錯，則退出此函式
  }

  if (doc["type"] == "DHT") {     // 溫濕度的訊息類型
    int8_t t = doc["temp"];       // 溫度
    int8_t h = doc["humid"];      // 濕度
    const char * n = doc["name"];// 節點名稱
    Serial.printf("溫度:%u ° C, 濕度:%u%%, 節點:%s, ID:%u\n",
                  t, h, n, from);
  }


  if (doc["type"] == "LDR") {     // 光敏的訊息類型
    int16_t val = doc["val"];     // 感測值
    const char * n = doc["name"];// 節點名稱
    Serial.printf("亮度:%u, 節點:%s, ID:%u\n", val, n, from);
  }
}


void newConnectionCallback(uint32_t nodeId) { // 顯示 mesh 的結構
  Serial.printf("新的連線，nodeId:%u\n", nodeId);
  Serial.printf("新的連線，JSON 結構:\n%s\n",
                mesh.subConnectionJson(true).c_str());
```

```
}

// 連線改變的回呼（新加入連線或離線時都會觸發）
void changedConnectionCallback() {
  Serial.printf("連線產生變化了\n");
  nodes = mesh.getNodeList();
  Serial.printf("節點數:%d\n", nodes.size());
  Serial.printf("連線列表:");
  SimpleList<uint32_t>::iterator node = nodes.begin();
  while (node != nodes.end())
  {
    Serial.printf(" %u", *node);  // 顯示 Mesh 裡面的每個裝置的 ID
    node++;
  }
  Serial.println();
}

void setup() {
  Serial.begin(115200);
  // 設定除錯訊息類型
  mesh.setDebugMsgTypes(ERROR | STARTUP | CONNECTION);
  mesh.init(MESH_PREFIX, MESH_PASSWORD,
            &userScheduler, MESH_PORT);
  mesh.onReceive(receivedCallback);   // 「收到訊息」事件
  // 「有新連線」事件
  mesh.onNewConnection(newConnectionCallback);
  // 連線改變事件
  mesh.onChangedConnections(changedConnectionCallback);
  mesh.setRoot(IS_ROOT);              // 此裝置是根節點
  mesh.setContainsRoot(true);         // 這個 Mesh 網路包含根節點

  userScheduler.addTask(taskDimmer);  // 新增「調光器」任務
  taskDimmer.enable();                // 啟用「調光器」任務
  Serial.printf("我是%s，ID：%u\n", nodeName,
                mesh.getNodeId());
}

void loop() {
  mesh.update();
}
```

請先把上面的程式上傳到當作根節點的開發板備用。

認識 SimpleList 和鏈接串列（Linked List）

上一節程式包含之前未提過的 SimpleList（直譯為**簡單串列**），它用於儲存 Mesh 網路中的所有連線裝置的 ID（MAC 位址）。

需要儲存一堆相關資料的時候，我們通常會想到使用陣列，painlessMesh 程式庫則採用**鏈接串列（Linked List）**儲存網路的節點資料。鏈接串列和陣列的主要差別如下圖，陣列元素存放在連續的記憶體空間；串列則離散存放。陣列存取每個元素所花費的時間都一樣，但是插入資料的速度比較慢（因為要重新調整後面元素的存放位置）；鏈接串列則是元素越接近頭、尾兩端，存取速度就越快，但是鏈接串列沒有索引，隨機存取的速度比較慢：

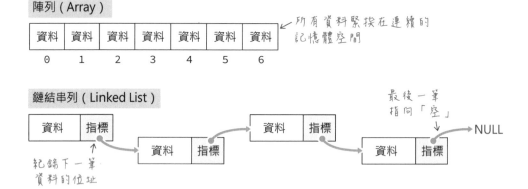

用排列骨牌來比喻存取鏈接串列資料，取出前面或後面三、五個牌很簡單，但若要取出第 10 個牌，就要重頭開始數：

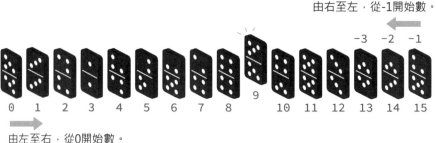

依使用時機來區分，陣列適合這些場合：

● 需要快速存取資料。

● 已知資料數量。

鏈接串列則比較適合這些應用：

● 需要頻繁地新增、刪除資料。

● 無法預期資料數量。

painlessMesh 程式庫定義了一個 SimpleList（直譯為**簡單串列**）類型，從程式庫的 configuration.hpp 原始碼（http://bit.ly/2Ov4u4u）裡的底下兩行，可看出 SimpleList 其實就是 C++ 語言內建的**標準樣板函式庫**（Standard Template Library）定義的 list 類型：

```
template <typename T>
using SimpleList = std::list<T>;
```

C++ 的 using 關鍵字相當於 typedef，用於定義「別名」。所以上一節程式中，定義鏈接串列物件的這一行敘述：

```
SimpleList<uint32_t> nodes;
```

可改寫（還原）成底下的敘述，代表定義一個可儲存 uint32_t 類型的鏈接串列 nodes：

```
std::list<uint32_t> nodes;
```

鏈接串列裡的每個資料元素，也稱為**節點**。附帶一提，C++ 的 list 是雙向鏈接串列，每個節點都包含指向前、後節點空間的指標：

std::list（以及 SimpleList）具有操作鏈接串列的各種方法，例如，push_back
（從後新增）、erase（刪除）、insert（插入）...等，但在 mesh 網路應用中，我們
都不必費心這些操作，只需知道如何在必要時取出鏈接串列節點。底下是程式
中用到的兩個方法，它們的傳回值是個 **iterator**（**迭代器**）類型物件，其中包含
前一個和後一個節點的位址：

● begin()：傳回指向鏈接串列起頭的迭代器

● end()：傳回指向鏈接串列結尾的迭代器

所以底下的迴圈程式將傳回 Mesh 網路每個裝置的 ID：

```
SimpleList<uint32_t>::iterator node = nodes.begin();  // 節點開頭
while (node != nodes.end()) {    // 反覆執行到節點結尾
  Serial.printf(" %u", *node);   // 取出目前節點紀錄的 ID
  node++;                        // 移動到下一個節點
}
```

假設 Mesh 網路裡面有 3 個裝置，ID 分別是 11, 22 和 33，上面的迴圈將在
序列埠輸出："11 22 33"。

21-4 在 Mesh 網路中一對一傳送資料

延續動手做 12-2，節點 B 和 C 各自都需要把感測值傳遞給根節點，而非廣播
給所有節點；把資料傳給單一接收者的方式，稱為**一對一傳送**，程式必須知道
接收者的 ID：

底下列舉連接 DHT11 感測器的裝置 B 的部份程式，根節點的 ID 紀錄在 ROOT_ID 常數，請自行修改此值：

```
#include <painlessMesh.h>
#include <DHT.h>                       // 引用 DHT11 的程式庫
#define    MESH_PREFIX    "ESP32_Mesh"
#define    MESH_PASSWORD  "12345678"
#define    MESH_PORT      5555
#define    ROOT_ID        1234     // 根節點的 ID，請自行修改
#define    IS_ROOT        false    // 此裝置不是根節點
#define    LED_BUILTIN    2        // 內建 LED 的接腳
#define    DHTPIN         16       // DHT11 的資料接腳
#define    DHTTYPE        DHT11    // 感測器類型

String nodeName = "阿 B";          // 節點名稱
uint16_t pwmVal = 0;               // 燈光的 PWM 輸出值
DHT dht(DHTPIN, DHTTYPE);          // 建立 DHT11 物件
```

傳送 DHT11 感測值的任務命名成 taskDHT，它將每隔 5 秒不停地傳送 DHT11 感測值。接收訊息的回呼函式 receivedCallback，則依傳入的參數控制 PWM 輸出 (LED 亮度)。

```
void sendDHT();  // 傳送 DHT11 感測值的自訂函式
Task taskDHT(TASK_SECOND * 5 , TASK_FOREVER, sendDHT);

void sendDHT() {
  String json;   // 儲存 JSON 格式字串
  float t = dht.readTemperature();  // 讀取溫度
  float h = dht.readHumidity();     // 讀取濕度

  StaticJsonDocument<100> doc;      // 建立 JSON 格式物件
```

```
  doc["name"] = nodeName;                    // 節點名稱
  doc["type"] = "DHT";                       // 感測資料類型
  doc["temp"] = t;                           // 溫度
  doc["humid"] = h;                          // 濕度
  serializeJson(doc, json);  // 把 JSON 物件轉（序列化）成字串
  mesh.sendSingle(ROOT_ID, json); // 傳 JSON 資料給根節點
  Serial.printf("送出訊息：%s\n", json.c_str());
}

void receivedCallback(uint32_t from, String &msg) {
  Serial.printf("收到訊息：%s\n", msg.c_str());
  DynamicJsonDocument doc(200);
  DeserializationError err = deserializeJson(doc, msg.c_str());
  if (err) {
    Serial.printf("JSON 資料解析錯誤：%s\n", err.c_str());
    return;                           // 離開函式
  }

  if (doc["type"] == "dimmer") {   // 若訊息類型是根節點的調光器
    ledcWrite(0, doc["val"]);         // 通道 0, PWM 輸出
  }
}
```

setup() 函式的程式片段如下：

```
void setup() {
  Serial.begin(115200);
  ledcSetup(0, 5000, 10);   // PWM 設置：通道 0, 5KHz, 10 位元
  ledcAttachPin(LED_BUILTIN, 0);    // 設置 PWM 的輸出腳
  dht.begin();                      // 啟用 DHT11 感測器
  mesh.init( MESH_PREFIX, MESH_PASSWORD,
            &userScheduler, MESH_PORT );
   :略
  // 新增傳送 DHT11 感測值的任務
  userScheduler.addTask( taskDHT );
  taskDHT.enable(); // 啟用 taskDHT 任務
  Serial.printf("我是%s，ID：%u\n", nodeName, mesh.getNodeId());
}
```

完整的程式碼請參閱範例 mesh_B.ino 檔,請編譯並上傳程式碼到連接 DHT11 的開發板備用。連接光敏電阻的開發板程式與上面的程式雷同,請參閱 mesh_C.ino 檔;沒有連接感測器,只接收根節點訊息調控 LED 燈光的開發板程式,請參閱 mesh_D.ino 檔,也請記得修改這些檔案裡的根節點 ID。

實驗結果:編譯並上傳程式到各個 ESP32 開發板之後,把根節點開發板接上電腦,其餘可接行動電源並佈署在不同地點。旋轉連接小 A 的旋轉編碼器,將可調整所有子節點的 LED 亮度,而小 A 也將收到來自節點 B 和 C 的感測值。

21-5 連接 Mesh 網路與網際網路

本單元將示範連接 Mesh 網路與網際網路,把 Mesh 網路收集的資料呈現在瀏覽器,而使用者滑動「燈光控制器」時,調光值將由根節點接收並廣播給其他所有節點:

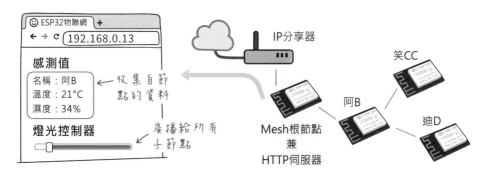

瀏覽器和 HTTP 伺服器(ESP32)之間採用 WebSocket 協定即時雙向傳輸資料。這個實驗的網頁存放在 SPIFFS 記憶體分區,開啟本單元的範例程式之後,請在關閉**序列埠監控視窗**的狀態下,選擇『**工具/ESP32 Sketch Data Upload(草稿碼資料上傳)**』指令,上傳 data 資料夾裡的所有檔案到 ESP32:

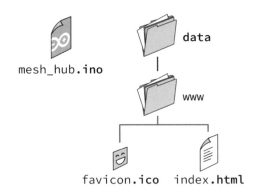

連接 Wi-Fi 無線 IP 分享器

本實驗單元使用的 HTTP 伺服器、SPIFFS 和 WebSocket 等程式,都已經在前面的章節實作過,所以底下的解說僅做重點說明。上文提過,**擔任橋接器,負責連接 Mesh 網路和 Wi-Fi 網路的節點,必須是根節點**。所以連接 Wi-Fi 網路的程式碼是寫在根節點,其餘節點的程式不用改。

painlessMesh 物件透過 stationManual() 方法(直譯為「手動基站設置」)連接 Wi-Fi 無線 IP 分享器,其語法如下:

```
Mesh 物件.stationManual( Wi-Fi 網路名稱, Wi-Fi 密碼 )
```

然而,Mesh 物件並不具備 "Wi-Fi 已連線" 之類的回呼,所以我們的程式必須不停地測試「是否已取得 IP 位址」,來判斷是否已連接 Wi-Fi。這部份的程式寫法如下;首先宣告一個儲存本機 IP 位址的變數並預設成 0.0.0.0,然後定義一個取得本機 IP 位址的自訂函式:

```
IPAddress myIP(0, 0, 0, 0);              // 定義儲存 IP 位址的變數
IPAddress getlocalIP() {
  return IPAddress(WiFi.localIP());      // 傳回本機 IP 位址
}
```

ESP32 尚未連上 Wi-Fi 時,WiFi.localIP() 將傳回 0.0.0.0 的 IP 位址。因此在 **loop() 函式**加入底下的條件判斷敘述,將能在連上 Wi-Fi 網路時儲存並顯示本機 IP 位址:

```
void loop() {
  mesh.update();

  if (myIP != getlocalIP()) { // 若 IP 位址不同...
    myIP = getlocalIP();       // 儲存 IP 位址
    Serial.println("網站伺服器 IP 位址：" + myIP.toString());
  }
}
```

補充說明，painlessMesh 程式庫把 WiFi.localIP() 包裝成名叫 getStationIP() 的方法，所以傳回本機 IP 位址的自訂函式也能寫成：

```
IPAddress getlocalIP() {
  return IPAddress(mesh.getStationIP());  // 傳回本機 IP 位址
}
```

上面的程式是讓 ESP32 以 **STA（基站）模式** 連接 Wi-Fi，若要一併啟用 **AP（存取點）模式**，請新增一個全域變數儲存 AP 模式的本機 IP 位址以及 AP 存取點名稱常數：

```
#define HOSTNAME "HTTP_BRIDGE"    // 自訂的 AP 存取點名稱
IPAddress myAPIP(0, 0, 0, 0);     // AP 模式的 IP 位址
```

程式開頭要引用必要的程式庫，並且宣告連接 Wi-Fi 無線網路的相關變數：

```
#include <painlessMesh.h>
#include <ESPAsyncWebServer.h>    // 網站伺服器的程式庫
#include <SPIFFS.h>
#include <WebSocketsServer.h>
#define  HOSTNAME "HTTP_BRIDGE"    // 自訂的 AP 連線名稱
#define  MESH_PREFIX "ESP32_Mesh" // Mesh 網路名稱
#define  MESH_PASSWORD "12345678" // Mesh 網路密碼
  :略
const char* ssid = "Wi-Fi 網路名稱";
const char* password = "Wi-Fi 密碼";
  :略
```

```
IPAddress myIP(0, 0, 0, 0);          // 定義本機的 IP 位址
IPAddress myAPIP(0, 0, 0, 0);        // AP 模式的 IP 位址
IPAddress getlocalIP();     // 宣告取得本機 IP 位址的自訂函式
   :略
AsyncWebServer server(80);  // 建立 HTTP 伺服器物件
AsyncWebSocket ws("/ws");   // 建立 WebSocket 物件
```

setup() 函式要加入初始化 SPIFFS 記憶體、連接 Wi-Fi 網路以及設定網站伺服器和處理 WebSocket 事件的程式:

```
void setup() {
  Serial.begin(115200);
  if (!SPIFFS.begin(true)) { // 初始化 SPIFFS 記憶體
    Serial.println("無法載入 SPIFFS 記憶體");
    return;
  }
  // 顯示除錯訊息,參閱下文說明。
  mesh.setDebugMsgTypes( ERROR | STARTUP | CONNECTION);
  mesh.init(MESH_PREFIX, MESH_PASSWORD,
            &userScheduler, MESH_PORT);
    :略
  mesh.setHostname(HOSTNAME);             // 設定 AP 連線名稱
  mesh.stationManual(ssid, password); // 連接 Wi-Fi 網路
  myAPIP = IPAddress(mesh.getAPIP()); // 取得 AP 模式的 IP 位址
  Serial.println("AP 模式的 IP 位址:" + myAPIP.toString());

  // 設定網頁檔案路徑
  server.serveStatic("/", SPIFFS, "/www/").
         setDefaultFile("index.html");
  server.serveStatic("/favicon.ico", SPIFFS, "/www/favicon.ico");
  server.onNotFound([](AsyncWebServerRequest * req) {
    req->send(404, "text/plain", "Not found"); // 查無此頁
  });

  ws.onEvent(onSocketEvent);      // 附加 WebSocket 事件處理程式
  server.addHandler(&ws);         // 附加 WebSocket 物件給網站伺服器
  server.begin();                 // 啟動網站伺服器
}
```

傳送與轉發網頁的 WebSocket 訊息

這個網頁的 jQuery 程式將在使用者滑動調光器時，發送調光值 (0~1023)：

```
slide:function () {
  var data = $(this).slider("value");
  ws.send(data);
}
```

網頁傳入的調光值將被 ESP32 的 onSocketEvent 事件處理程式接收，然後以 JSON 格式字串廣播給所有節點：

```
void onSocketEvent(AsyncWebSocket *server,
                   AsyncWebSocketClient *client,
                   AwsEventType type,
                   void *arg,
                   uint8_t *data,   // 收到的資料
                   size_t len )     // 資料長度
{

  switch (type) {
    case WS_EVT_ERROR:
      Serial.printf("用戶%u 出錯了:%s\n", client->id(),
                    (char *)data);
      break;
    case WS_EVT_DATA:
      data[len] = 0;  // 在收到的訊息字串結尾補上 0（即：NULL）
      String json = "{\" type\ ":\" dimmer\ ", \" val\ ":" +
                    String((char *)data) + "}";
      mesh.sendBroadcast( json );   // 廣播調光器數值
      Serial.printf("送出訊息:%s\n", json.c_str());
      break;
  }

}
```

從其他感測節點傳來的訊息將被 receivedCallback 回呼函式接收，然後透過
WebSocket 物件轉傳給瀏覽器：

```
void receivedCallback( uint32_t from, String &msg ) {
  DynamicJsonDocument doc(100);
  DeserializationError err = deserializeJson(doc, msg.c_str());
  if (err) {
    Serial.printf("JSON 資料解析錯誤：%s\n", err.c_str());
    return;                      // 離開函式
  }

  ws.textAll(msg.c_str());       // 轉傳 JSON 字串給 Web 前端
    :略
}
```

顯示 Mesh 網路的連線狀態訊息

painlessMesh 物件具有顯示除錯訊息的 setDebugMsgTypes() 方法（直譯為「設
置除錯訊息類型」），讓我們透過預設的參數常數設定要顯示的除錯類型，本
文用到這些常數：

● ERROR：錯誤

● STARTUP：啟動

● CONNECTION：連線

若參數值不只一個，它們之間要用 "|"（邏輯或）運算子合併。底下敘述代表顯
示錯誤、啟動和連線狀態訊息：

```
mesh.setDebugMsgTypes(ERROR | STARTUP | CONNECTION);
```

編譯並上傳兼具 Wi-Fi 橋接器功能的 mesh_hub.ino 範例檔，它將在**序列埠監控視窗**顯示類似底下的除錯訊息（中文註解是筆者加上的）：

```
STARTUP:init():0    /* 啟動：進行初始化 */
/* AP 伺服器已建於埠 5555 */
STARTUP:AP tcp server established on port 5555
我是小 A，ID：1234
/* 連線：開始掃描基站：○○○○ */
CONNECTION:stationScan():○○○○
CONNECTION:eventScanDoneHandler:SYSTEM_EVENT_SCAN_DONE
CONNECTION:scanComplete():Scan finished /* 連線：掃描結束 */
/* 已清除舊的 AP 紀錄 */
CONNECTION:scanComplete():-- > Cleared old APs.
CONNECTION:scanComplete():num = 26 /* 掃描到的 AP 數量：26*/
CONNECTION:found:○○○○, -42dBm    /* 找到目標基站，訊號強度 */
CONNECTION:Found 1 nodes          /* 找到 1 個基站節點 */
/* 連到最佳的 AP */
CONNECTION:connectToAP():Best AP is ○○○○<---
CONNECTION:connectToAP():Trying to connect, scan rate set to
4*normal
網站伺服器 IP 位址：192.168.0.13
CONNECTION:eventSTAGotIPHandler:SYSTEM_EVENT_STA_GOT_IP
CONNECTION:stationScan():○○○○      /* 再度掃描一次 AP */
  :
```

假如此 Mesh 網路當中包含其他節點，在連線 Wi-Fi 基站的訊息出現之前，可能會先收到其他節點傳來的感測資料。過一陣子根節點才會開始掃描 Wi-Fi 基站，因為這些任務都是由排程器安排，不像第 6 章的 Wi-Fi 程式一開始就執行。你可以參考第 13 章的說明，連接 OLED 顯示器顯示 IP 位址。

根節點連上無線 IP 分享器之後，你就可以在瀏覽器輸入它的 IP 位址，開啟根節點提供的網頁，網頁將動態呈現來自阿 B 節點的溫濕度值，而你也可以透過網頁滑桿同步調整所有節點的 LED 亮度。

21-6 上傳 Mesh 網路資料到雲端

除了在 ESP32 網站顯示從各個節點的數據，我們當然也可以把資料上傳到雲端。以上傳到 ThingSpeak 為例，在根節點（小 A）的程式中加入動手做 11-2 的 sendData() 函式，透過 HTTPClient 程式庫，上傳來自 DHT11 節點（阿 B）的感測值，而 sendData() 則是由接收節點資料的回呼函式觸發執行：

```
void sendData(int8_t t, int8_t h) {   // 接收溫度與濕度值
  HTTPClient http;     // 宣告 HTTP 前端物件
  String urlStr = "http://api.thingspeak.com/update?";
      : 略
  http.begin(urlStr);
  int httpCode = http.GET();

  if (httpCode > 0) {
    String payload = http.getString();
    printf("HTTP 回應碼：%d、回應本體：%s\n", httpCode, payload);
  } else {
    Serial.println("HTTP 請求出錯啦～");
  }
  http.end();
}

// 接收節點資料的回呼
void receivedCallback( uint32_t from, String &msg ) {
    : 略
  if (doc["type"] == "DHT") { // 溫濕度的訊息
    : 略
    sendData(t, h);                 // 傳送 DHT11 資料到 ThingSpeak
  }
    : 略
}
```

完整的程式碼請參閱範例檔 mesh_thingspeak 資料夾的程式，上傳其中的 mesh_A.ino 和 mesh_B.ino（在腳 16 連接 DHT11 感測器）到兩個 ESP32 開發板，即可測試。

10110

A

Python Asyncio（非同步 IO）
多工處理以及
BLE 藍牙連線程式設計

本文將使用 Python 編寫連結 BLE 藍牙裝置的程式,而這個程式會用到多工處理的 Asyncio 程式庫,所以底下先介紹 Python 的多工處理程式概念以及 Asyncio 程式的寫法,理解這些內容需要有 Python 程式設計的基礎,筆者假設讀者閱讀過《超圖解 Python 程式設計入門》。

A-1 Python 多工處理程式

Python 提供 3 種在同一時間處理多項任務的方案,用料理工作來比喻,大致像這樣:

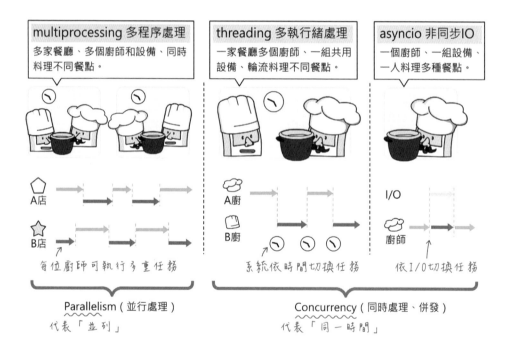

電腦處理器的英文是 processor,multiprocessing 意指**多個處理器核心**同時運作。現在的電腦普遍都具備多核、多執行緒的處理器,若把電腦比喻成賣場的美食街,「多核」相當於「多間餐館」,所有餐館可同時製作不同料理,而「執行緒」則是廚師,可輪流工作。

Python 是**直譯式**語言，程式原始碼要經過即時翻譯才能在處理器運作，雖然 Python 具有 threading（多執行緒）功能，但是為了避免執行緒之間錯誤地修改另一方正在使用中的資源（想像一下，A 廚已經加鹽了，B 廚又加一次），**Python 採用簡稱 GIL（Global Interpreter Lock，直譯為「全域解譯器鎖」）的機制，唯有取得 GIL 鎖的執行緒能被執行**。因為 GIL，即便電腦有多核心處理器，Python 在同一時間只有一個執行緒在運作。

若要充分運用多核心處理器，可透過 multiprocessing 程式庫，啟動多個 Python 程序，也就是執行多個解譯器，達到**並行處理（parallelism）**的效果，適合用於需要**密集計算（也稱為 CPU bound）**的任務；每個 Python 程序都是獨立執行的個體，程序之間可透過 queue（佇列）或 pipe（管道）傳遞訊息。

有些 Python 程式庫採用 C/C++ 語言編寫，像處理大數據的 NumPy, Pandas 還有影像處理的 OpenCV，實際執行運算的是編譯後的 C/C++ 程式，因此不受 Python GIL 鎖的限制：

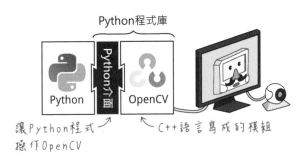

現在的電腦都具備多核心處理器，因此多年來一直有人倡議並嘗試去除 Python 的 GIL 機制，讓 Python 程式得以同時執行多執行緒。

一旦去除 GIL，程式設計師就要自行處理以及避免多執行緒搶佔、覆寫資源的問題，結果反而導致程式變得複雜，效能下滑。所以直到現在，Python 仍保留 GIL。

同步執行的程式

如果程式經常要**等待存取 I/O**（也稱為 "I/O Bound"，I/O 密集型程式），整個執行時間將會被拖累。用購買餐點來比喻，你自己到三家店買餐，每一家店都要花費交通和等餐時間，而且因為你是一家接著一家購買，所以花費時間是 3 個執行時間的總和：

依序執行任務，叫做「同步處理」。

買麵　買熱狗　買茶

以這個程式為例：

```python
import time

orders = ['牛肉麵', '熱狗', '珍珠奶茶']      # 定義 3 筆訂單

def now() :return time.time()              # 傳回現在時間（秒數）

def task(name):                            # 執行訂單任務
    print(f'"{name}" 訂單處理中...')
    time.sleep(3)                          # 等待 3 秒
    print(f'"{name}" 完成')

start = now()                              # 紀錄現在時間
for i in range(len(orders)):               # 處理所有訂單
    task(orders[i])

print(f'花費時間：{now() - start}秒')
```

執行結果：

傳回目前時間秒數的 now() 函式：

```python
def now() :return time.time()
```

可以用 lambda（匿名函式）改寫，但上面的程式碼比較易讀：

```python
now = lambda:time.time()
```

Asyncio 非同步處理

Python 從 3.4 版開始內建一個處理**非同步**執行任務的程式庫，叫做 Asyncio（原意是 "asynchronous I/O"，代表「非同步輸出/入」）。這裡的 "I/O" 泛指存取磁碟、資料庫、網路資源（如：讀取天氣狀況）、藍牙資料傳輸…等，相對需要耗用較多時間的操作，畢竟處理器每秒可執行數萬個指令，但從網路獲取一個訊息，可能得耗時 0.5 秒，兩者的時間差距相當大。

這一類需要**密集存取 I/O** 的任務，適合使用 asyncio 處理。延續上一節購買餐點的例子，若改用外送服務，下單之後你就可以做其他事情，由外送平台指派人手處理訂單，所以整體等待時間就是花費最多時間的那個餐點，而不是 3 個餐點的總和：

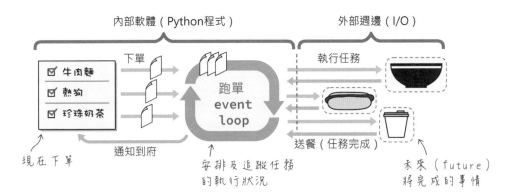

開始編寫非同步程式之前，先認識一下 asyncio 的相關術語：

- **Event loop**：譯作「事件迴圈」，相當於訂餐系統當中的排單、跑單機制（scheduler），在營業（程式運作）時間內，它負責接收訂單（任務）、管理並分配執行任務。

- **Coroutine**：譯作「協程」或「微執行緒」，本質上是一個函式，只是這種函式可以被暫停、讓出執行權，等輪到它獲得執行權再繼續運作。「訂單」就相當於協程，當我們下訂（呼叫）之後，訂單（協程）不會被立即執行，而是要進入事件迴圈排單。

- **Task**：直譯為「任務」，進入「事件迴圈」的協程，相當於執行中的訂單。

● Future：直譯為「未來」，相當於「計畫要完成的事情」，代表任務完成的傳回結果，就像訂餐之後實際收到的餐點。

底下是改用 asyncio 程式庫把上一節的程式寫成非同步執行的例子。首先引用 asyncio 程式庫：

```
import asyncio
```

接著，**在需要非同步執行的自訂函式前面加上 async，如此，這個函式就變成「協程」**。另外，協程中需要耗時等待的處理結果的敘述，請在它前面加上 **await（代表「可等待」）**，此舉相當於加上一個「註記」，讓「事件迴圈/工作排程」知道此時可以去執行其他任務：

讓此函數變成協程 ⟶
```
async def task(name):
    print(f'"{name}" 訂單處理中...')
```
允許非同步執行 ⟶
（讓出執行權）
```
    await asyncio.sleep(3)
    print(f'"{name}" 完成')
```

time.sleep() 方法無法用於非同步執行，也就是它不會交出執行權，要改用 aysncio.sleep() 來模擬任務正在花費時間執行中。

為了避免程式變得複雜，底下不用 for 迴圈建立列表。asyncio 提供一個 ensure_future 方法（直譯為「確保未來」）用來建立 Task（任務）物件，它接收一個協程參數。我們可以把它想成：讓系統持續追蹤訂單，確保餐點完成交付。底下敘述將建立 3 個非同步任務並存入 tasks 列表：

```
task1 = asyncio.ensure_future(task('牛肉麵'))      # 建立非同步任務
task2 = asyncio.ensure_future(task('熱狗'))
task3 = asyncio.ensure_future(task('珍珠奶茶'))

tasks = [task1, task2, task3]
```

準備好任務之後，即可透過下列方法，執行所有任務：

1　asyncio.get_event_loop()：建立事件迴圈 (loop)。

2　run_until_complete()：直譯為「執行到完成全部任務」，程式的執行流程將會停在這個敘述，直到所有任務都處理完畢再往下執行。

3　close()：關閉事件迴圈。

完整的程式碼如下：

```python
import asyncio
import time

def now() :return time.time()

# 定義協程 (coroutine)
async def task(name:str):
    print(f'"{name}" 訂單處理中...')
    await asyncio.sleep(3)
    print(f'"{name}" 完成')

task1 = asyncio.ensure_future(task('牛肉麵'))
task2 = asyncio.ensure_future(task('熱狗'))
task3 = asyncio.ensure_future(task('珍珠奶茶'))
tasks = [task1, task2, task3]

start = now()
loop = asyncio.get_event_loop()              # 建立事件迴圈
loop.run_until_complete(asyncio.wait(tasks)) # 執行到完成全部任務
loop.close()                                 # 關閉事件迴圈
print(f'花費時間：{now() - start}秒')
```

run_until_complete() 的參數是 Future (未來) 類型，但我們提供給它的是一個列表，所以要透過 asyncio.wait() 方法把列表打包成一個 Future 類型物件。程式執行結果：

```
D:\code> python task_aync.py
"熱狗" 訂單處理中...
"珍珠奶茶" 訂單處理中...          馬上接單處理
"牛肉麵" 訂單處理中...
"熱狗" 完成
"珍珠奶茶" 完成
"牛肉麵" 完成
花費時間：3.008023500442505 秒
D:\code>
```

補充說明，await 敘述必須要放在協程，也就是用 async 宣告的函式裡面。底下的寫法會導致語法錯誤：

```
def task(name):                    # 這是普通函式
    print(f'"{name}" 訂單處理中...')
    await asyncio.sleep(3)   # await 不能放在普通函式裡面
    print(f'"{name}" 完成')
```

此外，asyncio.wait() 方法可以用 **asyncio.gather() 方法改寫，把多個任務聚合（gather）成一個 future 類型物件**，像這樣：

```
loop.run_until_complete( asyncio.gather( task1, task2, task3 ) )
                                     聚合3個任務
```

或像這樣傳遞列表，其中的**星號 (*) 運算子的用途是「解開」列表**：

```
                                拆解         列表
loop.run_until_complete( asyncio.gather( *tasks ) )
```

執行結果跟上面的例子相同。其實，**傳遞給 loop.run_until_complete() 的參數，不一定得是 Future 物件，也可以是協程**，run_until_complete() 方法會自己把參數包裝成 Future。所以 tasks 列表可以改寫成一行：

```
task1 = asyncio.ensure_future(task('牛肉麵'))
task2 = asyncio.ensure_future(task('熱狗'))
task3 = asyncio.ensure_future(task('珍珠奶茶'))
tasks = [task1, task2, task3]
```

↓ 上面4行改成1行   ↙ future物件

```
tasks = [task('牛肉麵'), task('熱狗'), task('珍珠奶茶')]
```
                                                                    ↖ 協程

透過 ayncio.run() 非同步執行任務

Python 在 3.8 版引入了新的非同步執行語法，可以省去宣告事件迴圈和關閉迴圈的敘述，用一個 run() 方法搞定。底下是改用 run() 方法的範例：

```python
import asyncio
import time

orders = ['牛肉麵', '熱狗', '珍珠奶茶']    # 定義 3 筆訂單
def now() :return time.time()

async def task(name):                    # 定義協程 (coroutine)
    print(f'"{name}" 訂單處理中...')
    await asyncio.sleep(3)
    print(f'"{name}" 完成')

# 定義協程列表
tasks = [task(orders[i]) for i in range(len(orders))]

start = now()
asyncio.run(asyncio.wait(tasks))         # 用 run() 非同步執行任務
print(f'花費時間：{now()  - start}秒')
```

執行結果跟上一節相同：

```
D:\code> python task_aync.py
"熱狗" 訂單處理中...
"珍珠奶茶" 訂單處理中...      馬上接單處理
"牛肉麵" 訂單處理中...
"熱狗" 完成
"珍珠奶茶" 完成
"牛肉麵" 完成
花費時間：3.0050208568573 秒
D:\code>
```

程式中的這一行，採用**列表生成式**（**list comprehension**）語法動態生成
列表：

```
tasks = [task(orders[i]) for i in range(len(orders))]
```

列表生成式的語法說明請參閱《超圖解 Python 程式設計入門》第 14 章，
這一行敘述可改寫成底下幾行：

```
tasks = []                              # 宣告空白列表
for i in range(len(orders)):            # 依照 orders 數量執行迴圈
    tasks.append(task(orders[i]))       # 把任務附加到 tasks 列表
```

A-2 使用 Python Bleak 程式庫連結 BLE 藍牙裝置

在 PyPi 網站（https://pypi.org）搜尋關鍵字 "bluetooth ble"，可找到數百個 BLE 藍
牙相關的 Python 程式庫，有些程式庫只能用於特定的系統平台（如：Linux），
本文採用的是 Bleak 程式庫。根據 Bleak 專案網頁（https://bit.ly/2Kk68nq）的說
明，Bleak 支援下列系統平台：

- Windows 10（版本 16299 或更新版）

- Linux 系統，安裝 BlueZ 藍牙通訊協議 >= 5.43 版本。

- OS X 10.11 或更新版本

請在終端機視窗執行 pip 安裝 Bleak；在 macOS 和 Linux 系統上，可能要把 pip 改成 "sudo pip3"：

```
pip install bleak
```

> 筆者撰寫此文時，bleak 程式庫所需的一個 **pythonnet 元件**（http://bit.ly/3c5gXW9，程式會自動安裝它），最高僅支援 Python 3.8 版（筆者安裝的是 3.8.8 版，http://bit.ly/3s1dSvL），在 Python 3.9 或更高版本無法順利安裝 bleak。

探索（掃描）BLE 藍牙裝置

Bleak 程式庫中，提供探索週邊 BLE 藍牙裝置的函式叫做 discover（直譯為「探索」），搭配 ayncio 非同步執行，底下的程式將傳回掃描到的 BLE 藍牙裝置的名稱、實體位址和訊號強度：

```
import asyncio          探索藍牙裝置的函式
from bleak import discover

宣告協程
async def main():                 此函式將傳回探索到的裝置物件列表
    devices = await discover()
    for d in devices:             實體位址
        print(f'{d.name} @ {d.address}, RSSI:{d.rssi}dBm')
                    裝置名稱                           訊號強度
asyncio.run( main() )
             此參數是「協程」，所以不必用 asyncio.wait() 包裝。
```

探索藍牙需要一段時間才能得到結果，所以 discover() 套上 await，宣告成非同步執行。discover() 函式將傳回 BLEDevice 類型的「裝置物件」列表，此物件具有下列屬性：

- name：裝置名稱

- address：實體位址

- rssi：dBm 單位的訊號強度

- metadata：字典類型的資料集，包含該藍牙裝置的服務 UUID 列表的 "uuids" 鍵名，以及包含廣告資料的 ["manufacturer_data"] 鍵名。

程式執行結果：

```
Python 3                                               _ □ x
>>> import asyncio
>>> from bleak import discover
>>>
>>> async def main():
...     devices = await discover()
...     for d in devices:
...         print(f'{d.name} @ {d.address}, RSSI:{d.rssi}dBm')
...
>>> asyncio.run(main())
ESP32藍牙LED開關 @ 24:0A:C4:12:34:56, RSSI:-77dBm
Unknown @ 72:00:6E:19:42:EB, RSSI:-95dBm
Unknown @ 46:DC:C9:DD:40:8E, RSSI:-94dBm
```

代表「未知」

使用 Bleak 接收 BLE 藍牙序列資料

本節將示範使用 Python 連接第 15 章製作的藍牙序列裝置，接收該裝置傳送的磁力值。執行結果如下：

```
命令提示字元                                      —    □    ×
D:\code> python ble_tx.py
搜尋藍牙裝置...
Unknown @ 57:FE:5E:85:0C:57
ESP32藍牙LED開關 @ 24:0A:C4:12:34:56
發現目標了~
準備連線~
連線成功！
收到 "41" 傳來：9
收到 "41" 傳來：8      連線成功之後，隨即收到ESP32傳來的磁力值。
收到 "41" 傳來：10
關閉程式．bye~    ◄── 按下Ctrl和C鍵，關閉程式。
D:\code>
```

要是找不到 "ESP32 藍芽 LED 開關"，程式將顯示一段訊息然後關閉：

```
D:\code> python ble_tx.py
搜尋藍牙裝置...
Unknown @ 74:66:6A:F3:BF:0D
Unknown @ 46:6A:00:D6:5E:2B
找不到 "ESP32藍牙LED開關"，請確認有開電源~

D:\code>
```

本節採用 Bleak 程式庫的 BleakClient 前端物件連接 ESP32 BLE 藍牙裝置，底下是本單元將會用到的 BleakClient 物件方法：

● BleakClient(實體位址)：建立 BLE 前端物件，"實體位址" 參數是連線目標的位址。

● connect()：連線到 BLE 裝置。

● start_notify(特徵的 UUID 碼, 回呼)：設定接收藍牙裝置的指定特徵的傳入值。每當有更新值時，"回呼" 將被執行。

  回呼函式將收到兩個參數，第 1 個是產生資料的特徵的整數代碼，第 2 個是 bytearray（位元組陣列）格式的資料。

● write_gatt_char()：寫入 GATT 特徵（characteristic）值，它有兩個必填的參數，第一個參數是特徵的 UUID，第 2 個參數則是 **bytearray（位元組陣列）格式**的資料。

此外，若藍牙連線成功，BLE 前端物件的 **is_connected** 屬性值（直譯為「已連線」）將是 True。

接收藍牙序列資料的流程如下，連接藍牙裝置需要取得該裝置的實體位址。每個裝置的實體位址都不一樣，但是我們可以自訂它的名稱，像第 15 章的藍牙序列埠裝置，筆者將它命名成 "ESP32 藍牙 LED 開關"，所以程式將掃描、逐一比對裝置名稱，找到之後，就可以取得它的實體位址：

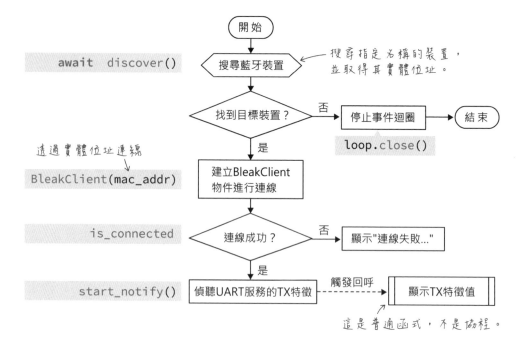

完整的程式碼如下:

```python
import asyncio
from bleak import BleakClient, discover

BLE_DEVICE_NAME = 'ESP32 藍牙 LED 開關'    # 目標裝置名稱
# 要偵聽的特徵 UUID,此為 Nordic 定義的序列埠 TX (接收)
NORDIC_TX = "6e400003-b5a3-f393-e0a9-e50e24dcca9e"

def TX_callback(sender, data):            # 偵聽 TX 資料的回呼函式
    print(f'收到 "{sender}" 傳來:{data.decode() }')

async def main() :                        # 主程式是「協程」
    print("搜尋藍牙裝置...")
    mac_addr = None                       # 儲存實體位址的變數
    devices = await discover()            # 探索藍牙週邊
    for d in devices:
        print(f"{d.name} @ {d.address}")  # 列舉藍牙名稱和位址
        if d.name == BLE_DEVICE_NAME:     # 若發現目標名稱裝置
            mac_addr = d.address          # 記下它實體位址
            print('發現目標了~')
            break                         # 不用再找了,所以退出迴圈
```

```
    if mac_addr != None:      # 只要藍牙位址不是「無」
        print("準備連線～")
        client = BleakClient(mac_addr)      # 藍牙連線到實體位址
        await client.connect()              # 等待連線

        try:
            if client.is_connected:         # 確認是否連線
                print("連線成功！")
                await client.start_notify(  # 開始偵聽 TX 序列輸入
                    NORDIC_TX, TX_callback
                )
            else:
                print("連線失敗...")
        except Exception as e:  # 若發生其他錯誤，將錯誤顯示在終端機
            print(e)
    else:
        loop.stop()                         # 停止事件迴圈
        print(f'找不到 "{BLE_DEVICE_NAME}"，請確認有開電源～')
        return                              # 退出此函式

try:
    loop = asyncio.get_event_loop()  # 建立非同步事件迴圈
    asyncio.ensure_future(main())    # 建立 Future（未來）物件
    loop.run_forever()          # 持續執行事件
except KeyboardInterrupt:       # 若偵測到 Ctrl + C 鍵中斷
    loop.stop()                 # 停止事件迴圈
    print("結束程式，bye~")
```

需要補充說明的是建立事件迴圈的敘述，如果把底下三行：

```
loop = asyncio.get_event_loop()
asyncio.ensure_future(main())
loop.run_forever()     # 持續執行事件
```

改成一行：

```
asyncio.run(main())  # 執行 main() 協程
```

那麼，事件迴圈將在藍牙裝置連線成功、設置偵聽 TX 序列輸入的程式執行完畢之後，自動關閉⋯因為所有任務都完成了。但我們要讓程式持續接收藍牙序列輸入值，直到按下 `Ctrl` + `C` 鍵關閉程式，所以要執行 run_forever() 方法：

全部任務執行完畢就結束	持續執行
loop.run_until_complete() asyncio.run()	loop.run_forever()

關閉持續執行的事件迴圈的方法是執行 loop.stop()，所以如果 main() 協程的 mac_addr（儲存藍牙裝置實體位址）變數值為 None，代表找不到指定的藍牙裝置，程式將執行下列敘述，關閉 loop（事件迴圈）；一旦事件迴圈被關閉了，這個程式也就執行結束了：

```
else:
    loop.stop()          # 停止事件迴圈
    print(f'找不到 "{BLE_DEVICE_NAME}"，請確認有開電源～')
    return               # 退出此函式
```

使用 Bleak 傳送 BLE 藍牙序列資料

本節的範例是透過 BLE 藍牙的 Nordic RX（序列接收）特徵，傳送資料給 ESP32，控制開、關開發板內建的 LED，Python 程式的執行畫面：

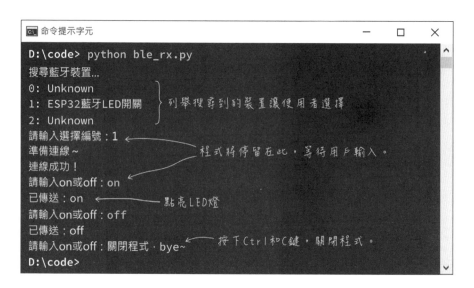

使用 Python 讀取用戶在終端機視窗輸入的內容，通常都是透過 input()，本單元的非同步協程，則是採用 aioconsole（代表「非同步 I/O 控制台」）程式庫的 ainput() 函式。請先在終端機視窗執行 pip 安裝這個程式庫：

```
pip install aioconsole
```

本單元程式的運作邏輯和上一節的程式類似，但是當 Python 和 "ESP32 藍牙 LED 控制器" 連線成功之後，程式將進入無限迴圈：等待使用者輸入 on 或 off、傳送輸入值給藍牙裝置。為了避免整個程式被「等待用戶輸入資料」給卡住（block，擱置），所以讀取用戶輸入值的敘述，改用支援非同步處理功能的 ainput()。

讀取及處理用戶輸入值的迴圈敘述如下：

```
if client.is_connected:                    等待過程中允許
    print("連線成功！")                      其他協程運作        程式將停在此行，
                                                             直到用戶按下Enter鍵。
    while True:
        txt = await ainput("請輸入on或off：")
        if txt != 'on':                              把輸入字串轉成
            txt = 'off'                              位元組陣列
        data = bytearray( txt, 'utf-8' )
        await client.write_gatt_char( NORDIC_RX, data )
        print(f"已傳送：{txt}")
                                          序列埠RX特徵的UUID
```

這個程式的「探索藍牙裝置」部份的敘述也改寫成 select_devices() 協程，它將以數字清單呈現搜尋到的全部 BLE 藍牙裝置名稱，讓使用者挑選要連接的設備編號，最後用 tuple（元組）格式傳回被選上的裝置名稱和位址。程式碼如下：

```
async def select_device() :
    print("搜尋藍牙裝置...")
    devices = await discover()        # 探索藍牙裝置

    for i, d in enumerate(devices):   # 列舉藍牙裝置
        print(f "{i}:{d.name}")
```

```
    choose = -1                              # 暫存選擇編號
    # 持續執行迴圈，直到用戶輸入一個有效的編號
    while True:
        choose = await ainput("請輸入選擇編號：")
        try:
            # 去除輸入值前後的空格並轉成整數
            choose = int(choose.strip())
        except:
            print("請輸入數字～")

        # 若使用者輸入的數字在有效範圍之內...
        if choose > -1 and choose < len(devices):
            break   # 跳出迴圈 while，往下執行
        else:
            print("請輸入有效的數字")

    name = devices[choose].name       # 取得裝置名稱
    addr = devices[choose].address    # 取得裝置位址
    return (name, addr)               # 傳回元組格式資料
```

傳送資料給 "ESP32 藍牙 LED 開關" 的 RX 特徵的完整程式碼：

```
import asyncio
from aioconsole import ainput
from bleak import BleakClient, discover

# 傳送對象的特徵 UUID，此為 Nordic 定義的序列埠 RX
NORDIC_RX = "6e400002-b5a3-f393-e0a9-e50e24dcca9e"

async def select_device() :
    print("搜尋藍牙裝置...")
        :略
    return (name, addr)

async def main() :
    # 執行探索藍牙裝置的協程
    (name, addr) = await select_device()
    client = BleakClient(addr)        # 建立藍牙前端物件
```

```
        print("準備連線～")
        try:
            await client.connect()

            if client.is_connected:
                print(f "{name} 連線成功！")
                while True:
                    txt = await ainput("請輸入 on 或 off:")
                    if txt != 'on':
                        txt = 'off'
                    data = bytearray(txt, 'utf-8')
                    await client.write_gatt_char(NORDIC_RX, data)
                    print(f "已傳送:{txt}")
            else:
                print("連線失敗...")
        except Exception as e:
            print('連線出錯了:', e)

    try:
        loop = asyncio.get_event_loop()      # 建立非同步事件迴圈
        asyncio.ensure_future(main())        # 建立 Future（未來）物件
        loop.run_forever()                   # 持續執行事件
    except KeyboardInterrupt:                # 若偵測到 Ctrl + C 鍵中斷
        loop.stop()                          # 關閉事件迴圈
        print("結束程式，bye~")
```

接收與傳送藍牙序列資料的程式

本單元的範例將結合上面兩個範例：讓使用者輸入 on 或 off 文字開、
關 LED，並在背地裡偵聽 TX 特徵，把接收到數值連同時間寫入本機的
ble_log.csv 檔：

```
2021/01/02 05:55:25,10
2021/01/02 05:55:26,8
2021/01/02 05:55:26,10
      :      ↑          ↑
        本機日期時間   磁力值
```

ble_log.csv

相較於上一節的程式，改動部份如下，首先新增引用 time（時間）程式庫，並且
定義兩個特徵的 UUID：

```
import time

NORDIC_RX = "6e400002-b5a3-f393-e0a9-e50e24dcca9e"
NORDIC_TX = "6e400003-b5a3-f393-e0a9-e50e24dcca9e"
```

新增 TX 特徵的回呼函式，它將產生本機的日期時間字串，並且合併接收到的
資料，寫入 ble_log.csv 檔：

```
def TX_callback( sender, data ):                    時間轉成字串          本機時間
    date_str = time.strftime( '%Y/%m/%d %H:%M:%S', time.localtime() )

    log = date_str + ',' + data.decode() + '\n'

    with open('ble_log.csv', mode='a+', encoding='utf-8') as file:
        file.write(log)
                              以附加 (append) 模式開啟檔案
```

新增「接收 TX 序列輸入值敘述」之後的 main() 協程如下：

```
async def main() :
    (name, addr) = await select_device()
    client = BleakClient(addr)

    print("準備連線～")
    try:
        await client.connect()

        if client.is_connected:
            print(f "{name} 連線成功！")
            await client.start_notify(  # 接收 TX 特徵值的敘述
                NORDIC_TX, TX_callback,
            )
            while True: # 等待用戶輸入文字並傳送給 ESP32 藍牙裝置
                txt = await ainput("請輸入 on 或 off:")
```

```
                if txt != 'on':
                    txt = 'off'
                data = bytearray(txt, 'utf-8')

                await client.write_gatt_char(NORDIC_TX, data)
                print(f "已傳送：{txt}")
        else:
            print("連線失敗...")
    except Exception as e:
        print('連線出錯了：', e)
```

其餘程式碼不變。執行此 Python 程式，連線到 ESP32 BLE 藍牙裝置之後，此 Python 程式的目錄將新增一個 ble_log.csv 檔，紀錄 ESP32 傳入的磁力值。

同時連結多個藍牙 BLE 週邊裝置

藍牙主控端可以同時連接多個從端，本範例程式修改「**使用 Bleak 接收 BLE 藍牙序列資料**」單元的程式，在電腦上同時連接並接收多個 ESP32BLE 藍牙的 TX 特徵值，執行畫面如下：

本單元至少需要兩個 ESP32 開發板，寫入同樣的 "BLE 藍牙序列通訊" 程式（參閱第 15 章「製作 ESP32 BLE 藍牙序列通訊裝置」）；兩個藍牙裝置的名稱不一樣，讀者可自由命名，但其中務必要包含 "ESP32" 這幾個字。

裝置A
"ESP32藍牙LED開關"

裝置B
"ESP32藍牙小跟班"

這個程式的主要關鍵問題是：從特徵通知（start_notify）的回呼函式無法告訴我們究竟它是被哪個前端物件觸發的：

```
def TX_callback( sender, data ):
    print( f'收到 "{sender}" 傳來：{data.decode()}' )
```

```
收到 "41" 傳來：9
收到 "41" 傳來：11
收到 "41" 傳來：8
收到 "41" 傳來：10
收到 "41" 傳來：17
```

這些是兩個裝置的傳回值，由於代表特徵的整數值都一樣，所以無法分辨彼此。

因此，我把回呼函式包在一個自訂類別裡，這樣就可以自由地增加變數（屬性），儲存觸發回呼的來源名稱。這個類別叫做 TXCallBack：

```
class TXCallback:
    # 接收一個 "名稱" 值的建構式
    def __init__(self, name):
        self.name = name

    # 回呼函式，仍舊要接收兩個參數
    def callback(self, sender, data):
        print(f'收到 "{self.name}" 傳來：{data.decode() }')
```

探索藍牙裝置的 select_device() 協程改成底下這樣，每當發現 BLE 藍牙裝置時，就透過字串物件的 find() 方法，搜尋它的名稱是否包含 "ESP32"，有的話，就把它的名字和位址包裝成「字典」格式，加入 ble_list 列表：

```
async def select_device() :
    ble_list = []   # 儲存找到的 ESP32 藍牙裝置列表
    devices = await discover()
    print("搜尋藍牙裝置...")
    for d in devices:
        print(f"{d.name} @ {d.address}")
        # 若藍牙裝置名稱包含 "ESP32" ...
        if d.name.find("ESP32") != -1:
            print('發現目標: ', d.name)
            # 用字典格式紀錄裝置名稱和位址
            ble_list.append({'name':d.name, 'address':d.address})

    return ble_list
```

完整的程式碼如下：

```
import asyncio
from bleak import BleakClient, discover

BLE_DEVICE_NAME = 'ESP32'                    # 目標裝置名稱
NORDIC_TX = "6e400003-b5a3-f393-e0a9-e50e24dcca9e"

class TXCallback:
    : 自訂回呼的類別（略）

async def select_device() :
    : 搜尋藍牙裝置並傳回列表（略）

async def run() :
    ble_list = await select_device()    # 取得探索到的藍牙裝置列表

    if len(ble_list) == 0:               # 若列表長度為 0...
        print('找不到 ESP32 藍牙裝置')
        loop.stop()                      # 停止事件迴圈
        return                           # 結束此函式

    print("準備連線～")
    for d in ble_list:                   # 對列表中的每個裝置...
                                         # 取得位址，建立藍牙物件 ⬇
```

```
        client = BleakClient(d['address'])
        try:
            await client.connect()        # 嘗試連線
            cb = TXCallback(d['name'])     # 建立回呼物件並傳入裝置名稱
            await client.start_notify(
                NORDIC_TX, cb.callback     # 以物件的 callback
                                           # 方法當作回呼
            )
        except Exception as e:
            print(e)

if __name__ == "__main__":
    try:
        loop = asyncio.get_event_loop()
        asyncio.ensure_future(run())
        loop.run_forever()
    except KeyboardInterrupt:
        loop.stop()
        print("關閉程式，bye~")
```

把兩個（或更多）ESP32BLE 藍牙裝置通電後，再執行這個 Python 程式，它將
能在終端機顯示它們的名稱和傳入的資料。